工控技术精品丛书

西门子 S7-200 PLC 编程实例精解

王阿根　编著

電子工業出版社
Publishing House of Electronics Industry
北京 • BEIJING

内 容 简 介

本书以西门子 S7-200 型可编程控制器（PLC）为蓝本，书中介绍的 130 个编程实例，均是从作者长年潜心研究、反复推敲的实例中精心挑选出来的，具有很强的实用价值。实例设计时尽量考虑短小精悍、突出重点，每个编程实例都给出了较为详细的编程说明，以便于理解。细心阅读定可体验出其中的编程技巧和精妙之处。

本书适用于具有一定 PLC 基础知识的读者，可作为高等院校自动化、电气工程及其自动化、机械工程及其自动化、电子工程、机电一体化等专业师生的参考书，也可供相关工程技术人员参考。

图书在版编目（CIP）数据

西门子 S7-200PLC 编程实例精解 / 王阿根编著. —北京：电子工业出版社，2011.11
（工控技术精品丛书）
ISBN 978-7-121-14866-8

Ⅰ. ①西…　Ⅱ. ①王…　Ⅲ. ①可编程序控制器－程序设计　Ⅳ. ①TM571.6

中国版本图书馆 CIP 数据核字（2011）第 214924 号

策划编辑：陈韦凯
责任编辑：陈韦凯　　特约编辑：刘丽丽
印　　刷：涿州市京南印刷厂
装　　订：涿州市京南印刷厂
出版发行：电子工业出版社
　　　　　北京市海淀区万寿路 173 信箱　邮编　100036
开　　本：787×1 092　1/16　印张：24.75　字数：633 千字
版　　次：2011 年 11 月第 1 版
印　　次：2020 年 12 月第 17 次印刷
定　　价：45.00 元

凡所购买电子工业出版社图书有缺损问题，请向购买书店调换。若书店售缺，请与本社发行部联系，联系及邮购电话：（010）88254888，88258888。

质量投诉请发邮件至 zlts@phei.com.cn，盗版侵权举报请发邮件至 dbqq@phei.com.cn。

本书咨询联系方式：bjcwk@163.com。

前　言

西门子公司生产的 S7-200 小型可编程控制器（PLC）在我国工业控制方面有着广泛的应用，并受到广大电气工程人员的青睐，随着可编程控制器在各行各业的广泛应用，各种有关可编程控制器的书籍大量涌现，但是不少人在看了很多书之后，在真正进行编程的时候往往还是束手无策，不知从何下手，其原因是什么呢？那就是缺少一定数量的练习。如果只靠自己苦思冥想，则结果往往收效甚微，而学习和借鉴别人的编程方法不乏是一条学习的捷径。作者编写这本书的目的就是，在读者已经掌握可编程控制器基础知识的前提条件下，为读者提供一个快速掌握 PLC 编程方法的学习捷径，达到抛砖引玉的目的。

作者结合四十多年的工作、教学和科研的经验，参考《PLC 控制程序精编 108 例》一书的实例，根据 S7-200 小型 PLC 进行编写。本书编程实例新颖独特，编程方法与众不同，所有实例都是经过反复推敲、多次修改而精心挑选出来的。实例在编写和设计中力求结合实际、突出应用，在程序设计中力求简明扼要、突出重点和程序的化简。绝大部分实例都在可编程控制器上经过实际接线验证。

为了突出编程的重点，在编程实例中在尽量保证实例完整的前提下，省略部分枝节电路，例如，简单的电动机主电路、PLC 的电源接线、控制电路的保护及信号部分等。在未加说明的情况下，输入接点默认为常开接点。请读者在实际应用中加以注意。

与众不同的编程方法和编程技巧是本书的核心内容，用实例来展示编程方法和编程技巧是本书的特点。

为了便于读者自学，本书尽量做到难易结合，每一个实例都给出编程实例的说明，以提高读者的理解能力。由于任何一个编程实例的编程方法都不是唯一的，为了对比不同的编程特点，在有些例子中给出了几种不同的编程方法，以帮助读者比较不同指令的编程特点。

书中有些实例来自作者的理论教学、实验教学、课程设计和毕业设计指导，因此，从事本课程教学的教师也可以将有关实例经改编，应用于各个教学环节中。

书中的实例均为作者多年潜心研究的结果，尽管大多数实例都经过实际应用或在仿真软件中经过验证，但是难免还会有疏漏和不足之处，如有发现，敬请各位读者发邮件到 wangagen@126.com 与作者联系，谢谢。

王阿根
2011 年 8 月

目　　录

绪 论

本书主要根据作者《PLC 控制程序精编 108 例》一书中的实例进行编写（该书主要以三菱 FX_{2N}PLC 为蓝本），该书出版后得到广大读者的一致好评。考虑到西门子公司生产的 S7-200 系列小型可编程控制器（PLC）在机械、电力、化工、交通、轻工、建材、环保等行业也应用十分广泛，故将该书中的实例应用到 S7-200 系列 PLC 中，以供使用西门子 PLC 的读者参考学习。

PLC 的应用已经成为电气技术人员所必备的专业知识。PLC 的应用往往涉及许多相关的电气知识和其他专业控制领域的相关知识，要想较好地掌握 PLC 的使用和设计，一般要具备一定的相关基础知识，如电工学（含电工基础、电机学、电气控制）、电子学（含数字电路、模拟电路）、计算机基础等。

本书适合于已基本掌握西门子 S7-200 系列小型 PLC 的读者，也可供正在学习 PLC 过程中的读者学习。PLC 在电气控制系统中，主要根据控制梯形图进行开关量的逻辑运算，根据运算结果进行开关量的输出控制。如果和特殊模块连接，也可以进行模拟量的输入/输出（I/O）控制。PLC 的设计主要分为控制梯形图设计、PLC 的输入/输出接线设计，以及主电路的设计等，其中控制梯形图的设计是整个设计的核心部分。由于控制梯形图的设计基本上和常规电器的控制电路一样，所以，掌握常规电器控制电路的控制原理和设计方法是 PLC 设计的基础。

学习本书最好有一个 S7-200 PLC，将实例进行验证，在运行 PLC 程序时，对程序进行监控，以理解程序的执行过程。如果没有 S7-200 PLC，采用西门子仿真软件也可以，不过效果差一些。

0.1 PLC 控制设计的基本原则

PLC 在电气控制系统中是控制电气设备的核心部件，因此，PLC 的控制性能是关系到整个控制系统是否能正常、安全、可靠、高效运行的关键所在。在设计 PLC 控制系统时，应遵循以下基本原则：

（1）最大限度地满足被控对象的控制要求。

（2）力求控制系统简单、经济、实用、维修方便。

（3）保证控制系统的安全、可靠性。

（4）操作简单、方便，并考虑有防止误操作的安全措施。

（5）满足 PLC 的各项技术指标和环境要求。

0.2 PLC 控制设计的基本步骤

1. 对控制系统的控制要进行详细了解

在进行 PLC 控制设计之前，首先要详细了解其工艺过程和控制要求，应采取什么控制方式，需要哪些输入信号，选用什么输入元件，哪些信号需输出到 PLC 外部，通过什么元件执行驱动负载；弄清整个工艺过程各个环节的相互联系；了解机械运动部件的驱动方式，是液压、气动还是电动，运动部件与各电气执行元件之间的联系；了解系统的控制方式是全自动还是半自动的，控制过程是连续运行还是单周期运行，是否有手动调整要求等。另外，还要注意哪些量需要监控、报警、显示，是否需要故障诊断，需要哪些保护措施等。

2. 控制系统初步方案设计

控制系统的设计往往是一个渐进的、不断完善的过程。在这一过程中，先大致确定一个初步控制方案，首先解决主要控制部分，对于不太重要的监控、报警、显示、故障诊断及保护措施等可暂不考虑。

3. 根据控制要求确定输入/输出元件，绘制输入/输出接线图和主电路图

根据 PLC 输入/输出量选择合适的输入/输出控制元件，计算所需的输入/输出点数，并参照其他要求选择合适的 PLC 机型。根据 PLC 机型特点和输入/输出控制元件绘制 PLC 输入/输出接线图，确定输入/输出控制元件与 PLC 的输入/输出端的对应关系。输入/输出元件的布置应尽量考虑接线、布线的方便，同一类的电气元件应尽量排在一起，这样有利于梯形图的编程。一般主电路比较简单，可一并绘制。

4. 根据控制要求和输入/输出接线图绘制梯形图

这一步是整个设计过程的关键，梯形图的设计需要掌握 PLC 的各种指令的应用技能和编程技巧，同时还要了解 PLC 的基本工作原理和硬件结构。梯形图的正确设计是确保控制系统安全可靠运行的关键。

5. 完善上述设计内容

完善和简化绘制的梯形图，检查是否有遗漏，若有必要还可再反过来修改和完善输入/输出接线图和主电路图及初步方案设计，加入监控、报警、显示、故障诊断和保护措施等，最后进行统一完善。达到一种控制要求，往往有多种控制方案，初步设计方案设计完成后，要进行多次修改，推敲其中的每一个细节，以确保电路安全可靠地运行。

6. 模拟仿真调试

在电气控制设备安装和接线前最好先在 PLC 上进行模拟调试，或在 STEP 7-Micro_WIN 仿真软件上进行仿真调试。仿真软件可以在网上搜索下载。对所编的梯形图进行仿真后，确保控制梯形图没有问题后再进行连机调试。但仿真软件对某些部分功能指令是不支持的，这部分控制程序只能在 PLC 上进行模拟调试或现场调试。

7．设备安装调试

将梯形图输入 PLC 中，根据设计的电路进行电气控制元件的安装和接线，在电气控制设备上进行试运行。

0.3　输入/输出接线图的设计

在设计 PLC 梯形图之前，应先设计输入/输出接线图，这一点有很多人不太关注。有些人认为梯形图和输入/输出接线图关系不大，可以分开设计，这是不对的。

下面通过一些简单的实例说明 PLC 输入/输出接线图的设计。

例 1　将图 0-1 所示的两个地点控制一台电动机的控制电路改为 PLC 控制。

解： 图 0-1 电路中有两个启动按钮、两个停止按钮和一个热继电器常闭接点，共有 5 个输入量。一个输出量为接触器线圈。将输入接点全部以常开接点的形式接在 PLC 的输入端上，将输出元件接在 PLC 的输出端上。将控制电路图 0-1 改为 PLC 控制的梯形图和 PLC 接线图，如图 0-2 所示。①

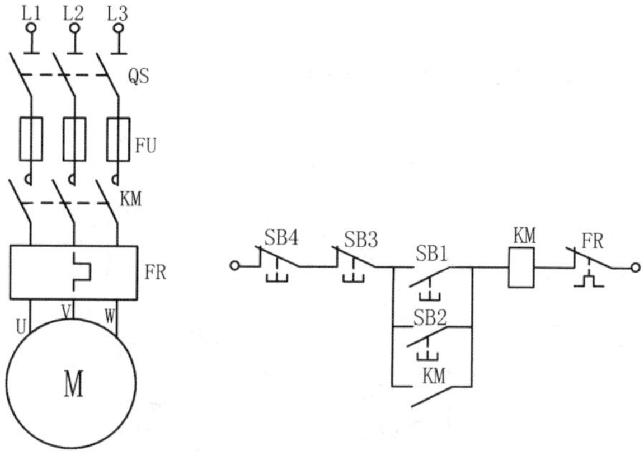

（a）电动机主电路　　（b）控制电路

图 0-1　两个地点控制一台电动机的控制电路

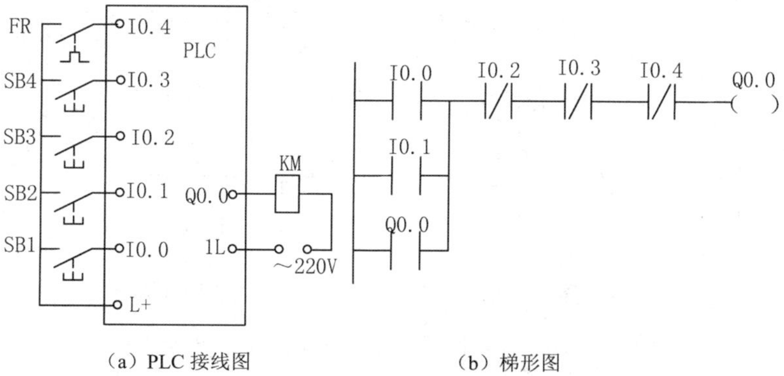

（a）PLC 接线图　　（b）梯形图

图 0-2　两个地点控制一台电动机的 PLC 控制图 1

① 在本书实例中一般不给出电动机主电路图。

1. 输入接线图的设计

上述例 1 是将一般控制电路转换成 PLC 控制，但是大多数情况下，PLC 的控制设计是根据控制要求来设计的。

输入电路中最常用的输入元件有按钮、限位开关、无触点接近开关、普通开关、选择开关、各种继电器接点等。另外，常用的输入元件还有数字开关（也称为拨码开关、拨盘）、旋转编码器和各种传感器等。

在输入接线图的设计时应考虑输入接点的合理使用，下面介绍节省输入点的几种方法。

1）梯形图中串并联接点外接法

在图 0-2 中用了 5 个输入继电器，将梯形图中的 I0.0、I0.1 并联接点移至 PLC 输入端，将 I0.2、I0.3、I0.4 串联接点移至 PLC 输入端，如图 0-3（a）所示，就减少了输入点数。对应的梯形图如图 0-3（c）所示。

为了便于读者理解，本书实例中的输入接点一般采用常开接点。值得注意的是，对于停止按钮和起保护作用的输入接点应采用常闭接点。这是因为，如果采用常开接点，一旦接点损坏不能闭合，或断线电路不通，人们一般不易察觉，设备将不能及时停止，可能造成设备损坏或危及人身安全。

根据下列公式可将图 0-3（a）所示常开接点变成常闭接点：

$$I0.1 = SB3 + SB4 + FR$$

$$\overline{I0.1} = \overline{SB3}\ \overline{SB4}\ \overline{FR}$$

图 0-3（a）所示输入接点由常开接点改为常闭接点的同时，梯形图中对应的接点也要相应取反（常开接点改为常闭接点，常闭接点改为常开接点），如图 0-3（b）、图 0-3（d）所示。

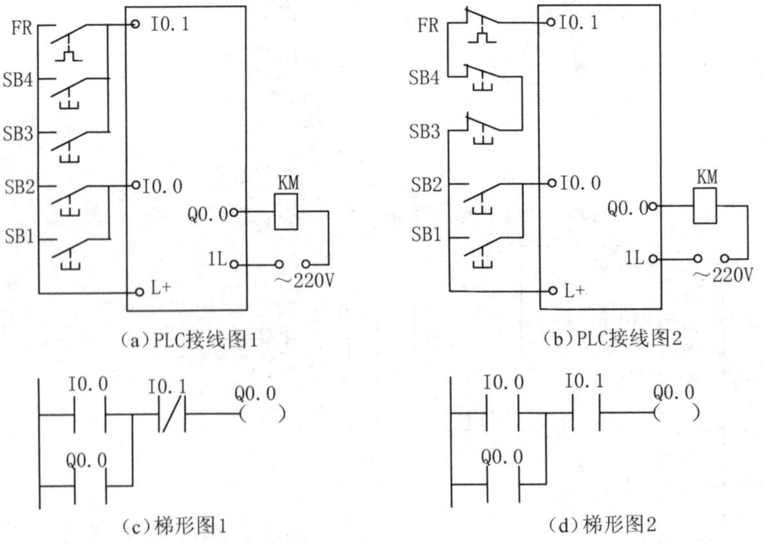

（a）PLC接线图1　（b）PLC接线图2

（c）梯形图1　（d）梯形图2

图 0-3　两个地点控制一台电动机的 PLC 控制图 2

2）局部电路外移法

详情请看“实例 118　绕线型电动机转子串电阻时间原则启动控制”。该实例是将原电路中的部分电路直接移至 PLC 的输入端，使多个输入接点共占用了一个输入继电器。

该实例还阐述了一个重要问题，就是并非所有的常规控制电路都可以直接转换成 PLC 控制梯形图，特别是电路中的互锁和联锁，往往要通过 PLC 外部硬接线才能实现。

3）编码输入法

编码输入是将多个输入继电器的组合作为输入信号，n 个输入继电器有 2^n 种组合，可以用 n 位二进制数表示，这种输入方法可以最大限度地利用输入点，一般需要梯形图译码。如图 0-4 所示，输入继电器 I0.0、I0.1 有 4 种组合（2 位二进制数 00、01、10、11），用 M0.0～M0.3 表示，相当于 4 个输入信号。例如，开关在 2 位置，I0.1、I0.0=2#10，梯形图中 M0.2 线圈得电。

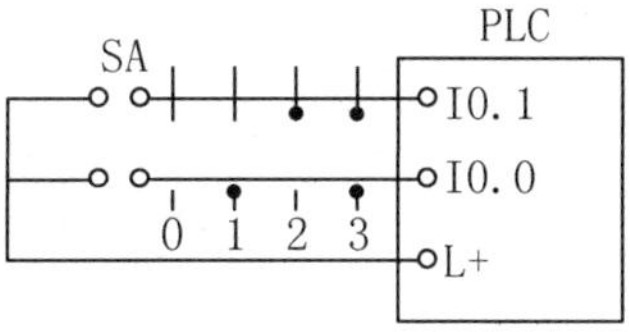

（a）PLC 接线图

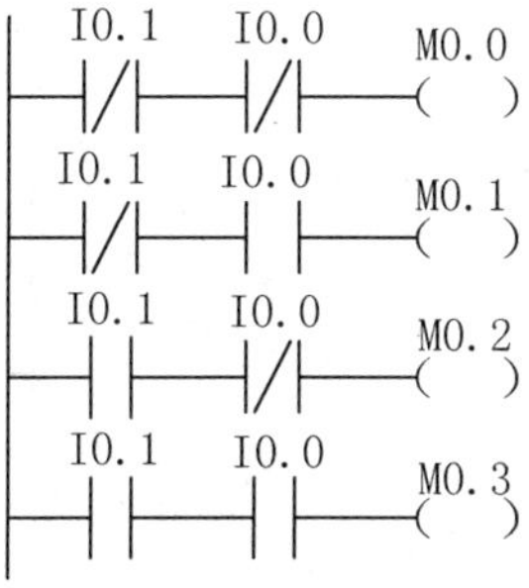

（b）梯形图

图 0-4 编码输入 1

图 0-5 所示为使用按钮的编码输入，其原理和图 0-4 中的原理基本一样。

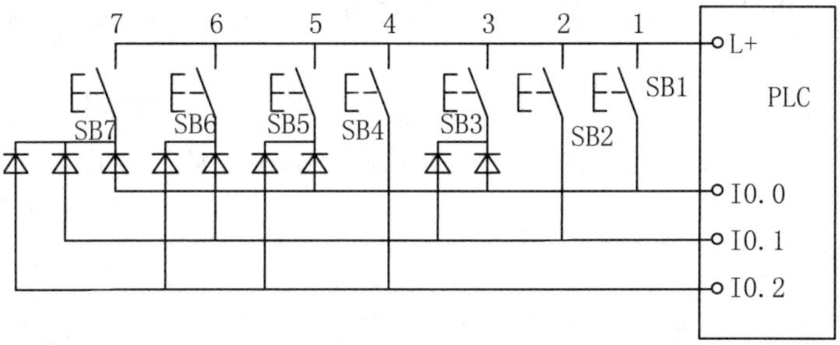

图 0-5 编码输入 2

4）矩阵输入法

图 0-6 所示为 3 行 2 列输入矩阵，这种接线一般常用于有多种输入操作方式的场合。例如，图中的选择开关 SA 打在左边，则执行手动操作方式，用按钮进行输入操作；开关打在右边，则执行自动操作方式，由系统接点进行自动控制。

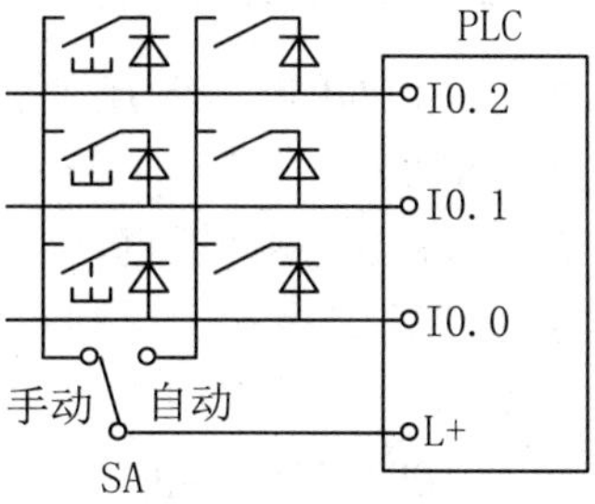

图 0-6 3 行 2 列输入矩阵

如“实例 94 矩阵输入”，由 8 点输入和 5 点晶体管输出，获得 40 点输入。

5）编程输入法

如图 0-7 所示为用编程的方式组成的输入电路。

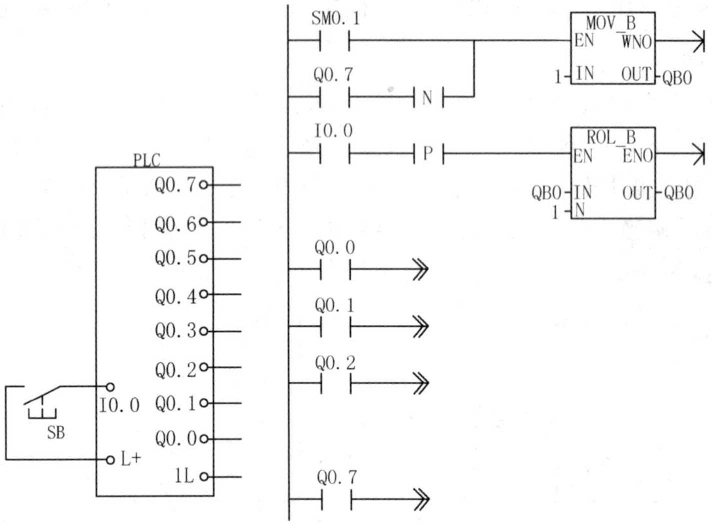

图 0-7　按钮式 10 挡位选择开关

工作原理如下：

输入按钮 SB 相当于一个 8 挡位的选择开关，初始状态时，SM0.1 初始脉冲将 1 传送到 QB0，Q0.0=1，Q0.0 线圈得电，Q0.0 接点闭合。按一次按钮 SB，执行一次左移，Q0.1=1，每按一次按钮 SB，执行一次左移，结果 Q0.0～QB0.7 依次为 1。

用编程的方法可以实现多种多样的输入方式和控制方式，关键在于灵活地应用各种基本逻辑指令和功能指令。

本书中“实例1 用一个按钮控制三组灯”、“实例 2 用一个开关控制三个照明灯”、“实例 66 选择开关”和“实例 67 选择开关控制三台电动机顺序启动，逆序停止”等就是采用了编程输入法。

6）一个按钮多用法

例如，“例 2　星形—三角形降压启动 PLC 控制图”、“实例 60　用一个按钮定时预警启动/停止控制”等，其控制按钮 SB 既是启动按钮又是停止按钮。

2．输出接线图的设计

PLC 输出电路中常用的输出元件有各种继电器、接触器、电磁阀、信号灯、报警器、发光二极管等。

PLC 输出电路采用直流电源时，对于感性负载，应反向并联二极管，否则接点的寿命会显著下降，二极管的反向耐压应大于负载电压的 5～10 倍，正向电流大于负载电流。

PLC 输出电路采用交流电源时，对于感性负载，应并联阻容吸收器（由一个 0.1μF 电容器和一个 100～120Ω电阻串联而成），以保护接点的寿命。

PLC 输出电路无内置熔断器，当负载短路等故障发生时将损坏输出元件。为了防止输出元件损坏，在输出电源中串接一个 5～10A 的熔断器，如图 0-8 所示。

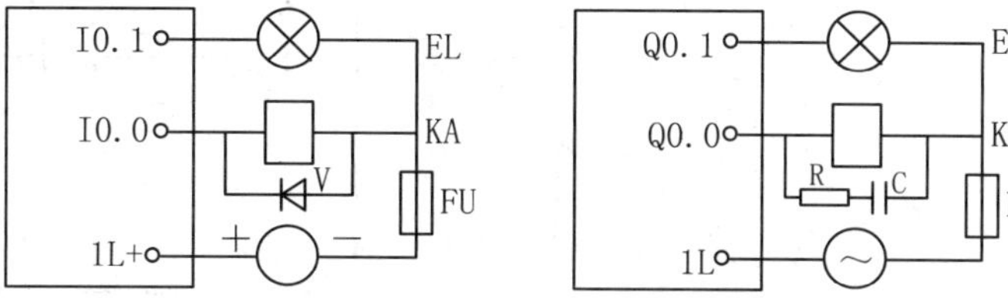

（a）直流输出电路　　（b）交流输出电路

图 0-8　PLC 输出电路保护的措施

为了突出重点，本书中继电器、接触器未加反向并联二极管和阻容吸收器。

在输出接线图的设计时应考虑输出继电器的合理使用，下面介绍节省 PLC 输出点的几种方法。

1）利用控制电路的逻辑关系节省输出点

如图 0-9 所示，根据图 0-9（a）梯形图 1 的逻辑关系，对应的 PLC 接线图如图 0-9（b）所示，需要三个输出继电器。利用控制电路的逻辑关系将其改为如图 0-9（c）、图 0-9（d）所示，则只需要两个输出继电器。

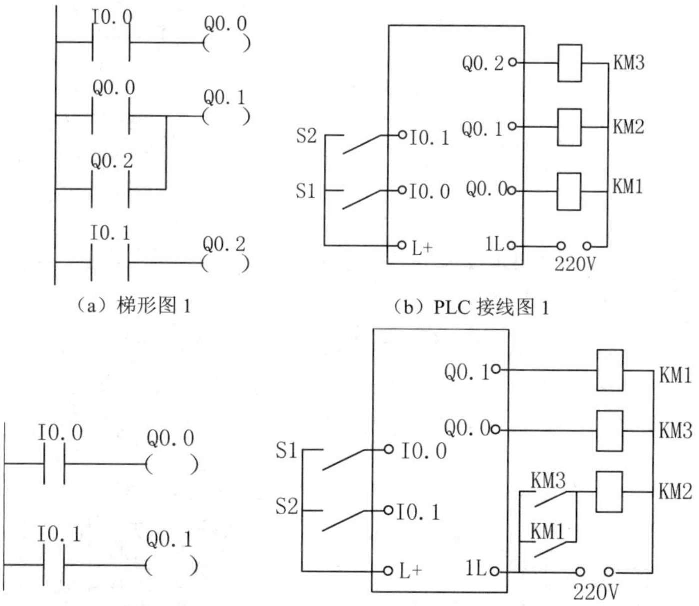

（a）梯形图 1　　（b）PLC 接线图 1

（c）梯形图 2　　（d）PLC 接线图 2

图 0-9　利用控制电路的逻辑关系节省输出点

2）利用控制电路的输出特点节省输出点

例 2　三相异步电动机星形—三角形降压启动 PLC 控制。

解： 星形—三角形降压启动 PLC 控制电路一般需用 2 点输入（一个启动按钮，一个停止按钮），3 点输出（接触器 KM1～KM3）。利用控制电路的输出特点，考虑到星形启动接触器 KM2 只是在启动时用一下，可以和 KM1 共用一个输出点 Y0.1。SB 既做启动按钮又做停止按钮。这样，如图 0-10 所示的星形—三角形降压启动 PLC 控制电路中只用了 1 点输入，2 点输出。

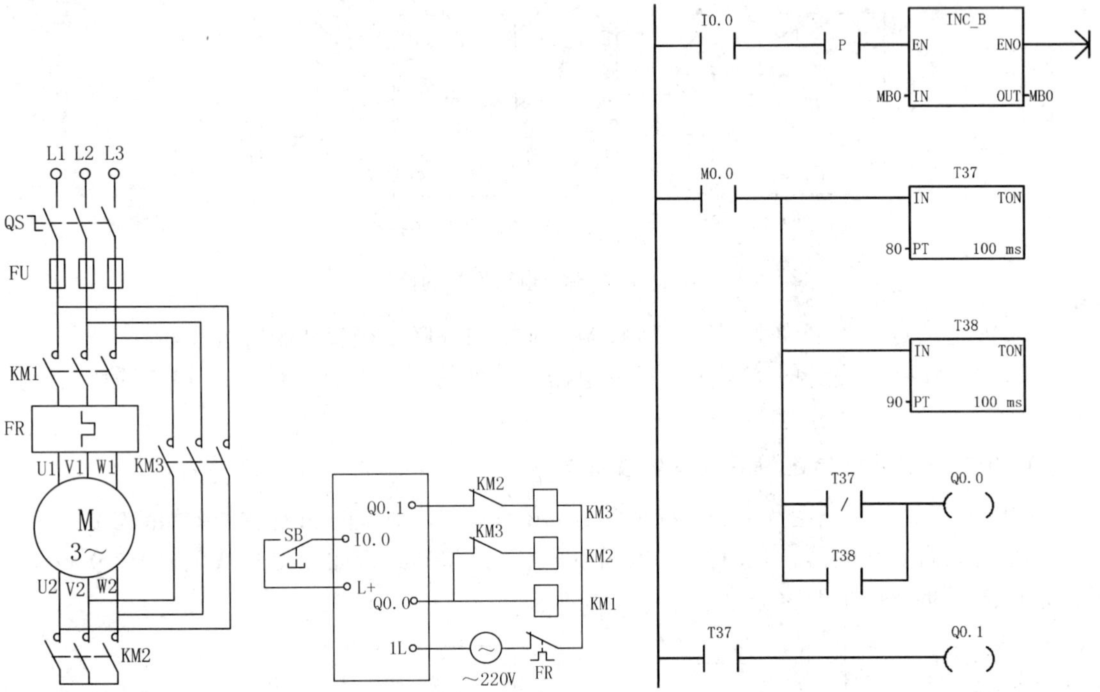

（a）星形—三角形启动主电路　（b）星形—三角形启动 PLC 接线图　（c）星形—三角形启动梯形图

图 0-10　星形—三角形降压启动 PLC 控制

3）矩阵输出

例如，“实例 34　5 行 8 列 LED 矩阵依次发光控制”，使用了 13 点输出，用 40 个发光二极管，可用于显示 40 种工作状态。

如图 0-11 所示为工业袋式除尘器的部分 PLC 控制电路。该除尘器有 4 个除尘室，当除尘器开始工作时，1～4 室依次轮流卸灰，每室卸灰时间为 20s，卸灰完毕后启动反吹风机，3s 后，1～4 室再依次轮流清灰，每室清灰时间为 15s，结束后，再反复执行上述过程。

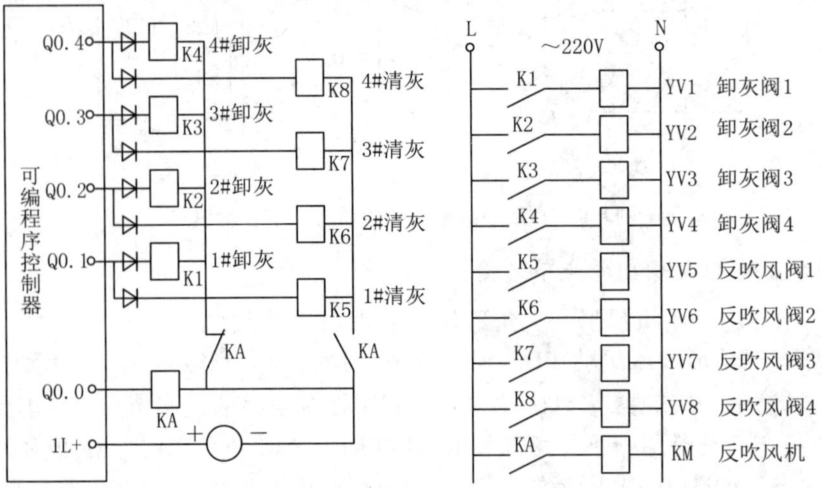

图 0-11　袋式除尘器 PLC 接线图

每个除尘室分别有两个输出量，一个为卸灰，一个为清灰，4 个除尘室需用 8 个输出量，需要占用 8 个输出继电器。但是从分析除尘的工作过程可以知道，这 8 个输出量并不是同时工作的，而是分为卸灰和清灰两个时间段。这样可以考虑用 4 个输出继电器 Q0.1～Q0.4 先依次控制 1～4 室的卸灰，卸灰结束后由反吹风输出继电器 Q0.0 将卸灰继电器 K1～K4 断开，并接通清灰继电器 K5～K8，由输出继电器 Q0.1～Q0.4 再依次控制 1～4 室的清灰，这样就可以节省近一半的输出继电器。

这个电路实际上是一个 4 行 2 列的输出矩阵，采用直流电源和直流继电器，图 0-11 中的二极管用于防止产生寄生回路。

4）外部译码输出

用七段码译码指令 SEGD，可以直接驱动一个七段数码管，十分方便。电路也比较简单，但需要 7 个输出端。若采用在输出端外部译码，则可减少输出端的数量。外部译码的方法很多，如用七段码分时显示指令 SEGL 可以用 12 点输出控制 8 个七段数码管等。

图 0-12 所示为用集成电路 4511 组成的 1 位 BCD 译码驱动电路，只用了 4 点输出。如果显示值小于 8 可用 3 点输出，显示值小于 4 可用 2 点输出。

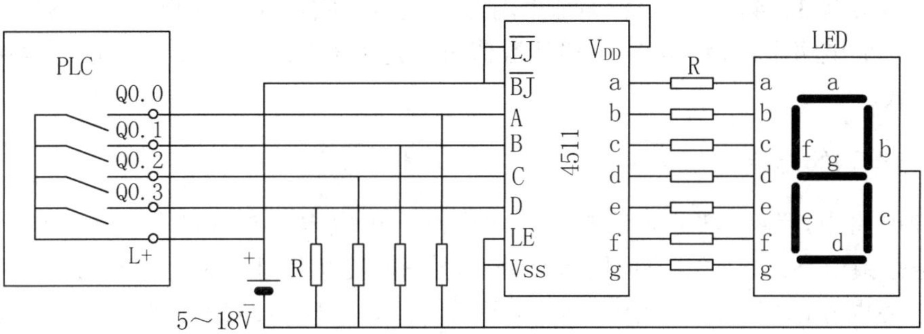

图 0-12　BCD 码驱动七段数码管电路图

0.4　PLC 基本设计编程方法

控制电路根据逻辑关系可以分为组合电路和时序电路，在一个复杂的控制电路中也可能既有组合电路也有时序电路。

1．组合电路的设计

控制结果只和输入有关的电路称为组合电路，由于组合电路的控制结果只和输入变量的状态有关，所以，可以用布尔代数（也称开关代数或逻辑代数）通过计算而得出。

组合电路的梯形图设计步骤一般如下：

（1）根据控制条件列出真值表。

（2）由真值表写出逻辑表达式并进行化简。

（3）根据逻辑表达式画出控制电路。

例 3 在楼梯走廊里，在楼上楼下各安装一个开关来控制一盏照明灯，试设计 PLC 控制接线图和梯形图。

解： 首先根据控制要求画出 PLC 接线图如图 0-13（a）所示。根据题意分析可知两个开关只有 4 种状态，当只有其中一个开关动作时灯亮，当两个开关都动作或都不动作时灯不亮，据此列出真值表如表 0-1 所示。

由真值表写出逻辑表达式 $E=\overline{S2}\,S1+S2\,\overline{S1}$，根据逻辑表达式画出梯形图如图 0-13（b）所示。

表 0-1 例 3 真值表

S2	S1	E
0	0	0
0	1	1
1	0	1
1	1	0

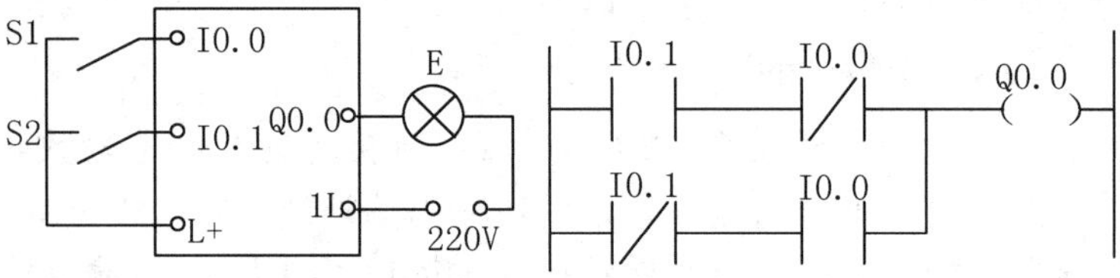

（a）PLC 接线图　（b）梯形图

图 0-13 两个开关控制一盏灯电路

本书中，实例 3、4、5、6、8 等都采用组合电路。实例 1 和实例 60 虽然是一个时序电路，但是在局部电路中 PLC 的输出和计数值有一定的对应关系，所以，也可以用真值表写出逻辑表达式。

2．时序电路的设计

在控制电路中，绝大部分电路都是时序电路，由继电器组成的控制电路中，时序电路实际上就是自锁电路，这种电路应用得十分广泛，一般没有固定的设计方式。

时序电路也称记忆电路，其中包含有记忆元件。时序电路的控制结果不仅和输入变量的状态有关，也和记忆元件的状态有关。由于中间逻辑元件和输出执行元件中有记忆元件，所以，时序电路的控制结果是和输入变量、中间逻辑变量和输出逻辑变量三者都有关系的，由于时序电路的逻辑关系比较复杂，这类电路目前主要用经验法来设计。

在 PLC 梯形图中含有置位 S、输出=、计数器 C 等逻辑线圈，以及各种功能指令的梯形图都可以组成时序电路。

在时序电路中还有一种电路称为顺序控制电路，这种电路的特点是控制电路根据控制条件按一定顺序进行工作，设计方法较多，一般基本指令、步进指令和功能指令都可以使用。但是比较复杂的控制电路一般用步进顺控指令编程比较直观方便，如实例 26、实例 40、实例 42、实例 45 等。

顺序控制电路也可以分为行程顺序控制、时间顺序控制和计数顺序控制等多种形式。

例如，“实例 16 小车五位自动循环往返运行”，“实例 40 搅拌器自动定时搅拌”，“实例 42 钻孔动力头控制”，“实例 45 两个滑台顺序控制”为行程顺序控制。

例如，“实例 36 广告灯一”和“实例 37 广告灯二”为广告灯的控制，“实例 73 用一个按钮控制五条传送机的顺序启动，逆序停止”等都是一种时间顺序控制，如果用步进顺控指令编程则比较烦琐，而用功能指令则比较简单。

例如，“实例 46 机床滑台往复、主轴双向控制”；“实例 63 凸轮控制器”；“实例 64 用凸轮控制器控制四台电动机顺启逆停”；“实例 66 选择开关”；“实例 67 选择开关控制三台电动机顺序启动，逆序停止”等为计数顺序控制。

左右移位指令也常用于顺序控制，在本书中举例也比较多，可用于时间顺序控制、行程顺序控制、计数顺序控制、手动控制等多种控制形式。

分类一　照明灯、信号灯控制

实例 1　用一个按钮控制三组灯

用一个按钮控制三组（或三个）灯，以达到控制灯的亮度。由 PLC 组成一个控制器，每按一次按钮增加一组灯亮；三组灯全亮后，每按一次按钮，灭一组灯（为了使每组灯亮的时间尽量相等，要求先亮的灯先灭）；如果按下按钮的时间超过 2s，则灯全灭。

控制方案设计

1. 输入/输出元件及控制功能

如表 1-1 所示，介绍了实例 1 中用到的输入/输出元件及控制功能。

表 1-1　输入/输出元件及控制功能

	PLC 软元件	元件文字符号	元 件 名 称	控 制 功 能
输入	I0.0	SB	控制按钮	控制三组灯
输出	Q0.0	EL1	照明灯 1	照明
	Q0.1	EL2	照明灯 2	照明
	Q0.2	EL3	照明灯 3	照明

2. 电路设计

根据控制要求，可用字节加一指令 INC_B 组成一个计数器，计数值用 MB0 的低 3 位表示，用计数结果控制三个灯的组合状态。计数器计数值与三组灯的逻辑关系如表 1-2 所示。

表 1-2　三组灯显示输出真值表

计 数 值	计数值 MB0				灯组 3	灯组 2	灯组 1	说　明
	M0.3	M0.2	M0.1	M0.0	Q0.2	Q0.1	Q0.0	
0	0	0	0	0	0	0	0	灯不亮
1	0	0	0	1	0	0	1	1 灯亮
2	0	0	1	0	0	1	1	1、2 灯亮
3	0	0	1	1	1	1	1	1、2、3 灯亮

续表

计 数 值	计数值 MB0				灯组 3	灯组 2	灯组 1	说　　明
	M0.3	M0.2	M0.1	M0.0	Q0.2	Q0.1	Q0.0	
4	0	1	0	0	1	1	0	2、3 灯亮
5	0	1	0	1	1	0	0	3 灯亮
6	0	1	1	0	0	0	0	灯灭

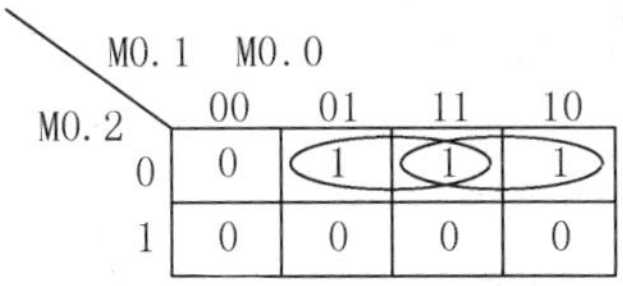

图 1-1　Q0.0 的卡诺图

根据表 1-2 画出 Q0.0、Q0.1、Q0.2 的卡诺图。

Q0.0 的卡诺图如图 1-1 所示。

根据 Q0.0 的卡诺图写出 Q0.0 逻辑表达式如下：

$$Q0.0 = M0.0 \cdot \overline{M0.2} + M0.1 \cdot \overline{M0.2} = (M0.0 + M0.1)\overline{M0.2}$$

同理，画出 Q0.1、Q0.2 的卡诺图，写出 Q0.1、Q0.2 逻辑表达式如下：

$$Q0.1 = \overline{M0.0} \cdot \overline{M0.1} \cdot M0.2 + M0.1 \cdot \overline{M0.2}$$

$$Q0.2 = M0.0 \cdot M0.1 \cdot \overline{M0.2} + \overline{M0.1} \cdot M0.2$$

当计数值 MB0=2#00000110 时，即当 M0.1=1、M0.2=1 时，将计数器复位。由上述关系画出 PLC 接线图和控制梯形图，如图 1-2 所示。

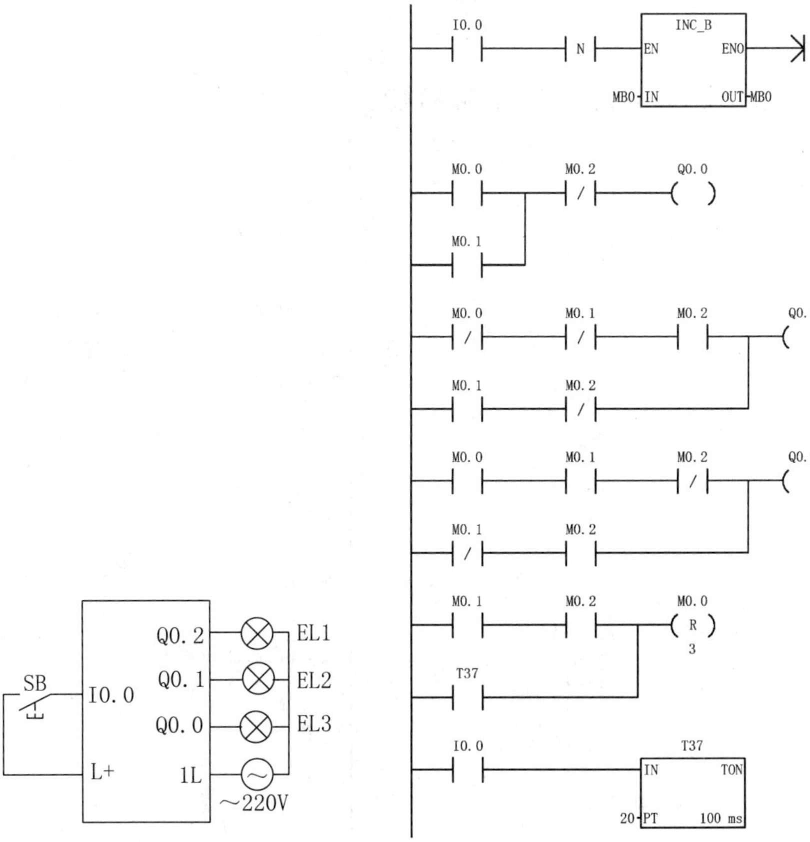

（a）PLC 接线图　　（b）梯形图

图 1-2　一个按钮控制三个灯

实例 2　用一个开关控制三个照明灯

用一个开关控制三个照明灯，要求开关闭合时灯亮，开关断开时灯灭。如果在 3s 之内每闭合一次开关，亮的灯数由 1 个→2 个→3 个→2 个→1 个→0 个循环；如果开关断开的时间超过 3s，再扳合开关时，重复上述过程。

控制方案设计

1. 输入/输出元件及控制功能

如表 2-1 所示，介绍了实例 2 中用到的输入/输出元件及控制功能。

表 2-1　输入/输出元件及控制功能

	PLC 软元件	元件文字符号	元 件 名 称	控 制 功 能
输入	I0.0	S	控制开关	控制三个照明灯
输出	Q0.0	EL1	照明灯 1	照明
	Q0.1	EL2	照明灯 2	照明
	Q0.2	EL3	照明灯 3	照明

2. 电路设计

用一个开关控制三个照明灯的接线图和梯形图，如图 2-1 所示。

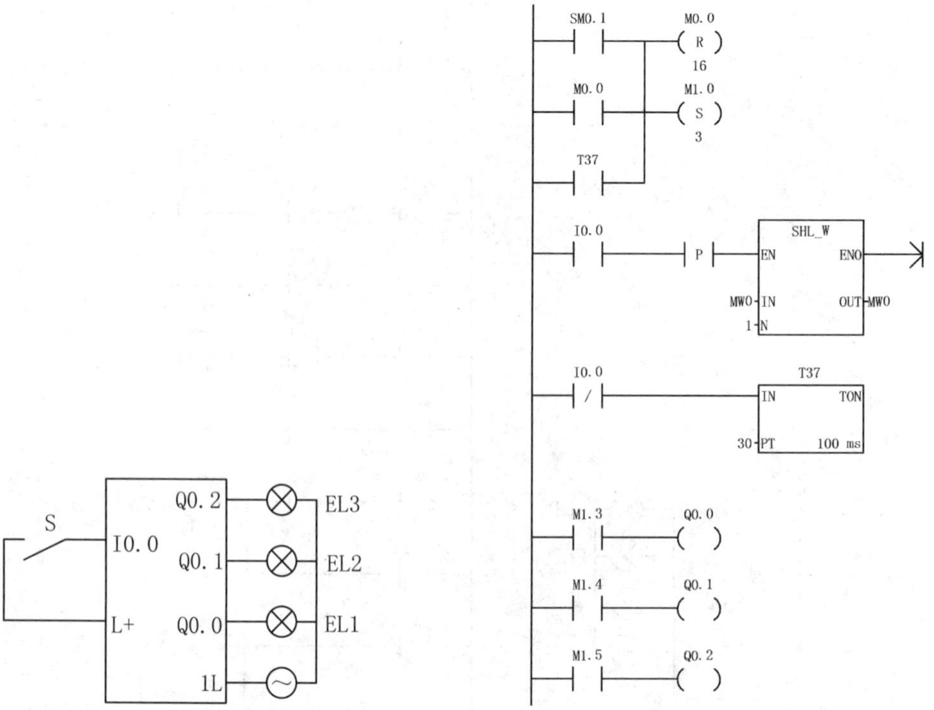

（a）PLC 接线图　　（b）梯形图

图 2-1　一个开关控制三个灯

3. 控制原理

图 2-1（b）中的梯形图构成了一个移位寄存器，在初始状态下，由初始化脉冲将 MW0 置零后再将 M1.0、M1.1、M1.2 置位为 1。MW0 的后 9 位 M0.0～M1.0 移位过程如表 2-2 所示。

表 2-2 移位寄存器移位过程说明

M0.0 ←	M1.7 ←	M1.6 ←	M1.5 ←	M1.4 ←	M1.3 ←	M1.2 ←	M1.1 ←	M1.0 ←	左移位过程
			Q0.2	Q0.1	Q0.0				输出
0	0	0	0	0	0	1	1	1	初始状态
0	0	0	0	0	1	1	1	0	第 1 次移位
0	0	0	0	1	1	0	0	0	第 2 次移位
0	0	0	1	1	1	0	0	0	第 3 次移位
0	0	1	1	1	0	0	0	0	第 4 次移位
0	1	1	1	0	0	0	0	0	第 5 次移位
1	1	1	0	0	0	1	1	1	复位

第一次开关 I0.0 闭合时，执行左移位，将 M1.2 的数据 1 传送给 M1.3，M1.3=Q0.0=1，EL1 灯亮。

第二次开关 I0.0 闭合时，MB1 中的数据左移 1 位，M1.3=1，M1.4=1，M1.3=Q0.0=1，M1.4=Q0.1=1，EL1 灯亮，EL2 灯亮。

第三次开关 I0.0 闭合时，MB1 中的数据左移 1 位，M1.3=1，M1.4=1、M1.5=1，M1.3=Q0.0=1，M1.4=Q0.1=1，M1.5=Q0.2=1，EL1 灯亮，EL2 灯亮，EL3 灯亮。

第四次开关 I0.0 闭合时，MB1 中的数据左移 1 位，M1.3=0，M1.4=1，M1.5=1，M1.3=Q0.0=0，M1.4=Q0.1=1，M1.5=Q0.2=1， EL2 灯亮，EL3 灯亮。

第五次开关 I0.0 闭合时，MB1 中的数据左移 1 位，M1.3=0，M1.4=0，M1.5=1，M1.3=Q0.0=0，M1.4=Q0.1=0，M1.5=Q0.2=1， EL3 灯亮。

第六次开关 I0.0 闭合时，MB1 中的数据左移 1 位，M1.3=M1.4=M1.5=0，Q0.0=Q0.1=Q0.2=1，灯全灭。M0.0=1，将 M1.0、M1.1 、M1.2 置位为 1。

在开关 I0.0 断开时，不执行移位，移位寄存器中的数据不变，若 I0.0 每次断开的时间超过 3s，则 T37 延时 3s 动作，T37 接点闭合，使 MW1 中的 16 位数据复位为 0，再将 M1.0、M1.1 、M1.2 置位为 1。当开关 I0.0 再次闭合时，又从上述初始状态开始，重复循环过程。

实例 3　用三个开关控制一个灯

用三个开关在三个不同地点控制一个照明灯，任何一个开关都可以控制照明灯的亮与灭。

控制方案设计

1．输入/输出元件及控制功能

如表 3-1 所示，介绍了实例 3 中用到的输入/输出元件及控制功能。

表 3-1　输入/输出元件及控制功能

	PLC 软元件	元件文字符号	元 件 名 称	控 制 功 能
输入	I0.0	S1	开关 1	控制灯
	I0.1	S2	开关 2	控制灯
	I0.2	S3	开关 3	控制灯
输出	Q0.0	EL	灯	照明

2．电路设计

经分析可知，三个开关中只有一个开关闭合时灯亮，再有另一个开关闭合时灯灭，推而广之，即有奇数个开关闭合时灯亮，偶数个开关闭合时灯灭。根据控制要求列出真值表，如表 3-2 所示。

表 3-2　三个开关控制一个灯真值表

I0.2 开关 3	I0.1 开关 2	I0.0 开关 1	Q0.0 灯
0	0	0	0
0	0	1	1
0	1	0	1
0	1	1	0
1	0	0	1
1	0	1	0
1	1	0	0
1	1	1	1

根据真值表和图 3-1 中的 PLC 接线图列出逻辑表达式：

$$\begin{aligned}Q0.0 &= \overline{I0.2}\cdot\overline{I0.1}\cdot I0.0+\overline{I0.2}\cdot I0.1\cdot\overline{I0.0}+I0.2\cdot\overline{I0.1}\cdot\overline{I0.0}+I0.2\cdot I0.1\cdot I0.0\\ &=\overline{I0.2}(\overline{I0.1}\cdot I0.0+I0.1\cdot\overline{I0.0})+I0.2(\overline{I0.1}\cdot\overline{I0.0}+I0.1\cdot I0.0)\end{aligned}$$

根据逻辑表达式画出梯形图，如图 3-1（b）所示。

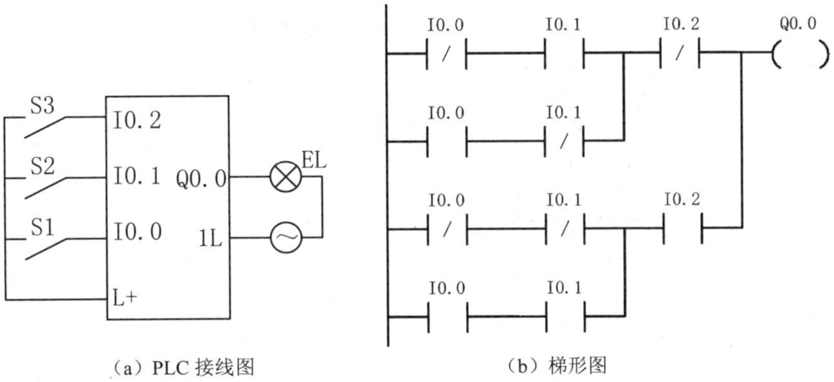

图 3-1 三个开关控制一个灯

实例 4 用四个开关控制四个灯

用四个开关，每个开关分别控制一个灯，当只有一个开关动作时对应的灯亮，当两个及以上个开关动作时，灯不亮。

控制方案设计

1．输入/输出元件及控制功能

如表 4-1 所示，介绍了实例 4 中用到的输入/输出元件及控制功能。

表 4-1 输入/输出元件及控制功能

	PLC 软元件	元件文字符号	元 件 名 称	控 制 功 能
输入	I0.1	S1	开关 1	控制灯 1
	I0.2	S2	开关 2	控制灯 2
	I0.3	S3	开关 3	控制灯 3
	I0.4	S4	开关 4	控制灯 4
输出	Q0.0	EL1	灯 1	灯 1
	Q0.1	EL2	灯 2	灯 2
	Q0.2	EL3	灯 3	灯 3
	Q0.3	EL4	灯 4	灯 4

2．电路设计

设四个开关为 I0.3、I0.2、I0.1、I0.0，根据控制要求列出真值表，如表 4-2 所示。

表 4-2　信号灯显示输出真值表

开关 4 I0.3	开关 3 I0.2	开关 2 I0.1	开关 1 I0.0	灯 4 Q0.3	灯 3 Q0.2	灯 2 Q0.1	灯 1 Q0.0	说　明
0	0	0	0					
0	0	0	1				1	只有开关 1 动作时灯 1 亮
0	0	1	0			1		只有开关 2 动作时灯 2 亮
0	0	1	1					
0	1	0	0		1			只有开关 3 动作时灯 3 亮
0	1	0	1					
0	1	1	0					
0	1	1	1					
1	0	0	0	1				只有开关 4 动作时灯 4 亮
1	0	0	1					
1	0	1	0					
1	0	1	1					
1	1	0	0					
1	1	0	1					
1	1	1	0					
1	1	1	1					

根据题意写出逻辑表达式如下：

$$Q0.0 = I0.0 \cdot \overline{I0.1} \cdot \overline{I0.2} \cdot \overline{I0.3}$$

$$Q0.1 = \overline{I0.0} \cdot I0.1 \cdot \overline{I0.2} \cdot \overline{I0.3}$$

$$Q0.2 = \overline{I0.0} \cdot \overline{I0.1} \cdot I0.2 \cdot \overline{I0.3}$$

$$Q0.3 = \overline{I0.0} \cdot \overline{I0.1} \cdot \overline{I0.2} \cdot I0.3$$

根据逻辑表达式画出梯形图和 PLC 接线图，如图 4-1 所示。

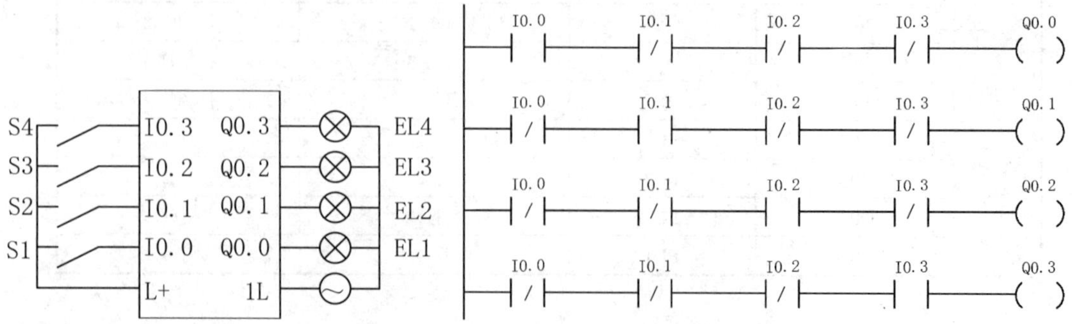

（a）PLC 接线图　　（b）梯形图

图 4-1　PLC 接线图和梯形图

3．控制原理

当开关 S1 闭合，I0.0=1，I0.0 常开接点闭合，Q0.0 线圈经 I0.1、I0.2、I0.3 常闭接点得电。同理当 I0.1、I0.2 或 I0.3 单独闭合时，对应的线圈 Q0.1、Q0.2 或 Q0.3 单独得电。如果当 I0.0=1 时，若此时 I0.1、I0.2 或 I0.3 三个开关中任意一个或两个或三个开关动作，其常闭接点断开，则 Q0.0 无法得电；同理当 I0.1 或 I0.2、I0.3 单独动作时，若其他三个开关闭合，对应的输出继电器也无法得电，即 I0.0、I0.1、I0.2、I0.3 四个开关只能单独控制其相对应的灯，若同时超过两个以上的开关得电，则没有灯亮。

实例 5 用四个开关控制一个照明灯

用四个开关控制一个照明灯，任何一个开关都可以控制照明灯的亮与灭。

控制方案设计

1．输入/输出元件及控制功能

如表 5-1 所示，介绍了实例 5 中用到的输入/输出元件及控制功能。

表 5-1 输入/输出元件及控制功能

	PLC 软元件	元件文字符号	元件名称	控制功能
输入	I0.0	S1	开关 1	控制灯
	I0.1	S2	开关 2	控制灯
	I0.2	S3	开关 3	控制灯
	I0.3	S4	开关 4	控制灯
输出	Q0.0	EL	灯	照明

2．电路设计

设四个开关为 I0.3、I0.2、I0.1、I0.0，根据控制要求可知，任何一个开关闭合时，灯都亮，如果再闭合一个开关时灯灭。也就是说，任何两个开关闭合时灯都灭，以此类推，可知当有奇数个开关闭合时灯亮，当有偶数个开关闭合时灯都灭，由此列出真值表如表 5-2 所示。

表 5-2 照明灯显示输出真值表

	开关 4 I0.3	开关 3 I0.2	开关 2 I0.1	开关 1 I0.0	照明灯 Q0.0	说明
0	0	0	0	0	0	0 个开关动作时灯亮
1	0	0	0	1	1	一个开关动作时灯亮
2	0	0	1	0	1	一个开关动作时灯亮
3	0	0	1	1	0	两个开关动作时灯灭

续表

	开关 4 I0.3	开关 3 I0.2	开关 2 I0.1	开关 1 I0.0	照明灯 Q0.0	说　明
4	0	1	0	0	1	一个开关动作时灯亮
5	0	1	0	1	0	两个开关动作时灯灭
6	0	1	1	0	0	两个开关动作时灯灭
7	0	1	1	1	1	三个开关动作时灯亮
8	1	0	0	0	1	一个开关动作时灯亮
9	1	0	0	1	0	两个开关动作时灯灭
10	1	0	1	0	0	两个开关动作时灯灭
11	1	0	1	1	1	三个开关动作时灯亮
12	1	1	0	0	0	两个开关动作时灯灭
13	1	1	0	1	1	三个开关动作时灯亮
14	1	1	1	0	1	三个开关动作时灯亮
15	1	1	1	1	0	四个开关动作时灯灭

由真值表写出逻辑表达式如下：

$$
\begin{aligned}
Q0.0 = {} & I0.0\cdot\overline{I0.1}\cdot\overline{I0.2}\cdot\overline{I0.3}+\overline{I0.0}\cdot I0.1\cdot\overline{I0.2}\cdot\overline{I0.3}+\overline{I0.0}\cdot\overline{I0.1}\cdot I0.2\cdot\overline{I0.3}+\overline{I0.0}\cdot\overline{I0.1}\cdot\overline{I0.2}\cdot I0.3\\
& +\overline{I0.0}\cdot I0.1\cdot I0.2\cdot I0.3+I0.0\cdot\overline{I0.1}\cdot I0.2\cdot I0.3+I0.0\cdot I0.1\cdot\overline{I0.2}\cdot I0.3+I0.0\cdot I0.1\cdot I0.2\cdot\overline{I0.3}\\
= {} & (I0.0\cdot\overline{I0.1}+\overline{I0.0}\cdot I0.1)\cdot\overline{I0.2}\cdot\overline{I0.3}+(I0.2\cdot\overline{I0.3}+\overline{I0.2}\cdot I0.3)\cdot\overline{I0.0}\cdot\overline{I0.1}+(I0.0\cdot\overline{I0.1}+\overline{I0.0}\cdot\\
& I0.1)\cdot I0.2\cdot I0.3+(I0.2\cdot\overline{I0.3}+\overline{I0.2}\cdot I0.3)\cdot I0.0\cdot I0.1\\
= {} & (I0.0\cdot\overline{I0.1}+\overline{I0.0}\cdot I0.1)(\overline{I0.2}\cdot\overline{I0.3}+I0.2\cdot I0.3)+(I0.2\cdot\overline{I0.3}+\overline{I0.2}\cdot I0.3)(\overline{I0.0}\cdot\overline{I0.1}+I0.0\cdot I0.1)
\end{aligned}
$$

根据逻辑表达式画出 PLC 接线图和梯形图，如图 5-1 所示。

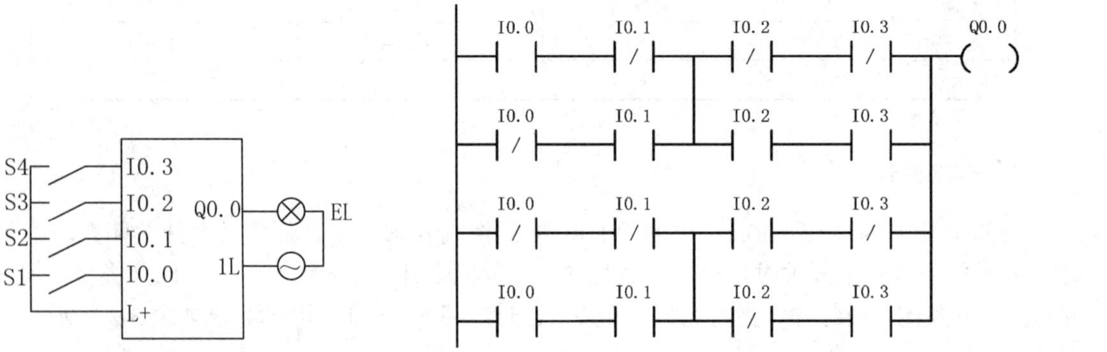

（a）PLC 接线图　　（b）梯形图

图 5-1　PLC 接线图和梯形图

实例 6　用四个开关控制一个信号灯

用四个开关控制一个信号灯，当其中任意两个开关闭合时信号灯亮，否则信号灯不亮。

控制方案设计

1. 输入/输出元件及控制功能

如表 6-1 所示，介绍了实例 6 中用到的输入/输出元件及控制功能。

表 6-1 输入/输出元件及控制功能

	PLC 软元件	元件文字符号	元 件 名 称	控 制 功 能
输入	I0.0	S1	开关 1	控制灯
	I0.1	S2	开关 2	控制灯
	I0.2	S3	开关 3	控制灯
	I0.3	S4	开关 4	控制灯
输出	Q0.0	HL	信号灯	信号

2. 电路设计

设四个开关为 I0.3、I0.2、I0.1、I0.0，根据控制要求列出真值表如表 6-2 所示。

表 6-2 信号灯显示输出真值表

开关 4 I0.3	开关 3 I0.2	开关 2 I0.1	开关 1 I0.0	信号灯 Q0.0	说 明
0	0	0	0		
0	0	0	1		
0	0	1	0		
0	0	1	1	1	两个开关动作时灯亮
0	1	0	0		
0	1	0	1	1	两个开关动作时灯亮
0	1	1	0	1	两个开关动作时灯亮
0	1	1	1		
1	0	0	0		
1	0	0	1	1	两个开关动作时灯亮
1	0	1	0	1	两个开关动作时灯亮
1	0	1	1		
1	1	0	0	1	两个开关动作时灯亮
1	1	0	1		
1	1	1	0		
1	1	1	1		

根据真值表写出逻辑表达式，并化简。

根据逻辑表达式画出 PLC 接线图和梯形图如图 6-1 所示。

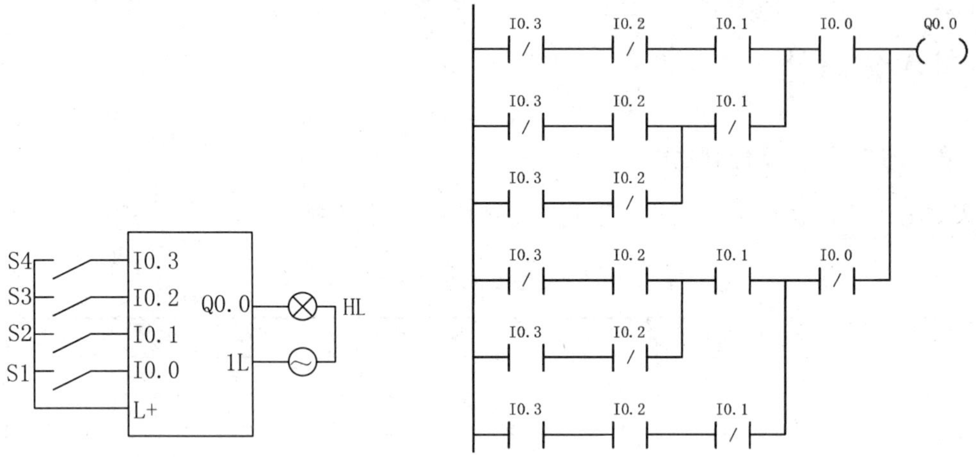

（a）PLC 接线图　　（b）梯形图

图 6-1　用四个开关控制一个信号灯 PLC 接线图和梯形图

实例 7　用四个按钮分别控制四个灯

用四个按钮分别控制四个灯，当其中任意一个按钮按下时对应的灯亮，多个按钮按下时灯不亮。

控制方案设计

1．输入/输出元件及控制功能

如表 7-1 所示，介绍了实例 7 中用到的输入/输出元件及控制功能。

表 7-1　输入/输出元件及控制功能

	PLC 软元件	元件文字符号	元 件 名 称	控 制 功 能
输入	I0.0	SB1	按钮 1	控制灯
	I0.1	SB2	按钮 2	控制灯
	I0.2	SB3	按钮 3	控制灯
	I0.3	SB4	按钮 4	控制灯
输出	Q0.0	EL1	灯 1	照明
	Q0.1	EL2	灯 2	照明
	Q0.2	EL3	灯 3	照明
	Q0.3	EL4	灯 4	照明

2．电路设计

用四个按钮分别控制四个灯的接线图和梯形图，如图 7-1 所示。

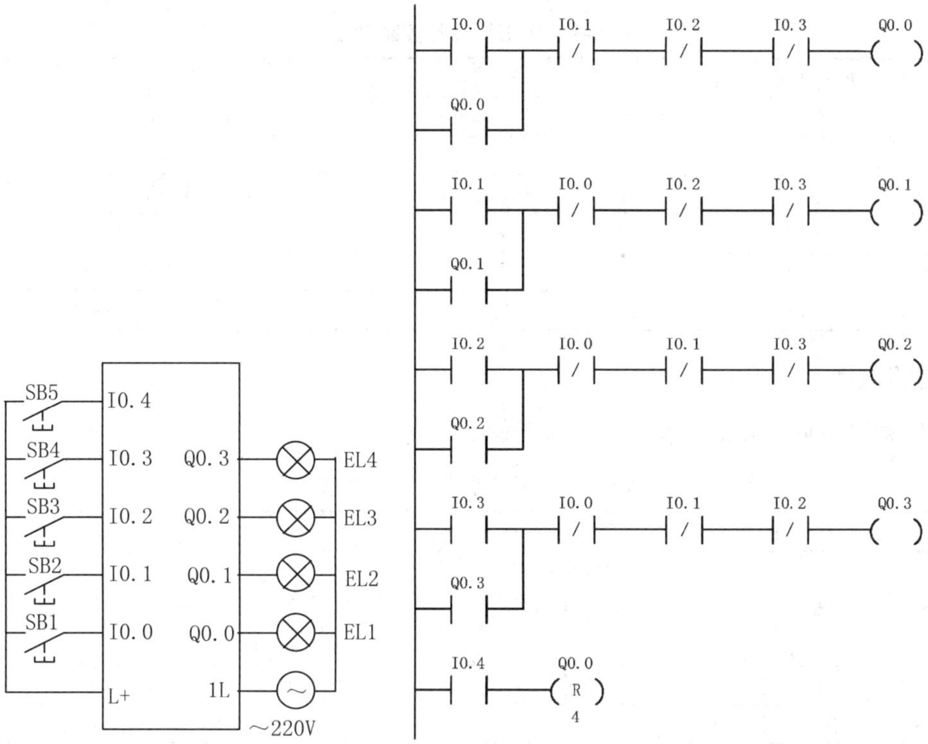

（a）PLC 接线图　　（b）梯形图

图 7-1　用四个按钮分别控制四个灯接线图和梯形图

3．控制原理

如图 7-1（b）梯形图所示，例如，当按下按钮 SB1 时，梯形图中的 I0.0 常开接点闭合，输出线圈 Q0.0 得电自锁，EL1 灯亮。I0.0 常闭接点断开，其他输出线圈失电。如再按下按钮 SB2，梯形图中的 I0.1 常闭接点断开，Q0.0 线圈失电，I0.1 常开接点闭合，输出线圈 Q0.1 得电自锁，EL2 灯亮。按下按钮 SB5，I0.4 接点闭合，Q0.0～Q0.3 全部复位，灯全灭。

实例 8　用信号灯显示三台电动机的运行情况

用红、黄、绿三个信号灯显示三台电动机的运行情况，要求：
（1）当无电动机运行时红灯亮。
（2）当 1 台电动机运行时黄灯亮。
（3）当 2 台及以上电动机运行时绿灯亮。

控制方案设计

1．输入/输出元件及控制功能

如表 8-1 所示，介绍了实例 8 中用到的输入/输出元件及控制功能。

表 8-1　输出元件及控制功能

	PLC 软元件	元件文字符号	元 件 名 称	控 制 功 能
输出	Q0.0	KM1	接触器 1	第 1 台电动机工作
	Q0.1	KM2	接触器 2	第 2 台电动机工作
	Q0.2	KM3	接触器 3	第 3 台电动机工作
输出	Q0.3	HL1	红信号灯	无电动机运行信号
	Q0.4	HL2	黄信号灯	1 台电动机运行信号
	Q0.5	HL3	绿信号灯	2 台及以上电动机运行信号

2. 电路设计

根据控制要求列出真值表如表 8-2 所示。

表 8-2　信号灯显示输出真值表

电动机输出			信号灯输出			说　明
第 1 台 Q0.0	第 2 台 Q0.1	第 3 台 Q0.2	红灯 Q0.3	黄灯 Q0.4	绿灯 Q0.5	
0	0	0	1			当无电动机运行时红灯亮
0	0	1		1		当 1 台电动机运行时黄灯亮
0	1	0		1		当 1 台电动机运行时黄灯亮
0	1	1			1	当 2 台及以上电动机运行时绿灯亮
1	0	0		1		当 1 台电动机运行时黄灯亮
1	0	1			1	当 2 台及以上电动机运行时绿灯亮
1	1	0			1	当 2 台及以上电动机运行时绿灯亮
1	1	1			1	当 2 台及以上电动机运行时绿灯亮

根据真值表写出逻辑表达式：

$$Q0.3=\overline{Q0.0}\cdot\overline{Q0.1}\cdot\overline{Q0.2}$$

$$Q0.5=Q0.0\cdot Q0.1+Q0.0\cdot Q0.2+Q0.1\cdot Q0.2=(Q0.1+Q0.2)Q0.0+Q0.1\cdot Q0.2$$

$$Q0.4=\overline{Q0.3}\cdot\overline{Q0.5}$$

根据逻辑表达式画出梯形图和 PLC 接线图，如图 8-1 所示。

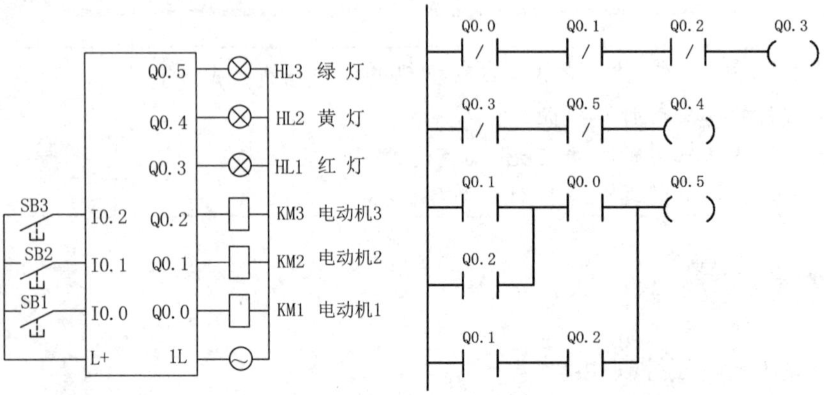

（a）PLC 接线图　　（b）梯形图

图 8-1　信号灯显示 PLC 接线图和梯形图

分类二　圆盘、小车控制

实例 9　按钮控制圆盘转一圈

一个圆盘如图 9-1 所示，在原始位置时，限位开关受压，处于动作状态；按一下按钮，电动机带动圆盘转一圈到原始位置时停止。

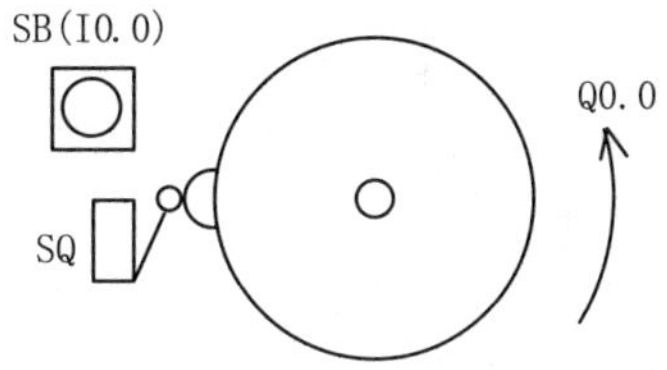

图 9-1　圆盘示意图

控制方案设计

1．输入/输出元件及控制功能

如表 9-1 所示，介绍了实例 9 中用到的输入/输出元件及控制功能。

表 9-1　输入/输出元件及控制功能

	PLC 软元件	元件文字符号	元 件 名 称	控 制 功 能
输入	I0.0	SB	控制按钮	启动
	I0.1	SQ	限位开关	原位检测
输出	Q0.0	KM	接触器	控制电动机

2．电路设计

方法 1：

圆盘控制 PLC 接线图和梯形图如图 9-2 所示。

圆盘在原位且限位开关 SQ 也在原位时，常开接点受压闭合，梯形图中 I0.1 常闭接点断开。当按下按钮 SB 时，I0.0 接点闭合，经 M0.0 常闭接点使 Q0.0 得电并自锁，Q0.0 得电驱动接触器 KM 使电动机得电，带动圆盘转动，限位开关 SQ 复位，I0.1 常闭接点闭合，又使 M0.0 线圈得电，M0.0 接点常闭接点断开，Q0.0 线圈仍经 I0.1 常闭接点得电自锁。当圆盘转一圈后，又碰到限位开关 SQ，I0.1 常闭接点断开，Q0.0 失电后，电动机停止转动。

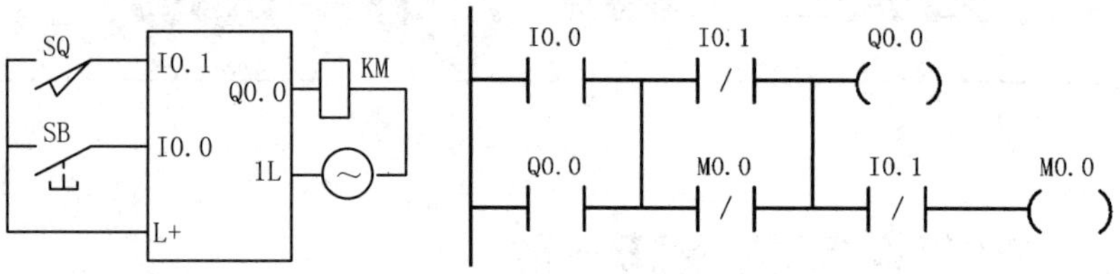

（a）PLC 接线图　　（b）梯形图

图 9-2　圆盘控制 PLC 接线图和梯形图（方法 1）

方法 2：

圆盘控制 PLC 接线图和梯形图如图 9-3 所示。

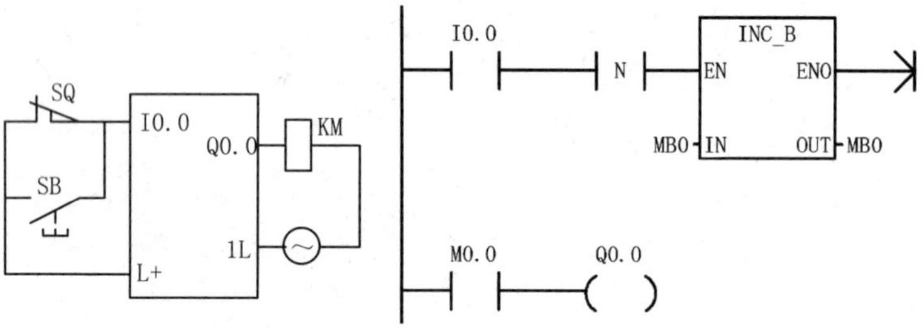

（a）PLC 接线图　　（b）梯形图

图 9-3　圆盘控制 PLC 接线图和梯形图（方法 2）

在原位时限位开关 SQ 常闭接点受压断开，当按下按钮 SB 再松开时，I0.0 下降沿接点接通一个扫描周期，执行一次加 1INC_B 指令，MB0=1，M0.0=1 使 Q0.0=1，圆盘转动后限位开关 SQ 常闭接点闭合，转一圈后又碰到限位开关 SQ 常闭接点时，SQ 断开，I0.0 又接通产生一次下降沿脉冲 MB0 中的数加 1，MB0=2，M0.0=0 使 Q0.0=0，圆盘停止转动。再次按动按钮 SB 再松开时，又重复上述过程。

圆盘每转动一圈，在 SB 的下降沿 M0.0=1 圆盘转动，圆盘转到原位，SQ 常闭接点断开，在 SQ 的下降沿 M0.0=0。圆盘控制梯形图（方法 2）的时序图如图 9-4 所示。

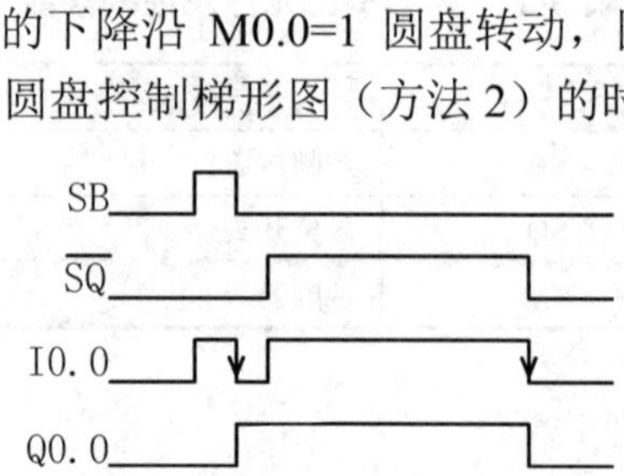

图 9-4　圆盘控制梯形图（方法 2）的时序图

实例 10　定时 90° 转盘

一个圆盘如图 10-1 所示，由电动机拖动，控制转盘每转 90° 停止转动 1min，并不断重复上述过程。

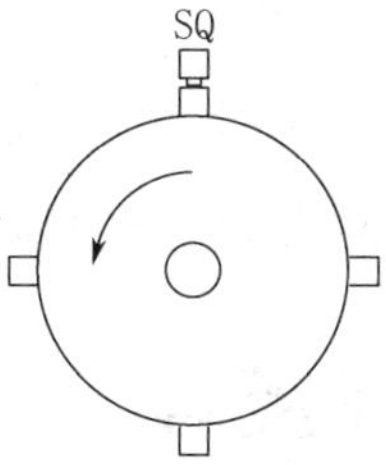

图 10-1　转盘示意图

控制方案设计

1. 输入/输出元件及控制功能

如表 10-1 所示，介绍了实例 10 中用到的输入/输出元件及控制功能。

表 10-1　输入/输出元件及控制功能

	PLC 软元件	元件文字符号	元 件 名 称	控 制 功 能
输入	I0.0	SA	控制开关	启动/停止控制
	I0.1	SQ	限位开关	位置检测
输出	Q0.0	KM	接触器	控制电动机驱动转盘

2. 电路设计

圆盘控制接线图和梯形图如图 10-2 所示。

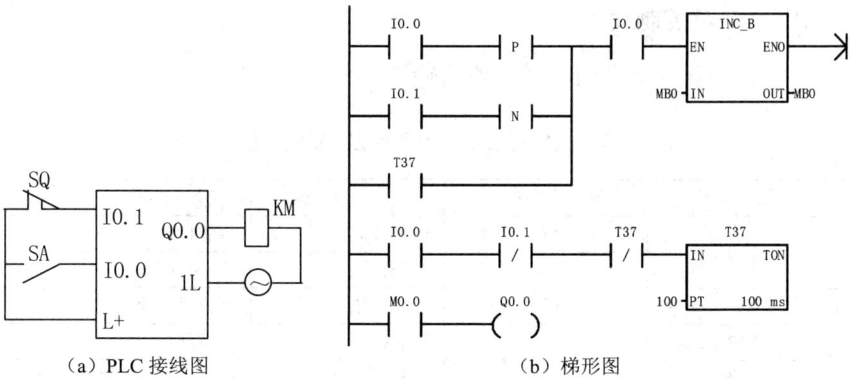

图 10-2　定时控制转盘的 PLC 接线图和梯形图

3．控制原理

转盘在原位时限位开关 SQ 常闭接点受压断开。合上控制开关 SA 时，I0.0 接点闭合，I0.0 接点在上升沿产生一个脉冲，执行一次 INC_B 指令，MB0=1，M0.0=1 使 Q0.0=1，接触器 KM 得电，转盘转动。转盘转动后使 SQ 常闭接点闭合。转 90°后，SQ 常闭接点又受压断开，I0.1 下降沿接点产生一个脉冲，接通 INC_B 指令，MB0=2，M0.0=0 使 Q0.0=0，接触器 KM 失电，转盘停止。由于限位开关 SQ 常闭接点受压断开，I0.1 常闭接点闭合，定时器 T37 得电延时 10s 后，T37 接点动作（一个扫描周期），执行一次 INC_B 指令，MB0=3，M0.0=1 使 Q0.0=1，接触器 KM 得电，转盘转动。不断重复上述过程。

实例 11 圆盘 180° 正反转

一个圆盘如图 11-1 所示，由电动机拖动，按下启动按钮，控制转盘正转 180° 后再反转 180°，并不断重复上述过程。按下急停按钮，转盘立即停止。按下到原位停止按钮，转盘转 180° 到原位碰到限位开关停止。

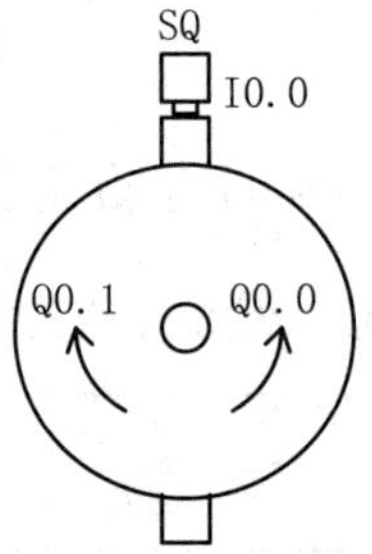

图 11-1 转盘示意图

控制方案设计

1．输入/输出元件及控制功能

如表 11-1 所示，介绍了实例 11 中用到的输入/输出元件及控制功能。

表 11-1 输入/输出元件及控制功能

	PLC 软元件	元件文字符号	元 件 名 称	控 制 功 能
输入	I0.0	SQ	限位开关	位置检测
		SB1	启动按钮	启动控制
	I0.1	SB2	停止按钮	到位停止控制
	I0.2	SB3	停止按钮	立即停止控制
输出	Q0.0	KM1	正转接触器	控制电动机驱动转盘正转
	Q0.1.	KM2	反转接触器	控制电动机驱动转盘反转

2. 电路设计

控制转盘 180° 正反转 PLC 接线图和梯形图如图 11-2 所示。

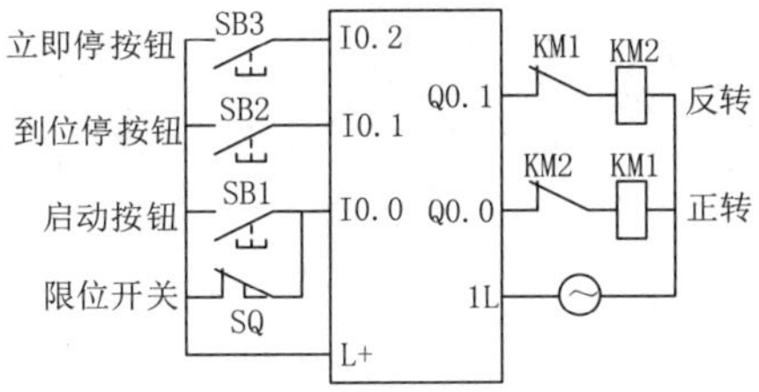

（a）PLC 接线图

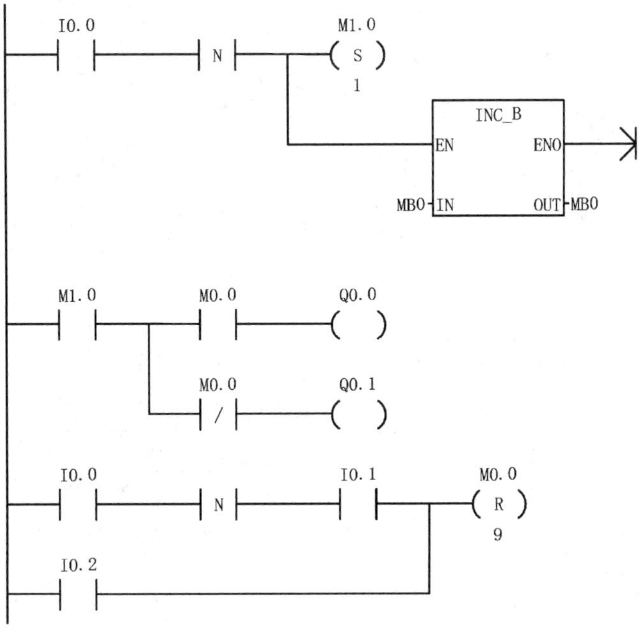

（b）梯形图

图 11-2　控制转盘 180° 正反转 PLC 接线图和梯形图

3. 控制原理

初始状态，转盘在原位时限位开关 SQ 常闭接点受压断开。I0.0=0，Q0.0=0；按下启动按钮 SB1，I0.0=1，在松开按钮 SB1 时 I0.0=0，I0.0 在下降沿接通一次，使 M1.0 置位为 1，执行 INC_B 指令使 MB0 加 1，M0.0=1，Q0.0=1，圆盘正转，转动后 SQ 常闭接点闭合，转动 180° 后 SQ 接点又受压断开，I0.0 下降沿接点又接通一次，再执行一次 INC_B 指令，MB0 加 1，MB0=2，M0.0=0，M0.0 常闭接点闭合，Q0.1=1，圆盘反转，转动后 SQ 常闭接点闭合，转动 180° 后 SQ 接点又受压断开，I0.0 下降沿接点再接通一次，执行一次 INC_B 指令，MB0=3，M0.0=1，M0.0 常开接点闭合，Q0.0=1，圆盘正转，重复上述过程。

如按住停止按钮 SB2，I0.1=1，当圆盘碰到限位开关 SQ 时停止。

如按下停止按钮 SB3，M0.0～M1.0 全部复位，Q0.0 和 Q0.1 失电，圆盘立即停转。

实例 12　圆盘工件箱捷径传送

一个圆盘工作台如图 12-1 所示，周围均匀分布 8 个工位（分别为 0#～7#），在每一工位安装有一个接近开关，用于检测位置信号和一个内置信号灯的按钮，工作台上有一个工件箱，箱下安装一个磁钢，当磁钢转到接近开关上部时，接近开关动作。

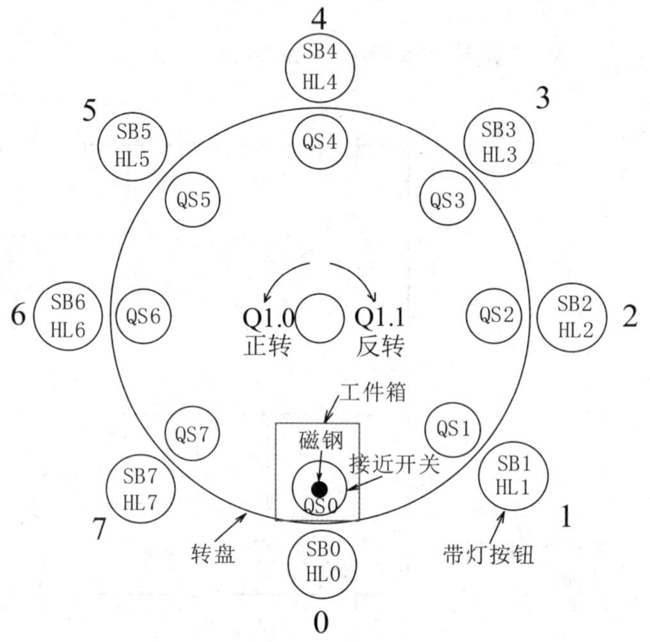

图 12-1　圆盘示意图

当某一工位按下按钮时，对应的指示灯亮，要求无论工件箱在哪一工位，工件箱应沿最近距离转动，到该工位自动停止，当工件箱到该工位时指示灯灭。

控制方案设计

1．输入/输出元件及控制功能

如表 12-1 所示，介绍了实例 12 中用到的输入/输出元件及控制功能。

表 12-1　输入/输出元件及控制功能

	PLC 软元件	元件文字符号	元 件 名 称	控 制 功 能
输入	I0.0～I0.7	SB0～SB7	0#～7#工位按钮	0#～7#工位控制
	I1.0～I1.7	SQ0～SQ7	0#～7#工位接近开关	0#～7#工位检测
输出	Q1.0	K 1	继电器 1	圆盘正转
	Q1.1	K 2	继电器 2	圆盘反转

2．电路设计

圆盘工件箱捷径传送梯形图如图 12-2 所示，接线图如图 12-3 所示。

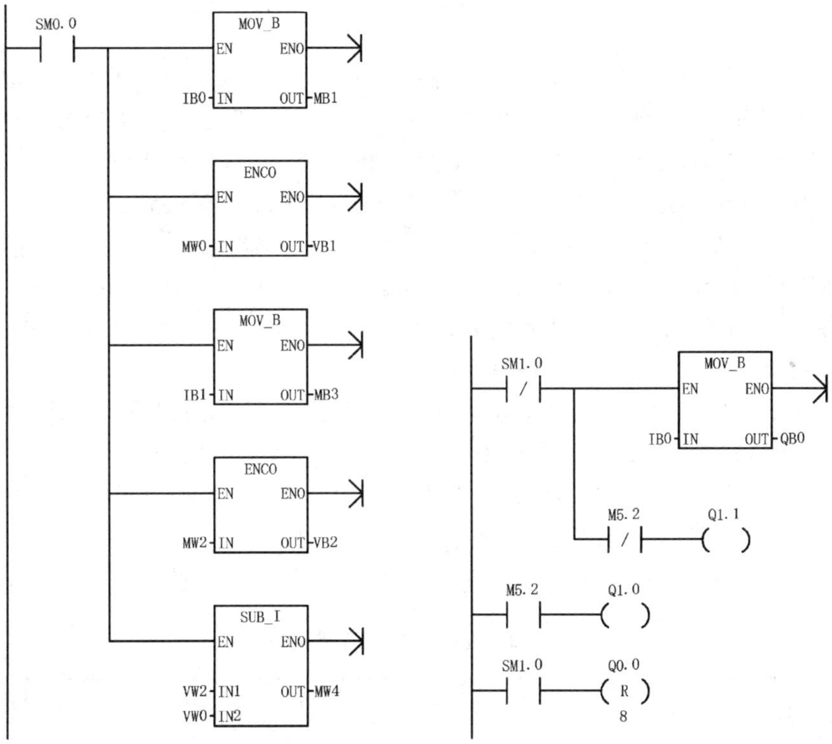

图 12-2　圆盘工件箱捷径传送梯形图

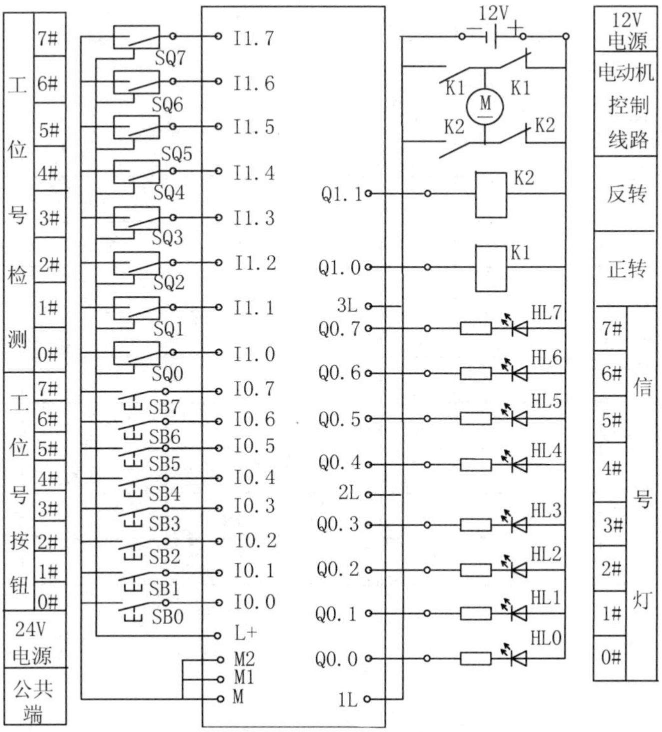

图 12-3　圆盘工件箱捷径传送接线图

3. 控制原理

图 12-4 中，将工位按钮 I0.0～I0.7（IB0）所在位置的按钮编号存放到 MB1 中，用编码指令将 MW0 编码结果存放到 VB1 的低 4 位（由于编码指令不能用字节元件，只能用字元件），实际上是将 MB1 编码结果存放到 VB1 的低 4 位。

将工位接近开关 I1.0～I1.7（IB1）所在位置的开关编号存放到 MB3 中，用编码指令将 MW2 编码结果存放到 VB3 的低 4 位（由于编码指令不能用字节元件，只能用字元件），实际上是将 MB1 编码结果存放到 VB1 的低 4 位。

根据统计，当 VW2−VW0 两者的差值为−1～−4 和 4～7 时为正转；当 D1−D0 为−5～−7 和 1～3 时为反转；当 VW2=VW0 时为停止。

由表 12-2 可知，将 VW2−VW0 两者的差值由 4 位二进制数 M5.3～M5.0 表示，当 M5.2=1 时为正转；当 M5.2=0 时反转或停；当 VW2−VW0=0 时停止。

当 VW2−VW0=0 时，SM1.0=1。当 VW2−VW0≠0 时，SM1.0=0。

SM1.0=1 时，SM1.0 常开接点闭合，全部输出复位。

SM1.0=0 时，SM1.0 常闭接点闭合，按下按钮，对应的信号灯亮，圆盘正转或反转。

表 12-2　D1−D0 差值表

圆盘转向	VW2—VW0	M5.3	M5.2	M5.1	M5.0
正转	−1	1	1	1	1
	−2	1	1	1	0
	−3	1	1	0	1
	−4	1	1	0	0
反转	−5	1	0	1	1
	−6	1	0	1	0
	−7	1	0	0	1
停转	0	0	0	0	0
反转	1	0	0	0	1
	2	0	0	1	0
	3	0	0	1	1
正转	4	0	1	0	0
	5	0	1	0	1
	6	0	1	1	0
	7	0	1	1	1

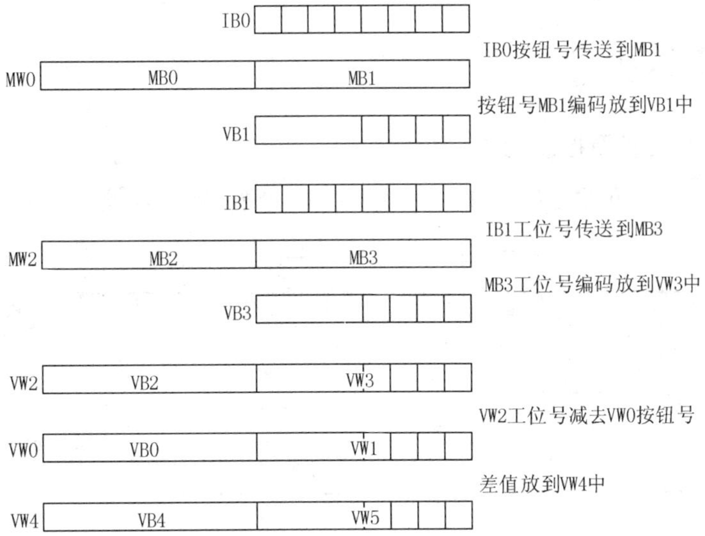

图 12-4　圆盘工件箱捷径传送梯形图工作过程

实例 13　自动加工机床换刀

一个圆形刀库用于自动加工机床的换刀，在刀库架上装有 7 种刀具，如图 13-1 所示。7 种刀具分别放在 1#～7#位置，每个刀具位置有一个位置传感器，用 7 个按钮 SB1～SB7 分别选择 1#～7#刀具。每个按钮中装有一个信号灯，当选择某把刀具时，按下对应的按钮，按钮中的信号灯亮，同时刀库以最近的方向将刀具送到 0#换刀位，到 0#换刀位时，0#换刀信号灯亮，停留 3s（进行换刀），之后返回到原位，换刀按钮信号灯灭。

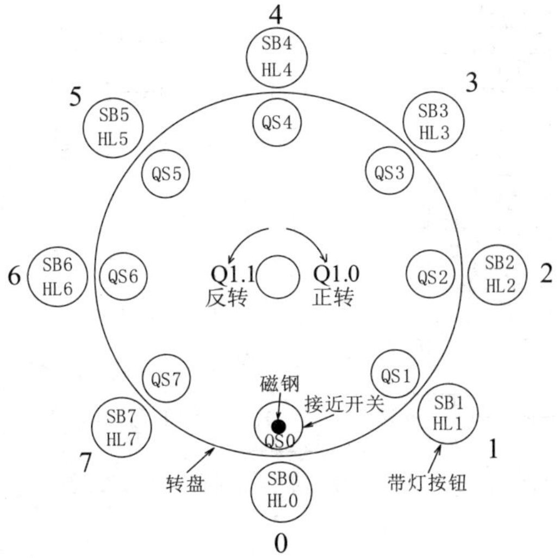

图 13-1　自动加工机床刀库工作示意图

控制方案设计

1. 输入/输出元件及控制功能

如表 13-1 所示，介绍了实例 13 中用到的输入/输出元件及控制功能。

表 13-1 输入/输出元件及控制功能

	PLC 软元件	元件文字符号	元 件 名 称	控 制 功 能
输入	I0.0～I0.7	SB0～SB7	0#～7#工位按钮	0#～7#工位换刀信号
	I1.0～I1.7	SQ0～SQ7	0#～7#工位接近开关	0#～7#工位检测
输出	Q0.0～Q0.7	HL0～HL7	0#～7#信号灯	0#～7#工位换刀信号显示
	Q1.0	K 1	继电器 1	圆盘正转
	Q1.1	K 2	继电器 2	圆盘反转

2. 电路设计

自动加工机床的换刀接线图和梯形图如图 13-2 和图 13-3 所示。

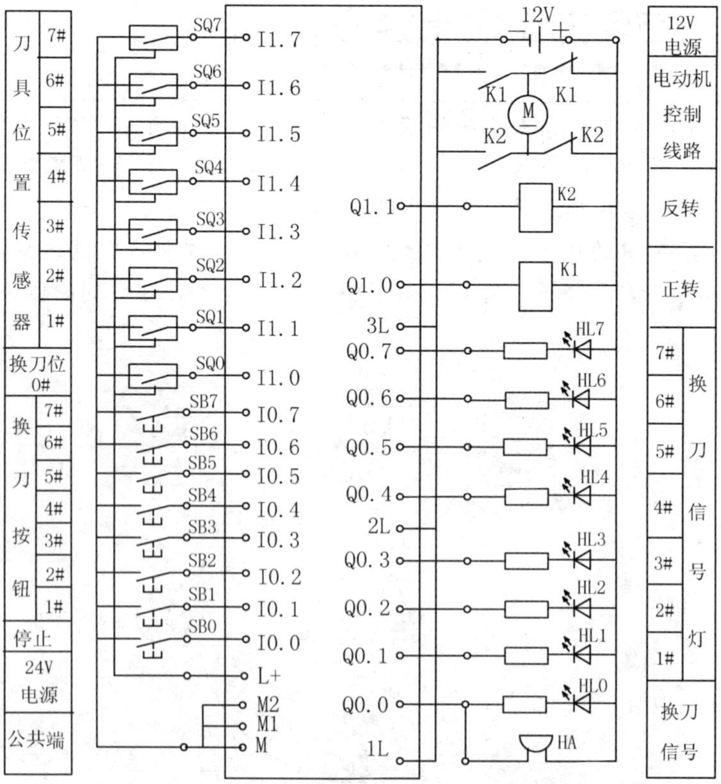

图 13-2 自动加工机床的换刀接线图

3. 控制原理

梯形图如图 13-3 所示，例如，按下 2#工位按钮 SB2，I0.2 接点闭合，Q0.2=1，对应信号灯 HL2 亮，Q1.0 线圈得电自锁，圆盘正转。当 2#工位转到 0#位时，磁钢正好转到 6#

位，I1.6=1，Q0.2 和 I1.6 常开接点同时闭合， M0.0 发出一个脉冲，M0.0 常闭接点断开。Q1.0 线圈失电。圆盘停止，M0.0 常开接点闭合，Q0.0 线圈得电自锁，换刀信号灯亮，T37 延时 3s，Q0.0 线圈失电，由于 Q0.2=1，T37 常开接点闭合，Q1.1 线圈得电自锁，圆盘反转，当磁钢反转到 0#位时，接近开关 SQ0 动作，I1.0=1，I1.0 上升沿接点产生一个脉冲，M0.1 得电一个脉冲，使 Q1.1 线圈失电，圆盘停止，同时 Q0.1～Q0.7 复位，信号灯 HL2 熄灭。圆盘又回到原位。

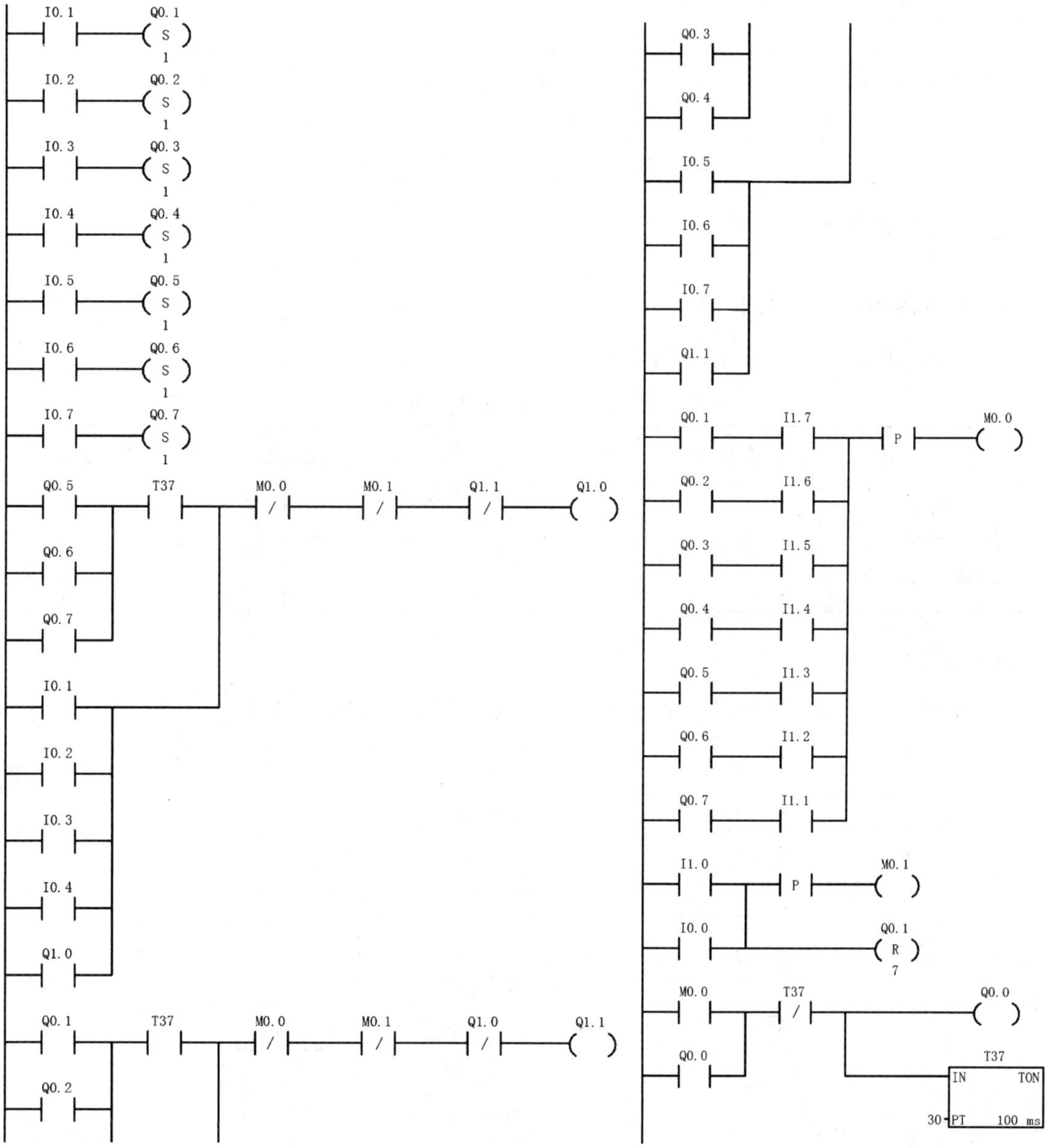

图 13-3　自动加工机床的换刀梯形图

实例 14　五站点呼叫小车

一辆小车在一条线路上运行，如图 14-1 所示。线路上有 1#～5#共 5 个站点，每个站点各设一个行程开关和一个呼叫按钮。要求无论小车在哪个站点，当某一个站点按下按钮后，小车将自动行进到呼叫点。试用 PLC 对小车进行控制。

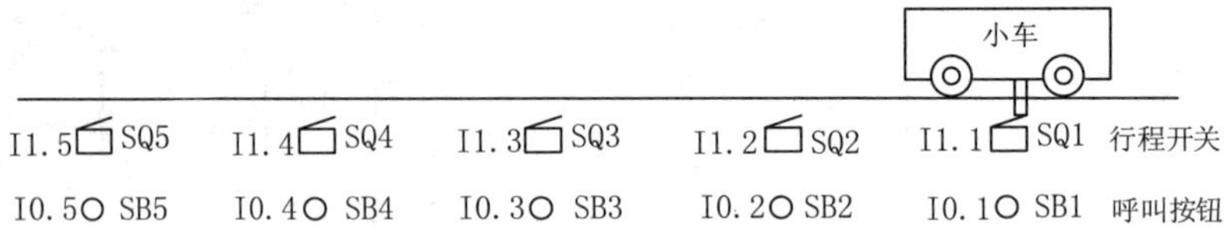

图 14-1　小车行走示意图

控制方案设计

1．输入/输出元件及控制功能

如表 14-1 所示，介绍了实例 14 中用到的输入/输出元件及控制功能。

表 14-1　输入/输出元件及控制功能

	PLC 软元件	元件文字符号	元 件 名 称	控 制 功 能
输入	I0.1～I0.5	SB1～SB5	按钮 1～按钮 5	站点呼叫
	I1.1～I1.5	SQ1～SQ5	行程开关 1～行程开关 5	行程控制
输出	Q0.0	KM1	接触器 1	小车前进
	Q0.1	KM2	接触器 2	小车后退

2．电路设计

如图 14-2 所示为小车行走主电路图和 PLC 接线图。图 14-3 为小车行走梯形图。

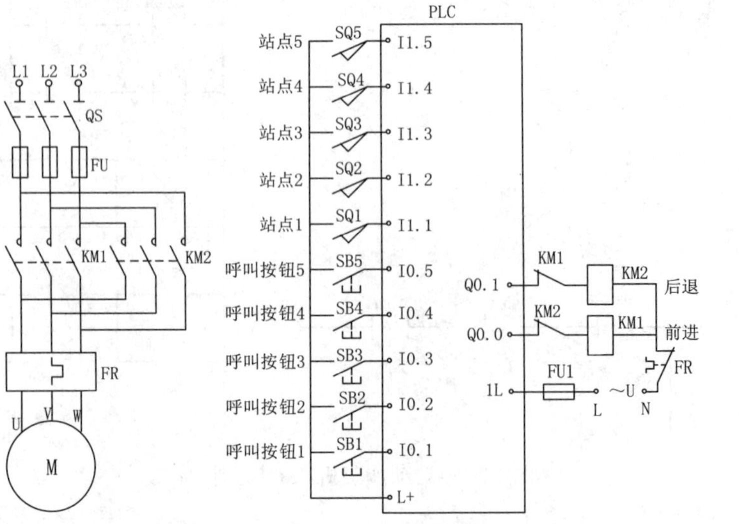

（a）主电路图　　（b）小车呼叫 PLC 接线图

图 14-2　小车行走主电路图和 PLC 接线图

3．控制原理

根据梯形图 14-3 可知，5 个站点的按钮 I0.1～I0.5 分别由 5 个位存储器 M0.1～M0.5 分别记忆 1#～5#共 5 个站点。当某个按钮按下时，对应的位存储器 M 得电自锁，对该站点的按钮信号进行记忆，直到小车到达该站点时才消除。

现设小车在 1#站点，1#限位开关 SQ1 动作，I1.1=1，梯形图中 I1.1 常闭接点断开，按 1#按钮无效，M0.1 不会得电，Q0.1 线圈也不会得电。此时按下 2#～5#按钮都可以使 Q0.0 得电，使小车前进。

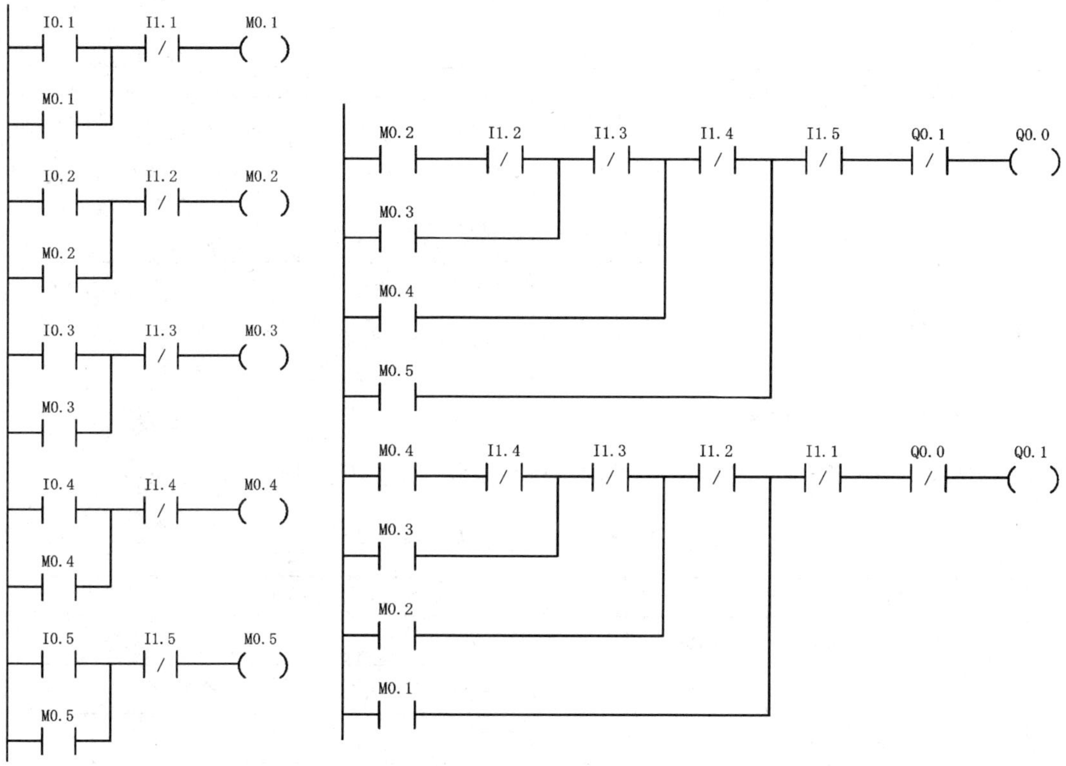

图 14-3　小车行走梯形图

现按下 2#按钮 I0.2，则 M0.2=1，Q0.0 线圈得电，小车前进；到达 2#站点时，I1.2=1，则 M0.2=0，Q0.0 线圈失电，小车停止。

小车停止在 2#站点时，I1.2=1，其 I1.2 常闭接点断开。在 Q0.0 线圈回路中，M0.1、M0.2 信号不能使 Q0.0 线圈得电，而 M0.3、M0.4、M0.5 信号可以使 Q0.0 线圈得电。在 Q0.1 线圈回路中，M0.2、M0.3、M0.4、M0.5 信号不能使 Q0.0 线圈得电，只有 M0.1 信号能使 Q0.1 线圈得电。综上分析可知，小车停止在某站点时，该站点的限位开关动作。当比该站点编号大的按钮按下时，Q0.0 线圈得电，小车前进；当比该站点编号小的按钮按下时，Q0.1 线圈得电，小车后退。

实例 15　八站点呼叫小车

一辆小车在一条线路上运行，如图 15-1 所示。线路上有 0#～7#共 8 个站点，每个站点各设一个行程开关和一个呼叫按钮。要求无论小车停在哪个站点，显示该站点的站点号，当某一个站点按下按钮后，显示该站点的按钮号，小车将自动行进到呼叫点。试用 PLC 对小车进行控制。

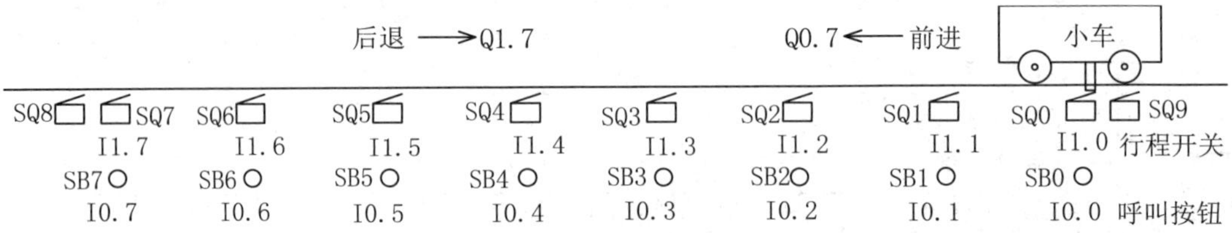

图 15-1　小车运行示意图

控制方案设计

1．输入/输出元件及控制功能

如表 15-1 所示，介绍了实例 15 中用到的输入/输出元件及控制功能。

表 15-1　输入/输出元件及控制功能

	PLC 软元件	元件文字符号	元 件 名 称	控 制 功 能
输入	I0.0～I0.7	SB0～SB7	按钮 0～按钮 7	站点呼叫
	I1.0～I1.7	SQ0～SQ7	行程开关 0～行程开关 7	行程控制
输出	Q0.0～Q0.6		七段数码管	显示按钮号
	Q2.0～Q2.6		七段数码管	显示站点号
	Q1.0	KM1	接触器 1	小车前进
	Q1.1	HL	信号灯	小车停止显示
	Q1.2	KM2	接触器 2	小车后退

2．电路设计

八站点呼叫小车 PLC 接线图如图 15-2 所示，梯形图如图 15-3 所示。

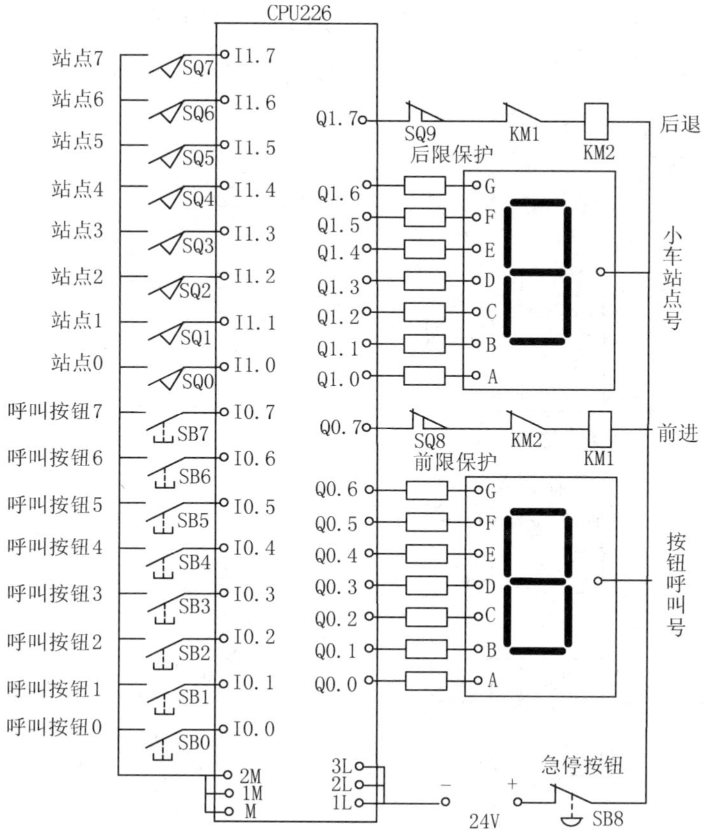

图 15-2　八站点呼叫小车 PLC 接线图

3．控制原理

控制梯形图和梯形图工作过程如图 15-3 所示。比较接点 IB0＞0，表明有按钮按下。比较接点 IB1＞0，表明小车停在某站点上，该站点限位开关动作。

例如，按下按钮 SB5，I0.5=1，执行 MOV_B IB0 MB1，MB1=2#00100000，即 M1.5=5，执行译码指令 ENCO MW0 VB0，实际上是 MW0 的低 8 位 MB1，结果放到 VB0 中，VB0=5，VB0 经 SEG 指令通过输出继电器 QB1 驱动七段数码管显示按钮号 5。

假如小车停在 3#站点，限位开关 SQ3 受压，I1.3=1，执行 MOV_B IB1 MB3，MB3=2#00001000，即 M3.3=1，执行译码指令 ENCO MW2 VB1，实际上是 MW1 的低 8 位 MB3，结果放到 VB1 中，VB1=3，VB1 经 SEG 指令通过输出继电器 QB1 驱动七段数码管显示站点号 3。

由于按钮号 VB0=5，站点号 VB1=3，按钮号 VB0 大于站点号 VB1，Q0.7=1，小车前进，当小车前进到 5#站点，限位开关 SQ5 受压，按钮号 VB0 等于站点号 VB1，Q0.7=0，小车停止在 5#站点。

如果再按下 4#按钮 SB4，I0.4=1，执行程序后按钮号 VB0=4。由于此时小车停在 5#站点，站点号 VB1=5，按钮号 VB0 小于站点号 VB1，Q1.7=1，小车后退到 4#站点停止。

注意：在段码指令 SEG 中使用了 QB0 和 QB1 共 16 位输出点，但是两位七段数码管只使用了 14 位，其中 Q0.7 和 Q1.7 被占而不用，为了合理的使用这两个输出点，可以将 Q0.7 和 Q1.7 的线圈放到段码指令 SEG 后面使用。

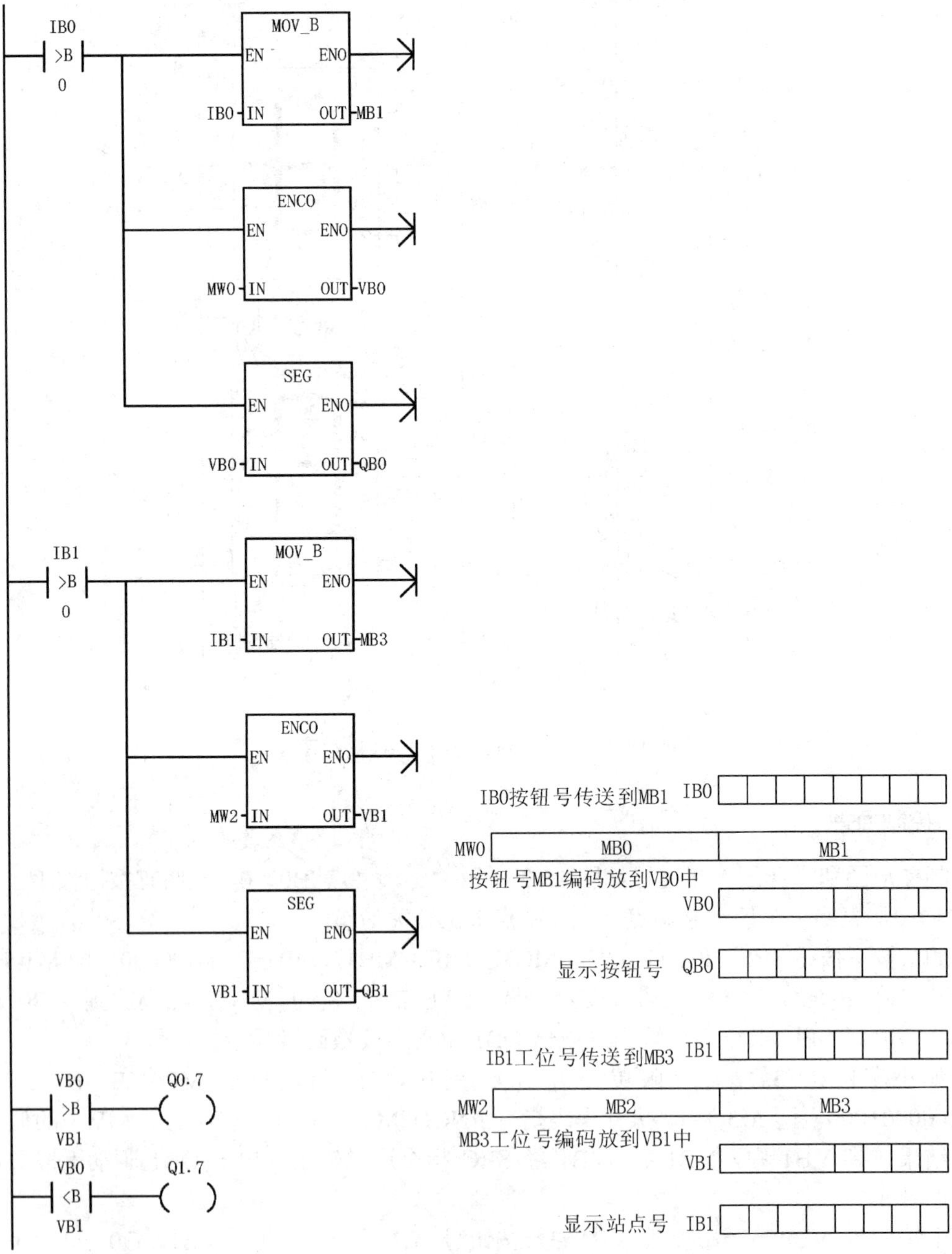

图 15-3　八站点呼叫小车梯形图和梯形图工作过程

实例 16　小车五位自动循环往返运行

用三相异步电动机拖动一辆小车在 A、B、C、D、E 五点之间自动循环往返运行，小车五位行程控制的示意图如图 16-1 所示。小车初始在 A 点，按下启动按钮，小车依次前进到 B、C、D、E 点，并分别停止 2s 返回到 A 点停止。

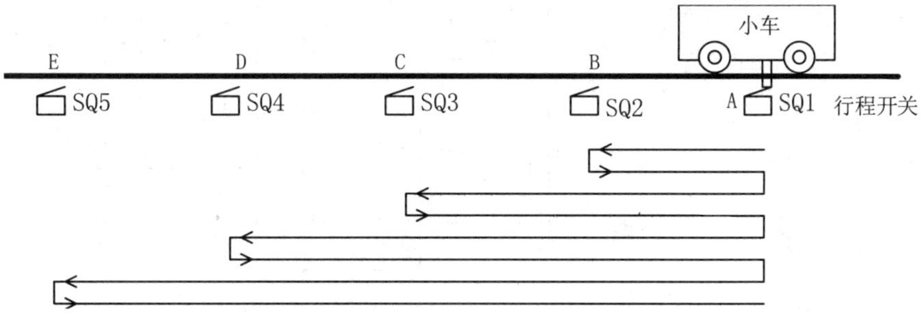

图 16-1　小车五位行程控制示意图

控制方案设计

1. 输入/输出元件及控制功能

如表 16-1 所示，介绍了实例 16 中用到的输入/输出元件及控制功能。

表 16-1　输入/输出元件及控制功能

	PLC 软元件	元件文字符号	元 件 名 称	控 制 功 能
输入	I0.0	SB	启动按钮	启动小车
	I0.1	SQ1	A 位接近行程开关	A 位点位置
	I0.2	SQ2	B 位接近行程开关	B 位点位置
	I0.3	SQ3	C 位接近行程开关	C 位点位置
	I0.4	SQ4	D 位接近行程开关	D 位点位置
	I0.5	SQ5	E 位接近行程开关	E 位点位置
输出	Q0.0	KM1	接触器 1	小车前进
	Q0.1	KM2	接触器 2	小车后退

2. 电路设计

方法 1：
如图 16-2 所示为小车五位行程控制 PLC 接线图，其梯形图如图 16-3 所示。

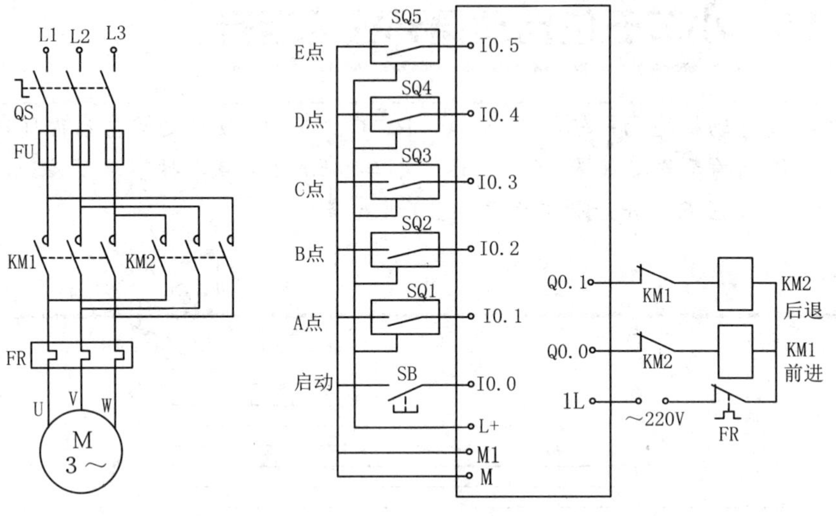

（a）主电路图　　（b）PLC 接线图

图 16-2　小车五位行程控制主电路图和 PLC 接线图（方法 1）

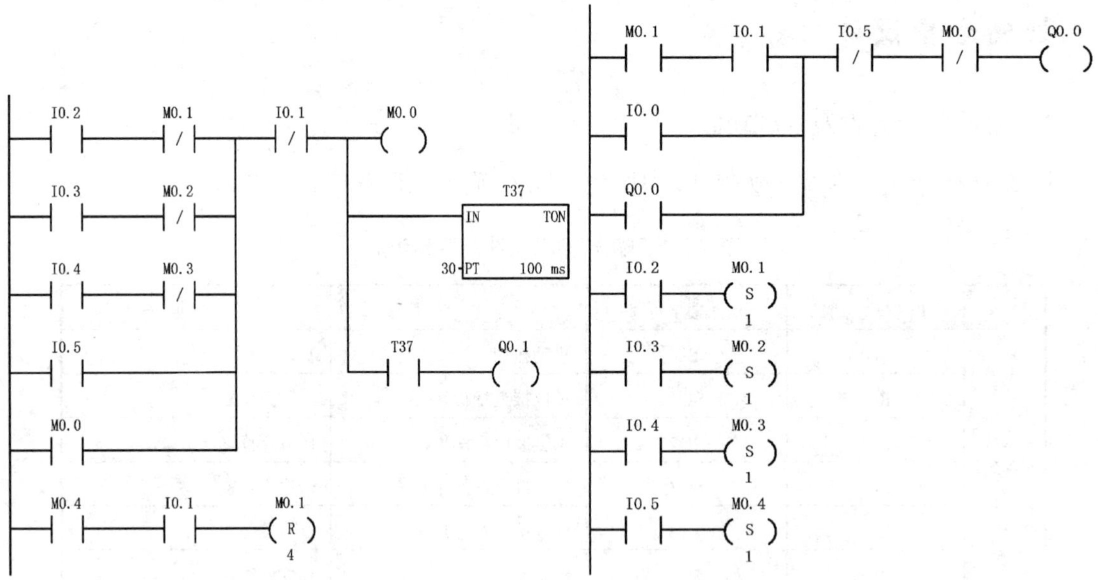

图 16-3　小车五位行程控制梯形图（方法 1）

方法 2：

如图 16-4 所示为小车五位行程控制状态转移图，其梯形图如图 16-5 所示。控制指令如表 16-2 所示。

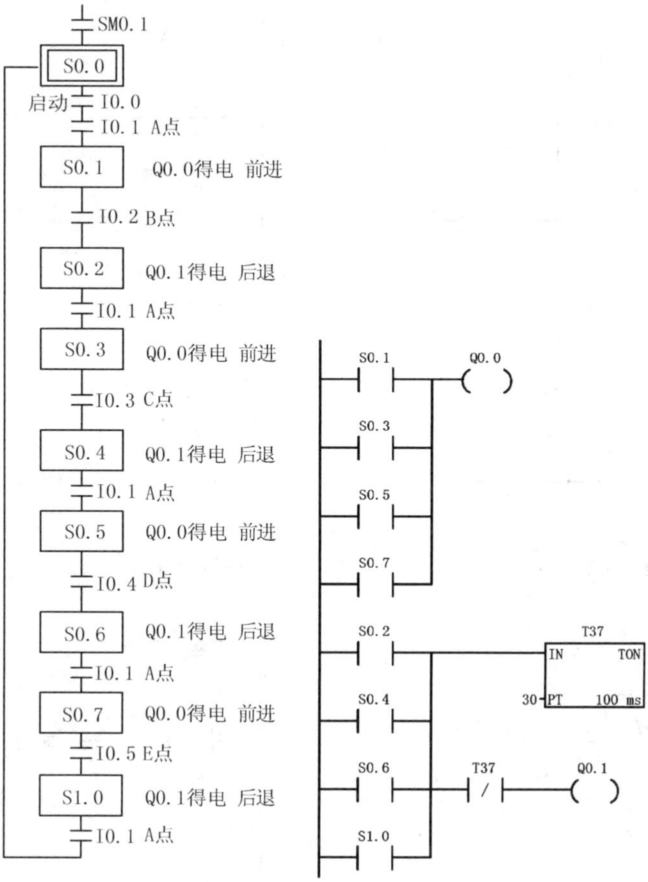

图 16-4　小车五位行程控制状态转移图（方法 2）

表 16-2　小车五位行程控制指令

网络 1	网络 9	LSCR S0 .5	网络 26
LD SM0 .1	LD I0 .1	网络 18	LSCR S1 .0
S S0 .0	SCRT S0 .3	LD I0 .4	网络 27
网络 2	网络 10	SCRT S0 .6	LD I0 .1
LSCR S0 .0	SCRE	网络 19	SCRT S0 .0
网络 3	网络 11	SCRE	网络 28
LD I0 .0	LSCR S0 .3	网络 20	SCRE
A I0 .1	网络 12	LSCR S0 .6	网络 29
SCRT S0 .1	LD I0 .3	网络 21	LD S0 .1
网络 4	SCRT S0 .4	LD I0 .1	O S0 .3
SCRE	网络 13	SCRT S0 .7	O S0 .5
网络 5	SCRE	网络 22	O S0 .7
LSCR S0 .1	网络 14	SCRE	= Q0 .0
网络 6	LSCR S0 .4	网络 23	网络 30
LD I0 .2	网络 15	LSCR S0 .7	LD S0 .2
SCRT S0 .2	LD I0 .1	网络 24	O S0 .4
网络 7	SCRT S0 .5	LD I0 .5	O S0 .6
SCRE	网络 16	SCRT S1 .0	O S1 .0
网络 8	SCRE	网络 25	TON T37, 30
LSCR S0.2	网络 17	SCRE	AN T37
			= Q0.1

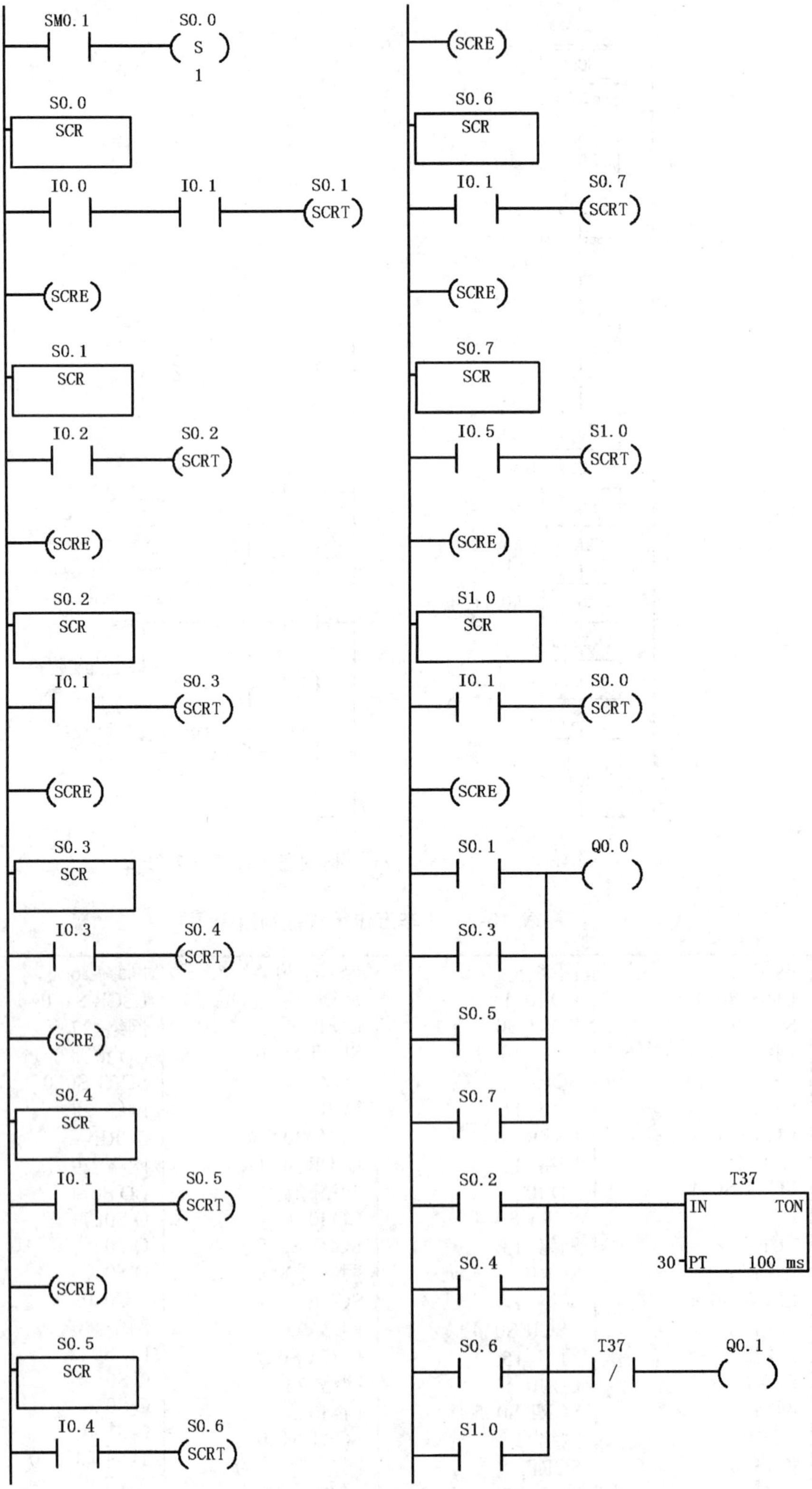

图 16-5　小车五位行程控制梯形图（方法 2）

方法 3：

如图 16-6 所示为移位寄存器动作原理，其梯形图如图 16-7 所示。

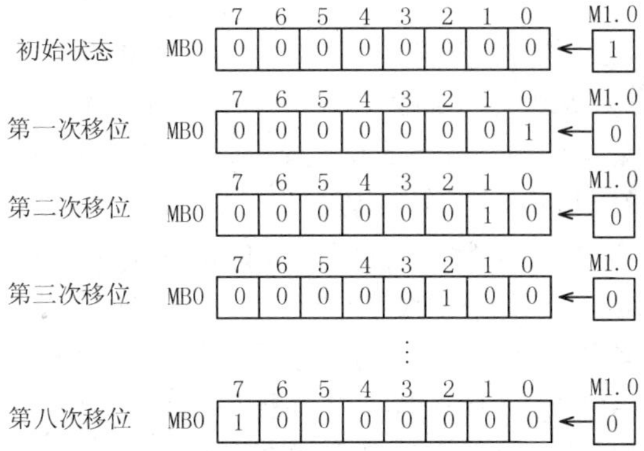

图 16-6　移位寄存器动作原理

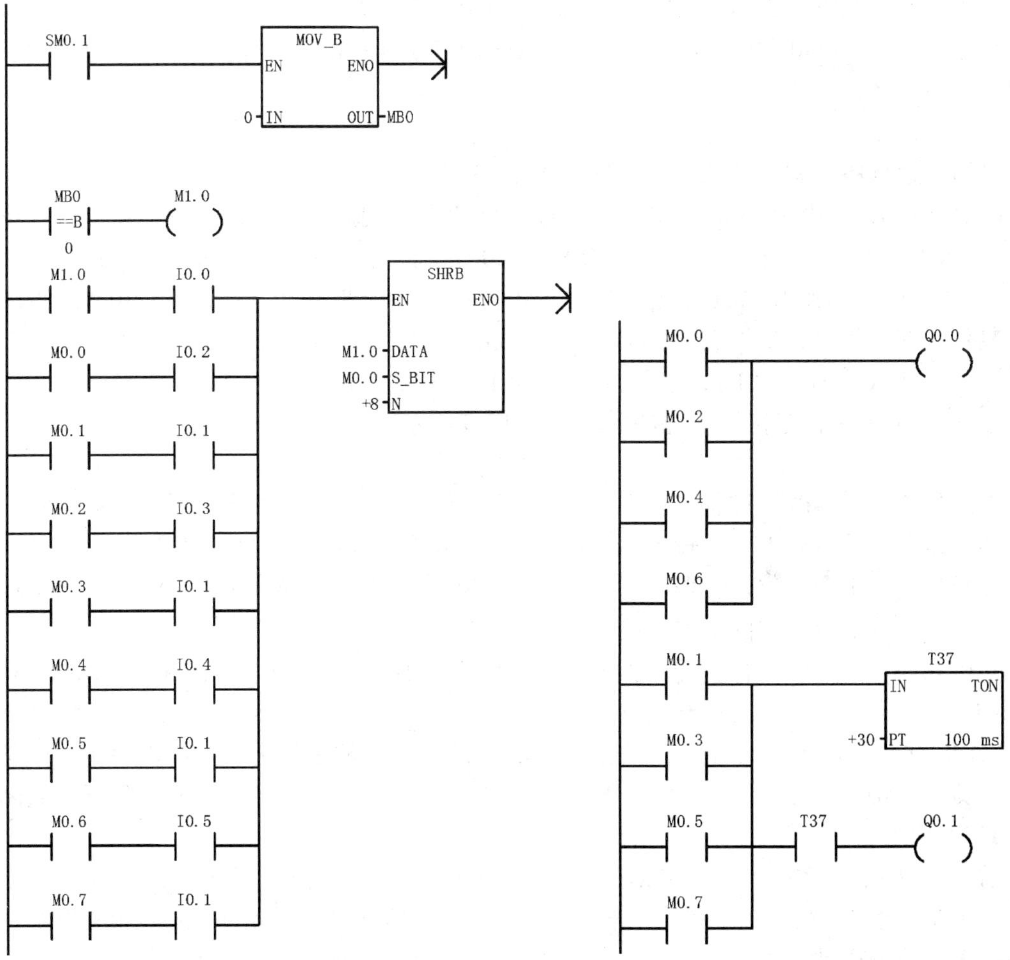

图 16-7　小车五位行程控制梯形图（方法 3）

3．控制原理

方法 1：

设小车在原位 A 点，启动时按启动按钮 I0.0，Q0.0 得电自锁，小车前进，到达 B 点时，接近开关 I0.2 动作，M0.0 线圈经 I0.2 常开接点和 M0.1 常闭接点闭合并自锁，M0.0 常闭接点断开 Q0.0 线圈，小车停止。M0.1 置位，对 B 点记忆。定时器 T37 延时 3s，T37 常开接点闭合，Q0.1 线圈得电，小车后退。

小车后退到 A 点时，I0.1 常闭接点断开，M0.0 和 Q0.1 线圈失电，小车停止。Q0.0 线圈得电，小车前进，到达 B 点时，接近开关 I0.2 动作，但是 M0.1 常闭接点断开，M0.0 线圈不能得电，小车继续前进，到达 C 点时，接近开关 I0.3 动作，M0.0 线圈经 I0.3 常开接点和 M0.2 常闭接点闭合并自锁，M0.0 常闭接点断开 Q0.0 线圈，小车停止。M0.2 置位，对 C 点记忆。定时器 T37 延时 3s，T37 常开接点闭合，Q0.1 线圈得电，小车后退。

小车后退到 A 点时，下面的动作过程与上面类似。

小车最后到达 E 点时，M0.1～M0.4 均已置位，小车从 E 点后退到 A 点时，I0.1 常开接点闭合先对 M0.1～M0.4 复位，由于 M0.1 常开接点断开，I0.1 常开接点闭合不会使 Q0.0 线圈得电，小车停止。

方法 2：

采用步进顺序控制，其状态转移图如图 16-4 所示。

PLC 运行时，初始化脉冲 SM0.1 使初始状态步 S0.0 置位，小车在原位 A 点时，位置开关 SQ1 动作，I0.1=1，按下启动按钮 SB，I0.0=1，转移到 S0.1 状态步，S0.1 接点闭合，Q0.0 线圈得电，接触器 KM1 得电，电动机正转，小车前进，到达 B 点时，I0.2 接点闭合，S0.1 复位，S0.2 置位，S0.2 接点闭合，Q0.1 线圈得电，接触器 KM2 得电，电动机反转，小车后退，回到 A 点时，I0.1 接点闭合，S0.2 复位，S0.3 置位，小车前进。

对应于图 16-4 状态转移图的梯形图如图 16-5 所示。

方法 3：

采用移位寄存器顺序控制，如图 16-5 所示。小车五位行程控制梯形图如图 16-6 所示。

移位寄存器的 EN 为移位输入端，DATA 为数据输入端，S_BIT 为数据移出端，N 为移位寄存器长度，本例移位寄存器长度 8 位（M0.0～M0.7），输入数据为 M1.0，当有移位输入信号时，左移 1 位。如图 16-5 所示。

初始状态，SM0.1 初始化脉冲将 MB0 清零，由于 MB0=0，比较接点 MB0=0 使得 M1.0=1。

M1.0 常开接点闭合，按下启动按钮 I0.0，发出一个移位信号，将 M1.0 的 1 左移到 M0.0，则 M0.0=1，此时 MB0=1 大于 0，M1.0 线圈失电，M1.0=0。M0.0 常开接点闭合，Q0.0 线圈得电，小车前进。

前进到 B 点碰到限位开关 SQ2，I0.2 接通发出一个移位信号，左移 1 位，M0.0=0, Q0.0 失电，小车停止。M0.1=1, M0.1 常开接点闭合，定时器 T37 得电延时 3s，Q0.1 得电，小车后退，退到原位碰到限位开关 SQ1，I0.1=1，发出一个移位信号，左移 1 位。M0.1=0, Q0.1 失电小车停止，M0.2 常开接点闭合，Q0.0 得电，小车前进。

前进到 C 点碰到限位开关 SQ3，I0.3 接通发出一个移位信号，左移 1 位，小车停止。

前进到 E 点碰到限位开关 SQ5，I0.5 接通发出一个移位信号，左移 1 位，小车停止 3s，后退到原位碰到 I0.1，小车停止，全过程结束。

实例 17　小车自动往返控制

控制一台小车在 A、B 两地往返行驶。要求用以下几种控制形式。

（1）按下启动按钮，小车前进到 B 点碰到限位开关，小车后退，退到 A 点碰到限位开关，小车前进，小车在 AB 两地往返行驶。按下停止按钮，小车立即停止。

（2）按下启动按钮，小车前进到 B 点碰到限位开关，小车停留 10s 后退，退到 A 点碰到限位开关，小车停留 10s 前进，小车在 AB 两地往返行驶。按下停止按钮，小车继续运行，回到 A 点后停止。

（3）如果小车停留在中途，按下前进按钮，小车前进。按下后退按钮，小车后退。小车前进到 B 点碰到限位开关，小车停留 10s 后退，退到 A 点碰到限位开关，小车停留 10s 前进，小车在 AB 两地往返行驶。按下立即停止按钮，小车原地停止。按下原位停止按钮，小车回到原位 A 点停止。

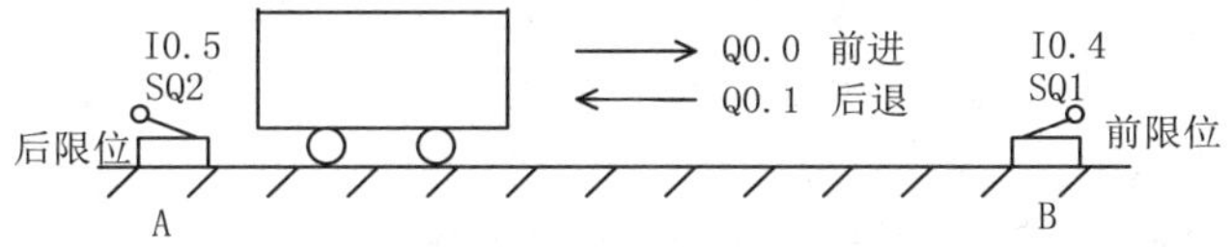

图 17-1　小车两地往返行驶示意图

小车控制形式 1

按下启动按钮，小车前进到 B 点碰到限位开关，小车后退；退到 A 点碰到限位开关，小车前进，小车在 AB 两地往返行驶。按下停止按钮，小车立即停止。

控制方案设计 1

1．输入/输出元件及控制功能

小车控制形式 1 如表 17-1 所示，介绍了实例小车控制形式 1 中用到的输入/输出元件及控制功能。

表 17-1　输入/输出元件及控制功能

	PLC 软元件	元件文字符号	元件名称	控制功能
输入	I0.0	SB1	启动按钮	电动机启动小车运行
	I0.1	SB2	停止按钮	电动机停止小车停止
	I0.4	SQ1	前限位开关	B 点检测
	I0.5	SQ2	后限位开关	A 点检测
输出	Q0.0	KM1	接触器 1	小车前进
	Q0.1	KM2	接触器 2	小车后退

2. 电路设计

小车两地往返行驶控制形式 1 的 PLC 接线图和梯形图如图 17-2 所示。

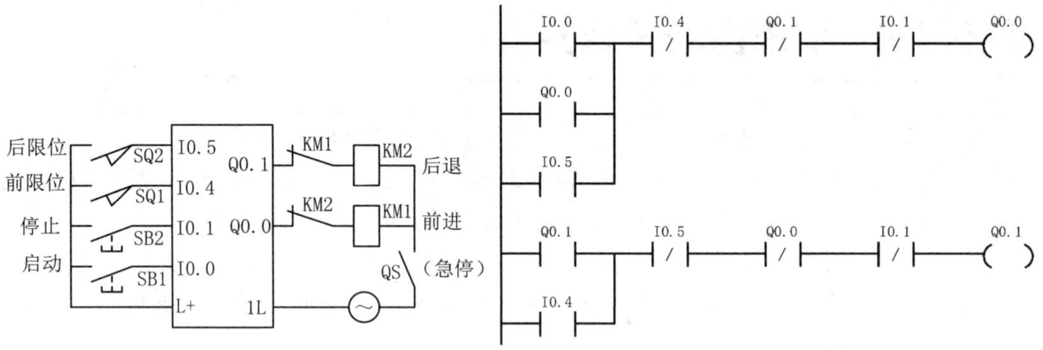

（a）PLC 接线图　　（b）梯形图

图 17-2　小车自动往返控制形式 1

3. 控制原理

按下启动按钮 SB1，I0.0=1，Q0.0 得电并自锁，电动机启动，小车前进。到达 B 点时，小车碰到限位开关 SQ1 接点闭合，I0.4 常闭接点断开，Q0.0 线圈失电，I0.4 常开接点闭合，Q0.1 线圈得电自锁，小车后退。

小车后退到 A 点，碰到限位开关 SQ2 接点闭合，I0.5 常闭接点断开，Q0.1 线圈失电，I0.5 常开接点闭合，Q0.0 线圈得电自锁，小车前进。并自动往返运行。

按下停止按钮 SB2，I0.1=1，I0.1 常闭接点断开，Q0.0、Q0.1 线圈失电，电动机立即停止运转。

小车控制形式 2

按下启动按钮，小车前进到 B 点碰到限位开关，小车停留 10s 后退，退到 A 点碰到限位开关，小车停留 10s 前进，小车在 AB 两地往返行驶。按下停止按钮，小车继续运行，回到 A 点后停止。

控制方案设计 2

1. 输入/输出元件及控制功能

小车控制形式 2 如表 17-2 所示，介绍了实例小车控制形式 2 中用到的输入/输出元件及控制功能。

表 17-2　输入/输出元件及控制功能

	PLC 软元件	元件文字符号	元 件 名 称	控 制 功 能
输入	I0.0	SB1	启动按钮	电动机启动小车运行
	I0.1	SB2	停止按钮	电动机停止小车停止
	I0.4	SQ1	前限位开关	B 点检测
	I0.5	SQ2	后限位开关	A 点检测

续表

	PLC 软元件	元件文字符号	元 件 名 称	控 制 功 能
输出	Q0.0	KM1	接触器 1	小车前进
	Q0.1	KM2	接触器 2	小车后退

2．电路设计

小车两地往返行驶控制形式 2 的 PLC 接线图和梯形图如图 17-3 所示。

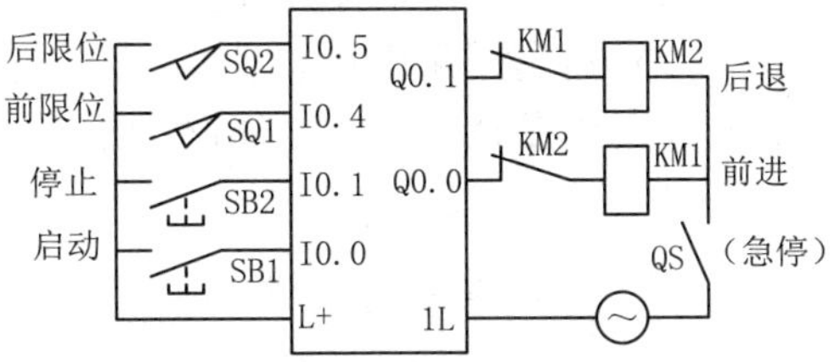

（a）PLC 接线图

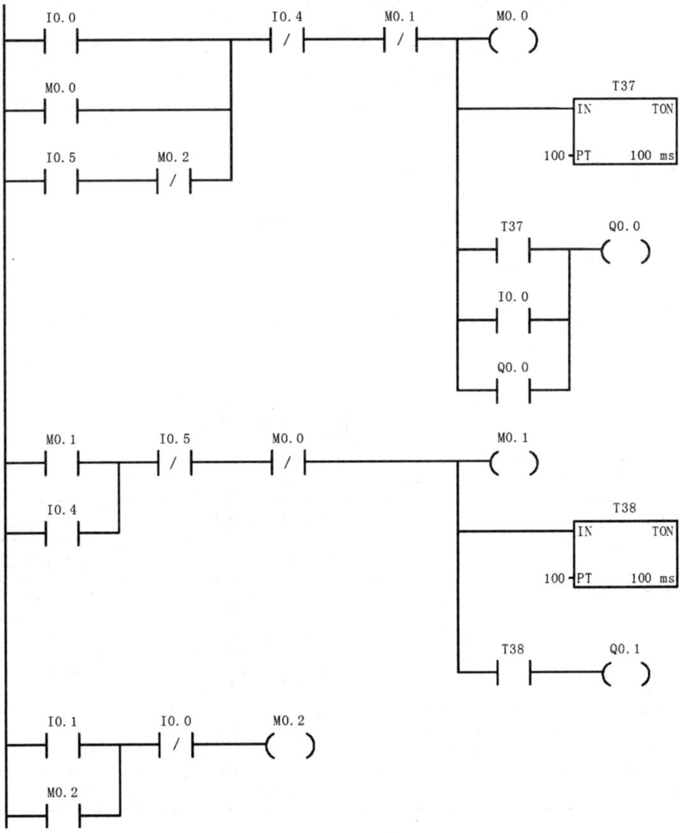

（b）梯形图

图 17-3　小车自动往返控制形式 2

3．控制原理

按下启动按钮 SB1，I0.0=1，M0.0 得电并自锁，Q0.0 得电并自锁，电动机启动，小车前进。到达 B 点时，小车碰到限位开关 SQ1 接点闭合，I0.4 常闭接点断开，Q0.0 线圈失电，小车停止。I0.4 常开接点闭合，M0.1 线圈得电自锁，定时器 T38 线圈得电延时 10s，T38 接点闭合，Q0.1 得电小车后退。

小车后退到 A 点，碰到限位开关 SQ2 接点闭合，I0.5 常闭接点断开，M0.1 和 Q0.1 线圈失电，小车停止。I0.5 常开接点闭合，M0.0 线圈得电自锁，定时器 T37 线圈得电延时 10s，T37 接点闭合，Q0.0 得电小车前进。并自动往返运行。

按下停止按钮 SB2，I0.1=1，M0.2 线圈得电自锁，M0.2 常闭接点断开，小车继续运行，当退回到 A 点时，I0.5 常闭接点断开 Q0.1 线圈。I0.5 常开接点闭合，但是 M0.2 常闭接点断开小车停止，不能前进。

小车控制形式 3

如果小车停留在中途，按下前进按钮，小车前进。按下后退按钮，小车后退。小车前进到 B 点碰到限位开关，小车停留 10s 后退，退到 A 点碰到限位开关，小车停留 10s 前进，小车在 A、B 两地往返行驶。按下立即停止按钮，小车原地停止。按下原位停止按钮，小车回到原位 A 点停止。

控制方案设计 3

1．输入/输出元件及控制功能

小车控制形式 3 如表 17-3 所示，介绍了实例小车控制形式 3 中用到的输入/输出元件及控制功能。

表 17-3　输入/输出元件及控制功能

	PLC 软元件	元件文字符号	元 件 名 称	控 制 功 能
输入	I0.0	SB1	前进启动按钮	启动小车前进运行
	I0.1	SB2	后退启动按钮	启动小车后退运行
	I0.2	SB3	立即停止按钮	小车立即停止
	I0.3	SB4	结束停止按钮	小车回到原位停止
	I0.4	SQ1	前限位开关	B 点检测
	I0.5	SQ2	后限位开关	A 点检测
输出	Q0.0	KM1	接触器 1	小车前进
	Q0.1	KM2	接触器 2	小车后退

2．电路设计

小车两地往返行驶控制形式 3 的 PLC 接线图和梯形图如图 17-4 所示。

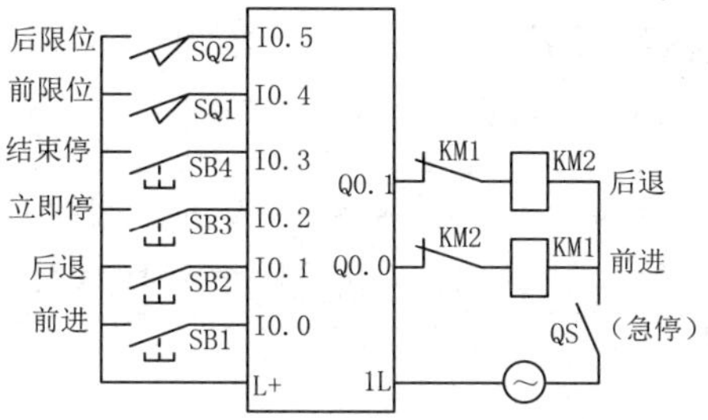

（a）PLC 接线图

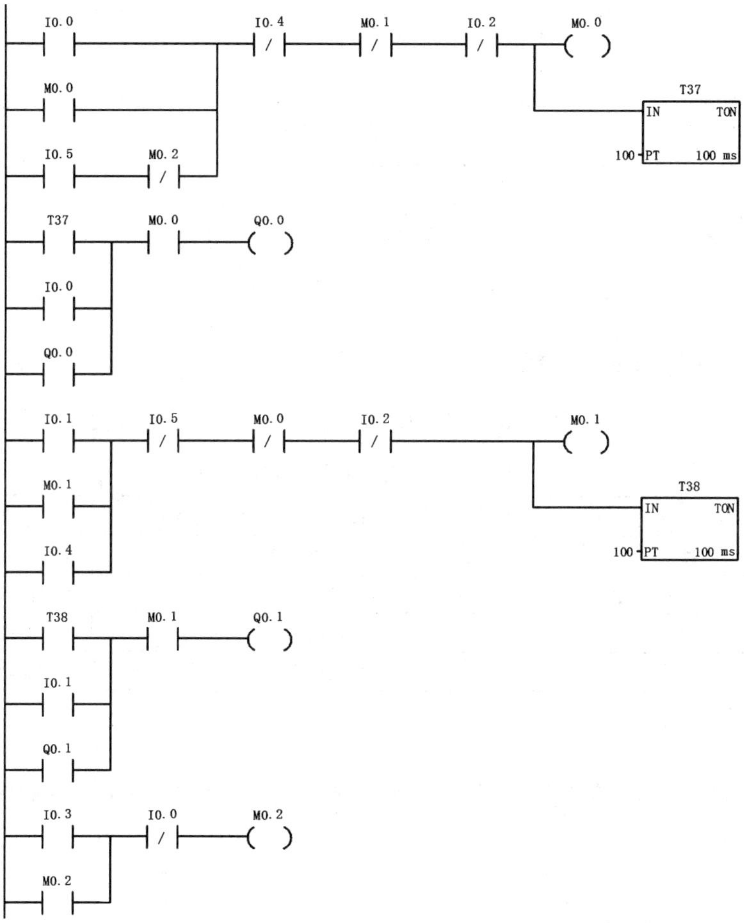

（b）梯形图

图 17-4　小车自动往返控制形式 3

3. 控制原理

小车控制形式 3 的控制原理与控制形式 2 的基本相同，梯形图中增加了立即停止按钮，按下立即停止按钮，小车立即停止。同时增加了后退启动按钮，小车停止在中途时，按下后退启动按钮，小车可以后退。

实例 18　圆盘转五圈

用 PLC 控制一个圆盘，圆盘的旋转由电动机控制。圆盘用一个限位开关检测旋转圈数，初始状态下，限位开关在圆盘碰块的作用下处于动作状态，如图 18-1 所示，要求按下启动按钮后每转 1 圈后停 3s，转 5 圈后停止。

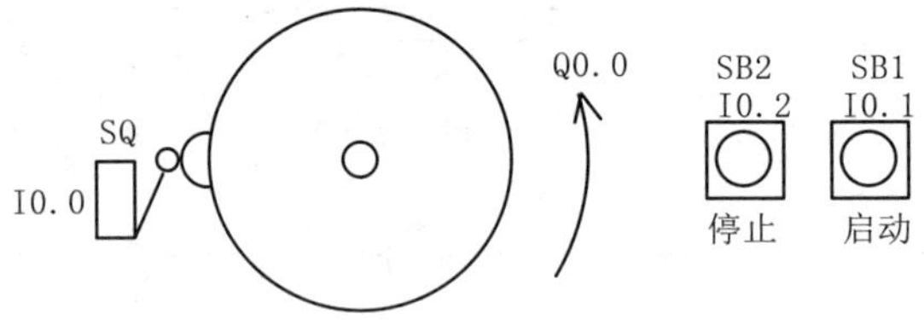

图 18-1　圆盘示意图

控制方案设计

方法 1：

1. 输入/输出元件及控制功能

如表 18-1 所示，介绍了实例 18 中用到的输入/输出元件及控制功能。

表 18-1　输入/输出元件及控制功能

	PLC 软元件	元件文字符号	元 件 名 称	控 制 功 能
输入	I0.0	SQ	限位开关	圆盘旋转定位
	I0.1	SB1	按钮 1	启动圆盘旋转
	I0.2	SB2	按钮 2	停止圆盘
输出	Q0.0	HA	电铃	圆盘驱动

2. 电路设计

电动机主电路与 PLC 接线图如图 18-2 所示，圆盘的旋转控制梯形图如图 18-3 所示。

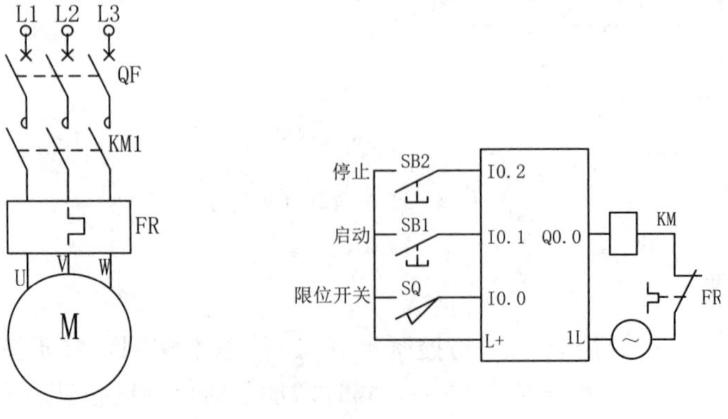

（a）主电路图　　（b）PLC 接线图

图 18-2　电动机主电路与 PLC 接线图

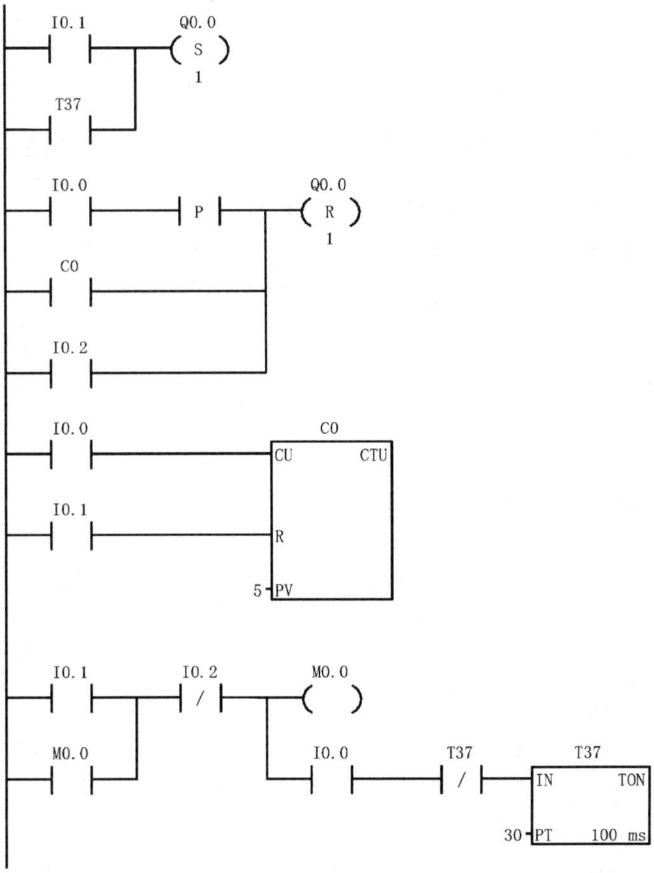

图 18-3　圆盘的旋转控制梯形图

3．控制原理

圆盘的旋转控制梯形图如图 18-3 所示。

初始状态，圆盘在原位时限位开关 I0.0 压下时，梯形图中 I0.0 接点闭合，但是计数器 C0 不计数，定时器也不得电。

按下启动按钮 I0.1，Q0.0 线圈置位得电，圆盘旋转，限位开关 I0.0 复位。计数器 C0 复位为 0，M0.0 得电自锁，将定时器 T37 接入电路，但是限位开关 I0.0 接点断开，定时器 T37 不得电。

圆盘旋转一圈，当碰块碰到并压下限位开关 I0.0 时，I0.0 常开接点发一个脉冲使 Q0.0 复位，圆盘停转，I0.0 常开接点闭合，C0 计一次数，T37 线圈得电，延时 3s 发出一个脉冲，使 Q0.0 线圈再次置位，圆盘旋转。圆盘每转一圈计数一次，当计数值为 5 时，计数器 C0 常开接点闭合，使 Q0.0 始终处于复位状态，全部过程结束。

在运行过程中，若要停止，则按下停止按钮 I0.2，I0.2 常开接点闭合，使 Q0.0 复位，I0.2 常闭接点断开，M0.0 失电，断开定时器 T37。

方法 2：

1．输入/输出元件及控制功能

如表 18-2 所示，介绍了实例 18 中用到的输入/输出元件及控制功能。

表 18-2　输入/输出元件及控制功能

	PLC 软元件	元件文字符号	元 件 名 称	控 制 功 能
输入	I0.0	SQ	限位开关	圆盘旋转定位
	I0.1	SB1	按钮 1	启动圆盘旋转
输出	Q0.0	KM	接触器	圆盘电动机驱动

2．电路设计

圆盘的旋转控制图如图 18-4 所示，指令表如表 18-3 所示。

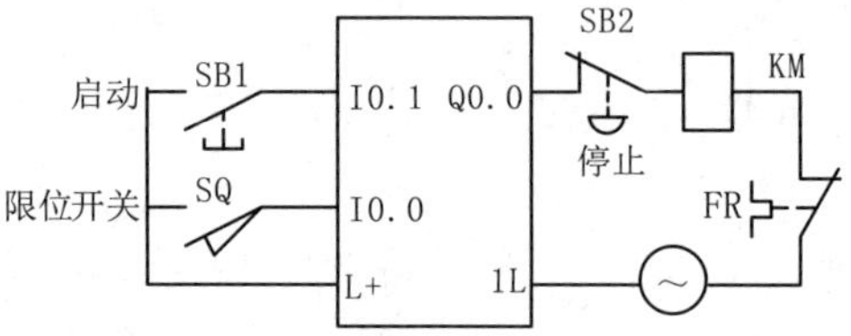

（a）PLC 接线图

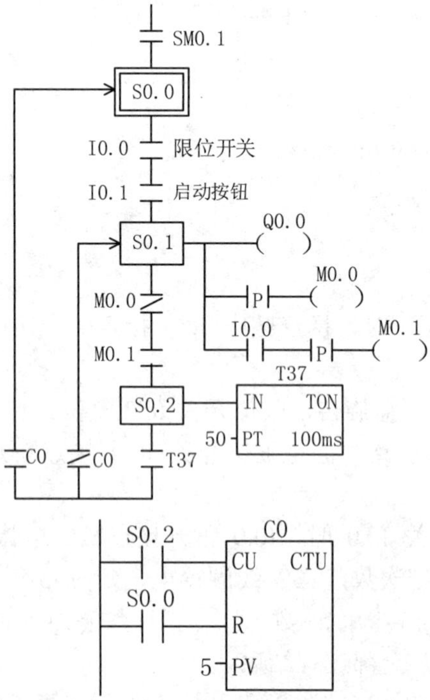

（b）状态转移图及梯形图

图 18-4　圆盘的旋转控制图

表 18-3　指令表

网络 1	网络 7
LD SM0 .1	LDN M0.0
S S0 .0 , 1	A M0.1
网络 2	SCRT S0.2
LSCR S0 .0	网络 8
网络 3	SCRE
LD I0 .0	网络 9
A I0 .1	LSCR S0.2
SCRT S0 .1	网络 10
网络 4	LD SM0.0
SCRE	TONT37,30
网络 5	网络 11
LSCR S0 .1	LD T37
网络 6	LPS
LD S0 .1	A C0
LPS	SCRT S0.0
= Q0 .1	LPP
EU	AN C0
= M0 .0	SCRT S0.1
LPP	网络 12
A I0 .0	SCRE
EU	网络 13
= M0.1	LD S0.2
	LD S0.0
	CTU C 0 , 5

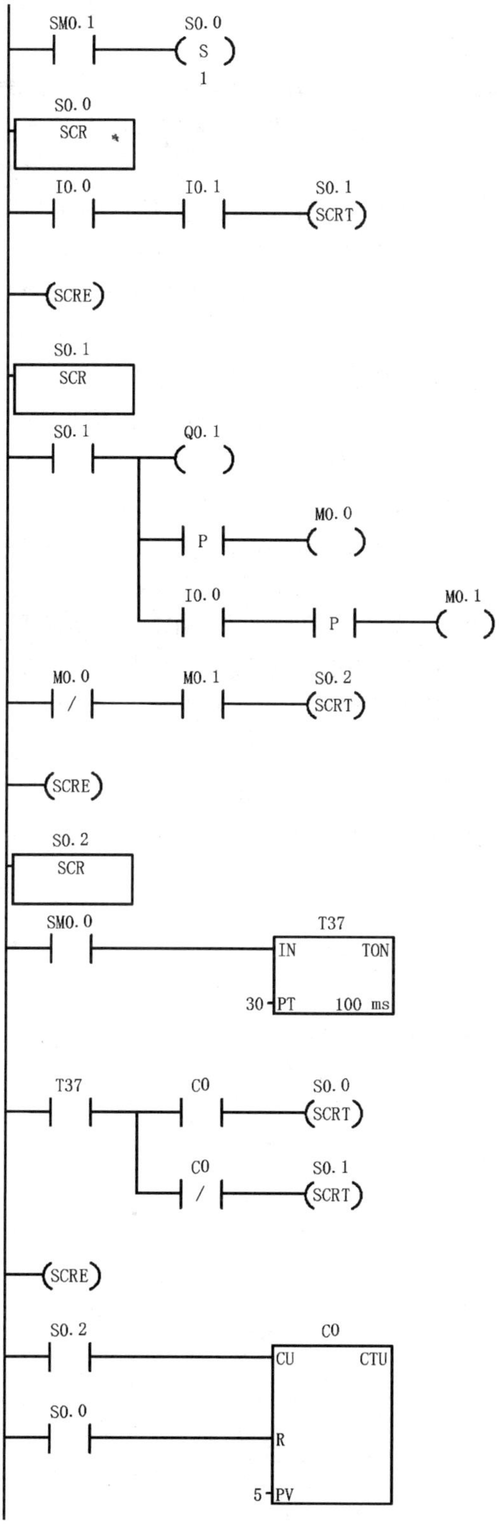

（c）梯形图

图 18-4　圆盘的旋转控制图（续）

3. 控制原理

本方法采用状态转移图设计方法，方法简单，工作原理清楚明了，动作可靠，将其转换成梯形图如图 18-4 所示，对应的指令表如表 18-3 所示。

初始状态，SM0.1 使状态步 S0.0 置位，圆盘在原位时限位开关 I0.0 压下时，梯形图中 I0.0 接点闭合，按下启动按钮 I0.1，状态步 S0.1 置位，Q0.0 线圈得电，圆盘旋转，限位开关 I0.0 复位。M0.0 接通一个扫描周期，M0.0 常闭接点断开，同时 I0.0 接通一个脉冲，M0.1 接通一个扫描周期，M0.1 常开接点闭合，但是由于 M0.0 常闭接点断开，此时不会转移到 S0.2 状态步。

当圆盘旋转一圈，当碰块碰到并压下限位开关 I0.0 时，I0.0 常开接点发一个脉冲，M0.1 常开接点闭合一个扫描周期，这时由于 M0.0 常闭接点是闭合的，所以，就从 S0.1 状态步转移到 S0.2 状态步转，C0 计一次数，T37 线圈得电，T37 延时 5s，T37 接点闭合，由于此时计数器 C0 的计数值未达到 5 次，C0 的常闭接点闭合，转移到了 S0.1 状态步，使 Q0.0 线圈得电，圆盘旋转。圆盘每转一圈计数一次，当计数值为 5 时，计数器 C0 常开接点闭合，转移到初始状态步，圆盘停转，全部过程结束。

在运行过程中，若要停止，则按下急停按钮 SB2，直接断开接触器线圈 KM，使圆盘停转；在运行时，转动一下急停按钮 SB2，使常闭接点恢复闭合状态，转盘又会继续转动。

这里应该注意，从 S0.1 状态步转移到 S0.2 状态步转移的条件是限位开关 I0.0，但是这里不能直接用 I0.0 接点，如果直接使用 I0.0 接点作为转移的条件，那么，圆盘在原位的时候，I0.0 接点是闭合的，这时按下启动按钮 SB1，I0.1 接点闭合，从 S0.0 状态步转移到 S0.1 状态步，由于 I0.0 接点是闭合的，这样又直接从 S0.1 状态步转移到 S0.2 状态步，造成了 S0.1 状态步不能置位的现象。

分类三　电动机顺序控制

实例 19　三台电动机顺序定时启动，同时停止

用按钮控制三台电动机，按下按钮启动，启动第一台电动机；之后每隔 5s 启动一台电动机，全部启动后；按停止按钮，三台电动机同时停止。

控制方案设计

1. 输入/输出元件及控制功能

如表 19-1 所示，介绍了实例 19 中用到的输入/输出元件及控制功能。

表 19-1　输入/输出元件及控制功能

	PLC 软元件	元件文字符号	元 件 名 称	控 制 功 能
输入	I0.0	SB1	启动按钮	启动电动机
	I0.1	SB2	停止按钮	停止电动机
输出	Q0.0	KM1	接触器 1	控制电动机 1
	Q0.1	KM2	接触器 2	控制电动机 2
	Q0.2	KM3	接触器 3	控制电动机 3

2. 电路设计

三台电动机顺序定时启动，同时停止 PLC 接线图和梯形图，如图 19-1 所示。

3. 控制原理

按一下启动按钮 SB1，I0.0 接点闭合，Q0.0 先得电并自锁，第一台电动机启动；同时定时器 T37 线圈得电延时 5s，T37 接点动作发出一个脉冲，使 Q0.1 得电并自锁，第二台电动机启动（由于 T37 接点动作时，Q0.1 接点未闭合，所以，Q0.2 不得电，在第二个扫描周期，Q0.1 接点闭合但 T37 接点断开，所以，Q0.2 仍不得电）；再隔 5s，T37 接点又发出一个脉冲，使 Q0.2 得电并自锁，第三台电动机启动。

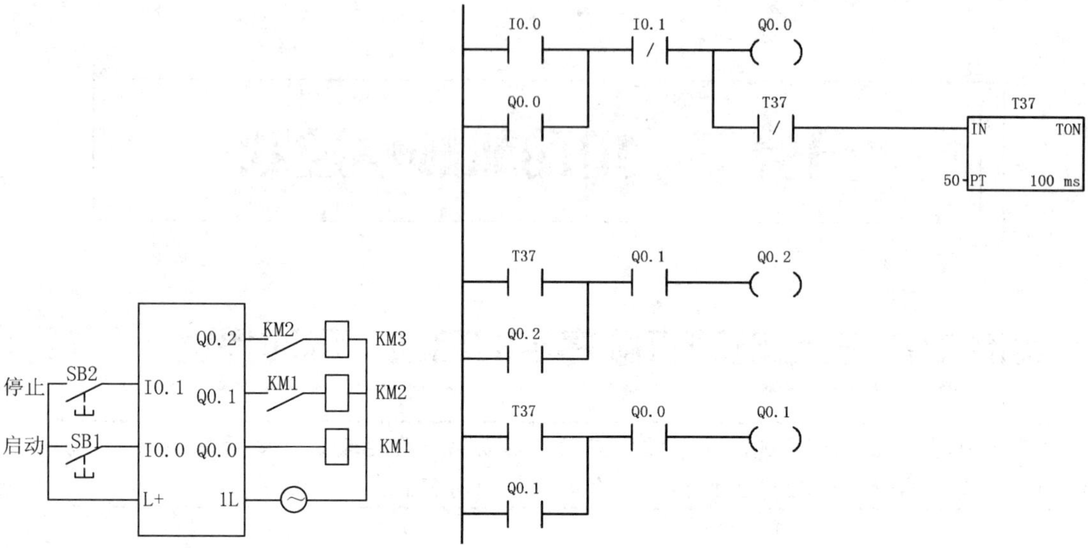

（a）PLC 接线图　　　　（b）梯形图

图 19-1　顺序定时启动，同时停止控制

按一下停止按钮 SB2，I0.1 常闭接点断开 Q0.0 线圈，其 Q0.0 常开接点断开 Q0.1 线圈，之后 Q0.1 常开接点又断开 Q0.2 线圈，三台电动机停止。

图 19-1（b）中梯形图的特点是只用一个定时器。三台电动机顺序定时启动，同时停止的时序图如图 19-2 所示。

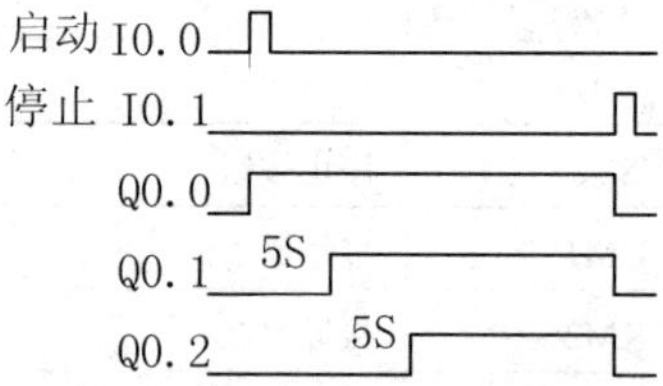

图 19-2　三台电动机顺序定时启动，同时停止时序图

实例 20　三台电动机顺序启动，顺序停止

用一个按钮控制三台电动机，每按一次按钮启动一台电动机，全部启动后；每按一次按钮停止一台电动机，要求先启动的电动机先停止。

控制方案设计

1. 输入/输出元件及控制功能

如表 20-1 所示，介绍了实例 20 中用到的输入/输出元件及控制功能。

表 20-1　输入/输出元件及控制功能

	PLC 软元件	元件文字符号	元 件 名 称	控 制 功 能
输入	I0.0	SB1	按钮	启动/停止控制
输出	Q0.0	KM1	接触器 1	控制电动机 1
	Q0.1	KM2	接触器 2	控制电动机 2
	Q0.2	KM3	接触器 3	控制电动机 3

2. 电路设计

三台电动机顺序启动，顺序停止的 PLC 接线图和梯形图如图 20-1 所示。

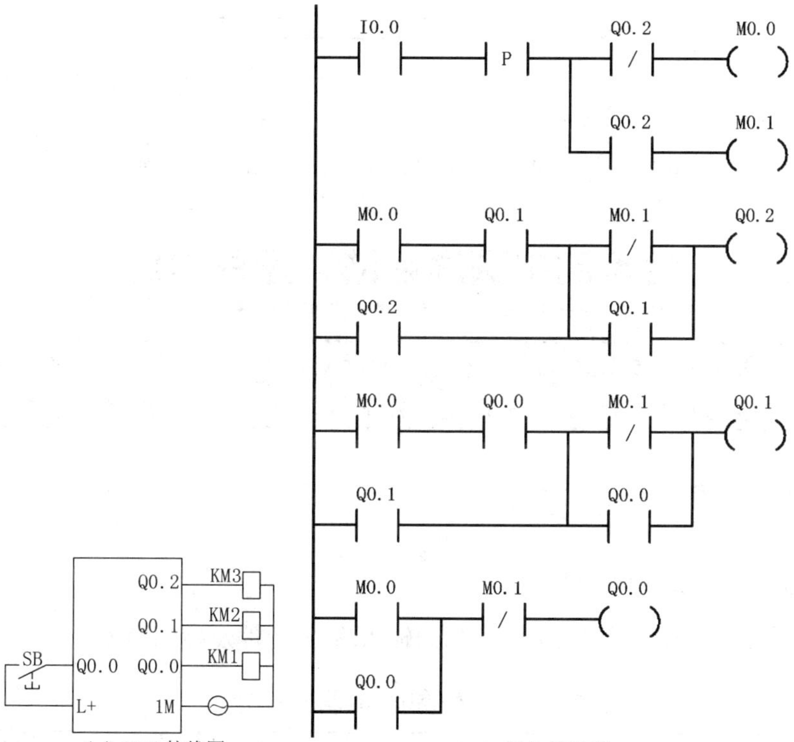

（a）PLC 接线图　　（b）梯形图

图 20-1　三台电动机顺序启动，顺序停止

3. 控制原理

按下按钮 SB，I0.0 上升沿接点使 M0.0 线圈接通一个扫描周期，M0.0 接点也接通一个扫描周期，首先接通 Q0.0 线圈并自锁，启动第一台电动机。（Q0.0 常开接点在第二个扫描周期接通，但 M0.0 接点在第二个扫描周期已经断开，所以，Q0.1 线圈不得电）。

第二次按下按钮 SB，I0.0 上升沿接点接通一个扫描周期，M0.0 接点接通 Q0.1 线圈并自锁，启动第二台电动机。

第三次按下按钮 SB，I0.0 上升沿接点接通一个扫描周期，M0.0 接点接通 Q0.2 线圈并自锁，启动第三台电动机，Q0.2 接点闭合，为 M0.1 线圈得电做好准备。

第四次按下按钮 SB，I0.0 上升沿接点使 M0.1 线圈接通一个扫描周期，M0.1 常闭接点断开一个扫描周期，首先断开 Q0.0 线圈，停止第一台电动机（由于 Q0.0 常开接点在第一个扫描周期是接通的，M0.0 常闭接点不能断开 Q0.1 线圈）。

第五次按下按钮 SB，I0.0 上升沿接点接通，由于 Q0.0 常开接点已经断开，M0.1 常闭接点断开 Q0.1 线圈，停止第二台电动机。

第六次按下按钮 SB，I0.0 上升沿接点接通，由于 Q0.1 常开接点已经断开，M0.1 常闭接点断开 Q0.2 线圈，停止第三台电动机。

三台电动机顺序启动、顺序停止控制时序图如图 20-2 所示。

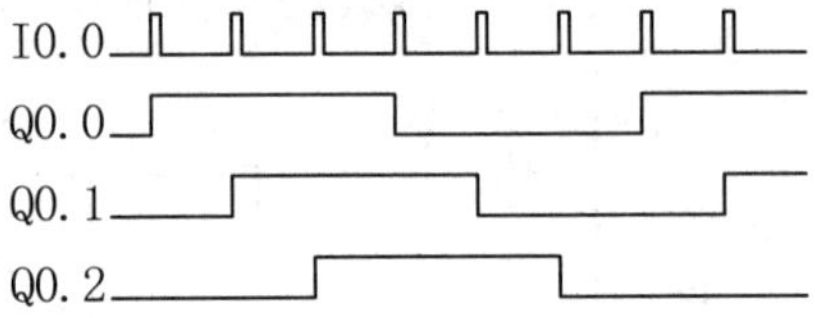

图 20-2　三台电动机顺序启动，顺序停止控制时序图

实例 21　三台电动机顺序启动，逆序停止

控制要求：按启动按钮，启动第一台电动机之后，每隔 5s 再启动一台；按停止按钮时，先停下第三台电动机，之后每隔 5s 逆序停下第二台和第一台电动机。

控制方案设计

1. 输入/输出元件及控制功能

如表 21-1 所示，介绍了实例 21 中用到的输入/输出元件及控制功能。

表 21-1　输入/输出元件及控制功能

	PLC 软元件	元件文字符号	元 件 名 称	控 制 功 能
输入	I0.0	SB1	启动按钮	启动控制
	I0.1	SB2	停止按钮	停止控制
输出	Q0.0	KM1	接触器 1	控制电动机 1
	Q0.1	KM2	接触器 2	控制电动机 2
	Q0.2	KM3	接触器 3	控制电动机 3

2. 电路设计

三台电动机顺序启动，逆序停止 PLC 接线图和梯形图如图 21-1 所示。

3. 控制原理

按下启动按钮 I0.0，则 Q0.0 置位，第一台电动机启动，定时器 T37 得电延时，5s 时 T37 接点首先使 Q0.1 置位，第二台电动机启动（Q0.2 线圈由于 Q0.1 接点未闭合而不能置位得电），Q0.1 得电后（下一个扫描周期欲接通 Q0.2 线圈，但 T37 接点已断开，所以，Q0.2 线圈不得电），同时 Q0.1 常闭接点断开 Q0.1 线圈，防止在停止过程再次置位，再过 5s，T37 接点又闭合一个扫描周期，使 Q0.2 线圈经 Q0.0、Q0.1 接点置位，第三台电动机启动，启动过程结束。

按下停止按钮 I0.1，M0.0 得电自锁，并先使 Q0.2 复位，停下第三台电动机，M0.0 接点闭合，为复位 Q0.1、Q0.0 做好准备，5s 后，Q0.1 复位停下第二台电动机，Q0.1 常闭接点闭合为 Q0.0 复位做好准备，再过 5s，Q0.0 复位停下第一台电动机，同时 M0.0 失电，断开 Q0.0～Q0.2 复位回路，T37 失电，断开 Q0.1、Q0.2 的置位回路，停止过程结束。

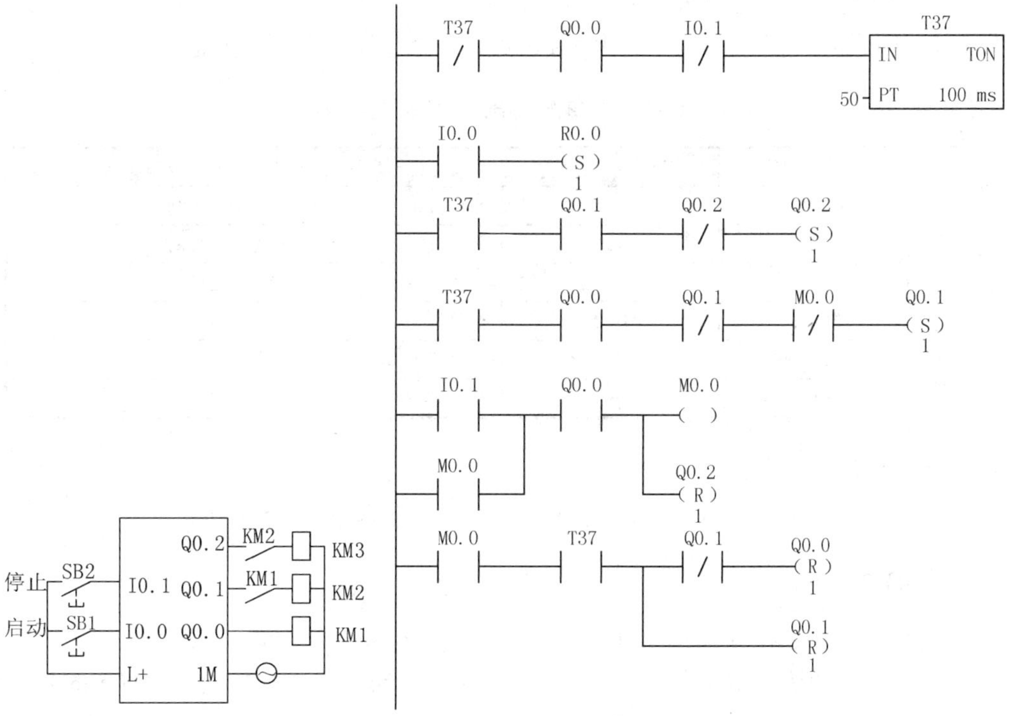

(a) PLC接线图　　　(b) 梯形图

图 21-1　三台电动机顺序启动，逆序停止控制

三台电动机顺序启动，逆序停止时序图如图 21-2 所示。

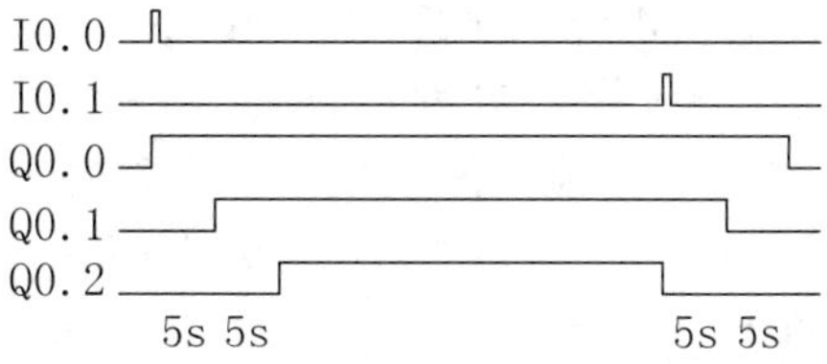

图 21-2　三台电动机顺序启动，逆序停止时序图

实例 22　六台电动机顺序启动，逆序停止

用按钮控制六台电动机的启动停止。当按下启动按钮 SB1 时，启动信号灯（Q0.0）亮，而后每隔 5s 顺序启动一台电动机，直到六台电动机全部启动，启动信号灯灭。当按下停止信号 SB2 时，停止信号灯（Q0.7）亮之后，每隔 3s 逆序停止一台电动机，直到六台电动机全部停止后，停止信号灯灭。如果在启动过程中按下停止按钮，则每隔 3s 逆序依次停止已经启动的电动机。按急停按钮 SB3，则全部电动机立即停止。

控制方案设计

1．输入/输出元件及控制功能

如表 22-1 所示，介绍了实例 22 中用到的输入/输出元件及控制功能。

表 22-1　输入/输出元件及控制功能

	PLC 软元件	元件文字符号	元 件 名 称	控 制 功 能
输入	I0.0	SB1	启动按钮	顺序启动控制
	I0.1	SB2	停止按钮	逆序停止控制
	I0.2	SB3	停止按钮	紧急停止控制
输出	Q0.0	HL2	信号灯	启动信号
	Q0.1～Q0.6	KM1～KM6	接触器 1～6	控制电动机 1～6
	Q0.7	HL1	信号灯	停止信号

2．电路设计

六台电动机顺序启动，逆序停止 PLC 接线图和梯形图如图 22-1 所示。

3．控制原理

PLC 运行时，初始化脉冲 SM0.1 使 MW0 的低 8 位 MB1 置位。

启动时按下启动按钮 I0.0，则 Q0.6 得电自锁，启动报警信号灯亮。同时定时器 T37 得电延时，延时 5s，T37 常开接点闭合一个扫描周期，执行一次左移，MW0 中的数据左移一位，M0.0=1，Q0.0=1，第一台电动机启动。

T37 常闭接点断开一个扫描周期，T37 重新开始延时，T37 每隔 5s 发一个脉冲执行一次左移，使 M0.0～M0.5 依次为 1，Q0.0～Q0.5 依次得电，即每隔 5s 启动一台电动机，当 M0.5=1，最后一台电动机启动后，M0.5 常闭接点断开 Q0.6 和 T37 线圈，启动报警信号灯 HL1 灭，启动过程结束。启动左移过程如图 22-2 所示。

按下停止按钮 I0.1，Q0.7 得电自锁，停止报警信号灯亮。I0.1 上升沿接点执行一次右移，MW0 中的数据右移一位，M0.5=0，Q0.5=0，第六台电动机立即停止。定时器 T38 得电延时，T38 每隔 3s 发一个脉冲执行一次右移，使 M0.0～M0.5 依次为 0，Q0.0～Q0.5 依次失电，即每隔 3s 停止一台电动机，当 M0.0=0，最后一台电动机停止后，M0.0 常闭接点断开

Q0.7 和 T38 线圈，停止报警信号灯 HL2 灭，停止过程结束。

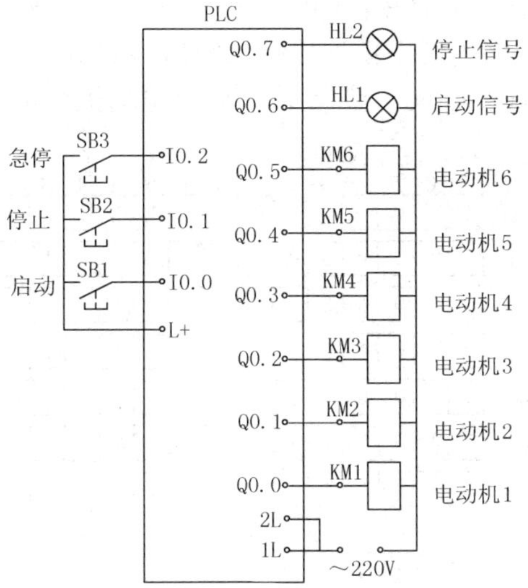

（a）PLC 接线图

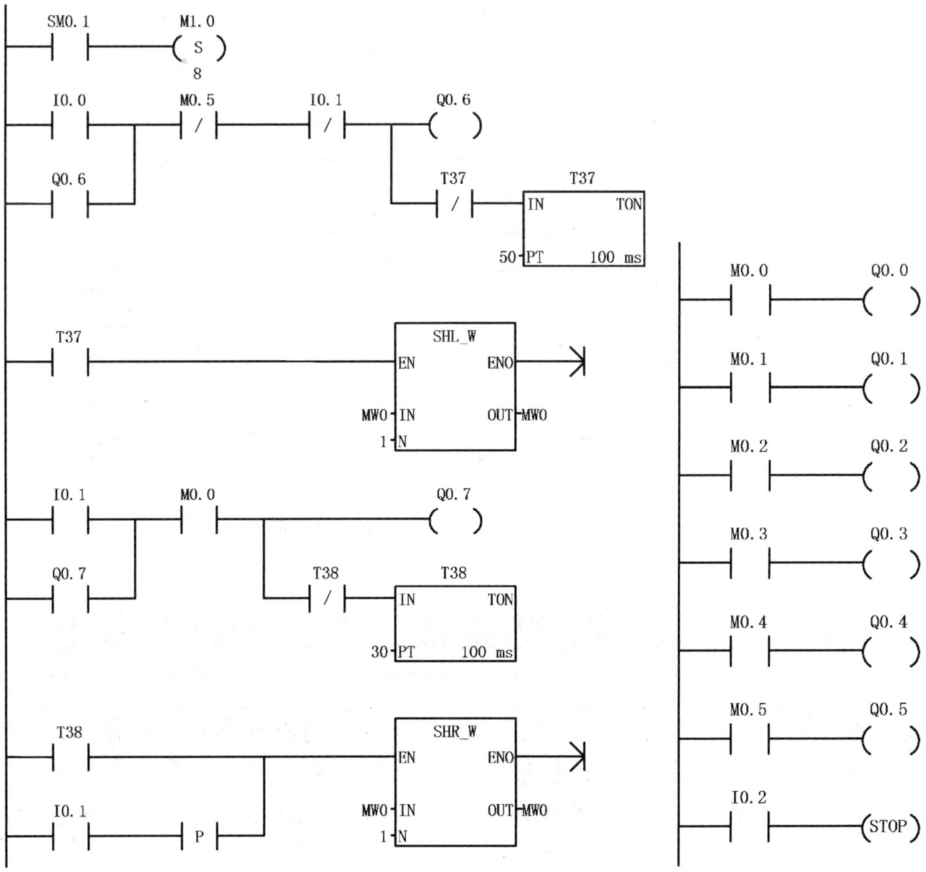

（b）梯形图

图 22-1　六台电动机顺序启动，逆序停止 PLC 梯形图和接线图

如果在启动过程中按下停止按钮 I0.1，则 I0.1 常闭接点断开 Q0.6 线圈，I0.1 常开接点闭合，Q0.7 得电自锁，接通停止信号，同时进行一次右移，逆序停止一台电动机，T38 每隔 3s 发一个脉冲执行一次右移，逆序依次停止已经启动的电动机。

按下急停按钮 I0.2，Q0.0～Q0.6 全部复位，所有电动机全部立即停止。

		MB1								MB0							
		7	6	5	4	3	2	1	0	7	6	5	4	3	2	1	0
初始化	MW0	0	0	0	0	0	0	0	0	1	1	1	1	1	1	1	1
左移1	MW0	0	0	0	0	0	0	0	1	1	1	1	1	1	1	1	0
左移2	MW0	0	0	0	0	0	0	1	1	1	1	1	1	1	1	0	0
左移3	MW0	0	0	0	0	0	1	1	1	1	1	1	1	1	0	0	0
左移4	MW0	0	0	0	0	1	1	1	1	1	1	1	1	0	0	0	0
左移5	MW0	0	0	0	1	1	1	1	1	1	1	1	0	0	0	0	0
左移6	MW0	0	0	1	1	1	1	1	1	1	1	0	0	0	0	0	0
	QB0																
				5	4	3	2	1	0								

图 22-2　启动左移过程

六台电动机顺序启动，逆序停止时序图如图 22-3 所示。

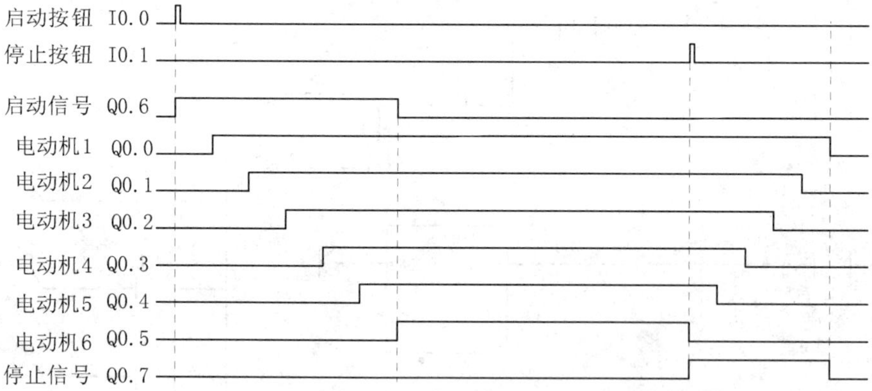

图 22-3　六台电动机顺序启动，逆序停止时序图

实例 23　两台电动机同时启动，第二台延时停止

控制两台三相异步电动机，启动时按下启动按钮，两台电动机同时启动，按下停止按钮，第一台电动机停止，第二台电动机 10s 后自动停止。第二台电动机可以点动控制。两台电动机均设短路保护和过载保护。试设计两台电动机的主电路、PLC 接线图和梯形图。

控制方案设计

1. 输入/输出元件及控制功能

如表 23-1 所示，介绍了实例 23 中用到的输入/输出元件及控制功能。

表 23-1　输入/输出元件及控制功能

	PLC 软元件	元件文字符号	元 件 名 称	控 制 功 能
输入	I0.0	SB1	启动按钮	两台电动机启动控制
	I0.1	SB2	停止按钮	两台电动机停止控制
	I0.2	SB3	点动按钮	第二台电动机点动控制
输出	Q0.0	KM1	接触器 1	控制第一台电动机
	Q0.1	KM2	接触器 2	控制第二台电动机

2. 电路设计

两台电动机控制主电路和接线图如图 23-1 所示，梯形图如图 23-2 所示。

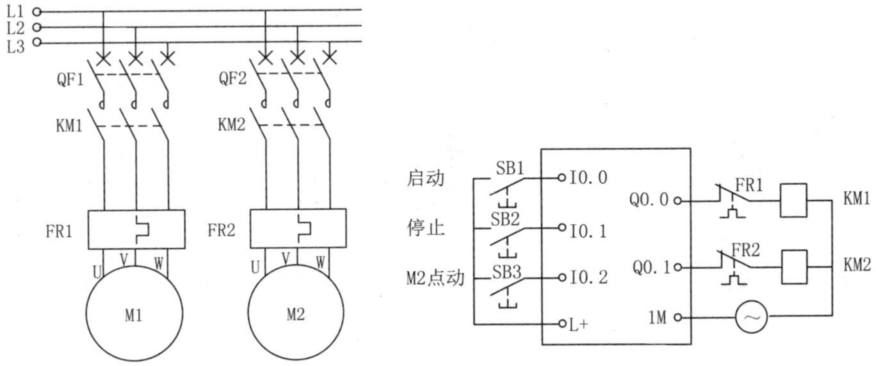

（a）主电路图　　（b）PLC 接线图

图 23-1　两台电动机控制主电路和 PLC 接线图

3. 控制原理

主电路中断路器 QF1 和 QF2 分别用于两台电动机的电源开关和短路保护，热继电器 FR1 和 FR2 用于两台电动机的过载保护。

梯形图 23-2（a）：启动时按下启动按钮 I0.0，Q0.0 线圈得电自锁，接触器 KM1 得电，第一台电动机 M1 启动。同时 Q0.0 常开接点闭合，M0.0 线圈得电自锁，M0.0 常开接点闭合，Q0.1 得电，第二台电动机也同时启动。

按下停止按钮 I0.1，Q0.0 线圈失电，第一台电动机停止，Q0.0 常闭接点闭合，T37 得电延时，10s 后 T37 常闭接点断开，M0.0 失电，M0.0 常开接点断开，Q0.1 失电，第二台电动机停止。

按下点动按钮 I0.2，Q0.1 线圈得电，第二台电动机启动。松开点动按钮 I0.2，Q0.1 线圈失电，第二台电动机停止。

梯形图 23-2（b）：启动时按下启动按钮 I0.0，Q0.0 线圈得电自锁，接触器 KM1 得电，第一台电动机启动。断电延时型定时器 T37 也得电，T37 常开接点立即闭合，Q0.1 得电，第二台电动机也同时启动。

按下停止按钮 I0.1，Q0.0 线圈失电，第一台电动机停止，T37 失电，5s 后 T37 常开接点断开，Q0.1 失电，第二台电动机停止。

按下点动按钮 I0.2，Q0.1 线圈得电，第二台电动机启动。松开点动按钮 I0.2，Q0.1 线圈失电，第二台电动机停止。

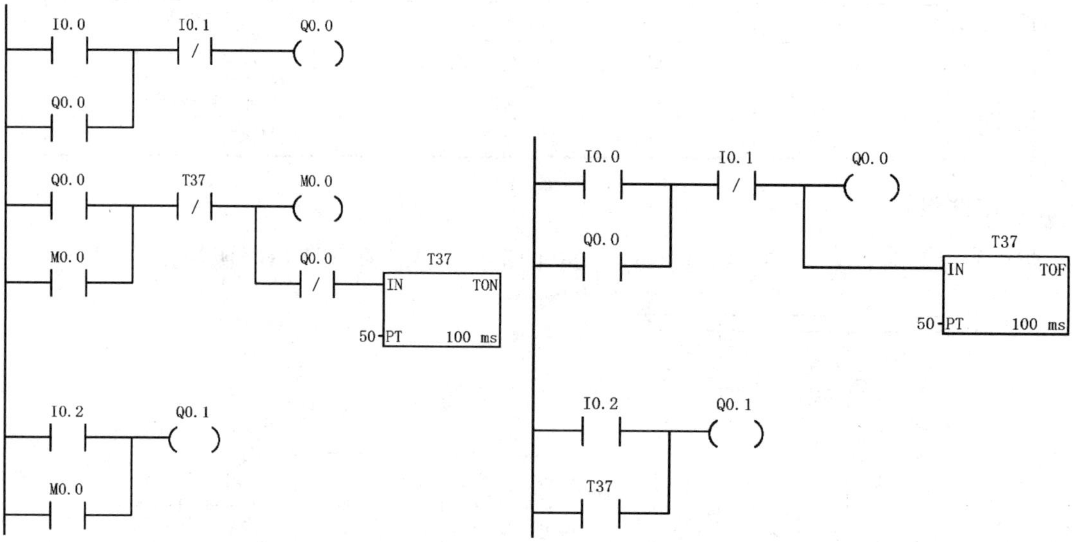

（a）采用通电延时型定时器的梯形图　　（b）采用断电延时型定时器的梯形图

图 23-2　两台电动机控制梯形图

实例 24　两台电动机限时启动，限时停止

某生产机械有两台三相异步电动机，启动时要求先启动第一台电动机，启动 5s 后才能启动第二台电动机。停止时，要求先停止第二台电动机，5s 后才能停止第一台电动机。两台电动机均设短路保护和过载保护。试设计两台电动机的主电路、PLC 接线图和梯形图。

控制方案设计

1．输入/输出元件及控制功能

如表 24-1 所示，介绍了实例 24 中用到的输入/输出元件及控制功能。

表 24-1　输入/输出元件及控制功能

	PLC 软元件	元件文字符号	元 件 名 称	控 制 功 能
输入	I0.0	SB1	启动按钮	第一台电动机启动控制
	I0.1	SB2	停止按钮	第一台电动机停止控制
	I0.2	SB3	启动按钮	第二台电动机启动控制
	I0.3	SB4	停止按钮	第二台电动机停止控制
输出	Q0.0	KM1	接触器 1	控制第一台电动机
	Q0.1	KM2	接触器 2	控制第二台电动机

2. 电路设计

两台电动机限时启动，限时停止控制主电路和接线图如图 24-1 所示，其梯形图如图 24-2 所示。

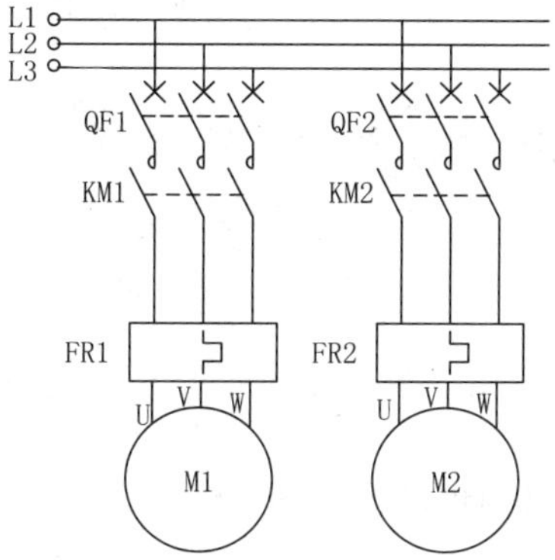

（a）主电路图

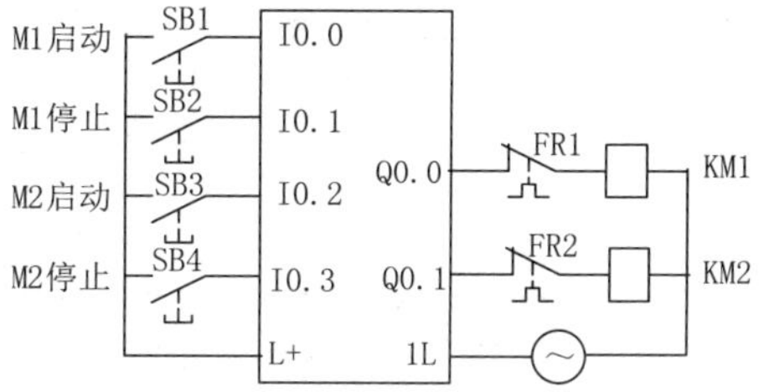

（b）接线图

图 24-1　两台电动机限时启动，限时停止控制主电路和接线图

3. 控制原理

主电路中断路器 QF1 和 QF2 分别用于两台电动机的电源开关和短路保护，热继电器 FR1 和 FR2 用于两台电动机的过载保护。

梯形图 24-2（a）：启动时按下启动按钮 I0.0，Q0.0 和 T37 线圈得电自锁，接触器 KM1 得电，第一台电动机 M1 先启动，T37 延时 5s 后常开接点闭合，为 Q0.1 得电，第二台电动机启动做好准备。

按下启动按钮 I0.2，Q0.1 得电自锁，第二台电动机 M2 启动，Q0.1 上升沿接点使 M0.0 得电自锁，M0.0 常开接点闭合，使第一台电动机不能停止，按钮 I0.1 不起作用。

按下第二台电动机停止按钮 I0.3，Q0.1 线圈失电，第二台电动机停止，同时 T38 得电延时 5s 后，T38 常闭接点断开，M0.0 失电，M0.0 常开接点断开，M0.1 和 T38 失电，此时再按下停止按钮 I0.1 才能使 Q0.0 失电，停止第一台电动机 M1。

梯形图 24-2（b）：启动时按下启动按钮 I0.0，Q0.0 和 T37 线圈得电自锁，接触器 KM1 得电，第一台电动机 M1 先启动，T37 延时 5s 后接点闭合，为 Q0.1 得电，第二台电动机启动做好准备。

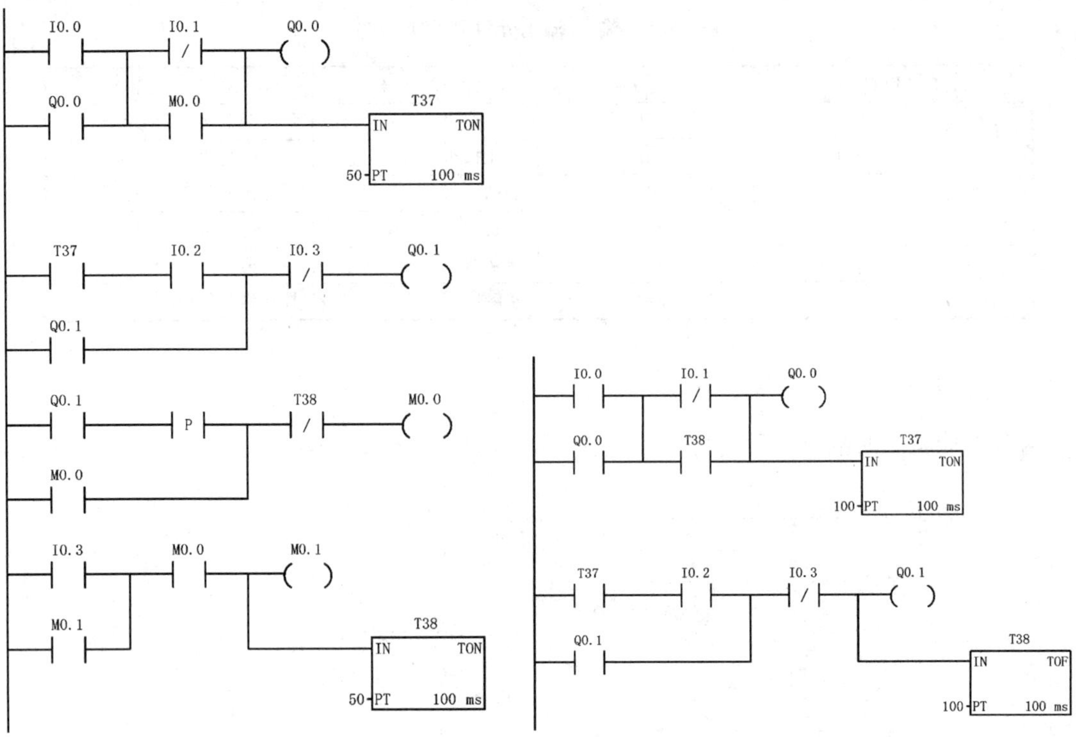

（a）梯形图 1

（b）梯形图 2

图 24-2　两台电动机限时启动，限时停止控制梯形图

按下启动按钮 I0.2，Q0.1 得电自锁，第二台电动机 M2 启动，断电延时定时器 T38 得电，T38 常开接点立刻闭合，使第一台电动机不能停止，按钮 I0.1 不起作用。

按下第二台电动机停止按钮 I0.3，Q0.1 线圈失电，第二台电动机停止，同时 T38 定时器失电，T38 延时 5s 后，T38 常开接点断开，此时再按下停止按钮 I0.1 才能使 Q0.0 失电，停止第一台电动机 M1。

实例 25　电动机定时正转、停止、反转、停止控制

用一个开关控制一台电动机，开关闭合时电动机正转 4s、停止 4s、反转 4s、停止 4s，并周而复始。

控制方案设计

1. 输入/输出元件及控制功能

如表 25-1 所示，介绍了实例 25 中用到的输入/输出元件及控制功能。

表 25-1　输入/输出元件及控制功能

	PLC 软元件	元件文字符号	元 件 名 称	控 制 功 能
输入	I0.0	SA	控制开关	电动机启动/停止控制
输出	Q0.0	KM1	接触器 1	电动机正转
	Q0.1	KM2	接触器 2	电动机反转

2．电路设计

电动机定时正转、停止、反转、停止控制主电路图、PLC 接线图如图 25-1 所示，梯形图如图 25-2 所示。

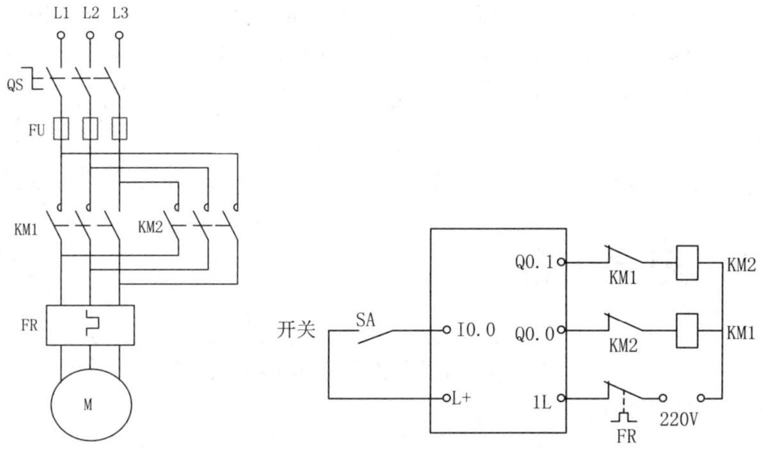

（a）主电路图　　（b）PLC 接线图

图 25-1　电动机控制主电路图和 PLC 接线图

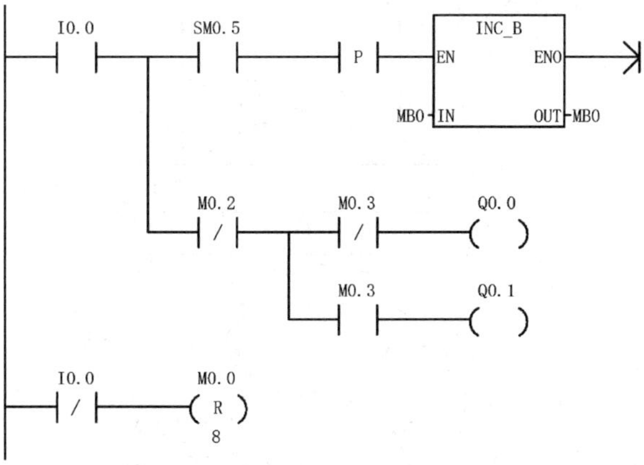

图 25-2　电动机定时正转、停止、反转、停止梯形图

3．控制原理

合上开关 SA，I0.0 接点闭合，加 1 指令 INC_B MB0 对 SM0.5 的秒脉冲的上升沿进行加 1，结果存放在 MB0 中，结果如表 25-2 所示。

表 25-2　MB0 中的二进制数

	0	1	2	3	4	5	6	7	8	9	10	11	12	13	14	15
M0.0	0	1	0	1	0	1	0	1	0	1	0	1	0	1	0	1
M0.1	0	0	1	1	0	0	1	1	0	0	1	1	0	0	1	1
M0.2	0				1				0				1			
M0.3	0				0				1				1			
	正转				停止				反转				停止			

由二进制数的的特点可知，任意两个相邻位只有 4 种状态组合，即 00、01、10、11。如表中的 M0.2、M0.3。

设 M0.3、M0.2=00 时为正转，M0.3、M0.2=01 时为停止，M0.3、M0.2=10 时为反转，M0.3、M0.2=11 时为停止，则正转 Q0.0 和反转 Q0.1 的逻辑电路如梯形图 25-2 所示。

由表可知，M0.2、M0.3 的每种状态持续 4s，开关闭合时电动机正转 4s、停止 4s、反转 4s、停止 4s，并周而复始。

以此类推，如每种状态持续 8s，可将梯形图中的 M0.2、M0.3 改为 M0.3、M0.4。

实例 26　组合钻床

某组合钻床如图 26-1 所示，用于在圆形工件上钻 6 个均匀分布的孔。大小钻用三相异步电动机驱动，其他均由液压系统驱动。

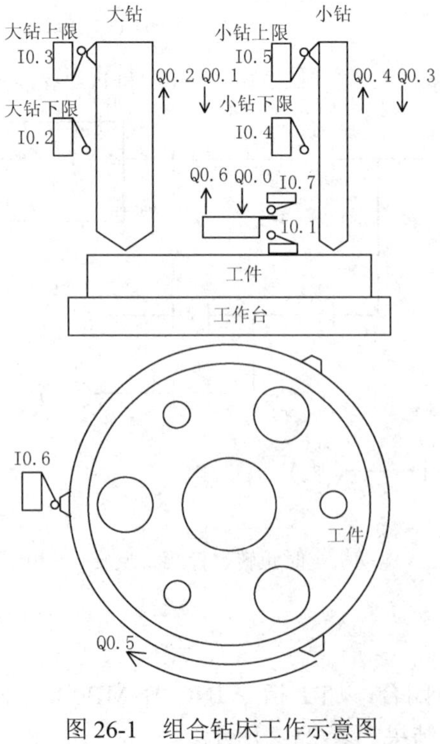

图 26-1　组合钻床工作示意图

操作人员放好工件后，按下启动按钮，主电动机启动，大小两只钻头同时转动，夹紧电磁阀 Q0.0 得电，夹紧装置下移将工件夹紧，夹紧后限位开关 I0.1 动作，大小钻头下降，电磁阀 Q0.1、Q0.3 得电，大小钻头同时开始向下进给。

大钻头钻到位时，大钻头下限位开关 I0.2 动作，大钻上升电磁阀 Q0.2 得电使大钻上升，升到大钻原限位开关 I0.3 时停止。小钻头钻到位时，小钻头下限位开关 I0.4 动作，小钻上升电磁阀 Q0.4 得电使大钻上升，升到小钻原限位开关 I0.5 时停止。

两个钻头都到位后，工作台 Q0.5 得电，工件旋转 120°，限位开关 I0.6 动作，工作台停止，又开始钻第二对孔。孔钻 3 次后，放松电磁阀 Q0.6 得电，夹紧装置上移将工件松开，松开到位时，限位开关 I0.7 动作，完成一次加工。

控制方案设计

1. 输入/输出元件及控制功能

如表 26-1 所示，介绍了实例 26 中用到的输入/输出元件及控制功能。

表 26-1　输入/输出元件及控制功能

	PLC 软元件	元件文字符号	元 件 名 称	控 制 功 能
输入	I0.0	SB1	按钮	启动按钮
	I0.1	SQ1	限位开关	夹紧开关
	I0.2	SQ2	限位开关	大钻下限位开关
	I0.3	SQ3	限位开关	大钻上限位开关
	I0.4	SQ4	限位开关	小钻下限位开关
	I0.5	SQ5	限位开关	小钻上限位开关
	I0.6	SQ6	限位开关	圆盘转位开关
	I0.7	SQ7	限位开关	松开限位开关
	I0.10	SB2	按钮	停止按钮
输出	Q0.0	YV1	电磁阀	工件夹紧
	Q0.1	YV2	电磁阀	大钻下降
	Q0.2	YV3	电磁阀	大钻上升
	Q0.3	YV4	电磁阀	小钻下降
	Q0.4	YV5	电磁阀	小钻上升
	Q0.5	YV6	电磁阀	工作台转动
	Q0.6	YV7	电磁阀	工件放松
	Q0.7	KM	接触器	大钻小钻电动机转动

2. 电路设计

组合钻床 PLC 接线图和状态转移图如图 26-2 所示，梯形图如图 26-3 所示。

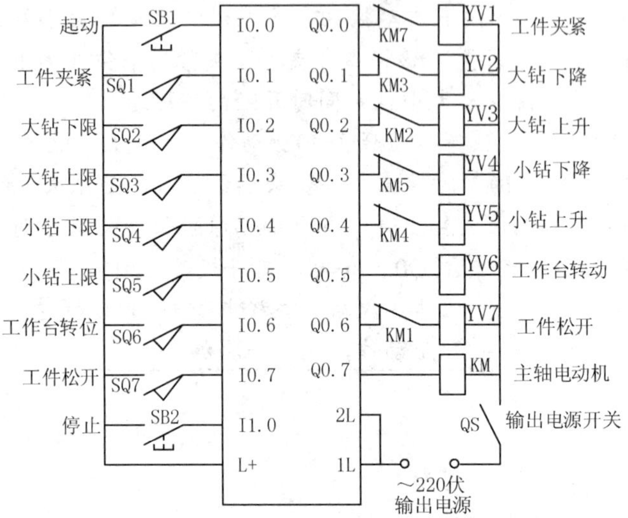

（a） PLC接线图

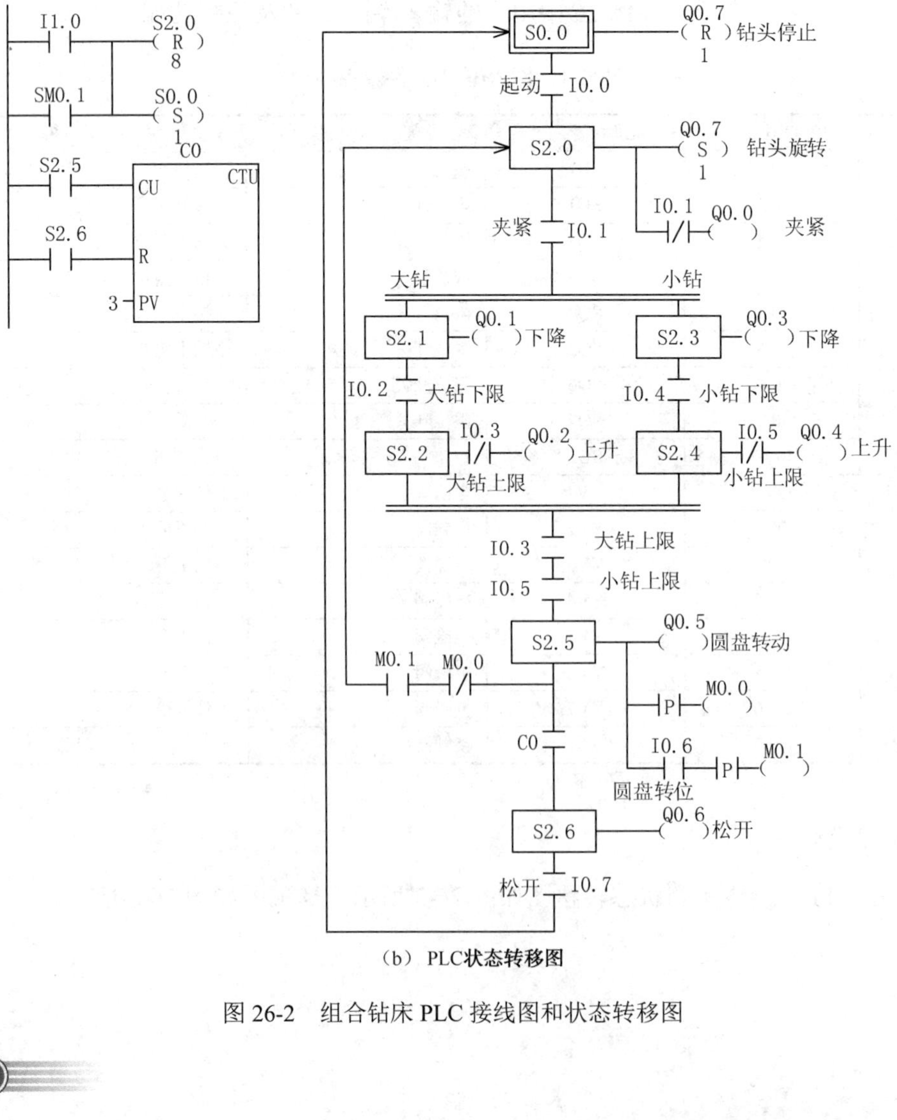

（b） PLC状态转移图

图 26-2 组合钻床 PLC 接线图和状态转移图

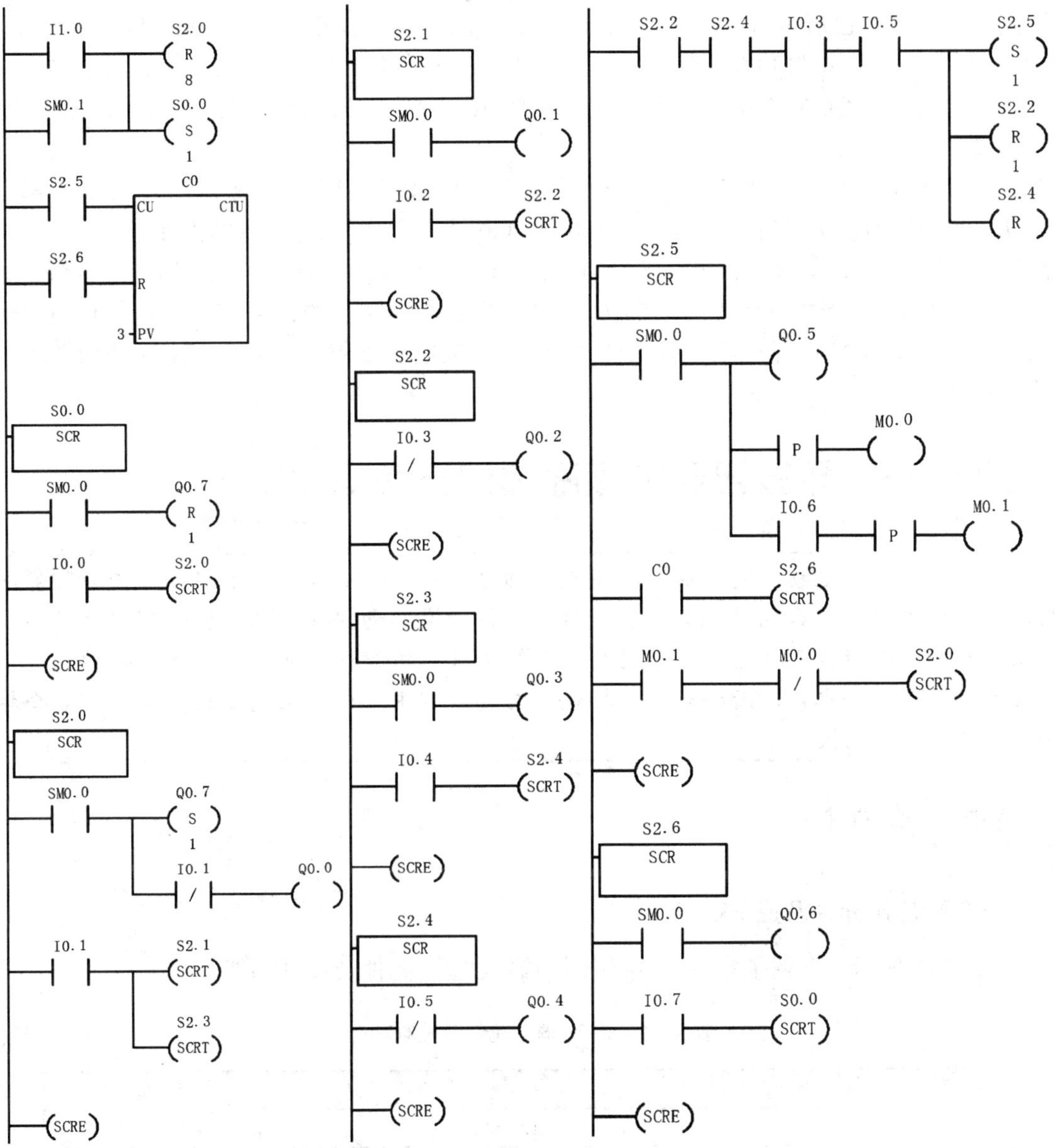

图 26-3　组合钻床梯形图

3．控制原理

初次运行时，初始化脉冲 SM0.1 使 S2.0～S2.6 全部复位后，并将初始步 S0.0 置位。按下启动按钮 I0.0，S2.0 置位，Q0.7 置位，钻头电动机得电转动，夹紧电磁阀 Q0.0 得电，夹紧装置下移将工件夹紧，夹紧后限位开关 I0.1 动作，S2.1 和 S23 同时置位。

S2.1 置位，电磁阀 Q0.1 得电，大钻下降。大钻头钻到位时，大钻头下限位开关 I0.2 动作，S2.2 置位，电磁阀 Q0.2 得电使大钻上升，升到大钻原限位开关 I0.3 时，Q0.2 失电。S2.3 置位，电磁阀 Q0.3 得电，小钻下降。小钻头钻到位时，小钻头下限位开关 I0.4 动作，S2.4 置位，电磁阀 Q0.4 得电使小钻上升，升到小钻原限位开关 I0.5 时，Q0.4 失电。

两个钻头都到位后 I0.3 和 I0.5 接通，S2.5 置位，计数器 C0 计数一次，Q0.5 得电，圆盘旋转 120°，限位开关 I0.6 动作，工作台停止。S2.0 置位，又开始钻第二对孔。孔钻 3 次后，放松电磁阀，Q0.6 得电，夹紧装置上移将工件松开，松开到位时，限位开关 I0.7 动作，完成一次加工。

注意：从 S2.5 转移到 S2.0 的转换条件不能直接用 I0.6，这是因为限位开关 I0.6 正常就是处于动作状态下的，这样当 S2.5 置位时，由于 I0.6 接点闭合，就会立即跳转到 S2.0，使 Q0.5 不能得电，用图 26-3 所示的脉冲接点 M0.0、M0.1 则可避免这种现象，原理请自行分析。

当计数器 C0 计数值为 3 时，S2.6 置位，将计数器 C0 的计数值复位，Q0.6 得电，夹紧装置上移将工件松开，限位开关 I0.7 动作，夹紧装置停止，返回到初始步 S0.0，工件加工结束。

实例 27　双按钮安全顺序启动三台电动机

为了避免多台电动机同时启动，造成启动电流过高，要求用一个启动按钮分时顺序启动三台电动机，三台电动机全部启动后，再按一次启动按钮，电动机全部停止。为了保证启动的安全性以及其他人误启动，启动时要求双手操作，即一手按住安全按钮，一手按启动按钮。全部启动后松开安全按钮。启动过程中若要停止电动机，按一下安全按钮，即可停止电动机。

控制方案设计

1. 输入/输出元件及控制功能

如表 27-1 所示，介绍了实例 27 中用到的输入/输出元件及控制功能。

表 27-1　输入/输出元件及控制功能

	PLC 软元件	元件文字符号	元件名称	控制功能
输入	I0.0	SB1	启动按钮	电动机启动
	I0.1	SB2	安全按钮	电动机安全启动及停止
输出	Q0.0	KM1	接触器 1	电动机 1
	Q0.1	KM2	接触器 2	电动机 2
	Q0.2	KM3	接触器 3	电动机 3

2. 电路设计

双按钮安全顺序启动三台电动机 PLC 接线图和梯形图如图 27-1 所示。指令表如表 27-2 所示。

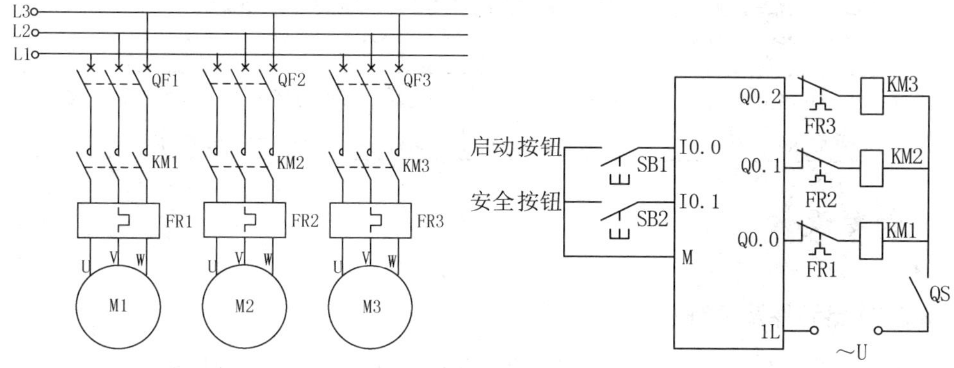

（a）电动机主接线图　　（b）PLC 接线图

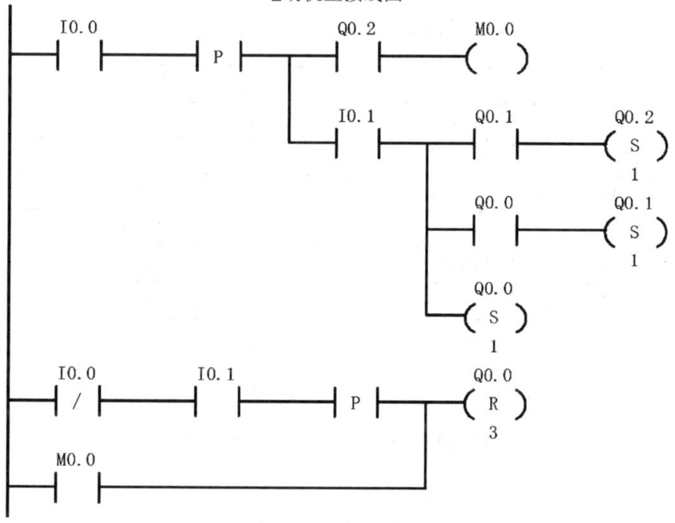

表 27-2　指令表

LD	I0.0
EU	
LPS	
A	Q0.2
=	M0.0
LPP	
A	I0.1
LPS	
A	Q0.1
S	Q0.2, 1
LRD	
A	Q0.0
S	Q0.1, 1
LPP	
S	Q0.0, 1
LD	I0.0
A	I0.1
EU	
O	M0.0
R	Q0.0, 3

（c）PLC 梯形图

图 27-1　双按钮安全顺序启动三台电动机

3. 控制原理

启动时按住安全按钮 SB2，I0.1 接点闭合。再按下启动按钮 SB1，I0.0 接点闭合，接通一个扫描周期，使 Q0.0 置位，第一台电动机启动。

Q0.0 常开接点闭合，为第二台电动机启动做好准备，再按一下启动按钮 SB1，使 Q0.1 置位，第二台电动机启动。

Q0.1 常开接点闭合，为第三台电动机启动做好准备。再按一下启动按钮 SB1，使 Q0.2 置位，第三台电动机启动。

松开安全按钮 SB1，启动结束。Q0.2 常开接点闭合，为电动机停止做好准备。

再按一下启动按钮 SB1，M0.0 线圈得电，Q0.0～Q0.2 全部复位，电动机停止运行。

启动过程中若要停止电动机，则松开启动按钮 SB1，按一下安全按钮 SB2，I0.1 产生一个脉冲，使 Q0.0～Q0.2 全部复位，即可停止全部电动机。

实例 28　四台电动机顺序启动，逆序停止

控制要求：按启动按钮，启动第一台电动机之后，每隔 5s 再启动一台；按停止按钮时，先停下第四台电动机，之后每隔 5s 逆序停下第三、二和一台电动机。

控制方案设计

1．输入/输出元件及控制功能

如表 28-1 所示，介绍了实例 28 中用到的输入/输出元件及控制功能。

表 28-1　输入/输出元件及控制功能

	PLC 软元件	元件文字符号	元 件 名 称	控 制 功 能
输入	I0.0	SB1	启动按钮	启动控制
	I0.1	SB2	停止按钮	停止控制
输出	Q0.0	KM1	接触器 1	控制电动机 1
	Q0.1	KM2	接触器 2	控制电动机 2
	Q0.2	KM3	接触器 3	控制电动机 3
	Q0.3	KM4	接触器 4	控制电动机 4

2．电路设计

四台电动机顺序启动，逆序停止 PLC 接线图和梯形图如图 28-1 所示。

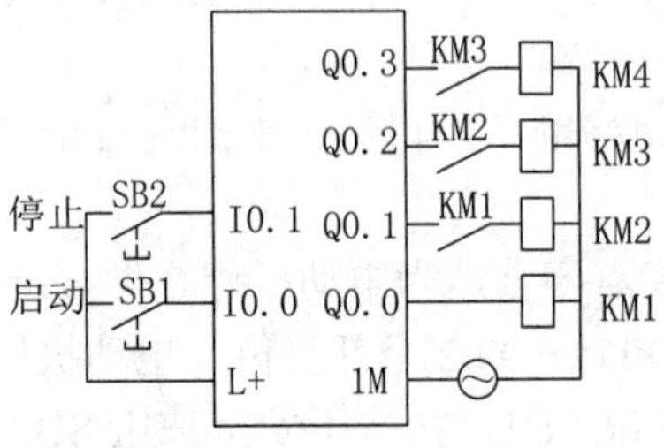

（a）PLC 接线图

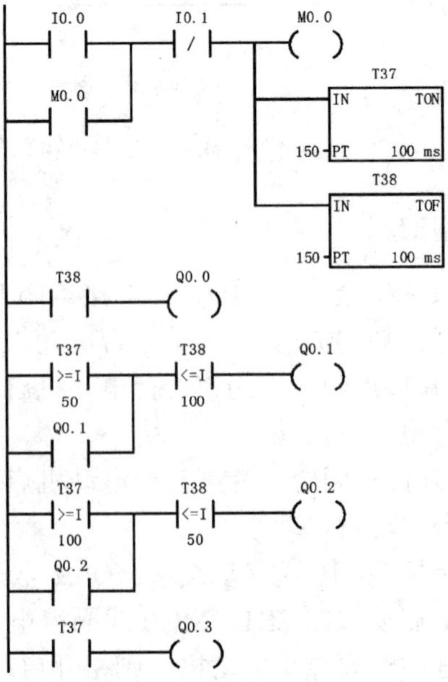

（b）PLC 梯形图

图 28-1　四台电动机顺序启动，逆序停止 PLC 接线图和梯形图

3．控制原理

按下启动按钮 I0.0，则 M0.0 得电自锁，通电延时型定时器 T37 和断电延时型定时器 T38 也同时得电。T38 的三个接点瞬时闭合，Q0.0 线圈得电，第一台电动机启动，定时器 T37 得电延时，达到 5s 时比较接点 T37≥50 使 Q0.1 得电自锁，第二台电动机启动。到达 10s 时，比较接点 T37≥100 使 Q0.2 得电自锁，第三台电动机启动。到达 15s 时，T37 接点闭合使 Q0.3 得电，第四台电动机启动。启动过程结束。

按下停止按钮 I0.1，M0.0 失电，T37 和 T38 也同时失电。T37 接点立即断开，Q0.3 失电，第四台电动机失电停止。延时 5s，T38≤50 比较接点断开，Q0.2 失电，第三台电动机失电停止。延时 10s，T38≥100 比较接点断开，Q0.1 失电，第二台电动机失电停止。延时 15s，T38 常开接点断开，Q0.0 失电，第一台电动机失电停止。停止过程结束。

四台电动机顺序启动，逆序停止时序图如图 28-2 所示。

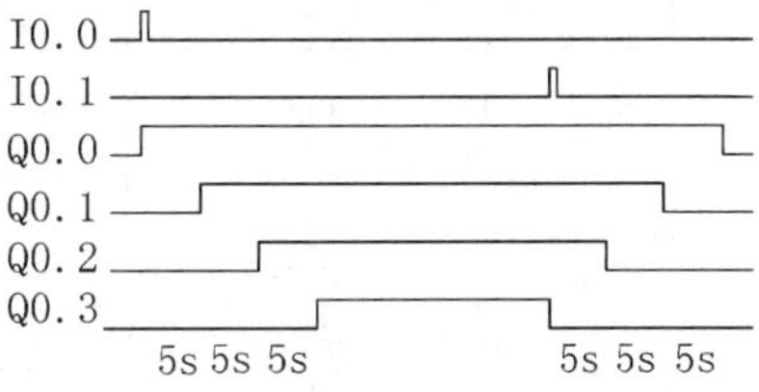

图 28-2　四台电动机顺序启动，逆序停止时序图

实例 29　三台电动机星三角顺序降压启动，逆序停止控制

控制三台三相异步电动机，启动时，按下启动按钮，第一台电动机将三相定子绕组接成星形接线启动 8s 后再将三相定子绕组接成三角形，10s 后启动第二台电动机，第二台电动机启动后 10s 启动第三台电动机。

停止时，按下停止按钮，第三台电动机立即停止，10s 后停止第二台电动机，再隔 10s 停止第一台电动机。

三台三相异步电动机控制时序图如图 29-1 所示。

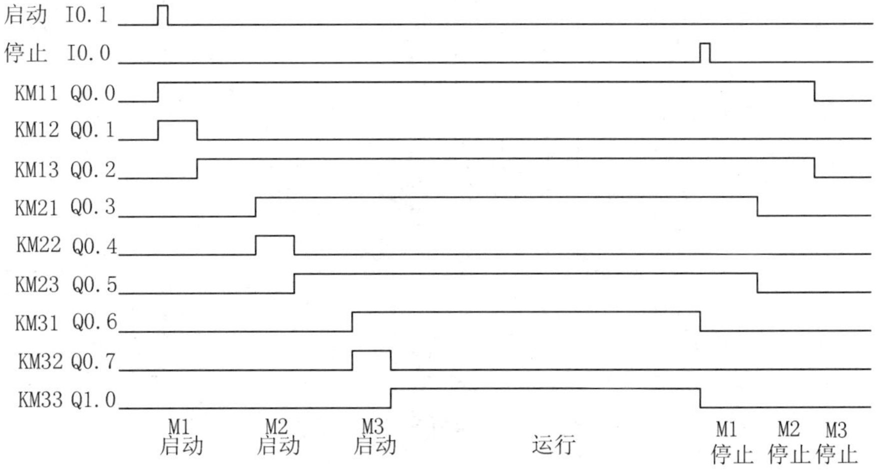

图 29-1　三台三相异步电动机控制时序图

控制方案设计

1．输入/输出元件及控制功能

如表 29-1 所示，介绍了实例 29 的输入/输出元件及控制功能。

表 29-1　输入/输出元件及控制功能

	PLC 软元件	元件文字符号	元 件 名 称	控 制 功 能
输入	I0.0	SB1	停止按钮	停止电动机
		FR1、FR2、FR3	热继电器接点	电动机过载保护
	I0.1	SB2	启动按钮	启动电动机
输出	Q0.0	KM11	接触器 1	第一台电动机电源连接
	Q0.1	KM12	接触器 2	第一台电动机星形连接
	Q0.2	KM13	接触器 3	第一台电动机三角形连接
	Q0.3	KM21	接触器 4	第二台电动机电源连接
	Q0.4	KM22	接触器 5	第二台电动机星形连接
	Q0.5	KM23	接触器 6	第二台电动机三角形连接
	Q0.6	KM31	接触器 7	第三台电动机电源连接
	Q0.7	KM32	接触器 8	第三台电动机星形连接
	Q1.0	KM33	接触器 9	第三台电动机三角形连接

2．电路设计

三台电动机主接线图如图 29-2 所示，三台电动机控制 PLC 接线图如图 29-3 所示，三台电动机 PLC 控制梯形图如图 29-4 所示。

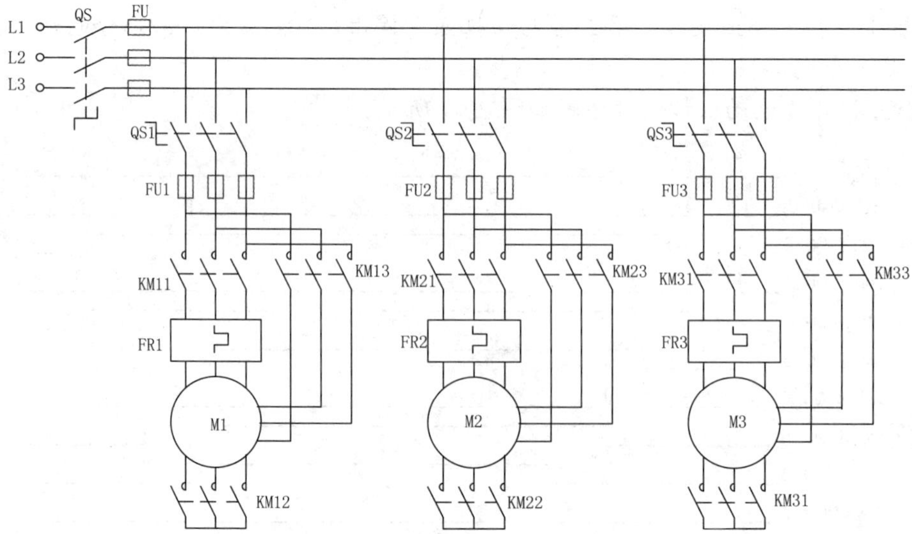

图 29-2　三台电动机主接线图

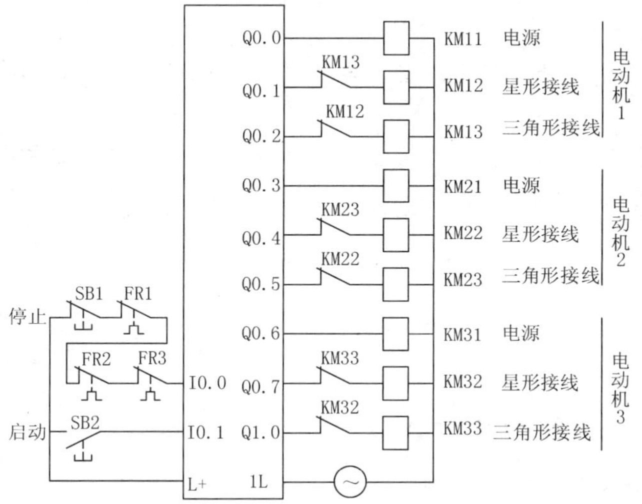

图 29-3　三台电动机控制 PLC 接线图

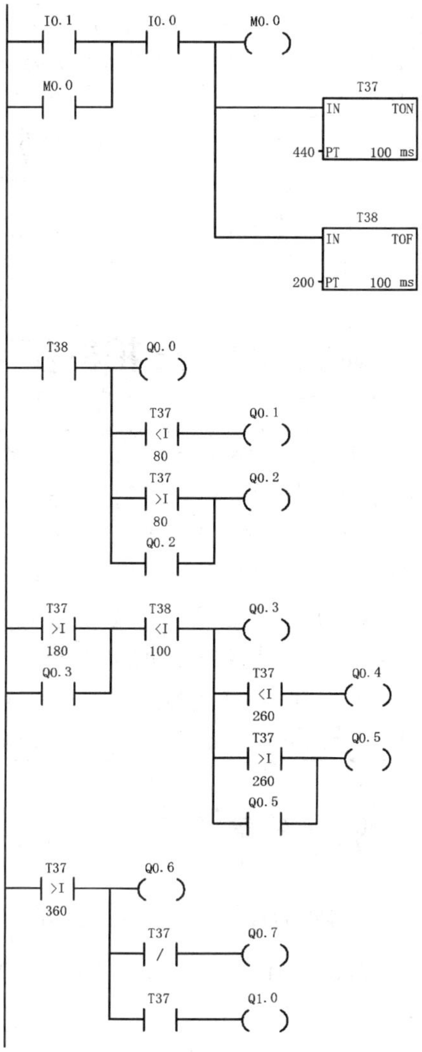

图 29-4　三台电动机 PLC 控制梯形图

3. 控制原理

启动时按下启动按钮 I0.1，M0.0 线圈得电自锁，通电延时型定时器 T37 和断电延时型定时器 T38 线圈得电。T38 常开接点闭合，Q0.0 和 Q0.1 线圈得电，驱动接触器 KM1、KM2 线圈得电，电动机 M1 接成星形接线启动。定时器 T37 得电延时，8s 后比较接点 T37<80 断开 Q0.1，比较接点 T37>80 接点接通 Q0.2，KM3 线圈得电，电动机 M1 由星形接线改接成三角形接线全电压运行。

电动机 M1 全电压运行后 10s 后比较接点 T37>180 闭合，Q0.3 和 Q0.4 得电自锁，驱动接触器 KM4、KM5 线圈得电，电动机 M2 接成星形接线启动。定时器 T37 延时，比较接点 T37<260 断开 Q0.1，比较接点 T37>260 接点接通 Q0.5 并自锁，KM6 线圈得电，电动机 M2 由星形接线改接成三角形接线全电压运行。

电动机 M2 全电压运行后比较接点 T37>360 闭合，Q0.6 和 Q0.7 得电，驱动接触器 KM7、

KM8 线圈得电，电动机 M3 接成星形接线启动。定时器 T37 延时达到设定值 44s 时，T37 常闭接点断开 Q0.7，T37 常开接点接通 Q1.0，KM9 线圈得电，电动机 M3 由星形接线改接成三角形接线全电压运行。

停止时按下停止按钮 I0.0，I0.0 常开接点断开，M0.0 线圈失电，定时器 T37 和 T38 线圈失电，比较接点 T37>360 断开，电动机 M3 失电停止。T38 失电后开始延时，到 10s 时，比较接点 T38<100 断开，电动机 M2 失电停止。T38 延时到 20s 时达到设定值。T38 常开接点断开，电动机 M1 失电停止。

实例 30　三相异步电动机限时反转控制

用按钮控制一台三相异步电动机的正反转启动停止。如果电动机在正转的情况下，按下反转按钮，电动机突然反转，将会产生如下几种不利因素：

（1）正转主触点断开时有一定的灭弧时间，在电弧未熄灭之前反转主触点闭合，将会造成短时间的电弧短路，损坏接触器主触点。

（2）正转主触点断开后转速高，突然反转，其反转启动电流是电动机静止启动时的大约 2 倍，造成线路电压下降。

（3）电动机突然反转，反转转矩突然变大，容易损坏电动机和转动机构。为了避免上述情况，可考虑在从正转到反转之间有一定的延时。

控制方案设计

1. 输入/输出元件及控制功能

如表 30-1 所示，介绍了实例 30 中用到的输入/输出元件及控制功能。

表 30-1　输入/输出元件及控制功能

	PLC 软元件	元件文字符号	元 件 名 称	控 制 功 能
输入	I0.0	SB1	正转按钮	正转启动电动机
	I0.1	SB2	反转按钮	反转启动电动机
	I0.2	SB3	停止按钮	停止电动机
输出	Q0.0	KM1	接触器 1	电动机正转启动
	Q0.1	KM2	接触器 2	电动机反转启动

2. 电路设计

用按钮控制一台三相异步电动机的限时反转控制的主电路、PLC 接线图如图 30-1 所示。梯形图如图 30-2 所示。

3. 控制原理

方法 1：

限时反转梯形图如图 30-2 所示。

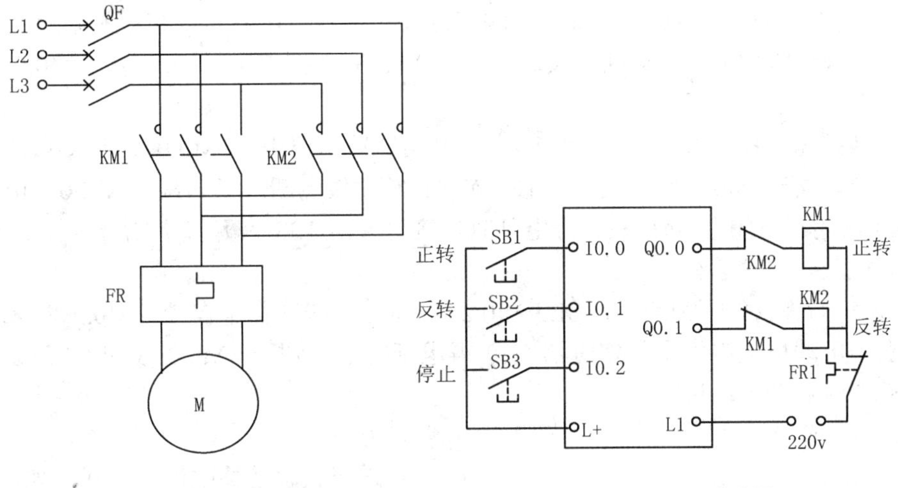

（a）电动机主电路　　　　（b）PLC 接线图

图 30-1　电动机主电路和 PLC 接线图

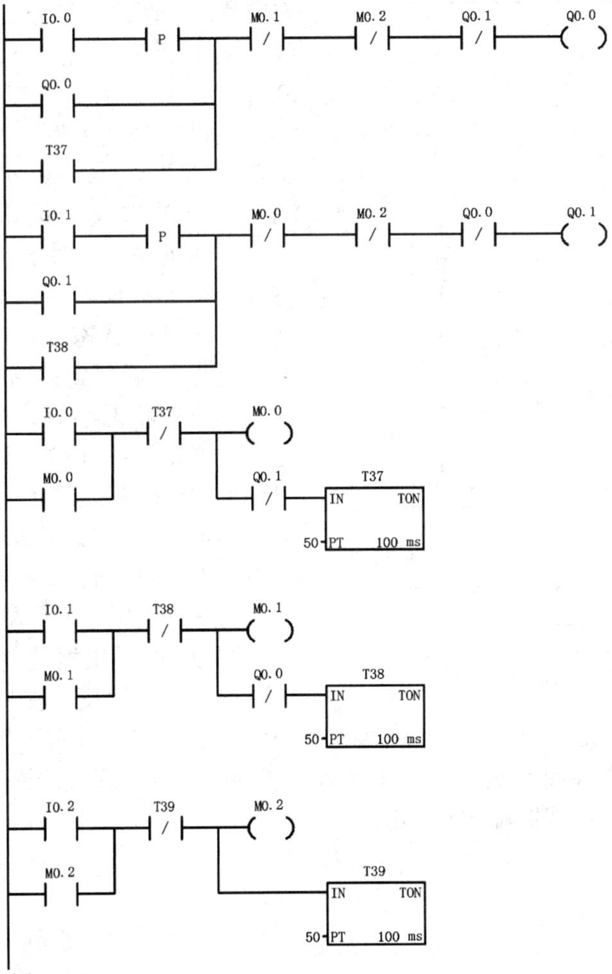

图 30-2　限时反转梯形图（方法 1）

按下正转按钮 SB1，I0.0=1，Q0.0 得电自锁，KM1 得电，电动机正转启动运行。同时 M0.0 得电自锁，M0.0 常闭接点断开反转线圈 Q0.1。T37 得电延时 5s，断开 M0.0。M0.0 常闭接点又闭合。

按下反转按钮 SB2，I0.1=1，产生一个上升沿脉冲，但由于 M0.0 常闭接点断开，Q0.1 不能得电反转。同时 M0.1 线圈得电自锁，M0.1 常闭接点断开正转线圈 Q0.0。电动机失电停止。Q0.0 常闭接点闭合，使 T38 得电延时，延时 5s，T38 常开接点闭合，Q0.1 线圈得电自锁，电动机反转启动运行。

电动机在运行时按下停止按钮 SB3，I0.2=1，M0.2 线圈得电自锁，M0.2 常闭接点断开正反转线圈，电动机失电停止。定时器 T39 得电延时 5s 后断开 M0.2 线圈，M0.2 常闭接点恢复闭合后才能启动电动机。

方法 2：

采用状态转移图设计方式，如图 30-3 所示。

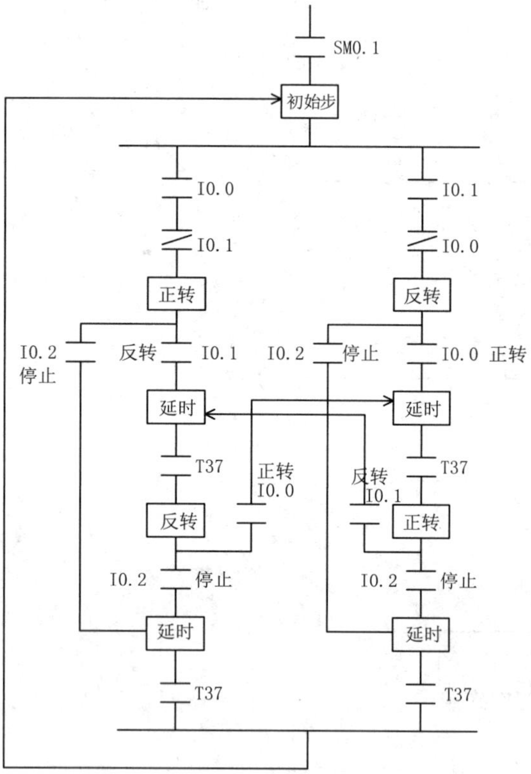

图 30-3 限时反转状态转移图（方法 2）

初始状态，SM0.1 使初始状态步置位，状态转移图为两路选择分支，按正转按钮 I0.0，到正转状态步，电动机正转，按反转按钮 I0.1，到反转状态步，电动机反转。

现以左分支为例，按正转按钮 I0.0，到正转状态步，电动机正转，此时有两种情况，一种是按反转按钮 I0.1，到延时状态步，电动机失电延时 5s 后到下一步反转转状态步，电动机反转；二是按停止按钮 I0.2，到下一个延时状态步，电动机停止，电动机失电延时 5s 后回到初始状态步。

在反转状态步时，也有两种情况，一种是按下停止按钮 I0.2，到延时状态步延时 5s 回到初始状态步结束；二是按下正转按钮 I0.0，到右分支延时状态步延时 5s 到正转状态步，电动机正转。

右分支工作原理与左分支工作原理类似。

图 30-4 是根据图 30-3 限时反转状态转移图画出的限时反转梯形图。

PLC 初始运行时，SM0.1 初始化脉冲将 8 个状态步清零，将初始状态步 S0.0 置 1。为了简化电路，防止输出线圈重复出现，在状态转移图中不直接连接线圈。最后根据状态步和输出继电器和定时器画出线圈输出梯形图。

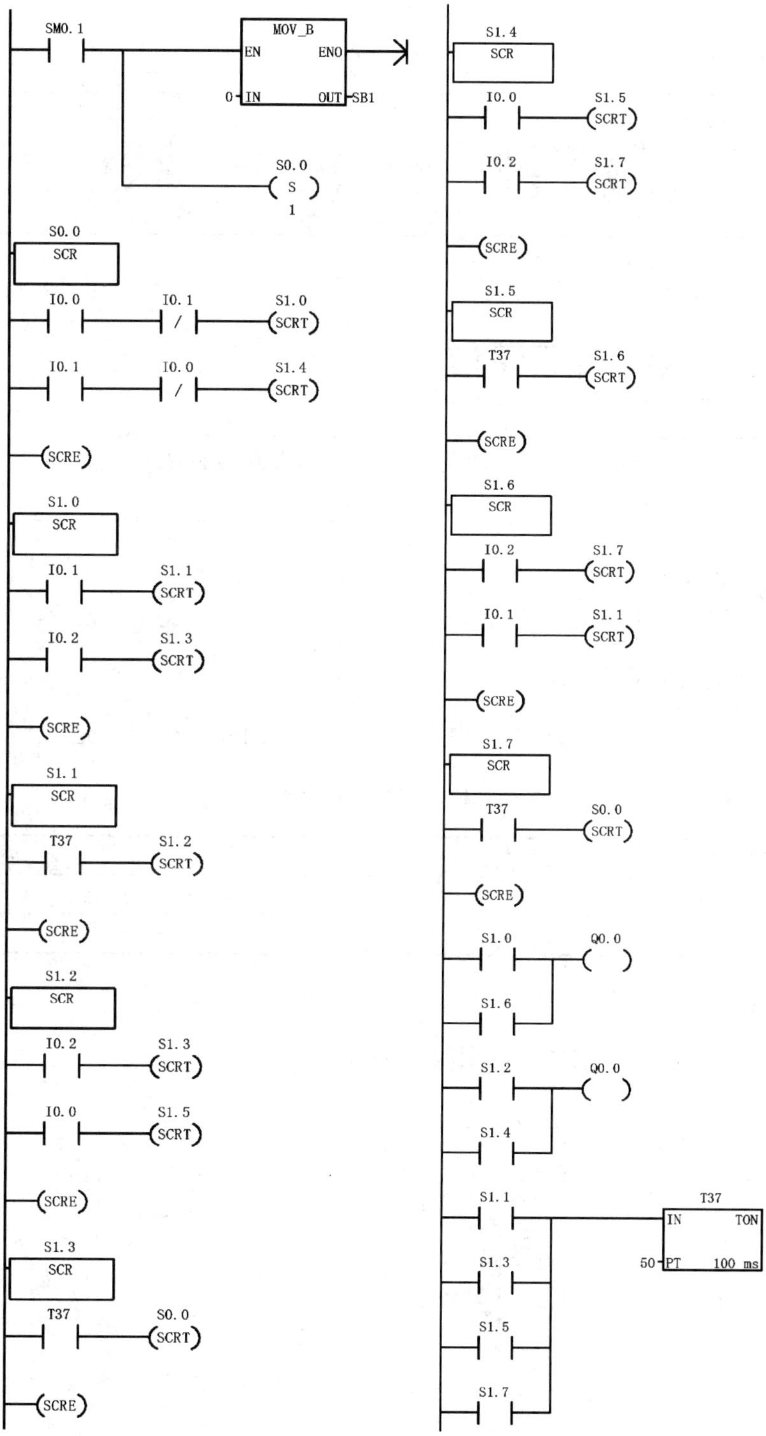

图 30-4　限时反转梯形图（方法 2）

分类四　移位控制

实例 31　八位单点移位

用一个开关控制 8 个灯，每秒钟亮一个灯，从左到右依次闪亮，不断重复上述循环过程。

控制方案设计

1．输入/输出元件及控制功能

如表 31-1 所示，介绍了实例 31 中用到的输入/输出元件及控制功能。

表 31-1　输入/输出元件及控制功能

	PLC 软元件	元件文字符号	元 件 名 称	控 制 功 能
输入	I0.0	SA	开关	移动开始
输出	Q0.0～Q0.7	EL1～EL8	灯 1～灯 8	8 个灯依次闪亮

2．电路设计

八位单点移位 PLC 接线图和梯形图如图 31-1 所示。

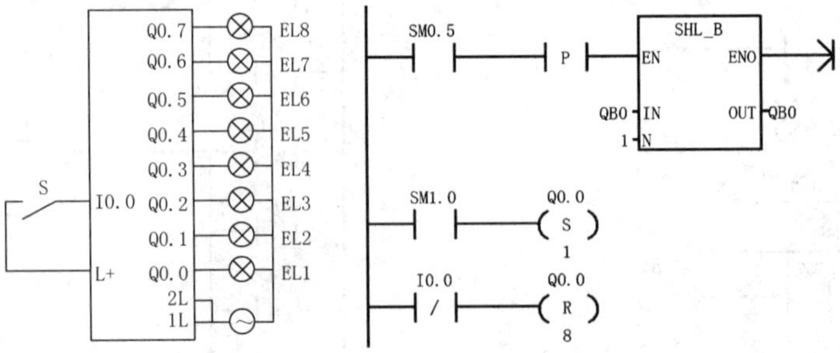

（a）PLC 接线图　　（b）梯形图

图 31-1　八位单点移位 PLC 接线图和梯形图

3．控制原理

初始状态下，开关 S 未闭合时，I0.0 常闭接点闭合，使 Q0.0～Q0.7 复位，由于 Q0.0～

Q0.7 均为 0（QB0=0），所以，SM1.0=1，开关 S 闭合后，Q0.0 置位为 1，此时由于 Q0.0=1，QB0≠0，结果是 SM1.0=0，SM1.0 常开接点断开。

SM0.5 每隔 1s 发出一个脉冲，对 MB0 进行一次移位，移位的结果是 Q0.0～Q0.7 的八点输出依次为 1，8 个灯依次点亮，当 Q0.7=1，再移位一次，Q0.0～Q0.7 均为 0，SM1.0=1，Q0.0 置位为 1，进行下一个循环移位。并不断执行上述过程。

当控制开关 S 断开，Q0.7～Q0.0 全部复位为 0。

实例 32 八位单点自动左右移位

用一个开关控制八个灯，每秒钟亮一个灯，从左到右依次闪亮，然后再从右到左依次闪亮，不断重复上述循环过程。

控制方案设计

1. 输入/输出元件及控制功能

如表 32-1 所示，介绍了实例 32 中用到的输入/输出元件及控制功能。

表 32-1 输入/输出元件及控制功能

	PLC 软元件	元件文字符号	元 件 名 称	控 制 功 能
输入	I0.0	SA	开始移动开关	移动开始
输出	Q0.0～Q0.7	EL1～EL8	灯 1～灯 8	8 个灯依次闪亮

2. 电路设计

八位单点自动左右移位 PLC 接线图和梯形图如图 32-1 所示。

3. 控制原理

初始状态下，开关 S 未闭合时，I0.0 常闭接点闭合，使 Q0.0～Q0.7 复位，由于 Q0.0～Q0.7 均为 0（QB0=0），所以，SM1.0=1，开关 S 闭合后，Q0.0 置位为 1，此时由于 Q0.0=1，QB0≠0，结果 SM1.0=0，SM1.0 常开接点断开。

SM0.5 每隔 1s 发出一个脉冲，对 MB0 进行一次左移位，移位的结果是 Q0.0～Q0.7 的八点输出依次为 1，8 个灯依次点亮，当 Q0.7=1，再移位一次，Q0.0～Q0.7 均为 0，SM1.0=1，在 Q0.7 由 1 变为 0，时，Q0.7 的下降沿使 M0.0 置位。M0.0 常开接点闭合，Q0.7 置位为 1，同时接通右移指令 SHR_B 指令，进行右移位。移位的结果是 Q0.7～Q0.0 的八点输出依次为 1，8 个灯依次点亮，当右移到 Q0.0=1，再移位一次，Q0.7～Q0.0 均为 0，SM1.0=1，在 Q0.0 由 1 变为 0，时，Q0.0 的下降沿使 M0.0 复位。M0.0 常闭接点闭合，Q0.0 置位为 1，同时接通左移指令 SHL_B 指令，进行左移位。并不断执行上述过程。

当控制开关 S 断开，Q0.7～Q0.0 全部复位为 0。

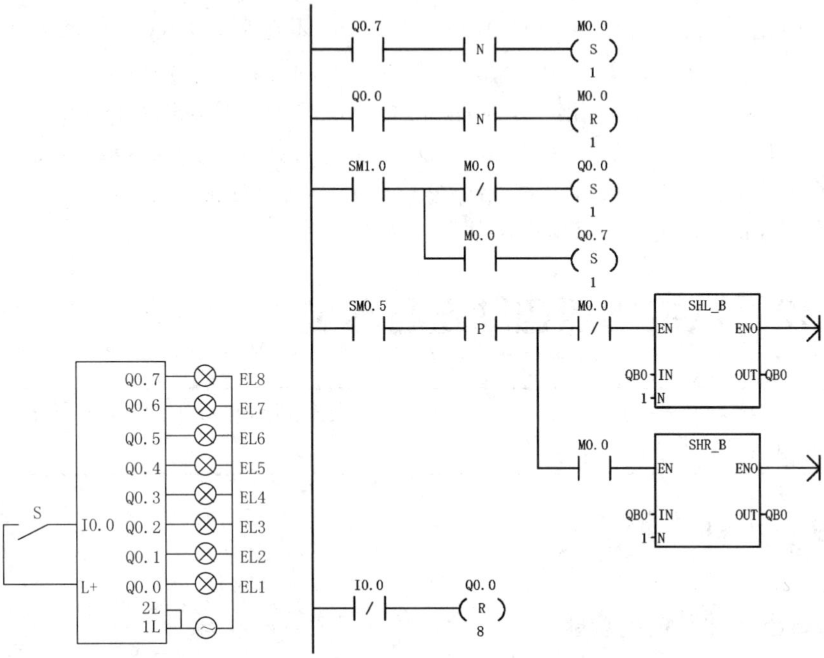

（a）PLC 接线图　　（b）梯形图

图 32-1　八位单点自动左右移位

实例 33　点数可调的单点移位

控制多个灯，当开关闭合时每秒钟亮一个灯，依次闪亮，并不断循环。要求控制闪亮的灯数在 2～16 个之间可以调节。

控制方案设计

1．输入/输出元件及控制功能

如表 33-1 所示，介绍了实例 33 中用到的输入/输出元件及控制功能。

表 33-1　输入/输出元件及控制功能

	PLC 软元件	元件文字符号	元件名称	控制功能
输入	I0.0	SB1	按钮	设定移动位数
	I0.1	SA	开始移动开关	移动开始
输出	Q0.0，…，Q1.7	EL1，…，EL16	灯 1，…，灯 16	多个灯依次闪亮

2．电路设计

点数可调的单点移动控制 PLC 接线图和梯形图，如图 33-1 所示。

3．控制原理

用按钮 I0.0 设定可移动的点数，每按一次，可移动的点数增加 1 点，设定的点数存放在 MB0 的低 4 位 M0.3～M0.0 中，如果要重新设定移动的点数，按钮 I0.0 按下的时间大于 2s，就可以将设定值 MB0 清零，之后再快速按动按钮 I0.0，设定可移动的点数。

将设定值 MB0 解码，用 MW2 的某一位表示，如图 33-2 所示。例如，设定值 MB0=1010，解码后 M2.2=1，可移动的点数为 QW0 的低 10 位，共 10 点。

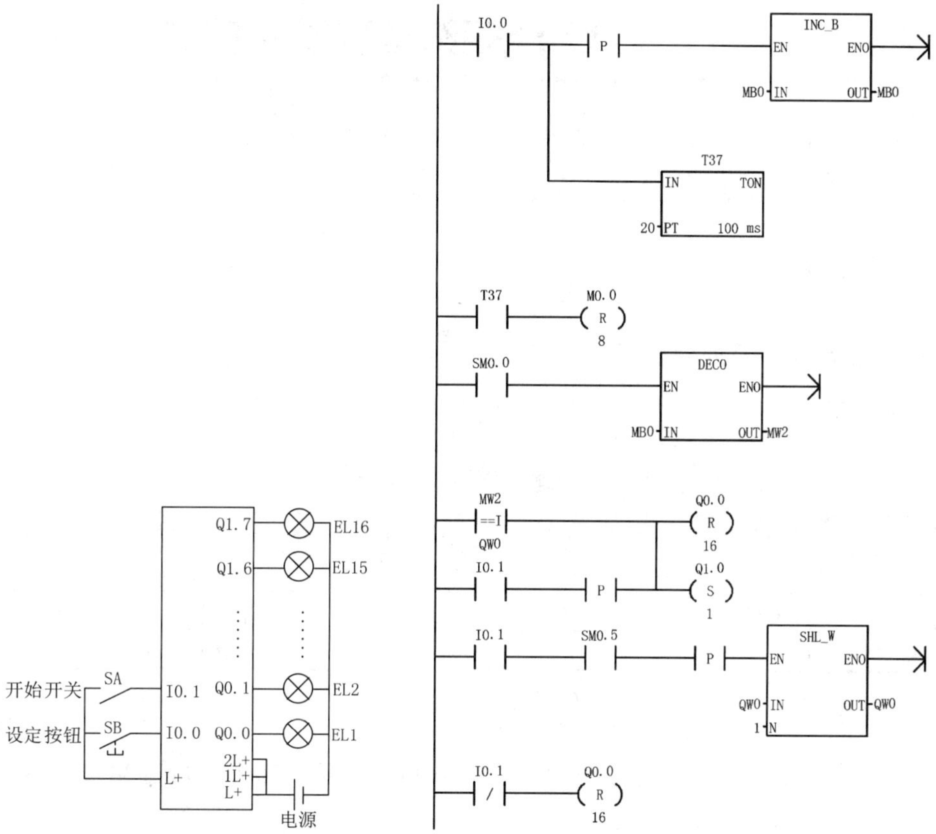

（a）PLC 接线图　　　　（b）梯形图

图 33-1　点数可调的单点移动控制

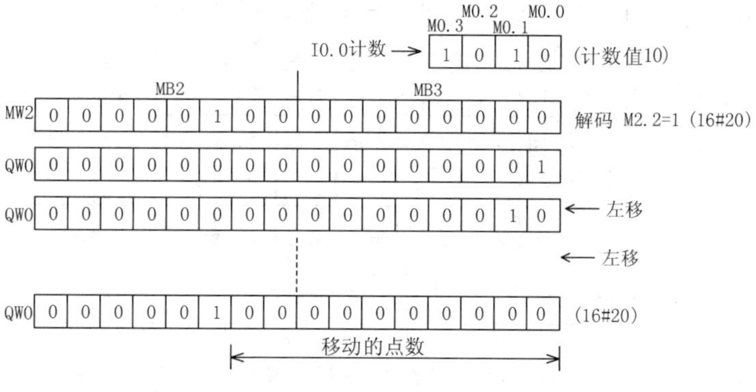

图 33-2　解码移位示意图

闭合开关 I0.1，在 I0.1 的上升沿 Q1.7～Q0.0 置 0，再将 QW0 的最低位 Q1.0 置 1，秒脉冲的上升沿对左移指令 SHL_W 开始移位。SM0.5 每隔 1s 发一个脉冲，进行一次左移，

最低位 Q1.0 中的 1 移到 QW0 中 Q1.2，Q0.0=1，之后 Q0.0 接点闭合，将 M7 置 0。确保 Q1.7～Q0.0 中只有一个为 1。当左移到 Q0.2，Q0.2=1，QW0=16#20。这时，QW0=MW2，将 Q0.0～Q1.7 全部清零，重新置 Q1.0=1。完成一次移位过程，之后又重复上述移位过程。

实例 34　5 行 8 列 LED 矩阵依次发光控制

用移位指令控制一个 5 行 8 列的发光二极管（LED）的矩阵块，要求矩阵 LED 从左到右，从上到下，每个 LED 顺次发光 0.5s，并周而复始。

控制方案设计

1．输入/输出元件及控制功能

如表 34-1 所示，介绍了实例 34 中用到的输入/输出元件及控制功能。

表 34-1　输入/输出元件及控制功能

	PLC 软元件	元件文字符号	元 件 名 称	控 制 功 能
输入	I0.0	SA	开关	控制
输出	Q0.0～Q0.7			列输出
	Q1.0～Q1.4			行输出

2．电路设计

5 行 8 列 LED 矩阵依次发光控制接线图如图 34-1 所示，梯形图如图 34-2 所示。

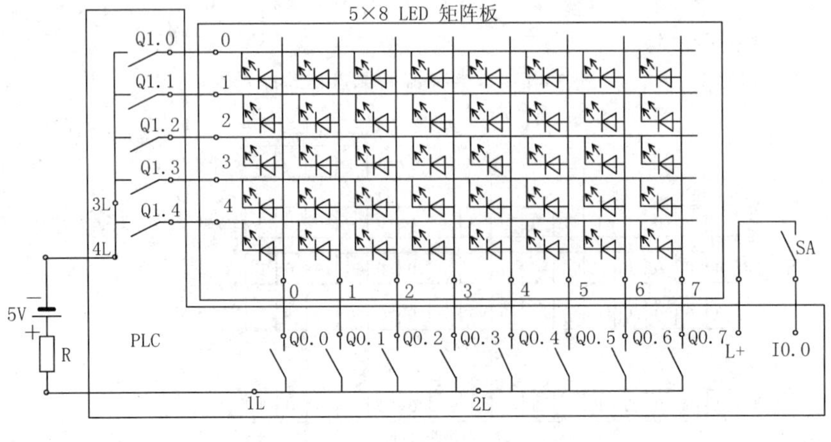

图 34-1　5 行 8 列 LED 矩阵接线图

3. 控制原理

合上控制开关 SA，I0.0=1，进入控制状态。在 I0.0 的上升沿将 QB1 复位，Q1.0 置位；QB0 复位，Q0.0 置位。接通 1 行 1 列，定时器 T38 每隔 1s 发一个脉冲，对 QB0 进行左移，结果对应于 Q0.0～Q0.7 每隔 1s 依次接通，控制矩阵的列输出。当 Q0.7=1 移出为 0 时，即在 Q0.7 的下降沿将 QB0 复位，Q0.0 置位。并周而复始。

定时器 T37 每隔 8s 发一个脉冲，对 QB1 进行左移，结果每隔 8s，Q1.0～Q1.5 依次接通，控制矩阵的行输出。当 Q1.5=1 时将 QB1 复位，Q1.0 置位。并周而复始。

断开控制开关 SA，I0.0=0，全部输出复位。

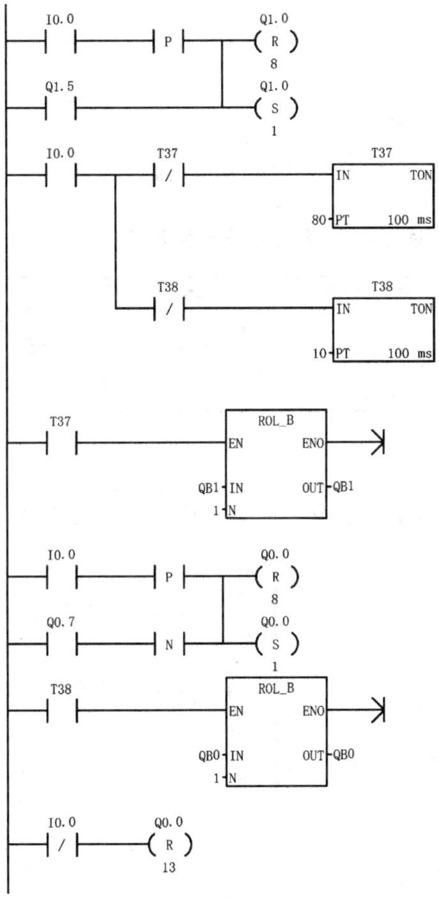

图 34-2　5 行 8 列 LED 矩阵控制梯形图

实例 35　条码图

在电路的控制中，在改变电路的数据时，用如图 35-1 所示的条形图显示数据，具有直观清楚的效果。图中有 16 个 LED，初始时有 8 个 LED 亮，按动减按钮，减少条形图的发光长度；按动加按钮，增加条形图的发光长度。

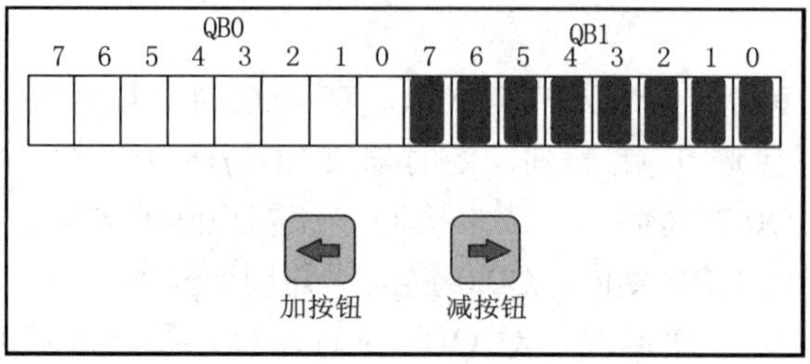

图 35-1　条码图

控制方案设计

1．输入/输出元件及控制功能

如表 35-1 所示，介绍了实例 35 中用到的输入/输出元件及控制功能。

表 35-1　输入/输出元件及控制功能

	PLC 软元件	元件文字符号	元 件 名 称	控 制 功 能
输入	I0.0	SB1	按钮	增加条形图的发光长度
	I0.1	SB2	按钮	减少条形图的发光长度
输出	Q0.0～Q1.7	HL1～HL16	16 位条码	显示 16 位发光二极管

2．电路设计

条码图控制 PLC 接线图如图 35-2 所示，梯形图如图 35-3 所示。

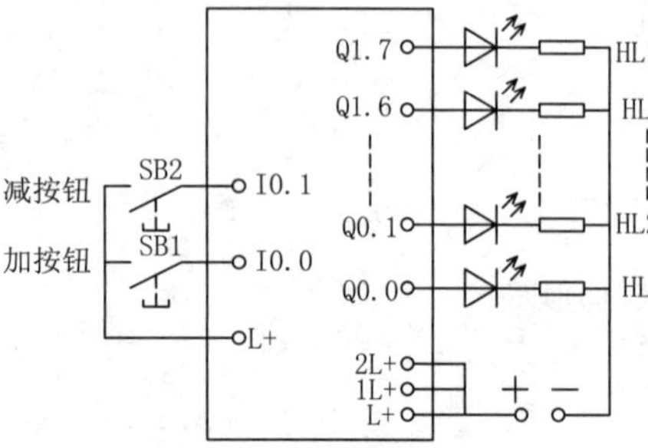

图 35-2　条码图控制 PLC 接线图

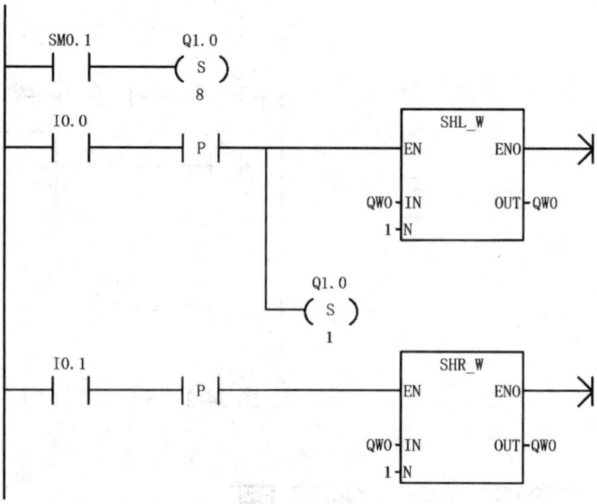

图 35-3　条码图控制梯形图

3．控制原理

PLC 运行时初始化脉冲 SM0.1 产生一个脉冲，将 QB1 的 8 位全部置 1，QW0 中的数据结果为 2#0000000011111111，Q1.7～Q1.0 得电，发光二极管 HL1～HL8 得电发光。

按下加按钮 I0.0，执行左移指令 SHL_W，QW0 的数据 2#0000000011111111 左移一位，移位的结果为 QW0=2#0000000111111110，同时 QW0 的最低位 Q1.0 置位，最终结果为 QW0=2#0000000111111111。增加一个灯亮。每按一次加按钮 I0.0，多增加一个灯亮。

如果按下减按钮 I0.1，执行右移指令 SHR_W，QW0 的原数据 2#0000000011111111 右移一位，移位的结果为 QW0=2#0000000001111111，Q1.6～Q1.0 得电。减少一个灯亮。每按一次减按钮 I0.1，多减少一个灯亮。

实例 36　广告灯一

控制一组 8 个彩色广告灯，如图 36-1 所示。启动时，要求 8 个彩色广告灯从右到左逐个点亮；全部点亮时，再从左到右逐个熄灭。全部灯熄灭后，再从左到右逐个点亮，全部灯点亮时，再从右到左逐个熄灭，并周而复始上述过程。

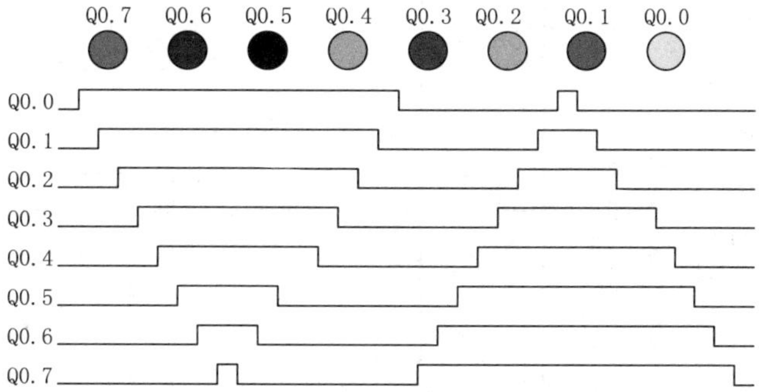

图 36-1　彩色广告灯动作示意图

控制方案设计

1. 输入/输出元件及控制功能

如表 36-1 所示，介绍了实例 36 中用到的输入/输出元件及控制功能。

表 36-1　输入/输出元件及控制功能

	PLC 软元件	元件文字符号	元件名称	控制功能
输出	Q0.0～Q0.7	EL1～EL8	彩色灯	8 个彩色广告灯动态闪光

2. 电路设计

8 个彩色广告灯 PLC 控制接线图和梯形图，如图 36-2 所示。

3. 控制原理

定时器 T37 每隔 1s 发一个脉冲，用于左移和右移的移位信号。

定时器 T38 每隔 8s 发一个脉冲，用于对 MB0 进行加 1 计数控制。

功能指令 INC_B MB0 组成一个加 1 计数器，计数值用 MB0 表示，其中 M0.1、M0.0 的计数值用于左右移位的控制，其结果如表 36-2 所示。

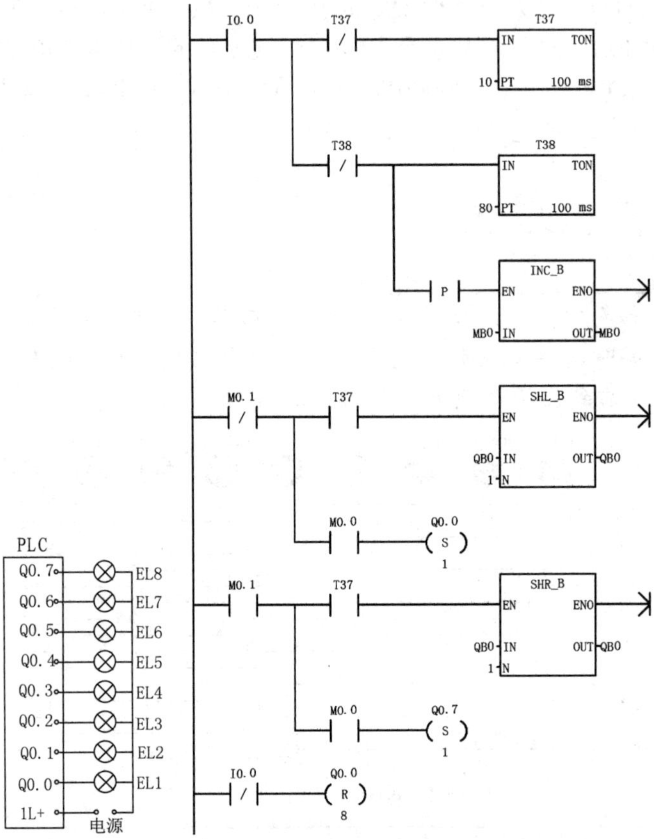

图 36-2 彩色广告灯 PLC 控制接线图和梯形图

表 36-2 计数值和控制结果的对应关系

T38 脉冲	M0.1	M0.0	控 制 结 果
0	0	1	左移，逐渐点亮
1	1	0	右移，逐渐熄灭
2	1	1	右移，逐渐点亮
3	0	0	左移，逐渐熄灭

PLC 开始运行时，T38 常闭接点闭合，执行一次 INC_B 加 1 指令，MB0=1，MB0 的低 2 位 M0.1=0，M0.0=1，M0.1 常闭接点闭合，M0.0 常开接点闭合，Q0.0 置位，T37 每隔 1s 发一个脉冲，执行左移指令 SHL_B，将 Q0.0 的 1 依次左移到 Q0.1～Q0.7 中，EL1～EL8 依次点亮，最后 QB0=11111111。

T38 隔 8s 再发一个脉冲执行一次 INC_B 加 1 指令，计数值 MB0=2，M0.1=1，M0.0=0，M0.1 常开接点闭合，M0.0 常开接点断开，执行 SHR_B 右移指令；T37 每隔 1s 发一个脉冲 QB0=11111111 右移一次，最左位补 0，变为 QB0=01111111，每右移一次最左位补

0，0 依次右移到 Q0.7～Q0.0 中，EL8～EL1 依次熄灭。最后 QB0=00000000。

T38 再隔 8s 发一个脉冲，执行一次 INC_B 加 1 指令，计数值 MB0=3，M0.1=1，M0.0=1，M0.1、M0.0 常开接点都闭合，仍执行右移指令并将 Q0.7 置位；QB0=00000000 变为 QB0=10000000，T37 每隔 1s 发一个脉冲，将的 Q0.71 依次右移到 Q0.7～Q0.0 中，EL8～EL1 依次点亮。最后 QB0=11111111。

T38 再隔 8s 发一个脉冲，执行一次 INC_B 加 1 指令，计数值 MB0=4，M0.1=0，M0.0=0，M0.1 常闭接点闭合，M0.0 常开接点断开执行左移指令；QB0=11111111 左移一位，最右位 Q0.0 补 0，变为 QB0=11111110，T0 每隔 1s 发一个脉冲，最右位补 0，0 依次左移到 Q0.0～Q0.7 中，EL1～EL8 依次熄灭。最后 QB0=00000000。

T38 每隔 8s 发一个脉冲，不断重复上述过程。

实例 37　广告灯二

控制一组 8 个彩色广告灯，如图 37-1 所示。启动时，要求 8 个彩色广告灯从右到左逐个点亮，全部灯点亮 10s 时，再从左到右逐个熄灭；全部灯熄灭 2s 后，再从左到右逐个点亮；全部灯点亮 10s 时，再从右到左逐个熄灭；全部灯熄灭 2s 时，从左到右逐个点亮；全部灯点亮 10s 时，再右到左逐个熄灭；全部灯熄灭 2s 时，再从右到左逐个点亮；全部灯点亮 10s 时，再从左到右逐个熄灭；全部灯熄灭 2s 时再重复上述过程。

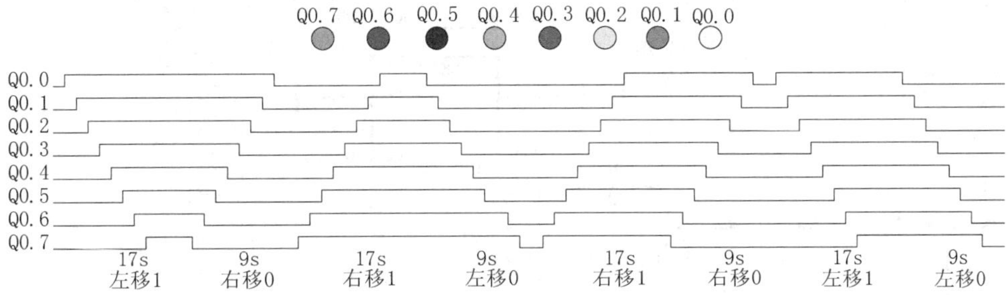

图 37-1　彩色广告灯动作示意图

控制方案设计

1. 输入/输出元件及控制功能

如表 37-1 所示，介绍了实例 37 中用到的输入/输出元件及控制功能。

表 37-1　输入/输出元件及控制功能

	PLC 软元件	元件文字符号	元 件 名 称	控 制 功 能
输出	Q0.0～Q0.7	EL1～EL8	彩色灯	8 个彩色广告灯动态闪光

2. 电路设计

8 个彩色广告灯 PLC 控制接线图和梯形图如图 37-2 所示。

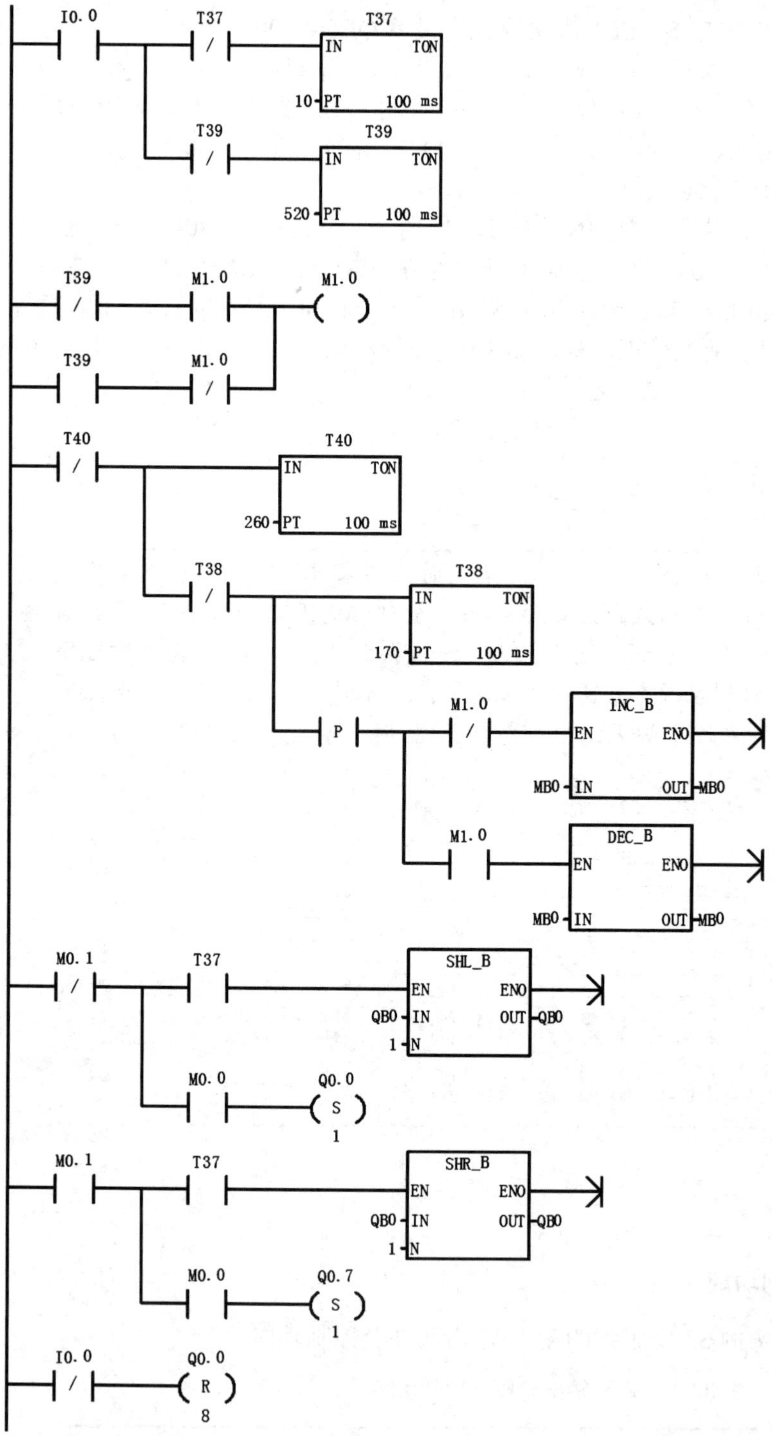

（a）梯形图

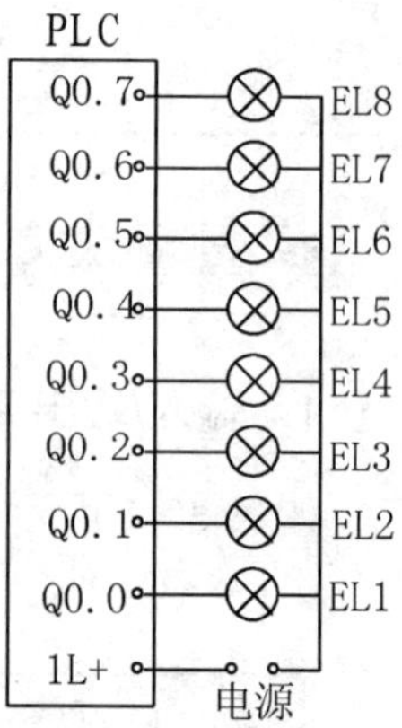

（b）接线图

图 37-2　彩色广告灯 PLC 控制梯形图和接线图

3. 控制原理

广告灯二和广告灯一的控制原理基本是一样的。不同的是广告灯二增加了一个减 1 指令来控制左右移的数据；第二个是全亮的时间为 10s，全灭的时间为 2s。

定时器 T37 每隔 1s 发一个脉冲，用于左移和右移的移位信号。

定时器 T39 用于前 52s 接通加 1 指令 INC_B，后 52s 接通减 1 指令 DEC_B。

定时器 T38 和 T40 是将时间 26s 分成 17s 和一个 9s，也就是 17s 执行一次 DEC_B 或 INC_B 指令，再过 9s 执行一次 DEC_B 或 INC_B 指令。

其他控制原理基本与广告灯一相同。

实例 38　密码锁

用数字键输入密码有一个缺陷，就是人们在按下密码键的时候，如果旁边有人看，很容易泄漏密码，本例介绍用 PLC 控制一个密码锁，用一位 BCD 码数字开关输入 1～8 位数字，即使旁边有人也看不出输入的密码。

控制方案设计

1. 输入/输出元件及控制功能

如表 38-1 所示，介绍了实例 38 中用到的输入/输出元件及控制功能。

表 38-1　输入/输出元件及控制功能

	PLC 软元件	元件文字符号	元 件 名 称	控 制 功 能
输入	I0.0	S0	BCD 码数字开关 1 端	输入十进制数
	I0.1	S1	BCD 码数字开关 2 端	
	I0.2	S2	BCD 码数字开关 4 端	
	I0.3	S3	BCD 码数字开关 8 端	
	I0.4	SB1	按钮 1	数据确认
	I0.5	SB2	按钮 2	数据复位
输出	Q0.0	YA	电磁锁	开锁

2. 电路设计

密码锁的 PLC 接线图如图 38-1 所示，用一个 BCD 码数字开关输入密码，为了防止被人偷看，将数字开关放在明处，将确认键放在暗处，拨动数字开关，当拨到密码数时，按一下确认键，接着继续拨动数字开关，这样，即使旁边有人，也看不出确认的密码数和密码位数。如果按错了，可按下复位键，清除密码。

3. 控制原理

密码锁的控制梯形图如图 38-2 所示。初始状态，初始脉冲 SM0.1 将 MD0 中的数据清零。数字开关分别接在 PLC 的 I0.0～I0.3 上，将 I0.0～I0.3 的 4 位二进制数（BCD 码）传送到 MD0 的低 4 位 M3.0～M3.3 上，梯形图如图 38-3 所示。

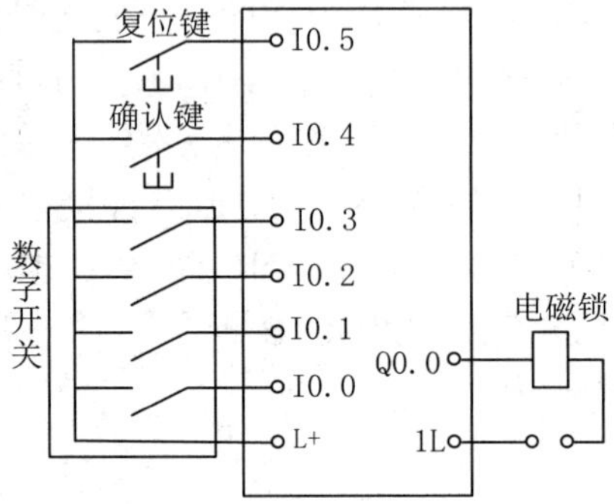

图 38-1　密码锁的 PLC 接线图

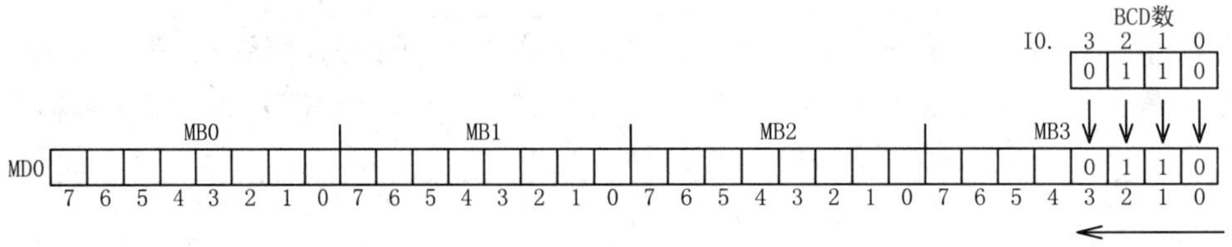

图 38-2　密码锁梯形图的工作过程示意图

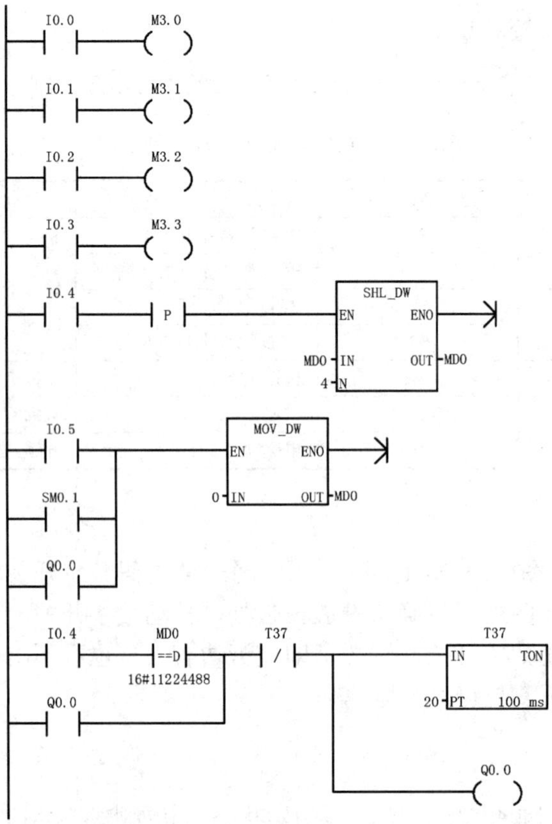

图 38-3　密码锁的梯形图

按下确认键，I0.4 脉冲执行一次左移指令，将输入的数据左移 4 位到 M3.4～M3.7，拨入下一位密码，再按下确认键，如此将全部密码输入后，按下确认键，如果输入的密码和梯形图中设置的密码一致时，本例梯形图中的密码为 11224488，比较接点接通定时器 T37 和 Q0.0 得电自锁，电磁锁得电，执行开锁，开锁时间为 2s，T37 延时将 Q0.0 线圈断开。Q0.0 得电时将 MD0 中的数据清零。以便下次输入密码，如果输入错误，按一下复位键 I0.5，也能将 MD0 中的数据清零。

分类五　电气设备顺序控制

实例 39　汽车自动清洗机

一台汽车自动清洗机，用于对汽车进行清洗，对该机的动作要求如下：

将汽车开到清洗机上，工作人员按下启动按钮，清洗机带动汽车开始移动，同时打开喷淋阀门对汽车进行冲洗。当检测开关检测到汽车达到刷洗距离时，旋转刷子开始旋转，对汽车进行刷洗。

当检测到汽车离开清洗机时，清洗机停止移动，旋转刷子停止，喷淋阀门关闭，清洗结束。

按停止按钮，全部动作停止。

控制方案设计

1．输入/输出元件及控制功能

如表 39-1 所示，介绍了实例 39 中用到的输入/输出元件及控制功能。

表 39-1　输入/输出元件及控制功能

	PLC 软元件	元件文字符号	元 件 名 称	控 制 功 能
输入	I0.0	SB1	启动按钮	启动清洗机
	I0.1	SB2	停止按钮	停止清洗机
	I0.2	SQ	检测开关	检测汽车达到刷洗距离
输出	Q0.0	YV	电磁阀线圈	控制喷淋阀门
	Q0.1	KM1	接触器 1	控制清洗机移动
	Q0.2	KM2	接触器 2	控制旋转刷子旋转

2．电路设计

汽车自动清洗机 PLC 接线图和梯形图如图 39-1 所示。

3．控制原理

按下启动按钮 I0.0 时，输出继电器 Q0.0、Q0.1 同时得电自锁（实际上可以用一个输出继电器 Q0.0 在输出电路同时控制清洗机喷淋阀门），清洗机移动并打开清洗机喷淋阀门。当清洗机上的汽车移动到检测开关 I0.2 时，I0.2 接点动作接通 Q0.2，旋转刷子开始旋转，对汽车进行刷洗，当汽车离开检测开关 I0.2 时，I0.2 接点断开，其下降沿脉冲，使 M0.0 线圈得电，M0.0 常闭接点断开自锁回路，全部输出断开，清洗过程结束。

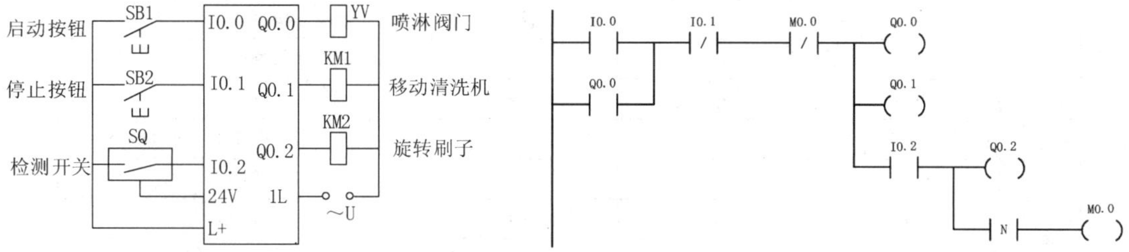

（a）PLC 接线图　　　　（b）梯形图

图 39-1　汽车自动清洗机 PLC 接线图和梯形图

实例 40　搅拌器自动定时搅拌

如图 40-1 所示为一台搅拌器，它用于搅拌两种液体。初始状态液缸中无液体，电动机和三个电磁阀均不得电，阀门处于关闭状态。

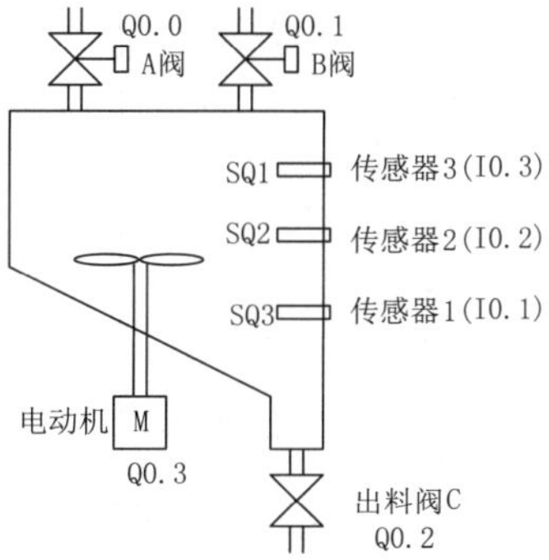

图 40-1　搅拌器示意图

工作时，按下启动按钮，A、B 两阀同时得电打开，开始进料。A 阀 30s 后关闭，B 阀继续放料，当液位达到传感器 2 时，搅拌电动机启动，进行液体搅拌。当液位达到传感器 3 时，B 阀关闭。5min 后，搅拌电动机停止。同时，出料阀 C 打开，放料。当液位低于传感器 1 时，再延时 10s 关闭出料阀 C，完成一个工作周期。

该系统要求有单周期工作、连续工作两种工作方式。单周期即按启动按钮后，只完成上述一个工作周期，连续工作为反复执行上述单周期工作过程。

控制方案设计

1. 输入/输出元件及控制功能

如表 40-1 所示，介绍了实例 40 中用到的输入/输出元件及控制功能。

表 40-1 输入/输出元件及控制功能

	PLC 软元件	元件文字符号	元 件 名 称	控 制 功 能
输入	I0.0	SB	启动按钮	搅拌器启动
	I0.1	SQ1	液位传感器 1	液位 1 检测
	I0.2	SQ2	液位传感器 2	液位 2 检测
	I0.3	SQ3	液位传感器 3	液位 3 检测
	I0.4	SA	开关	连续或单周期工作方式选择
输出	Q0.0	YV1	电磁阀线圈 1	控制进料 A 电磁阀
	Q0.1	YV2	电磁阀线圈 2	控制进料 B 电磁阀
	Q0.2	YV3	电磁阀线圈 3	控制出料 C 电磁阀
	Q0.3	KM	接触器	控制搅拌电动机

2. 电路设计

搅拌器自动定时搅拌 PLC 接线图如图 40-2 所示，状态转移图如图 40-3 所示，梯形图如图 40-4 所示。

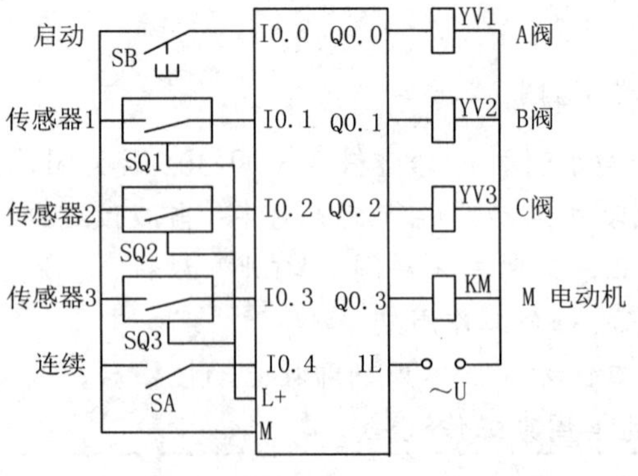

图 40-2 搅拌器自动定时搅拌 PLC 接线图

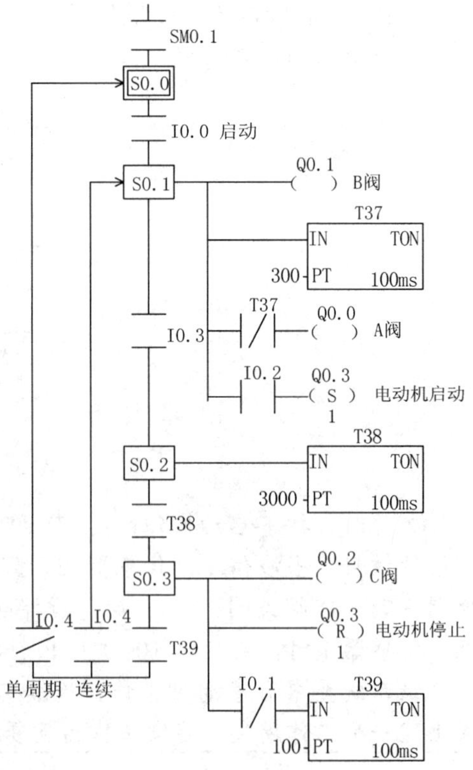

图 40-3 状态转移图

3. 控制原理

PLC 运行时，初始化脉冲 SM0.1 使状态器 S0.1 置位。

按下启动按钮 I0.0，S0.1 置位，Q0.0、Q0.1 得电，A、B 阀同时打开进料，定时器 T37 延时 30s 断开 Q0.0，A 阀关闭、B 阀继续，当液位达到传感器 2 时，Q0.3 得电搅拌电动机启动进行预搅拌，当液位达到传感器 3 时，I0.3 动作使 S0.2 置位，Q0.1 失电 B 阀关闭，Q0.3 仍得电，搅拌电动机继续搅拌 30s，T38 动作使 S0.3 置位，Q0.3 复位失电，搅拌电动机停止，Q0.2 得电，C 阀打开，排放搅拌好的液料，当液位下降到传感器 1 以下时，I0.1 常闭接点闭合，T39 得电延时将剩余的液料放完，10s 后结束。

如果开关 SA 未闭合，结束后返回到 S0.0，停止工作。如果开关 SA 闭合，结束后返回到 S0.1，将继续进行上述搅拌过程。

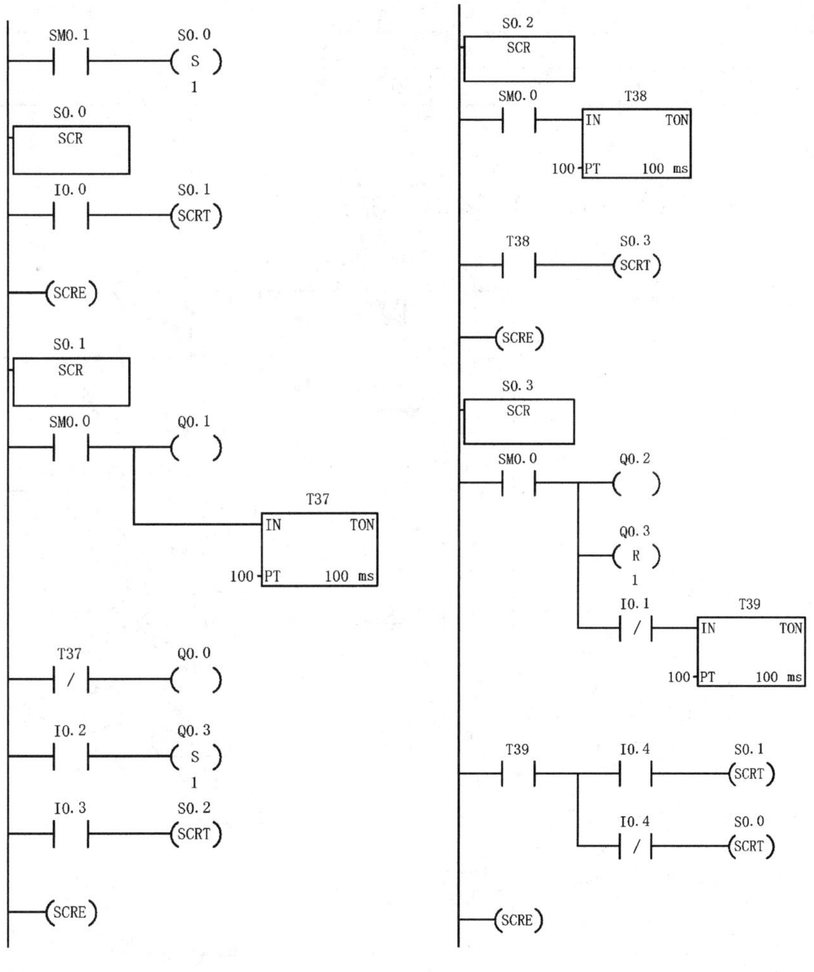

图 40-4　梯形图

实例 41　搅拌机控制

控制一台搅拌机，当按下启动按钮后正转 3s 停 2s，反转 3s 停 2s，反复循环 8 次停止。

控制方案设计

1．输入/输出元件及控制功能

如表 41-1 所示，介绍了实例 41 中用到的输入/输出元件及控制功能。

表 41-1　输入/输出元件及控制功能

	PLC 软元件	元件文字符号	元 件 名 称	控 制 功 能
输入	I0.0	SB1	启动按钮	电动机启动
	I0.1	SB2	停止按钮	电动机停止
输出	Q0.0	KM1	正转接触器	控制电动机正转
	Q0.1	KM2	反转接触器	控制电动机反转

2．电路设计

搅拌机控制 PLC 接线图和梯形图如图 41-1 所示。

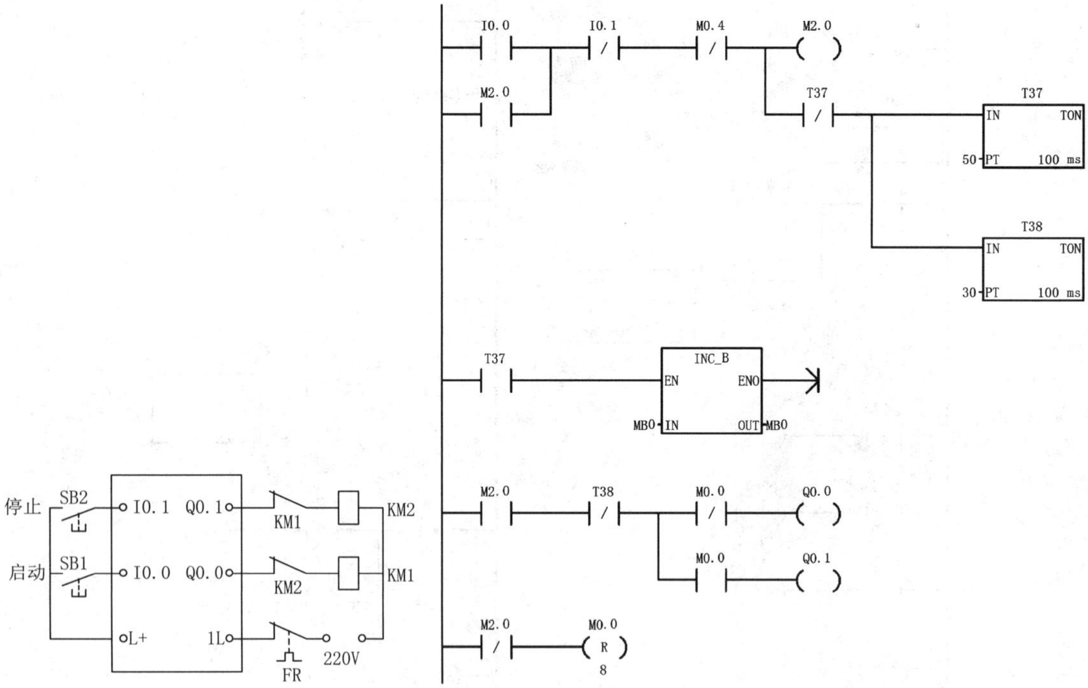

（a）PLC 接线图　　（b）梯形图

图 41-1　搅拌机控制 PLC 接线图和梯形图

3．控制原理

按下启动按钮 I0.0，M2.0 得电自锁，定时器 T37、T38 得电组成一个 3s 断、2s 通的振荡电路，T37 每隔 5s 发一个脉冲，执行 INC_B 加 1 指令对 MB0 加 1，M0.0 由 0～1 交替变化，M0.0=0 时，Q0.0 得电，电动机正转，3s 后 T38 常闭接点断开，电动机停止。再过

2s，T37 常闭接点断开 T38 线圈，T38 常闭接点又闭合，T37 对 MB0 加 1，M0.0=1，M0.0 常开接点闭合使 Q0.1 线圈得电，电动机反转，3s 后 T38 常闭接点断开，电动机停止。再过 2s，T37 常闭接点断开 T38 线圈，T38 常闭接点又闭合，T37 对 MB0 加 1，M0.0=0，M0.0 常开接点闭合使 Q0.0 线圈得电，电动机正转。电动机正转 3s，停 2s；反转 3s，停 2s。并不断循环。当 MB0 中的 M0.4=1 时电动机上述过程循环了 8 次，M0.4 常闭接点断开 M2.0，电路停止工作。搅拌机控制时序图如图 41-2 所示。

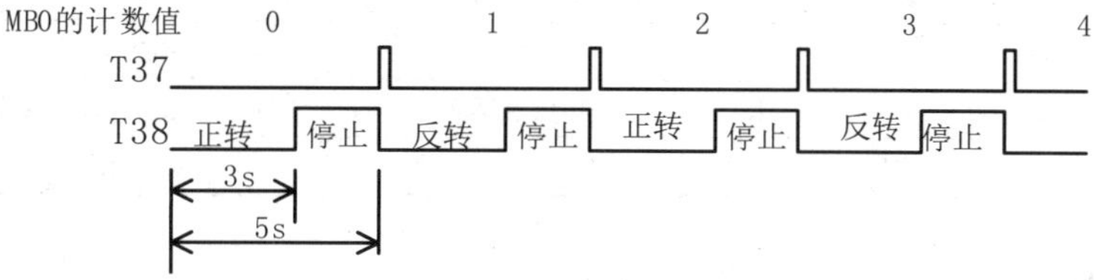

图 41-2　搅拌机控制时序图

实例 42　钻孔动力头控制

某一钻床如图 42-1 所示，用于在工作台上钻孔，钻床的工作过程如下：

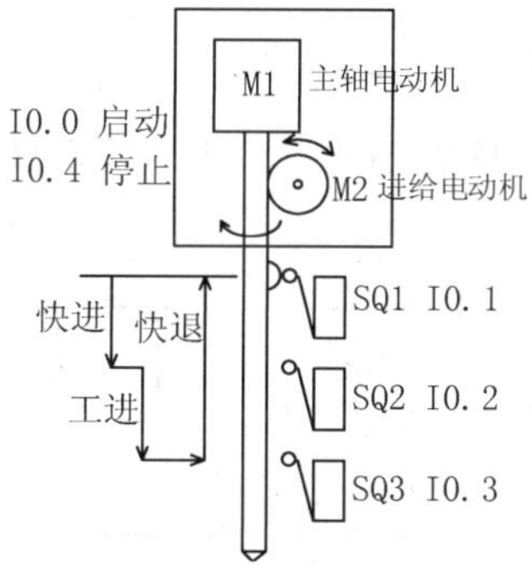

图 42-1　钻床工作示意图及 PLC 接线图

钻头在原位时，限位开关 SQ1 受压。按下启动按钮 SB1，动力电动机 M1 得电，带动钻头转动。同时工进电动机 M2 得电，钻头快进。当碰到限位开关 SQ2 时，工进电磁阀 YV 得电，转为工作进给。当碰到限位开关 SQ3 时，YV2 失电，停止工进。5s 后，钻头快退，碰到 SQ1 时，动力电动机和电磁阀均失电，停止工作。

按下停止按钮，动力电动机和电磁阀均失电。

控制方案设计

1. 输入/输出元件及控制功能

如表 42-1 所示，介绍了实例 42 中用到的输入/输出元件及控制功能。

表 42-1　输入/输出元件及控制功能

	PLC 软元件	元件文字符号	元 件 名 称	控 制 功 能
输入	I0.0	SB	启动按钮	钻床启动
	I0.1	SQ1	限位开关 1	钻床原位
	I0.2	SQ2	限位开关 2	钻床工进开始位
	I0.3	SQ3	限位开关 3	钻床工进结束位
输出	Q0.0	KM1	接触器 1	主轴电动机启动
	Q0.1	KM2	接触器 2	进给电动机前进启动
	Q0.2	KM3	接触器 3	进给电动机后退启动
	Q0.3	YV	工进电磁阀	钻头工进

2. 电路设计

钻孔动力头控制接线图如图 42-2 所示，梯形图如图 42-3 所示。

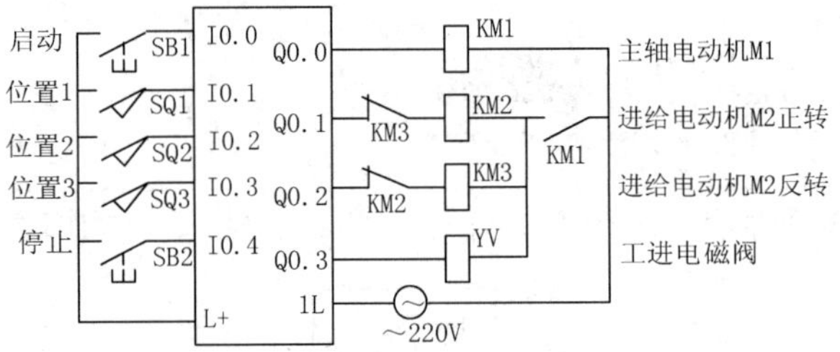

图 42-2　钻孔动力头控制接线图

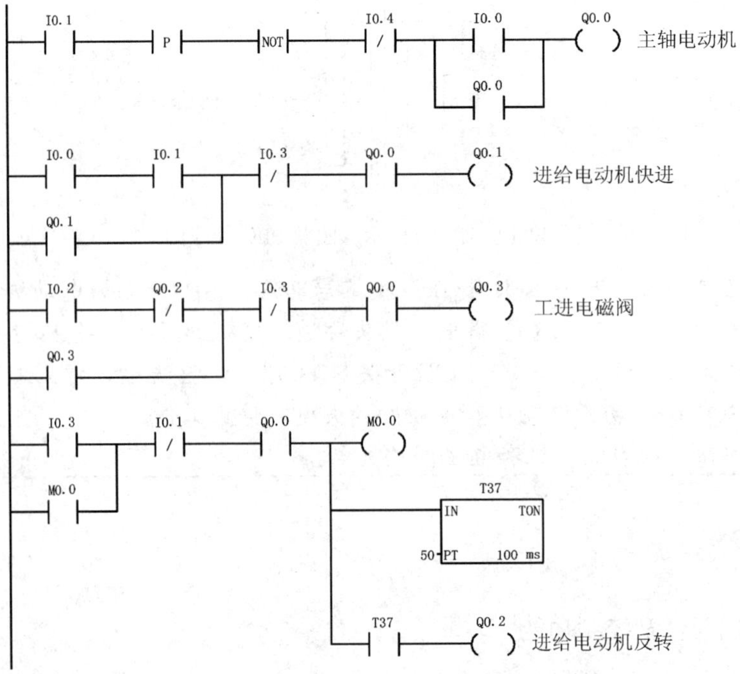

图 42-3　钻孔动力头控制梯形图

3. 控制原理

方法 1：

图 42-3 中，限位开关 I0.1 和 P、NOT 指令组成了一个上升沿常闭接点，钻头在原位时限位开关 I0.1 受压，接点闭合。按下启动按钮 I0.0，线圈 Q0.0 得电并自锁，主轴电动机启动钻头旋转。同时 Q0.1 也得电自锁，进给电动机得电快进。当快进碰到限位开关 I0.2 时，Q0.3 得电自锁，工进电磁阀得电，钻头工进。当工进碰到限位开关 I0.3 时，M0.0 得电自锁，Q0.1、Q0.3 失电，钻头停止；T0 得电延时 5s，Q0.2 得电，进给电动机得电快退。当快退（中途碰到限位开关 I0.2 时，由于 Q0.2 常闭接点断开，不会误使 Q0.3 得电）到原位碰到限位开关 I0.1 时，I0.1 上升沿常闭接点断开一个扫描周期，使主控线圈 Q0.0 失电，完成一次钻孔过程。

在钻孔过程中，应保证钻头旋转后才能进给，在接线图中加了一个 KM1 的常开接点，在梯形图中的进给输出回路中也分别串接了 Q0.0 的常开接点。

按下停止按钮 I0.4，Q0.0 失电，其常开接点断开 Q0.1、Q0.2 和 Q0.3，钻孔结束。

方法 2：

钻孔动力头控制状态转移图如图 42-4 所示，状态转移梯形图如图 42-5 所示。

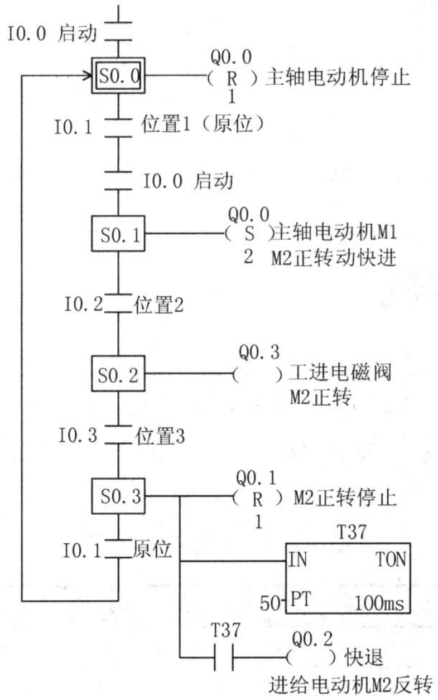

图 42-4 钻孔动力头控制状态转移图

初始状态，钻头在原位时限位开关 I0.1 受压。按下启动按钮 I0.0，状态器 S0.0 置位，由于限位开关 I0.1 受压接点闭合，状态器 S0.0 又复位，S0.1 置位，Q0.0 置位，主轴电动机启动。Q0.1 线圈得电，进给电动机得电快进。

当快进碰到限位开关 I0.2 时，Q0.0 仍置位，Q0.1 失电，Q0.3 得电，工进电磁阀得电，钻头工进。当工进碰到限位开关 I0.3 时，Q0.3 失电钻头停止，T37 得电延时 5s，Q0.2 得电。进给电动机得电快退。到原位碰到限位开关 I0.1 时，状态器 S0.0 置位，Q0.2 失电，快退停止，Q0.0 复位，主轴电动机停止，完成一次钻孔过程。

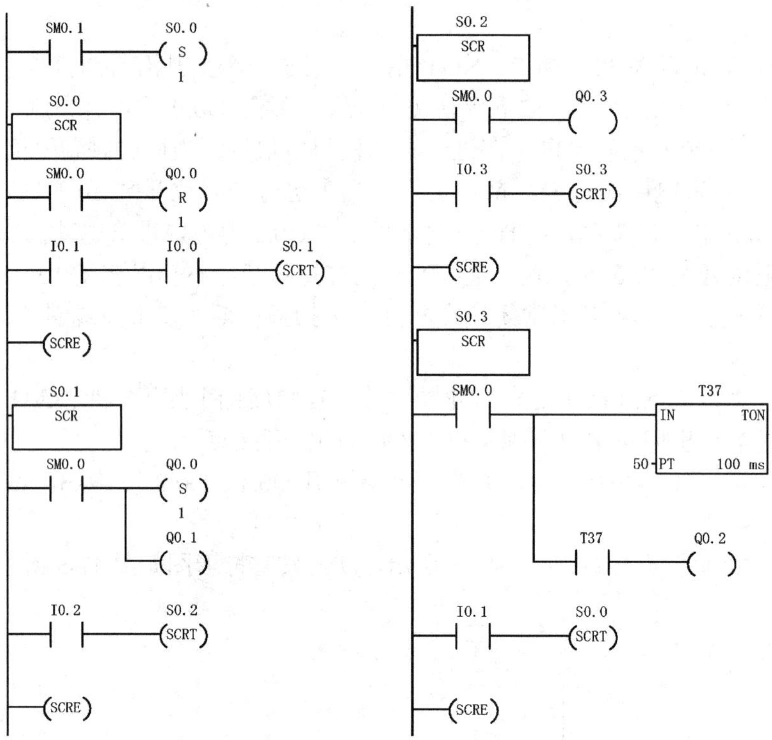

图 42-5　钻孔动力头控制状态转移梯形图

实例 43　彩灯控制

设计一个彩灯控制电路，该彩灯电路由红、黄、绿、蓝四种颜色的灯泡组成。每种颜色的灯各由 4 只灯并联组成，共有 16 只灯，按一定规律排列而成，每秒变化一次，变化规律如表 43-1 所示。

表 43-1　彩灯变化规律

次　序	蓝　灯	绿　灯	黄　灯	红　灯
1	0	0	0	1
2	0	0	1	1
3	0	1	1	1
4	1	1	1	1
5	1	1	1	0
6	1	1	0	0
7	1	0	0	0
8	0	0	0	0

控制方案设计

1．输入/输出元件及控制功能

如表 43-2 所示，介绍了实例 43 中用到的输入/输出元件及控制功能。

表 43-2 输入/输出元件及控制功能

	PLC 软元件	元件文字符号	元件名称	控制功能
输出	Q0.0	EL1	红灯	彩灯控制
	Q0.1	EL2	黄灯	彩灯控制
	Q0.2	EL3	绿灯	彩灯控制
	Q0.3	EL4	蓝灯	彩灯控制

2．电路设计

将红、黄、绿、蓝四种颜色的彩灯分别由 Q0.0、Q0.1、Q0.2 和 Q0.3 控制，如图 43-1 所示。根据表 43-1，彩灯每次变化的状态用 1 位十六进制数表示，8 次变化的状态用 8 位十六进制数 08CEF731 表示，如表 43-3 所示。

表 43-3 彩灯输出分配及变化数值规律

次序	蓝灯 Q0.3	绿灯 Q0.2	黄灯 Q0.1	红灯 Q0.0	数值
1	0	0	0	1	1
2	0	0	1	1	3
3	0	1	1	1	7
4	1	1	1	1	F
5	1	1	1	0	E
6	1	1	0	0	C
7	1	0	0	0	8
8	0	0	0	0	0

3．控制原理

梯形图如图 43-2 所示，运行时由初始化脉冲 SM0.1 将 8 位十六进制数 08CEF731 预置到 32 位的 MD0 中。由秒脉冲 SM0.5 对 MD0 进行右循环移位，每秒移位变化一次，每次移 4 位。将 MD0 的低 4 位（M3.0～M3.3）由 M3.0～M3.3 分别驱动输出继电器 Q0.0、Q0.1、Q0.2、Q0.3 控制彩灯变化。

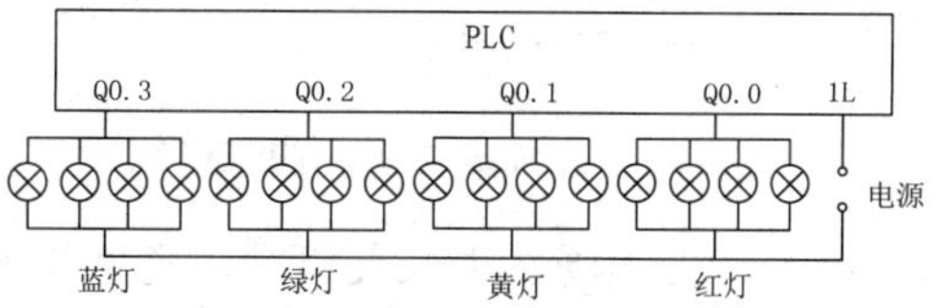

图 43-1 彩灯控制 PLC 接线图

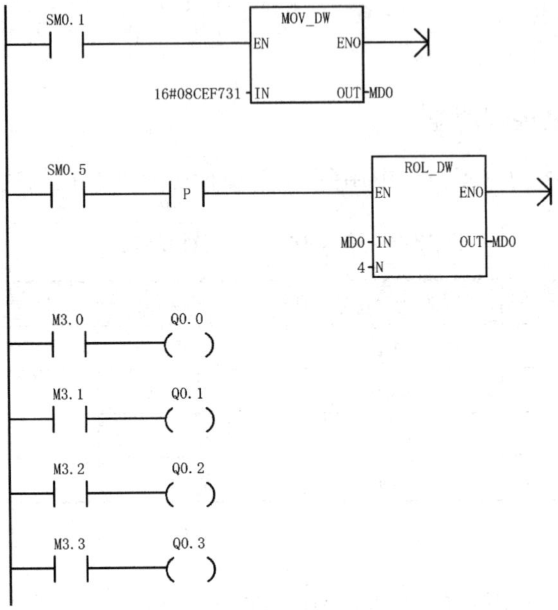

图 43-2　彩灯控制梯形图

实例 44　仓库卷帘电动门自动开闭

某仓库卷帘电动门如图 44-1 所示，用 PLC 控制。用钥匙开关选择大门的控制方式，钥匙开关有三个位置，停止、手动、自动。在停止位置时，不能对大门进行控制。在手动位置时，可用按钮进行开门关门。在自动位置时，可由汽车驾驶员控制。当汽车到达大门前时，由驾驶员发出开门超声波编码，超声波开关收到正确的编码后，输出逻辑 1 信号，通过 PLC 控制开启大门。

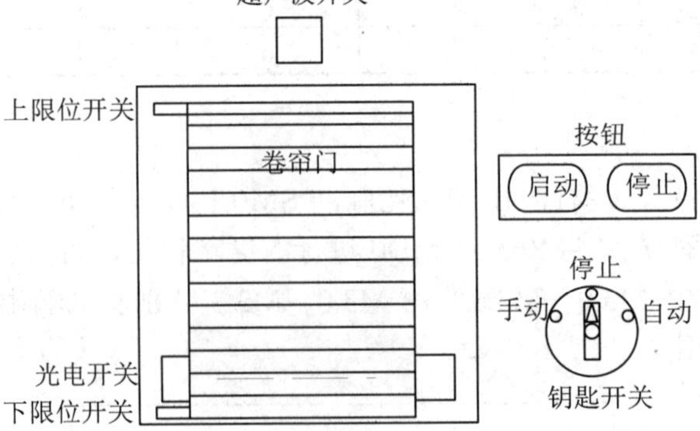

图 44-1　仓库卷帘电动门示意图

用光电开关检测车辆的进入，当车辆在进入大门时，光电开关发出的红外线被挡住，输出逻辑 1 信号。当车辆进入大门后，红外线不受遮挡，输出逻辑 0 信号时，关闭大门。

控制方案设计

1．输入/输出元件及控制功能

如表 44-1 所示，介绍了实例 44 中用到的输入/输出元件及控制功能。

表 44-1　输入/输出元件及控制功能

	PLC 软元件	元件文字符号	元 件 名 称	控 制 功 能
输入	I0.0	SA	选择开关	手动控制方式
	I0.1	SA	选择开关	自动控制方式
	I0.2	SB1	开门按钮	手动开门
	I0.3	SB2	关门按钮	手动关门
	I0.4	SQ1	限位开关 1	开门上限位
	I0.5	SQ2	限位开关 2	关门下限位
	I0.6	SQ3	超声波开关	司机开门信号
	I0.7	SQ4	光电开关	汽车进门关门信号
输出	Q0.0	KM1	接触器 1	开门
	Q0.1	KM2	接触器 2	关门

2．电路设计

电动门 PLC 接线图和梯形图如图 44-2 所示。

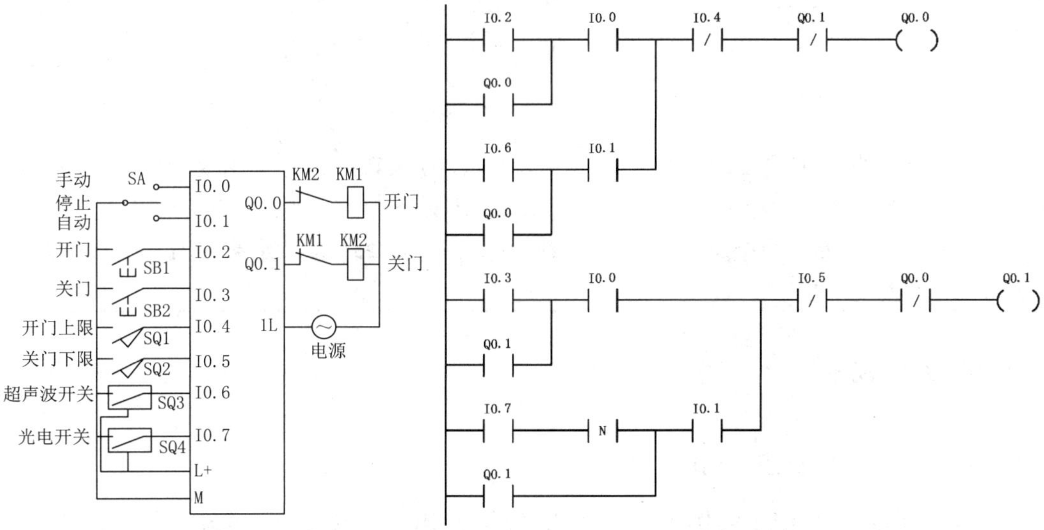

（a）电动门 PLC 接线图　　（b）开门关门梯形图

图 44-2　电动门 PLC 接线图和梯形图

3．控制原理

（1）手动控制方式

将钥匙开关 SA 扳向手动控制位置，I0.0 输入端闭合。

按下开门按钮 SB1，I0.2 动作，Q0.0 得电自锁，卷帘门上升，到上限位碰到上限位开关 I0.4，Q0.0 失电，卷帘门停止。

按下关门按钮 SB2，I0.3 动作，Q0.1 得电自锁，卷帘门下降，到下限位碰到下限位开关 I0.5，Q0.1 失电，卷帘门停止。

（2）自动控制方式

将钥匙开关 SA 扳向自动控制位置，I0.1 输入端闭合。

当货车到达大门前时，由司机发出开门超声波编码，超声波开关 SQ3 收到正确的编码后，I0.6 动作，Q0.0 得电自锁，卷帘门上升，到上限位碰到上限位开关 I0.4，Q0.0 失电，卷帘门停止。

当车辆在进入大门时，光电开关 SQ4 发出的红外线被挡住，I0.7 动作但不起作用。当车辆进入大门后，红外线不受遮挡时 I0.7 产生一个下降沿脉冲，Q0.1 得电自锁，卷帘门下降，到下限位碰到下限位开关 I0.5，Q0.1 失电，卷帘门停止。

实例 45　两个滑台顺序控制

某加工机械有两个滑台 A 和 B，如图 45-1 所示，分别由两台电动机拖动。初始状态滑台 A 在左边，限位开关 SQ1 受压，滑台 B 在右边，限位开关 SQ3 受压。

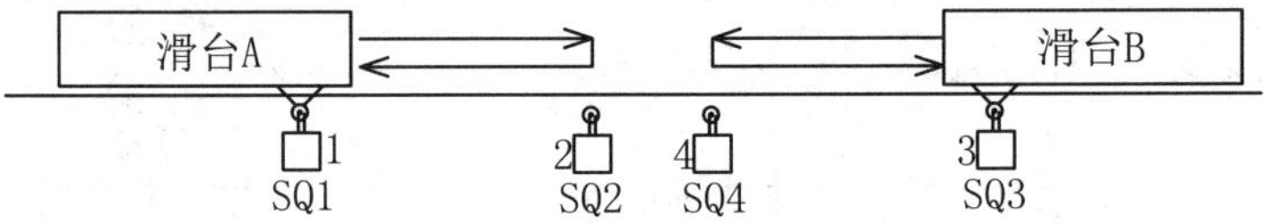

图 45-1　滑台工作示意图

控制要求：当按下启动按钮时，滑台 A 右行，当碰到限位开关 SQ2 时停止并进行能耗制动 5s 停止，之后滑台 B 左行，当碰到限位开关 SQ4 时停止并进行能耗制动 5s 停止，之后再停止 100s，两个滑台同时返回到原位分别当碰到限位开关 SQ1 和 SQ3 停止并进行能耗制动 5s 全过程结束。

控制方案设计

1．输入/输出元件及控制功能

如表 45-1 所示，介绍了实例 45 中用到的输入/输出元件及控制功能。

表 45-1　输入/输出元件及控制功能

	PLC 软元件	元件文字符号	元 件 名 称	控 制 功 能
输入	I0.0	SB1	停止按钮	滑台停止控制
	I0.1	SB2	启动按钮	滑台启动控制
	I0.2	SQ1	限位开关 1	滑台 A 后限位
	I0.3	SQ2	限位开关 2	滑台 A 前限位

续表

	PLC 软元件	元件文字符号	元 件 名 称	控 制 功 能
	I0.4	SQ3	限位开关 3	滑台 B 后限位
	I0.5	SQ4	限位开关 4	滑台 B 前限位
输出	Q0.0	KM1	接触器 1	滑台 A 电动机 M1 正转右行
	Q0.1	KM2	接触器 2	滑台 A 电动机 M1 反转左行
	Q0.2	KM3	接触器 3	滑台 A 电动机 M1 能耗制动
	Q0.3	KM4	接触器 4	滑台 B 电动机 M2 正转左行
	Q0.4	KM5	接触器 5	滑台 B 电动机 M2 反转右行
	Q0.5	KM6	接触器 6	滑台 B 电动机 M2 能耗制动

2．电路设计

两个滑台顺序控制电动机主电路图如图 45-2 所示，接线图如图 45-3 所示，两个滑台顺序控制状态转移图如图 45-4 所示，梯形图如图 45-5 所示。

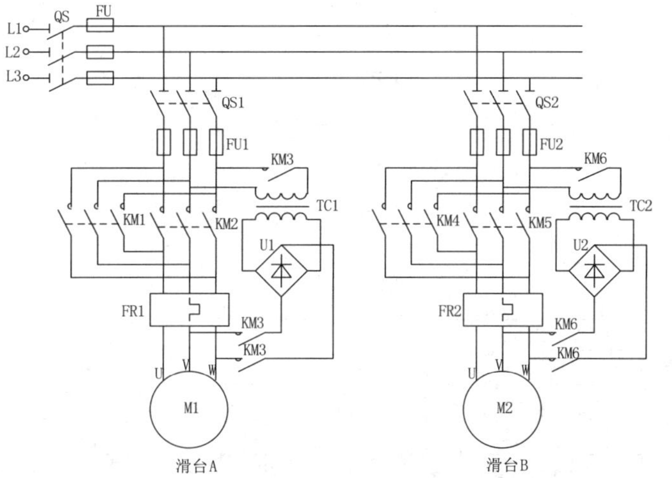

图 45-2　两个滑台顺序控制电动机主电路图

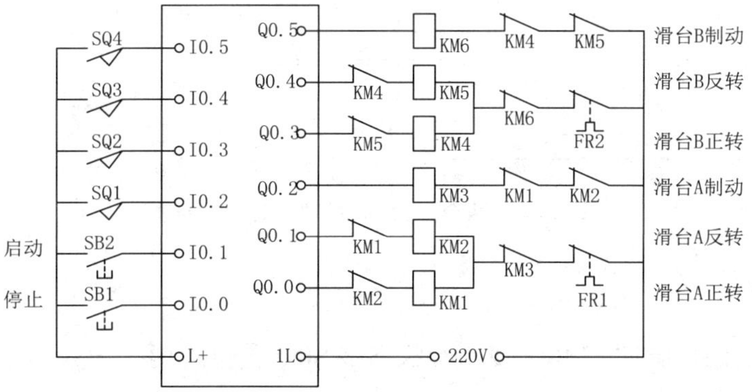

图 45-3　两个滑台顺序控制 PLC 接线图

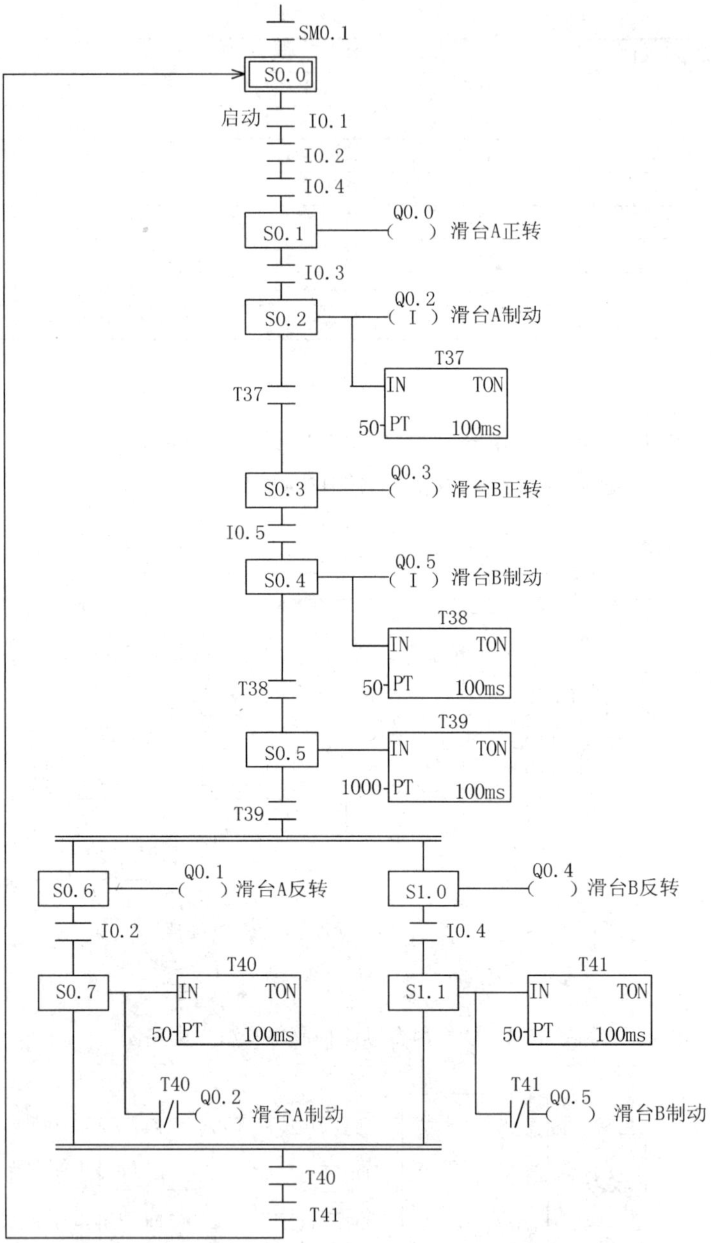

图 45-4　两个滑台顺序控制状态转移图

3. 工作原理

PLC 运行时初始化脉冲 SM0.1 使初始状态步 S0.0 置位，两个滑台 A 和 B 在原位时，限位开关 I0.2、I0.4 接点闭合。

按下启动按钮 I0.1，S0.1 置位，Q0.0 得电，电动机 M1 得电正转，滑台 A 右行；当碰到限位开关 I0.3 时，S0.2 置位，Q0.0 失电，Q0.2 得电，滑台 A 进行能耗制动，T37 延时 5s，S0.3 置位，Q0.3 得电，电动机 M2 得电正转，滑台 B 开始左行；当碰到限位开关 I0.5

时，S0.4 置位，Q0.3 失电，Q0.5 得电，滑台 B 进行能耗制动，T39 延时 5s，S0.5 置位，滑台停止，T39 延时 100s，S0.6 和 S1.0 同时置位。

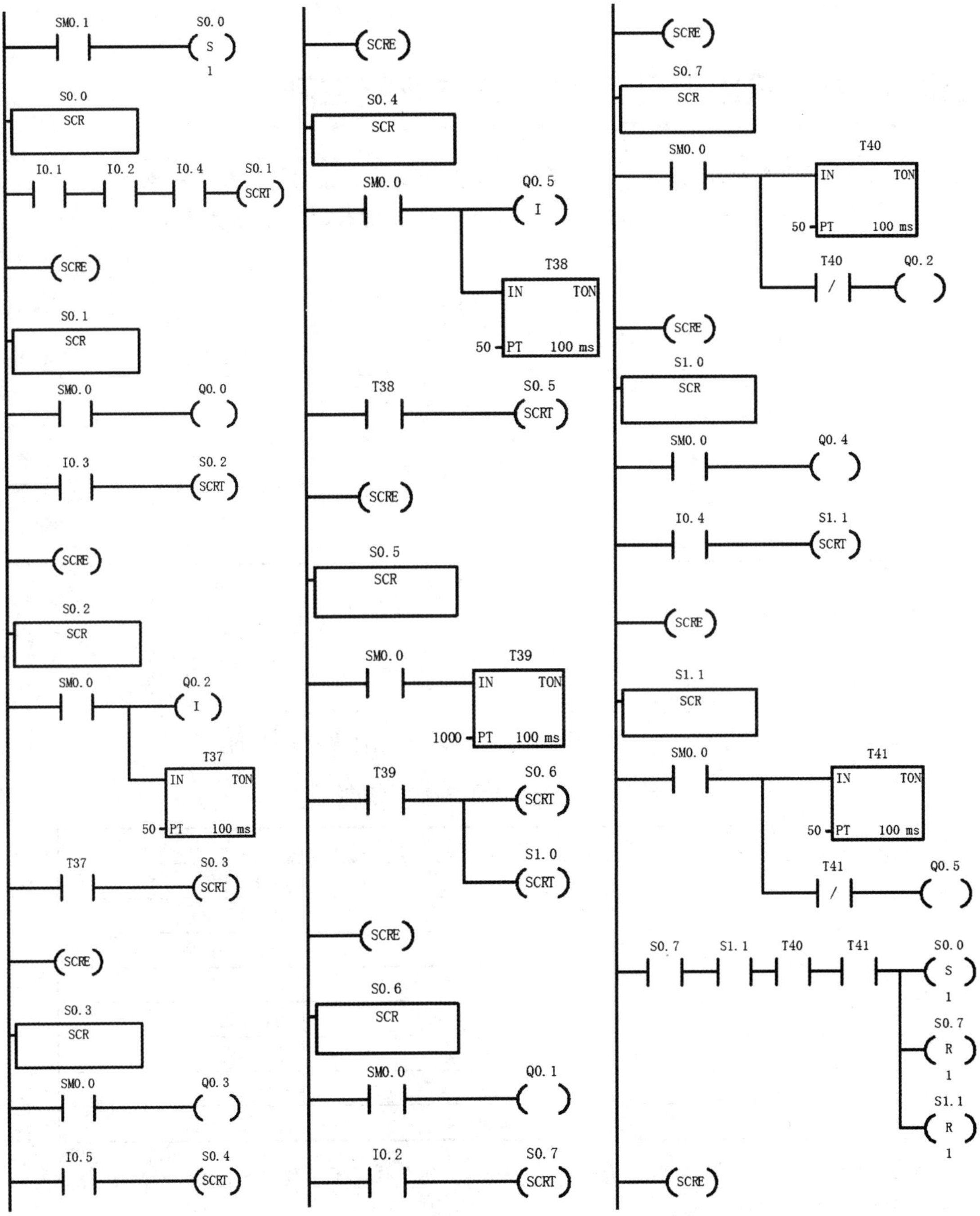

图 45-5　两个滑台顺序控制梯形图

S0.6 置位，Q0.1 得电，电动机 M1 反转，滑台 A 左行回到原位碰到限位开关 I0.2；S0.7 置位，Q0.2 得电，滑台 A 制动，定时器 T40 延时 5s 断开 Q0.2，制动结束。

S1.0 置位，Q0.4 得电，电动机 M2 反转，滑台 B 右行回到原位碰到限位开关 I0.4；S1.1 置位，Q0.5 得电，滑台 B 制动，定时器 T41 延时 5s 断开 Q0.5，制动结束。

当两个滑台都结束制动时，T3 和 T4 接点闭合时，转移到初始状态步 S0.0 全过程结束。

实例 46　机床滑台往复、主轴双向控制

某机床滑台如图 46-1 所示，要求滑台每往复运动一个来回，主轴电动机改变一次旋转方向。滑台和主轴均由电动机控制，由行程开关控制滑台的往复运动距离。

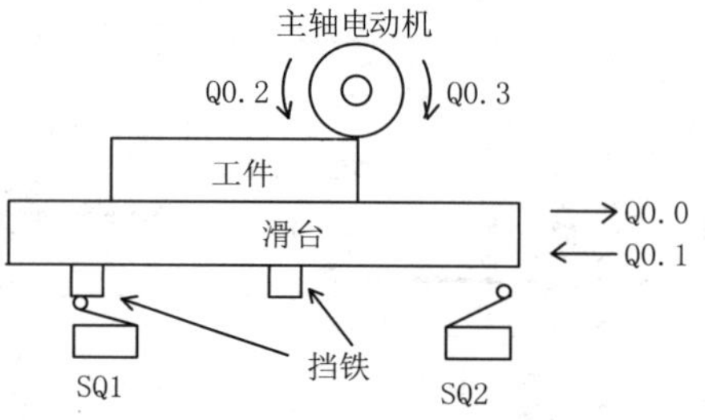

图 46-1　机床滑台示意图

控制方案设计

1. 输入/输出元件及控制功能

如表 46-1 所示，介绍了实例 46 中用到的输入/输出元件及控制功能。

表 46-1　输入/输出元件及控制功能

	PLC 软元件	元件文字符号	元 件 名 称	控 制 功 能
输入	I0.0	SQ1	后限位开关	滑台后限位
		SQ2	前限位开关	滑台前限位
	I0.1	SB1	启动按钮	滑台启动控制
	I0.2	SB2	停止按钮	滑台停止控制
输出	Q0.0	KM1	接触器 1	滑台前进
	Q0.1	KM2	接触器 2	滑台后退
	Q0.2	KM3	接触器 3	主轴电动机正转
	Q0.3	KM4	接触器 4	主轴电动机反转

如表 46-2 所示为运行状态表，表达了机床在一个工作循环的四个工步。

第 1 工步：主轴正转，滑台前进。

第 2 工步：主轴正转，滑台后退。

第 3 工步：主轴反转，滑台前进。

第 4 工步：主轴反转，滑台后退。

表 46-2　运行状态表

工　步	主　轴		滑　台	
	反转 Q0.3	正转 Q0.2	后退 Q0.1	前进 Q0.0
1	0	1	0	1
2	0	1	1	0
3	1	0	0	1
4	1	0	1	0

根据机床控制要求：按启动按钮后，第 1 工步为滑台前进，主轴正转。当挡铁碰到行程开关 SQ2 时，执行第 2 工步，滑台后退，主轴仍正转。当挡铁碰到行程开关 SQ1 时，执行第 3 工步，滑台前进，主轴改为反转。当再碰到行程开关 SQ2 时，执行第 4 工步，滑台后退，主轴仍反转。当挡铁后退碰到 SQ1 时完成一个工作循环，并重复上述循环。

由表 46-2 可知：Q0.0 和 Q0.1 相反，Q0.2 和 Q0.3 相反，Q0.3 和 Q0.1 组成的 2 位二进制数正好依次对应 0、1、2、3，所以，用计数的方法编程比较简单。

2. 电路设计

如图 46-2 所示为往复主轴双向控制接线图，其中主轴、滑台与计数值的逻辑关系如表 46-3 所示。

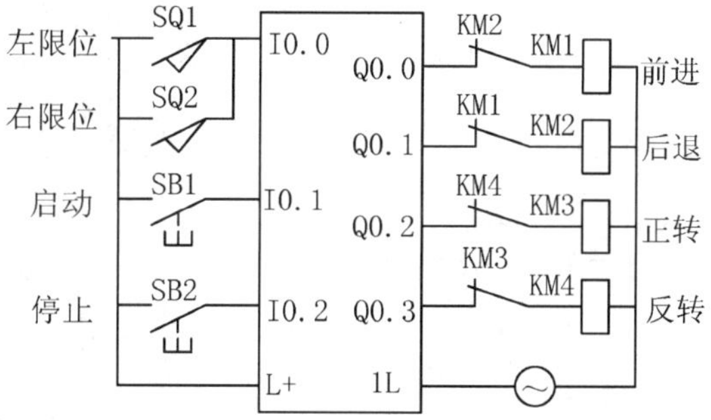

图 46-2　往复主轴双向控制接线图

表 46-3　主轴、滑台与计数值的逻辑关系

工　步	主　轴		滑　台		计　数　值		
	反转 Q0.3	正转 Q0.2	后退 Q0.1	前进 Q0.0	M0.1	M0.0	数值
1	0	1	0	1	0	0	0
2	0	1	1	0	0	1	1
3	1	0	0	1	1	0	2
4	1	0	1	0	1	1	3

由表 46-3 可知，计数值 M0.0 M0.1 与主轴、滑台 Q0.0、Q0.1、Q0.2 和 Q0.3 的逻辑关系为

$$Q0.0=\overline{M0.0}\quad Q0.1=\overline{M0.0}\quad Q0.2=\overline{M0.1}\quad Q0.3=\overline{M0.1}$$

根据上述逻辑关系很容易画出 Q0.0、Q0.1、Q0.2 和 Q0.3 的梯形图，如图 46-3（a）中的梯形图所示。

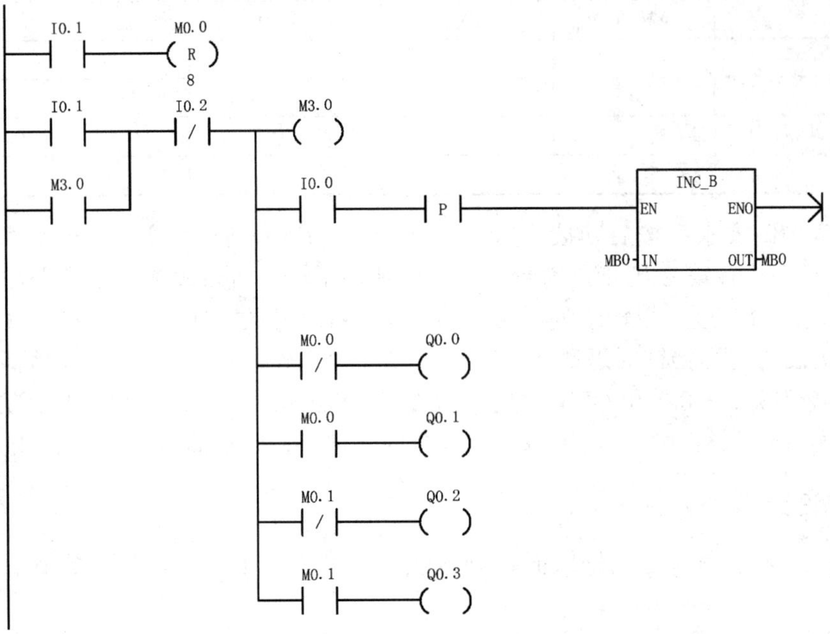

（a）自动往复循环控制

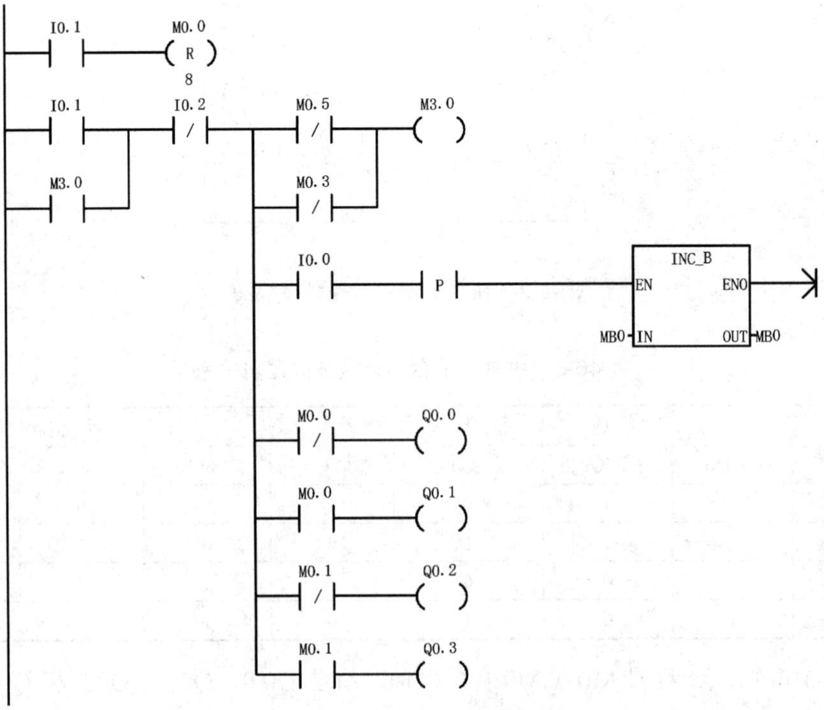

（b）10 次往复循环控制

图 46-3　机床滑台往复、主轴双向控制梯形图

如果要求机床在循环若干次后停止，最常规的方法是采用计数器。在本例中，加 1 指令 INC_B 实际上也是一种计数器，它的计数值是用 MB0 表示的。用 MB0 计数的状态表如表 46-4 所示。

表 46-4　用 MB0 计数的状态表

循环次数	M0.3	M0.2	M0.1	M0.0
0	0	0	0	0
	0	0	0	1
	0	0	1	0
	0	0	1	0
1	0	1	0	0
	0	1	0	1
	0	1	1	0
	0	1	1	1
2	1	0	0	0
	1	0	0	1
	1	0	1	0
	1	0	1	1
3	1	1	0	0
	1	1	0	1
	1	1	1	0
	1	1	1	1
	循环次数		工作方式	

对 MB0 计数时，每计四次为一个循环；而 M0.7～M0.2 所表示的二进制数正好对应循环次数。例如，要求机床工作循环次数为 10 次，用 MB0 作为计数值，即 M0.5、M0.4、M0.3、M0.2 等于 1010 时，机床停止工作。将上述图 46-3（a）中的梯形图对应改为图 46-3（b）。在图 46-3（b）中，M0.5=1，M0.3=1 时，M3.0 失电，所有输出断开，机床停止工作。

3．控制原理

图 46-3（a）中按下启动按钮 I0.1，将计数值 MB0 复位，M3.0 得电自锁，接通计数和输出电路。此时计数值 MB0=0，如表 46-3 所示，Q0.2=1 主轴正转，Q0.0=1 滑台前进。

滑台前进碰到前限位开关 SQ2 时，I0.0=1，计数值加 1 MB0=1，Q0.2=1 主轴仍正转，Q0.1=1 滑台后退。

滑台后退碰到后限位开关 SQ1 时，I0.0=1，计数值 MB0=2，Q0.3=1 主轴反转，Q0.0=1 滑台前进。

滑台前进碰到前限位开关 SQ2 时，I0.0=1，计数值 MB0=3，Q0.3=1 主轴仍反转，Q0.1=1 滑台后退。

滑台后退碰到后限位开关 SQ1 时，I0.0=1，计数值 MB0=4，继续下一个循环，并周而复始。

实例 47　滑台控制

一机械滑台如图 47-1 所示，控制要求：

在 1～4 点各设置一个限位开关，滑台在原位时按下启动按钮后，滑台前进到 3 点返回到 2 点，再从 2 点前进到 4 点返回到原位停止。

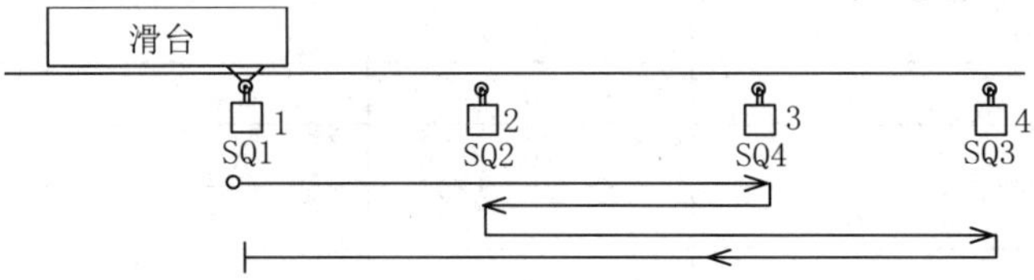

图 47-1　滑台工作示意图

滑台在运行过程中按下停止按钮，滑台停止，再按下启动按钮，滑台继续运行工作。

当停电后再来电时按下启动按钮，滑台能按照停电前的动作过程继续运行。

圆盘旋转控制要求有如下三种控制方式：

（1）单周期控制方式：按下启动按钮后，滑台自动按上述工作过程完成后停止。

（2）自动循环控制方式：按下启动按钮后，滑台自动重复单周期控制方式。

（3）单步控制方式：每按启动按钮一次，圆盘完成一步工作过程，到原点时停止。

控制方案设计

1．输入/输出元件及控制功能

如表 47-1 所示，介绍了实例 47 中用到的输入/输出元件及控制功能。

表 47-1　输入/输出元件及控制功能

	PLC 软元件	元件文字符号	元 件 名 称	控 制 功 能
输入	I0.0	SB1	启动按钮	电动机启动
	I0.1	SB2	停止按钮	电动机停止
	I0.2	SA1	单步控制开关	滑台单步
	I0.3	SA2	选择开关	单周/自动循环
	I0.4	SQ1	限位开关	1 号原位
	I0.5	SQ2	限位开关	2 号位
	I0.6	SQ3	限位开关	3 号位
	I0.7	SQ4	限位开关	4 号位
输出	Q0.0	KM1	信号灯	滑台原位显示
	Q0.1	KM2	接触器 2	电动机正转滑台前进
	Q0.2	KM3	接触器 3	电动机反转滑台后退

2. 电路设计

滑台控制的 PLC 接线图如图 47-2 所示，状态转移图如图 47-3 所示，梯形图如图 47-4 所示。

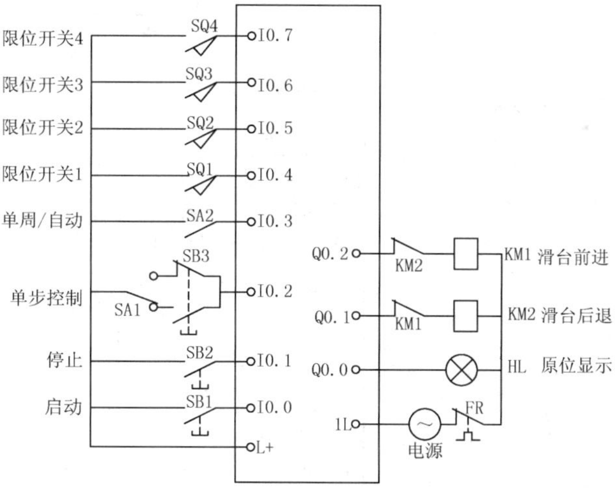

图 47-2　滑台控制 PLC 接线图

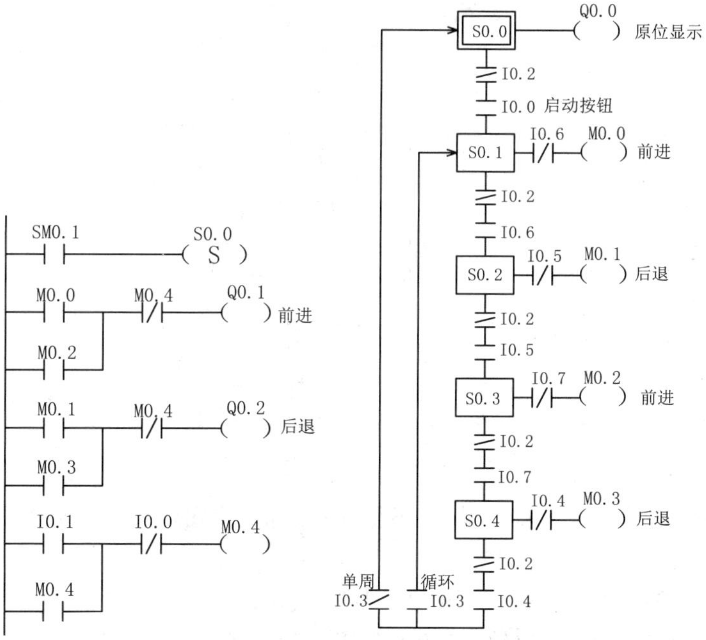

图 47-3　滑台控制状态转移图

3. 控制原理

为了使在停电后再来电时圆盘能按照停电前的动作过程继续运行，在状态转移图中应采用失电保持型的状态器。

在 PLC 开始运行时，初始化脉冲 SM0.1 使初始状态步 S0.0 置位，Q0.0 得电表示滑台在原位。本滑台有三种控制方式。

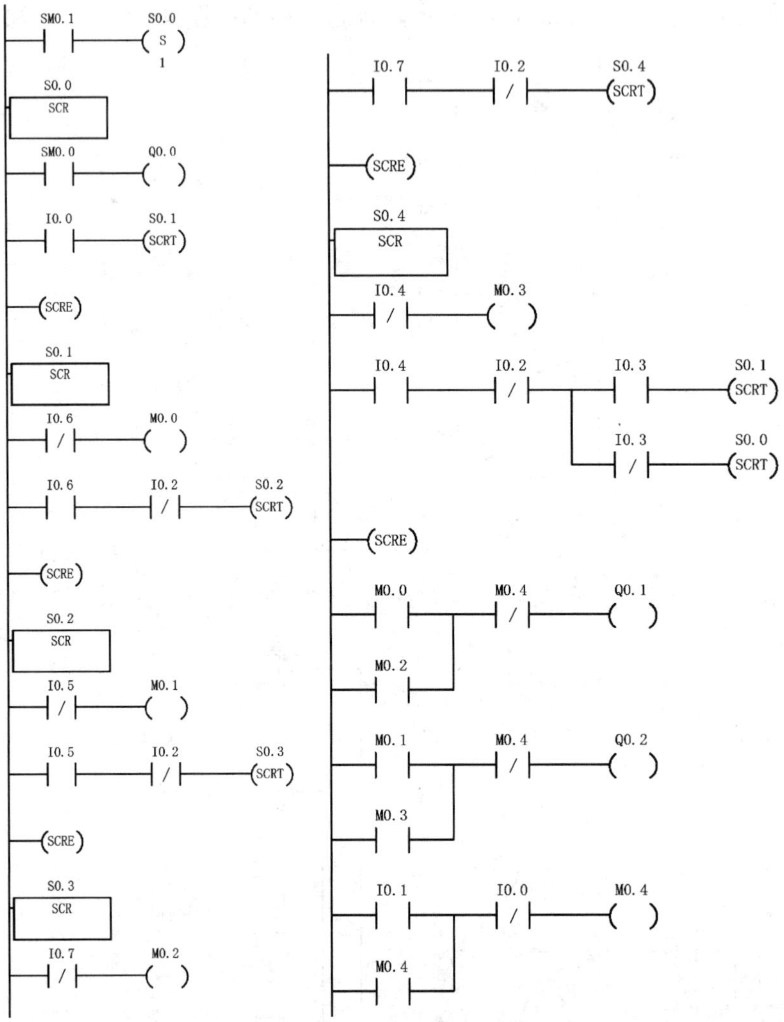

图 47-4　滑台控制梯形图

（1）单周期控制方式

在单周期控制方式下开关 SA1 打在下面，I0.2=0，梯形图中的 I0.2 常闭接点闭合，开关 SA2 断开，I0.3=0。

按下启动按钮 I0.0，S0.1 置位，M0.0 得电，Q0.1 得电，滑台前进，滑台前进碰到限位开关 I0.6 时，S0.1 复位，S0.2 置位，M0.1 得电，Q0.2 得电，滑台后退；滑台后退碰到限位开关 I0.5 时，S0.2 复位，S0.3 置位，M0.2 得电，Q0.1 得电，滑台前进；滑台前进碰到限位开关 I0.7 时，S0.3 复位，S0.4 置位，M0.3 得电，Q0.2 得电，滑台后退；滑台后退碰到原位限位开关 I0.4 时，S0.4 复位，S0.0 置位，滑台停止在原位上，完成一个单周期工作过程。

（2）自动循环控制方式

在自动循环控制方式下开关 SA1 打在下面，I0.2=0，梯形图中的 I0.2 常闭接点断开，开关 SA2 闭合，I0.3=1。

按下启动按钮 I0.0，滑台启动，完成一个单周期工作过程后，由于 I0.3=1，I0.3 常开接点闭合，由 S0.4 转移到 S0.0，进入下一个单周期工作过程，并自动循环工作。

（3）单步控制方式

在单步控制方式下开关 SA1 打在上面，I0.2=1，梯形图中的 I0.2 常闭接点断开。

初始状态下 S0.0=1，按下启动按钮 I0.0，转移到 S0.1，Q0.1=1，滑台前进，碰到限位开关 I0.6 时，Q0.1=0，滑台停止。由于 I0.2 常闭接点断开，不能转移到下一步，这时再按一下按钮 SB3，SB3 常闭接点断开，梯形图中的 I0.0 常闭接点闭合，转移到下一步 S0.2，Q0.2=1，滑台后退。

由于每个状态步之间的转换条件中都含有 I0.2 常闭接点，所以，在一个状态步结束后不能转移到下一步，必须按一下按钮 SB3 才能转移。

停止时，按下停止按钮 I0.1，M0.4 得电自锁，M0.4 常闭接点断开输出继电器 Q0.1、Q0.2，滑台暂停，按下启动按钮 I0.0，滑台继续工作。

实例 48　液压动力台控制

一液压动力台如图 48-1 所示，其动力加工动作过程如下：

工人将待加工工件放到工作台上，按下启动按钮，电磁阀 YV1 得电，夹紧液压缸活塞下行；将工件夹紧时压力继电器 SP 动作，YV1 失电，YV3 得电，工作台前进，进行工件加工；当工作台前进到位，碰到限位开关 SQ2 时，YV3 失电，停留 2s，YV4 和 YV5 同时得电，工作台快速退回到原位碰到限位开关 SQ1，YV4 和 YV5 失电，工作台停止，YV2 得电，夹紧液压缸活塞上行，工件松开时压力继电器 SP 接点复位。工人将已加工工件取出，完成一个工作循环。

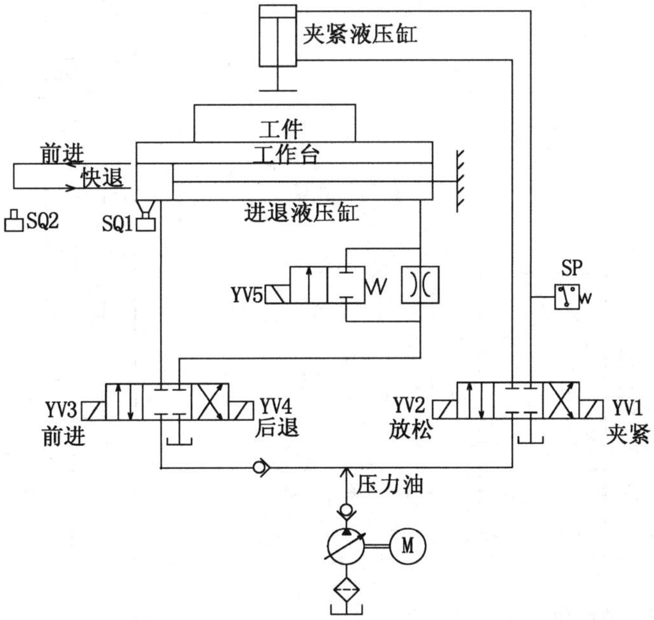

图 48-1　液压动力台示意图

控制方案设计

1. 输入/输出元件及控制功能

如表 48-1 所示，介绍了实例 48 中用到的输入/输出元件及控制功能。

表 48-1 输入/输出元件及控制功能

	PLC 软元件	元件文字符号	元 件 名 称	控 制 功 能
输入	I0.0	SB	启动按钮	控制
	I0.1	SQ1	限位开关	工作台后限位
	I0.2	SQ2	限位开关	工作台前限位
	I0.3	SP	压力继电器	工件夹紧
输出	Q0.0	YV1	电磁阀	工件夹紧
	Q0.1	YV2	电磁阀	工件放松
	Q0.2	YV3	电磁阀	工作台前进
	Q0.3	YV4	电磁阀	工作台后退
		YV5	电磁阀	工作台快速后退

2. 电路设计

液压动力台 PLC 接线图如图 48-2 所示，PLC 状态转移图如图 48-3 所示，梯形图如图 48-4 所示。

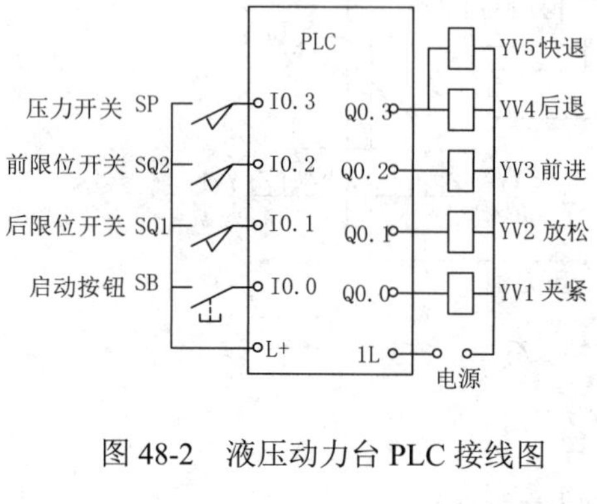

图 48-2 液压动力台 PLC 接线图

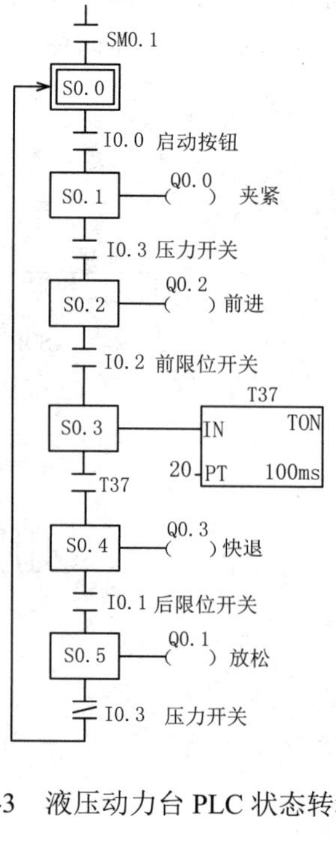

图 48-3 液压动力台 PLC 状态转移图

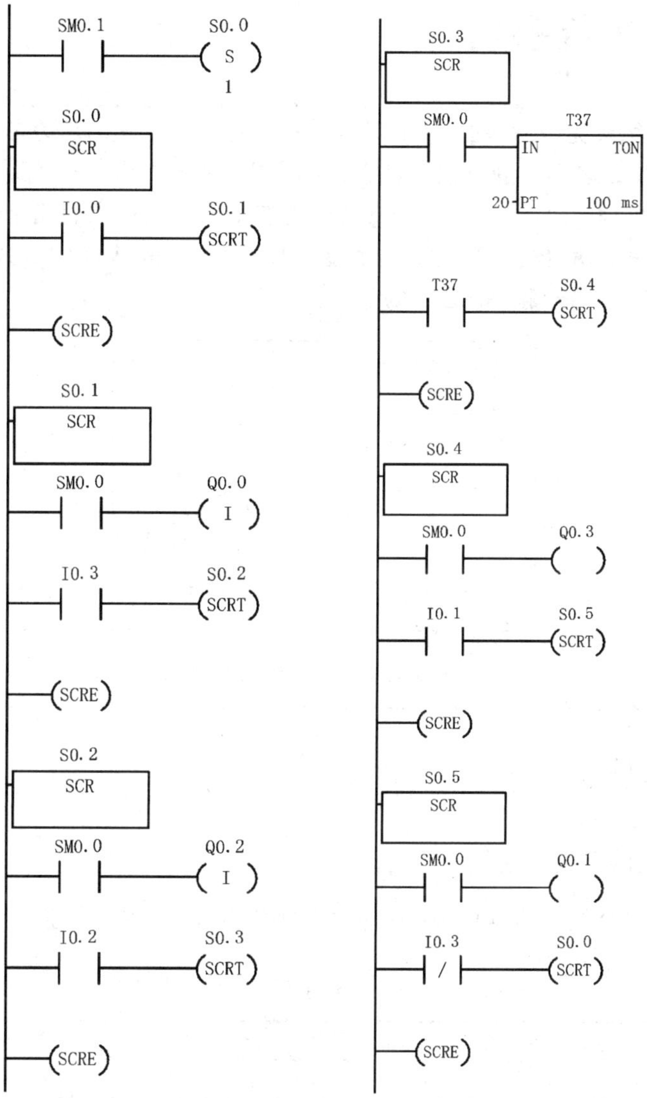

图 48-4 液压动力台 PLC 梯形图

3. 控制原理

如图 48-3 和图 48-4 所示，初始状态，PLC 运行时，初始化脉冲 SM0.1 使初始状态步 S0.0 置位，工人将待加工工件放到工作台上，按下启动按钮 I0.0，S0.1 置位，Q0.0=1，电磁阀 YV1 得电，夹紧液压缸活塞下行，将工件夹紧时压力开关 I0.3 动作，S0.2 置位，Q0.2=1，YV3 得电，工作台前进，进行工件加工，当工作台前进到位，碰到限位开关 I0.2 时，S0.3 置位，定时器 T37 得电停留 2s，S0.4 置位，Q0.3=1，YV4 和 YV5 同时得电，工作台快速退回到原位碰到后限位开关 I0.1，S0.5 置位，Q0.1=1，工作台停止，YV2 得电，夹紧液压缸活塞上行，工件松开时压力继电器 I0.3 复位常闭接点闭合，转移到初始状态步 S0.0。工人将已加工工件取出，完成一个工作循环。

实例 49　换气系统

某工厂车间换气系统示意如图 49-1 所示。车间内要求空气的压力不能大于大气压，所以，只有排气扇 M1 运转后，排气流传感器 S1 检测到排风正常，进气扇 M2 才能工作。如果进气扇或排气扇工作 5s 后，各自的传感器都没有信号，则对应的指示灯闪动报警。

换气系统由进气风扇 M2、进气流传感器 S2、排气流传感器 S1、风扇指示灯 HL2 和 HL1，停止按钮 SB2、启动按钮 SB1 组成。

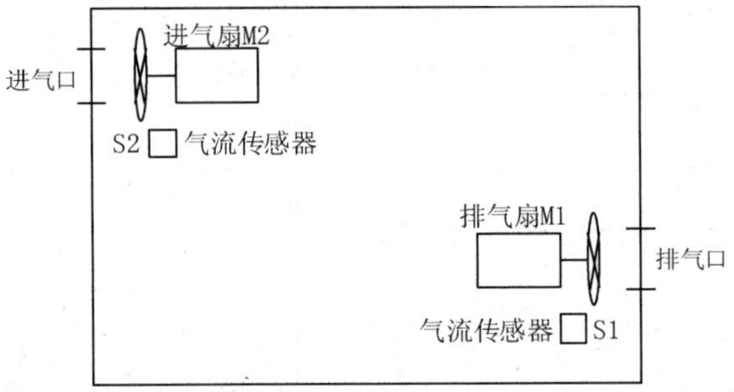

图 49-1　换气系统示意图

控制方案设计

1. 输入/输出元件及控制功能

如表 49-1 所示，介绍实例 49 中用到的输入/输出元件及控制功能。

表 49-1　输入/输出元件及控制功能

	PLC 软元件	元件文字符号	元 件 名 称	控 制 功 能
输入	I0.0	SB1	启动按钮	启动风机
	I0.1	SB2	停止按钮	停止风机
	I0.2	S1	排气流传感器	排气压力检测
	I0.3	S2	进气流传感器	进气压力检测
输出	Q0.0	M1	接触器 1	控制排气风扇
	Q0.1	M2	接触器 2	控制进气风扇
	Q0.2	HL1	指示灯	排气风扇显示
	Q0.3	HL2	指示灯	进气风扇显示

2. 电路设计

换气系统 PLC 接线图如图 49-2 所示，梯形图如图 49-3 所示。

3. 控制原理

按下启动按钮 I0.0，Q0.0 线圈得电自锁，排气扇得电启动，排气流传感器 S1 检测到排风正常，I0.2 接点闭合，Q0.1 线圈得电，进气扇工作。如果进气扇或排气扇工作正常，I0.2、I0.3 均动作，定时器 T0 不会得电。如果进气扇或排气扇工作不正常，I0.2、I0.3 有一个不动作，其常闭接点闭合，定时器 T0 得电 5s 后 Q0.2 或 Q0.3 将经秒脉冲 SM0.5 得电，对应的指示灯闪动报警。

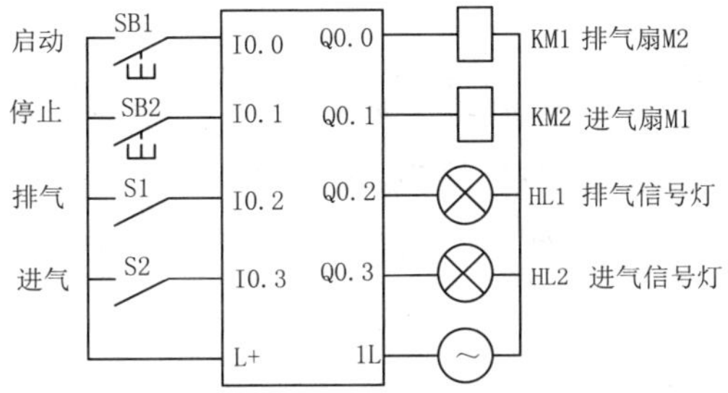

图 49-2 换气系统接线图

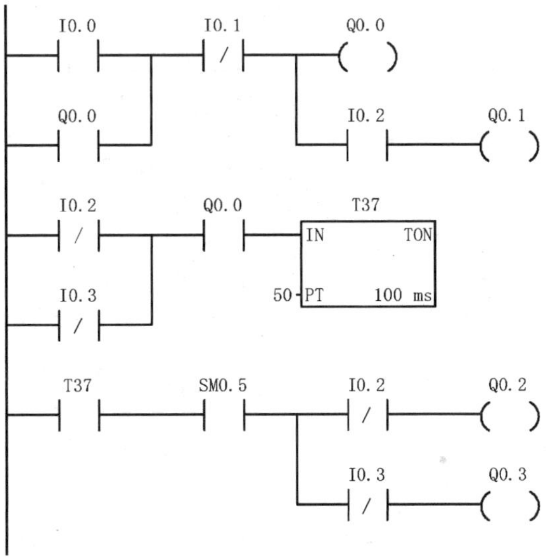

图 49-3 换气系统梯形图

实例 50 燃烧机与风机连动控制

某涂装生产线用于对产品外壳的喷漆处理。其中烘干室的燃烧机与防爆插入式风机连动控制。即某一台燃烧机在启动前 3min 先启动对应的风机。当燃烧机停止 3min 后停止对应的风机。

控制方案设计

1. 输入/输出元件及控制功能

如表 50-1 所示，介绍了实例 50 中用到的输入/输出元件及控制功能。

表 50-1 输入/输出元件及控制功能

	PLC 软元件	元件文字符号	元 件 名 称	控 制 功 能
输入	I0.0	SB1	启动按钮	燃烧机与风机启动
	I0.1	SB2	停止按钮	燃烧机与风机停止
输出	Q0.0	KM1	接触器 1	风机启动
	Q0.1	KM2	接触器 2	燃烧机启动

2．电路设计

燃烧机与风机的主电路图和 PLC 接线图如图 50-1 所示。PLC 梯形图如图 50-2 所示。

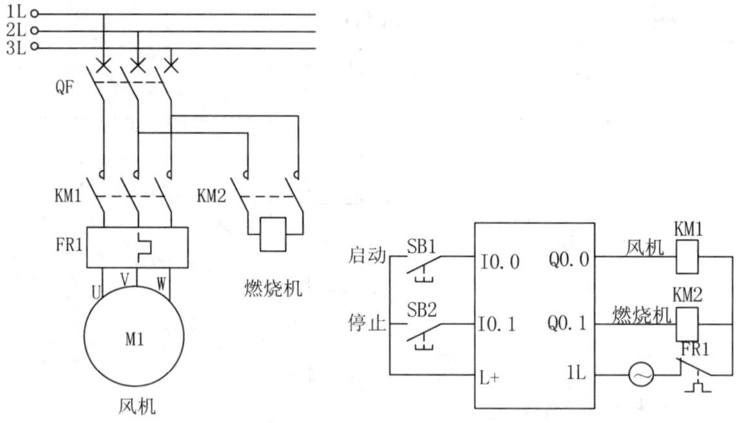

（a）主电路图　　（b）PLC 接线图

图 50-1　主电路图和 PLC 接线图

3．控制原理

方法 1：

启动时，按下启动按钮 I0.0，Q0.0 线圈得电自锁，风机启动，定时器 T37 得电延时 3min，T37 接点闭合接通 Q0.1，燃烧机得电。

停止时，按下停止按钮 I0.1，M0.0 线圈得电自锁，M0.0 常闭接点断开 Q0.1，燃烧机失电。同时定时器 T38 得电延时 3min，T38 常闭接点断开 Q0.0，风机得电。同时 T38 常闭接点断开 M0.0 和 T38。

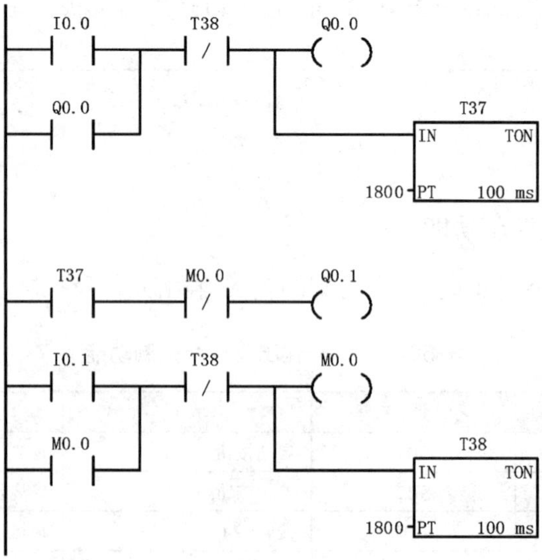

图 50-2　PLC 梯形图（方法 1）

方法 2：

如图 50-2 所示，大多数人习惯于使用通电延时型定时器，而不习惯于使用断开延时型定时器。分析本例，燃烧机 Q0.0 在启动时是通电延时，而风机 Q0.1 在停止时是断电延时，所以 Q0.0 用断电延时型定时器，而 Q0.1 用通电延时型定时器更加简洁直观，如图 50-3 所示。

启动时，按下启动按钮 I0.0，M0.0 线圈得电自锁，定时器 T37 和 T38 同时得电，T38 立即闭合接通 Q0.0，风机得电启动。T37 延时 3min，接点闭合接通 Q0.1，燃烧机得电。

停止时，按下停止按钮 I0.1，M0.0 线圈失电，定时器 T37 和 T38 同时失电，T37 常开接点立即断开，Q0.1 线圈失电，燃烧机停止。定时器 T38 延时 3min，T38 常开接点断开 Q0.0，风机失电。

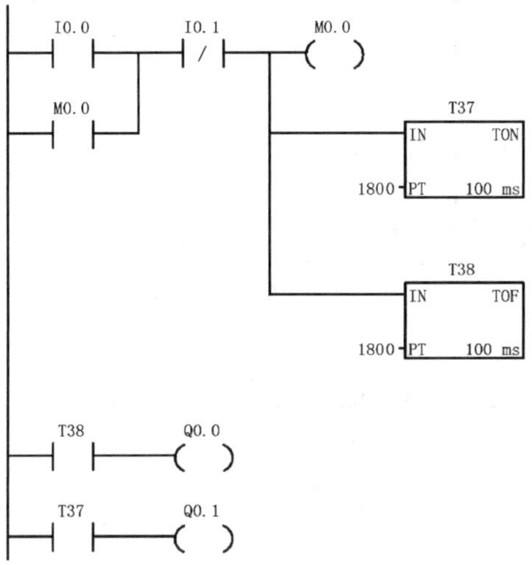

图 50-3　PLC 梯形图（方法 2）

方法 3：

上述是大多数人习惯于使用常规电器控制电路的设计方法，而不习惯利用 PLC 的编程软件进行电路设计，利用 PLC 的编程软件进行电路设计往往可以简化电路，减少控制元件。如图 50-4 所示，图中只用了一个按钮和一个定时器。

PLC 中的各种存储器存放的数据都是二进制数，二进制数中的 1 表示线圈得电，常开接点闭合，常闭接点断开；0 表示线圈失电，常开接点断开，常闭接点闭合。本例使用了存储器 MB0，根据二进制数的特点，MB0 最低的 2 位 M0.1、M0.0 只有四种组合：00、01、10 和 11，把本例控制分成四步，停止、启动、延时、停止延时，如表 50-2 所示。

表 50-2　计数值对应的控制过程

MB0 低 2 位		控制过程
M0.1	M0.0	
0	0	停止
0	1	启动 Q0.0
1	0	延时启动 Q0.1
1	1	延时停止

启动时，按一下按钮 I0.0，执行一次加一指令 INC_B，MB0=1，M0.0=1，Q0.0 置位得电，风机得电启动。定时器 T37 得电延时 3min，T37 常开接点闭合执行一次加一指令 INC_B，MB0=2（M0.1=1、M0.0=0），Q0.1 得电，燃烧机得电工作。

停止时，按一下按钮 I0.0，执行一次加一指令 INC_B，MB0=3（M0.1=1、M0.0=1），Q0.1 失电，燃烧机停止，Q0.0 仍得电，风机仍运行。M0.0 接点闭合，定时器 T37 得电延时 3min，T37 常开接点闭合将 Q0.0 复位执行一次加一指令 INC_B，MB0=4（M0.1=0、M0.0=0），回到停止状态。

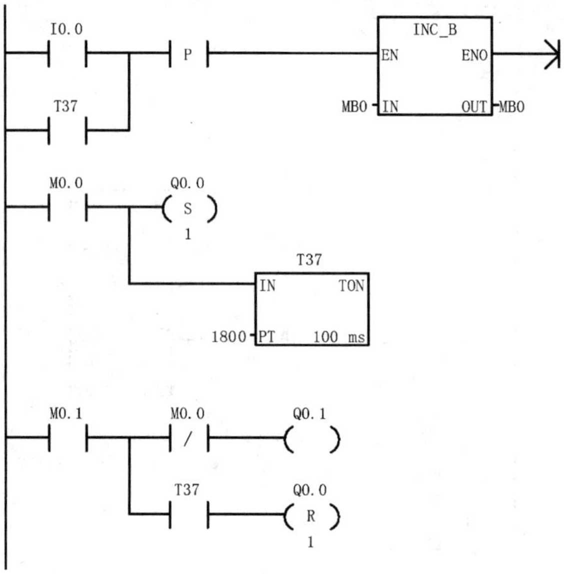

图 50-4　PLC 梯形图（方法 3）

分类六　电梯控制

实例 51　四层电梯楼层七段数码管显示

一个四层楼电梯，在电梯井中每一层设置一个限位开关。当轿厢到达某一层时，碰到该层限位开关时，用七段数码管显示该层的楼层号，并要求在轿厢运行过程中保持该楼层号的显示，直到相邻楼层后才改变楼层号。

控制方案设计

1．输入/输出元件及控制功能

如表 51-1 所示，介绍了实例 51 中用到的输入/输出元件及控制功能。

表 51-1　输入/输出元件及控制功能

	PLC 软元件	元件文字符号	元 件 名 称	控 制 功 能
输入	I0.1	SQ1	1 楼限位开关	1 楼位置检测
	I0.2	SQ2	2 楼限位开关	2 楼位置检测
	I0.3	SQ3	3 楼限位开关	3 楼位置检测
	I0.4	SQ4	4 楼限位开关	4 楼位置检测
输出	Q0.0		数码管笔画 a	七段数码管显示
	Q0.1		数码管笔画 b	七段数码管显示
	Q0.2		数码管笔画 c	七段数码管显示
	Q0.3		数码管笔画 d	七段数码管显示
	Q0.4		数码管笔画 e	七段数码管显示
	Q0.5		数码管笔画 f	七段数码管显示
	Q0.6		数码管笔画 g	七段数码管显示

2．电路设计

四层电梯数码显示 PLC 接线图如图 51-1 所示，梯形图如图 51-2 所示。

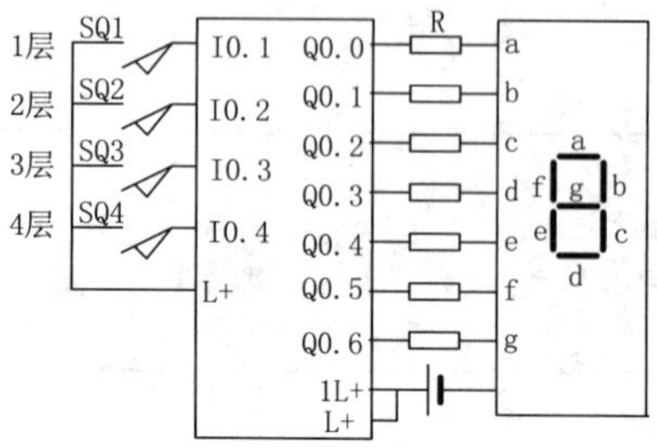

图 51-1　四层楼电梯数码显示 PLC 接线图

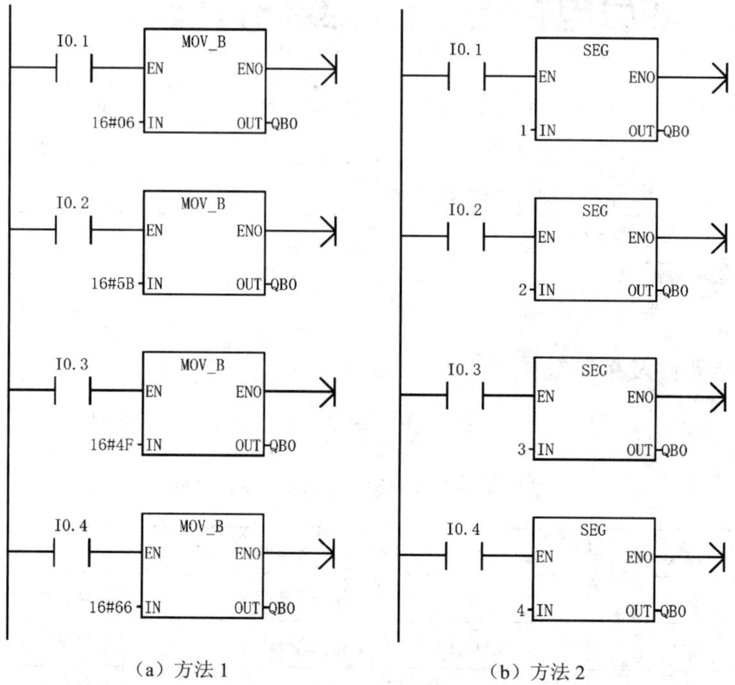

图 51-2　四层楼电梯数码显示梯形图

3．控制原理

方法 1：

用七段数码显示数字 1～4 的笔画可以用 2 位十六进制数字表示，如表 51-2 所示。七段数码的七段笔画 a～g 由输出继电器 QB0 驱动，控制梯形图如图 51-2（a）方法 1 所示。

例如，电梯轿厢行至三层时，第三层的位置开关 I0.3 动作，执行 MOV 指令，将笔画十六进制数字代码直接传送到输出继电器 QB0，驱动七段数码显示数字 3。

当轿厢离开第三层时，QB0 中的值不变。

方法 2：

控制梯形图如图 51-2（b）方法 2 所示。

电梯轿厢行至某层时，该层的位置开关动作，将该层的楼层号直接由 SEG 指令驱动七段数码显示该层的楼层号。

表 51-2 七段数码管笔画的数字表示

数字	笔画								十六进制数字	七段数码管
		g	f	e	d	c	b	a		
1	0	0	0	0	0	1	1	0	06	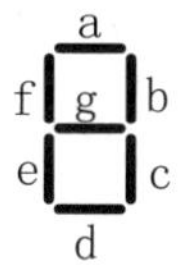
2	0	1	0	1	1	0	1	1	5b	
3	0	1	0	0	1	1	1	1	4f	
4	0	1	1	0	0	1	1	0	66	

用数码管显示楼层比较直观。每层楼（9 层以内）只要一个数码管即可，但 PLC 需要 7 点输出继电器。

注意：执行 SEG 指令七段解码将占用 8 个输出继电器。例如，上例占用输出 Q0.0～Q0.7，其中 Q0.7=0，如要将 Q0.7 使用在其他地方，必须在 SEG 指令之后使用。

实例 52 四层电梯楼层外部解码数码显示

在上述实例中，四层电梯楼层显示采用 PLC 直接驱动七段数码管显示层号，需要 7 点输出继电器。如果采用外部解码电路，由于数码管显示 1、2、3、4 共有四种情况，所以，用 PLC 的两点输出继电器即可，用外部继电器解码电路控制七段数码管显示四层电梯的楼层。

控制方案设计

1. 输入/输出元件及控制功能

如表 52-1 所示，介绍了实例 52 中用到的输入/输出元件及控制功能。

表 52-1 输入/输出元件及控制功能

	PLC 软元件	元件文字符号	元 件 名 称	控 制 功 能
输入	I0.1	SQ1	1 楼限位开关	1 楼位置检测
	I0.2	SQ2	2 楼限位开关	2 楼位置检测
	I0.3	SQ3	3 楼限位开关	3 楼位置检测
	I0.4	SQ4	4 楼限位开关	4 楼位置检测
输出	Q0.0	K1	继电器 1	解码
	Q0.1	K2	继电器 2	解码

2. 电路设计

七段数码管的显示由输出继电器 Q0.0、Q0.1 控制两个小型继电器 K1、K2 的闭合和断开。数码管显示采用共阴极接法，并串联限流电阻，其电路如图 52-1 所示。

其输出继电器 Q0.0、Q0.1 输出码与七段笔画显示的对应关系如表 52-2 所示。PLC 在 1 楼时以及在初始状态下，显示数字“1”（e、f 笔画亮）表示轿厢在 1 楼。在 2 楼时，2 楼的限位开关 I0.2 动作，使 2 楼限位记忆继电器 M0.2=1，继电器触点 K1 闭合，显示数字“2”（a、b、d、e、g 笔画亮）表示轿厢在 2 楼。同理，轿厢在 3 楼时，3 楼的限位开关 I0.3 动作，使 3 楼限位记忆继电器 M0.3=1，继电器触点 K1、K 触点 2 闭合，数码显示 3（a、b、c、d、g 笔画亮）表示轿厢在 3 楼。4 楼同理。

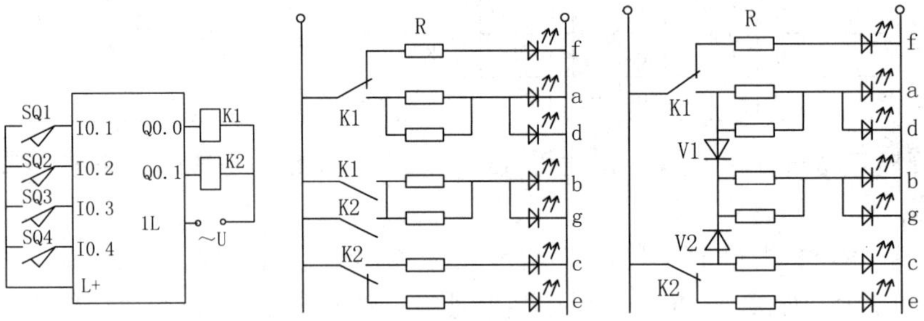

（a）PLC 接线图　（b）七段数码管显示电路 1　（c）七段数码管显示电路 2

图 52-1　四层电梯楼层显示接线图

表 52-2　对应关系列表

楼层位置				输出码		楼层	七段笔画显示						
I0.4	I0.3	I0.2	I0.1	Q0.1	Q0.0		a	b	c	d	e	f	g
0	0	0	1	0	0	1	0	0	0	0	1	1	0
0	0	1	0	0	1	2	1	1	0	1	1	0	1
0	1	0	0	1	1	3	1	1	1	1	0	0	1
1	0	0	0	1	0	4	0	1	1	0	0	1	1

由输出码和笔画可写出逻辑表达式：

$$a=d=Q0.0=K1$$

$$b=g=Q0.0+Q0.1=K1+K2$$

$$c=Q0.1=Q0.2$$

$$e=\overline{Q0.1}=\overline{K2}$$

$$f=\overline{Q0.0}=\overline{K1}$$

由逻辑表达式可画出七段数码管显示电路，如图 52-1 所示，其中数码管显示电路 1 采用两常开两常闭继电器，数码管显示电路 2 采用一常开一常闭继电器。

电路特点如下：

（1）仅用两个输出点，通过两个小型继电器即可控制一个七段数码管。

（2）输出采用循环码，以减少继电器的动作次数。同时还简化了数码管显示电路。

（3）继电器只需用两组转换接点即可，例如，加上两个二极管简化电路，如图 52-1（c）数码管显示电路 2，也可只采用一组转换接点的继电器。

（4）与七段数码管的连线只需要 5 根线。

（5）为了减少继电器接点，显示 1 的笔画用 f、e。

与上述电路对应的四层楼层显示梯形图如图 52-2 所示。

以上是采用继电器进行解码的电路。根据输出码和笔画写出的逻辑表达式也可以用集成电路块 4011 组成解码电路，如图 52-3 和图 52-4 所示。

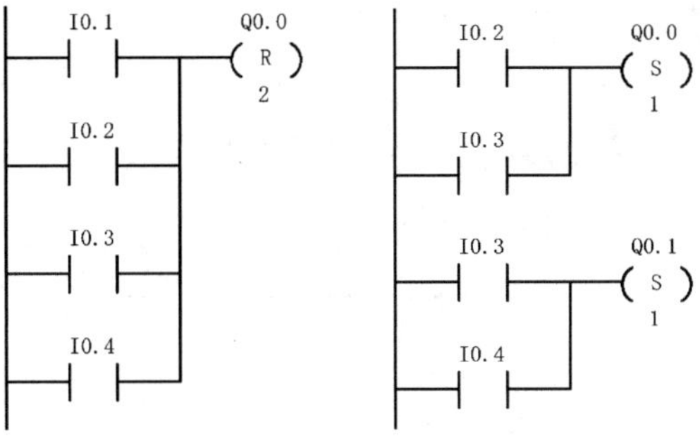

图 52-2　四层楼层显示梯形图

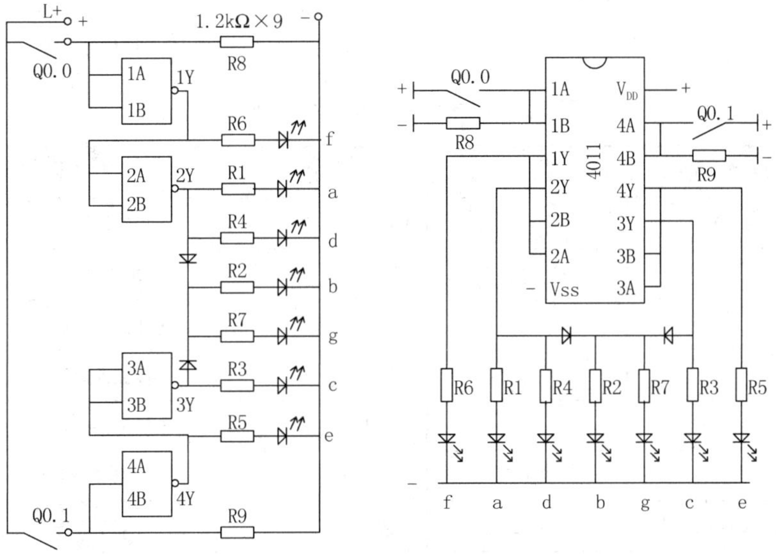

图 52-3　集成电路块 4011 组成解码电路 1

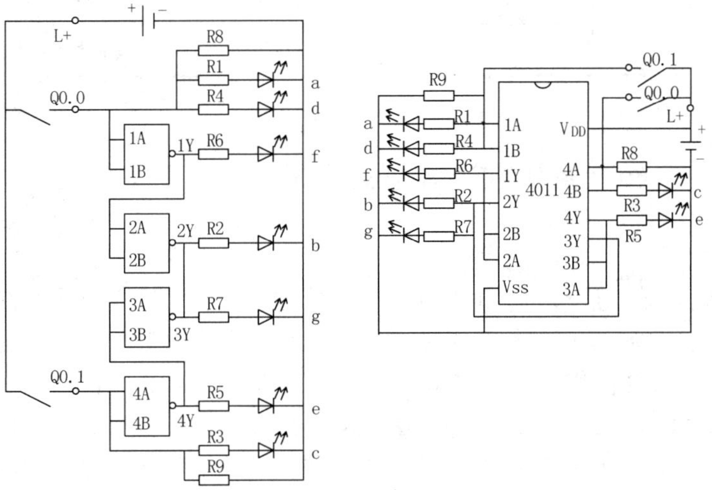

图 52-4　集成电路块 4011 组成解码电路 2

实例 53　五层电梯楼层数字信号灯显示

一个五层电梯，在井道中，每一层设置一个位置开关。当轿厢到达某一层时，碰到该楼层位置开关时，显示该层的楼层号，各楼层分别安装 5 个带数字的信号灯，每个信号灯显示一个楼层号，并要求在轿厢运行过程保持该楼层号的显示，直到轿厢到达相邻楼层后才改变楼层号。

控制方案设计

1．输入/输出元件及控制功能

如表 53-1 所示，介绍了实例 53 中用到的输入/输出元件及控制功能。

表 53-1　输入/输出元件及控制功能

	PLC 软元件	元件文字符号	元 件 名 称	控 制 功 能
输入	I0.1	SQ1	1 楼限位开关	1 楼位置检测
	I0.2	SQ2	2 楼限位开关	2 楼位置检测
	I0.3	SQ3	3 楼限位开关	3 楼位置检测
	I0.4	SQ4	4 楼限位开关	4 楼位置检测
	I0.5	SQ5	5 楼限位开关	5 楼位置检测
输出	Q0.1	HL1	1 楼信号灯	显示数字信号灯“1”
	Q0.2	HL2	2 楼信号灯	显示数字信号灯“2”
	Q0.3	HL3	3 楼信号灯	显示数字信号灯“3”
	Q0.4	HL4	4 楼信号灯	显示数字信号灯“4”
	Q0.5	HL5	5 楼信号灯	显示数字信号灯“5”

2．电路设计

五层电梯楼层显示接线图和梯形图如图 53-1 所示。

3．控制原理

当电梯轿厢到达某一层楼时，对应的楼层位置开关 SQ 动作，首先将所有的输出信号（Q0.1～Q0.5）进行复位，随之由 S 指令对该层的输出继电器进行置位，这是一个多输出置位优先电路（如果用复位优先电路，即 S 指令放在前面，R 指令放在后面，则无法使 Q0.1～Q0.5 得电置位）。当轿厢驶离该楼层时输入接点断开，输出仍能置位，保持该楼层的输出信号，并输出显示到达楼层的信号灯，直到轿厢到达相邻楼层时才会消除。

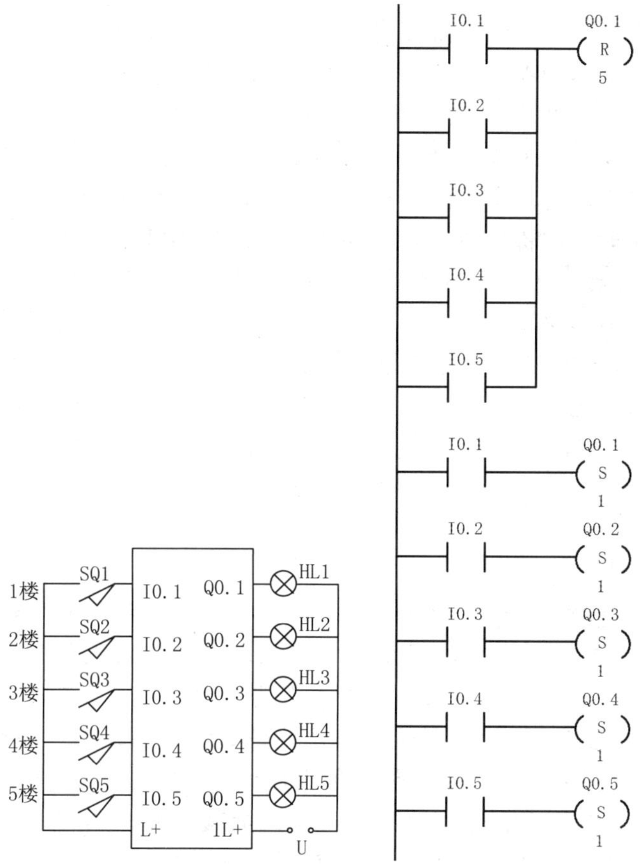

图 53-1　五层电梯楼层显示

实例 54　五层电梯控制

1. 五层电梯的基本控制要求

（1）在每层楼电梯门厅处都装有一个上行呼叫按钮和一个下行呼叫按钮，分别或同时按动上行按钮和下行按钮，该楼层信号将会被记忆，对应的信号灯亮（表示该层有乘客要上行或下行）。

（2）当电梯在上行过程中，如果某楼层有上行呼叫信号时（信号必须在电梯到达该层之前呼叫，如果电梯已经运行过该楼层，则在电梯下一次上行过程中响应该信号），则到该楼层电梯停止，消除该层上行信号，对应的上行信号灯灭，同时电梯门自动打开让乘客进入电梯上行。在电梯上行过程中，门厅的下行呼叫信号不起作用。

（3）当电梯在下行过程中，如果某楼层有下行呼叫信号时，则到该楼层电梯停止，消除该层下行信号，对应的下行信号灯灭，同时电梯门会自动打开让乘客进入电梯下行，在电梯下行过程中，门厅的上行呼叫信号不起作用。电梯在上行或下行过程中，经过无呼叫信号的楼层，且轿厢内没有该楼层信号时，电梯不停止也不开门。

（4）在电梯上行时，电梯优先服务于上行选层信号。在电梯下行时，电梯优先服务于下行选层信号。当电梯停在某层时，消除该层的选层信号。

（5）电梯在上行过程中，如果某楼层上行、下行都有呼叫信号时，电梯应优先服务于上行的呼叫信号。如果上一楼层无呼叫信号，而下一楼层有呼叫信号时，电梯服务于下一层信号。电梯在下行过程中的原理与电梯上行的工作原理相似。

（6）电梯在停止时，在轿厢内，可用按钮直接控制开门、关门。开门 5s 后若无关门信号时，电梯门将自动关闭。电梯在某楼层停下时，在门厅按下该层呼叫按钮也能开门。电梯在开门时，电梯不能上行、下行。电梯在上行或下行过程中电梯不能开门。在电梯门关闭到位后电梯方可上行或下行。在门关闭过程中人被门夹住时，门应立即打开。电梯采用高速启动运行、停止时，电梯先低速运行后到对应的楼层时准确停止。

（7）在每层楼电梯的门厅和轿厢内都装有电梯上、下行的方向显示灯和电梯运行到某一层的楼层数码管显示。在轿厢内设有楼层选层按钮和对应的楼层数字信号灯以及楼层数码管显示。

2. 电梯操作控制方式

电梯具备三种操作控制方式：乘客控制方式、司机控制方式和手动检修控制方式。

（1）乘客控制方式。在乘客控制方式下，乘客在某楼层电梯门厅处按上行呼叫按钮，或者下行呼叫按钮时，对应的上行或下行信号灯亮。电梯根据乘客的呼叫信号，按优先服务的运行方式运行到有呼叫信号的楼层处停止并自动开门。乘客进入轿厢后，可手动操作关门（按关门按钮），电梯门也可自动关闭，在控制梯形图中设置了电梯开门 5s 后电梯门自动关闭。乘客按下选层按钮时，对应的楼层信号灯亮，当电梯到达该楼层后，电梯停止并自动开门（也可手动开门），同时对应的选层信号灯灭。

（2）司机控制方式。在司机控制方式下，乘客不能控制电梯的上行、下行和停止，电梯的运行状态完全由轿厢内的司机控制。司机按下某楼层选层按钮时，对应的楼层信号灯亮，电梯运行到该楼层时停止，对应的信号灯灭，同时显示该楼层的楼层号，电梯门自动打开。电梯门关闭到位后，电梯自动运行至下一选定的楼层。

当乘客按下某一楼层的呼叫按钮时，轿厢内对应的楼层信号灯闪烁以告诉司机该楼层有乘客（乘客上行时对应的信号灯以 1s 的周期闪烁，乘客下行时对应的信号灯以 4s 的周期闪烁），司机可以根据情况选择到该层停止或不停止。

（3）手动检修控制方式。在手动检修控制方式下，检修人员可以根据情况选择高速或低速运行方式。电梯开门、关门、上行、下行分别有点动控制和连动控制两种方式，以方便检修工作，并可以不受楼层限位开关的控制，轿厢可以停在井道中的任何位置。而当电梯门开或关到极限位置时，轿厢上行到最上层或下行到最下层必须自动停止。在手动检修控制方式下，轿厢内和门厅处电梯上行、下行显示信号和楼层数字应能正常显示。

如图 54-1 所示为电梯电气元件布置图。

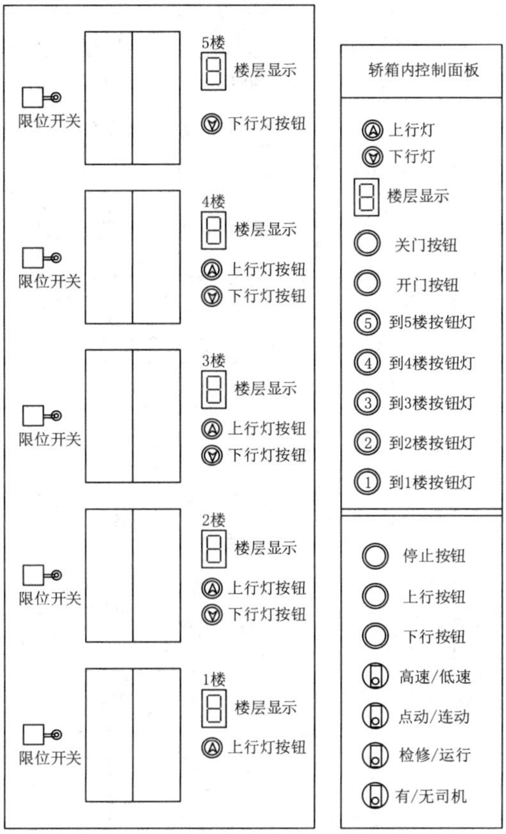

图 54-1　电梯电气元件布置图

控制方案设计

1. PLC 软元件分配表及控制功能

如表 54-1 所示，介绍了实例 54 中用到的 FX2N-48 型 PLC 软元件分配表。

表 54-1　FX2N-48 型 PLC 软元件分配表

<table>
<tr><th>软元件</th><th>功　能</th><th colspan="6">1 楼</th><th colspan="6">2 楼</th><th colspan="6">3 楼</th><th colspan="6">4 楼</th><th colspan="6">5 楼</th></tr>
<tr><td rowspan="5">I
输入
继电器</td><td>上呼按钮
手动按钮</td><td colspan="6">I0.0
（上行）</td><td colspan="6">I0.1
（下行）</td><td colspan="6">I0.2
（低速）</td><td colspan="6">I0.3
（点动）</td><td colspan="6"></td></tr>
<tr><td>下呼按钮</td><td colspan="6"></td><td colspan="6">I0.4
（停止）</td><td colspan="6">I0.5</td><td colspan="6">I0.6</td><td colspan="6">I0.7</td></tr>
<tr><td>内选层按钮</td><td colspan="6">I0.10</td><td colspan="6">I1.1</td><td colspan="6">I1.2</td><td colspan="6">I1.3</td><td colspan="6">I1.4</td></tr>
<tr><td>限位开关</td><td colspan="6">I2.1</td><td colspan="6">I2.2</td><td colspan="6">I2.3</td><td colspan="6">I2.4</td><td colspan="6">I2.5</td></tr>
<tr><td>其他</td><td colspan="5">I1.5
开门</td><td colspan="5">I1.6
关门</td><td colspan="5">I1.7
手动</td><td colspan="5">I2.0
司机</td><td colspan="5">I2.6
开门限位</td><td colspan="5">I2.7
关门限位</td></tr>
</table>

续表

<table>
<tr><th>软元件</th><th>功　能</th><th colspan="12">1 楼</th><th colspan="12">2 楼</th><th colspan="12">3 楼</th><th colspan="12">4 楼</th><th colspan="12">5 楼</th></tr>
<tr><td rowspan="5">Q
输出
继电器</td><td>上呼信号灯</td><td colspan="12">Q0.0</td><td colspan="12">Q0.1</td><td colspan="12">Q0.2</td><td colspan="12">Q0.3</td><td colspan="12"></td></tr>
<tr><td>下呼信号灯</td><td colspan="12"></td><td colspan="12">Q0.4</td><td colspan="12">Q0.5</td><td colspan="12">Q0.6</td><td colspan="12">Q0.7</td></tr>
<tr><td>内选信号灯</td><td colspan="12">Q1.0</td><td colspan="12">Q1.1</td><td colspan="12">Q1.2</td><td colspan="12">Q1.3</td><td colspan="12">Q1.4</td></tr>
<tr><td>电动机控制</td><td colspan="12">Q1.5
开门</td><td colspan="12">Q1.6
关门</td><td colspan="12">Q1.7
上行</td><td colspan="12">Q2.0
下行</td><td colspan="12">Q2.1
低速</td></tr>
<tr><td>数码管笔画</td><td colspan="10">Q2.2
b 笔画</td><td colspan="10">Q2.3
c 笔画</td><td colspan="10">Q2.4
d、a 笔画</td><td colspan="10">Q2.5
e 笔画</td><td colspan="10">Q2.6
f 笔画</td><td colspan="10">Q2.7
g 笔画</td></tr>
<tr><td rowspan="8">M
辅助
继电器</td><td>上呼信号</td><td colspan="12">M0.0</td><td colspan="12">M0.1</td><td colspan="12">M0.2</td><td colspan="12">M0.3</td><td colspan="12"></td></tr>
<tr><td>下呼信号</td><td colspan="12"></td><td colspan="12">M0.4</td><td colspan="12">M0.5</td><td colspan="12">M0.6</td><td colspan="12">M0.7</td></tr>
<tr><td>内选信号</td><td colspan="12">M1.0</td><td colspan="12">M1.1</td><td colspan="12">M1.2</td><td colspan="12">M1.3</td><td colspan="12">M1.4</td></tr>
<tr><td>上或内选信号</td><td colspan="12">M2.0</td><td colspan="12">M2.1</td><td colspan="12">M2.2</td><td colspan="12">M2.3</td><td colspan="12"></td></tr>
<tr><td>下或内选信号</td><td colspan="12"></td><td colspan="12">M4.1</td><td colspan="12">M4.2</td><td colspan="12">M4.3</td><td colspan="12">M4.4</td></tr>
<tr><td>上或下或内选信号</td><td colspan="12">M3.1</td><td colspan="12">M3.2</td><td colspan="12">M3.3</td><td colspan="12">M3.4</td><td colspan="12">M3.5</td></tr>
<tr><td>当前层记忆</td><td colspan="12">M5.1</td><td colspan="12">M5.2</td><td colspan="12">M5.3</td><td colspan="12">M5.4</td><td colspan="12">M5.5</td></tr>
<tr><td>其他</td><td colspan="20">M10.0
上行辨别</td><td colspan="20">M10.1
下行辨别</td><td colspan="20">M10.2
停止信号</td></tr>
<tr><td>T
定时器</td><td>其他</td><td colspan="15">T37
延时关门</td><td colspan="15">T38
低速时间</td><td colspan="15">T39
4s 震荡</td><td colspan="15">T40
4s 震荡</td></tr>
</table>

2．电路设计

五层楼电梯 PLC 控制接线图如图 54-2 所示。

3．控制原理

（1）门厅上行呼叫信号

门厅上行呼叫信号的用途：乘客在 1～4 楼层时，用按钮发出上行的信号以便告诉司机或直接控制电梯运行到乘客所在的楼层，控制梯形程序如图 54-3 所示。

I0.0～I0.3 输入继电器分别为 1～4 楼层的上行按钮，输出继电器 Q0.0～Q0.3 分别控制 1～4 楼层的上行信号灯，表示对应的按钮发出的命令，与同一楼层的上行按钮和上行信号灯装在一起，采用带灯按钮，当按钮按下时，按钮中的灯发红光显示向上行标志。

例如，1 楼的乘客按下上行按钮 I0.0 时，Q0.0 得电自锁，1 楼上行信号亮，当电梯轿厢下行到 1 楼时，1 楼限位开关 I2.1 动作，其上行信号灯 Q0.0 灭。

2 楼、3 楼和 4 楼的上行呼叫信号控制原理与 1 楼上行呼叫信号控制原理基本上是相同的。其中，M10.1 为下行标志，在下行时 M10.1=1，在上行时 M10.1=0，所以，在上行过程中电梯上行到该楼层时，该楼层的上行信号灯熄灭。如果电梯在下行过程中到达该楼层，由于 M10.1=1，M10.1 常开接点闭合，不能断开该楼层的上行信号灯。

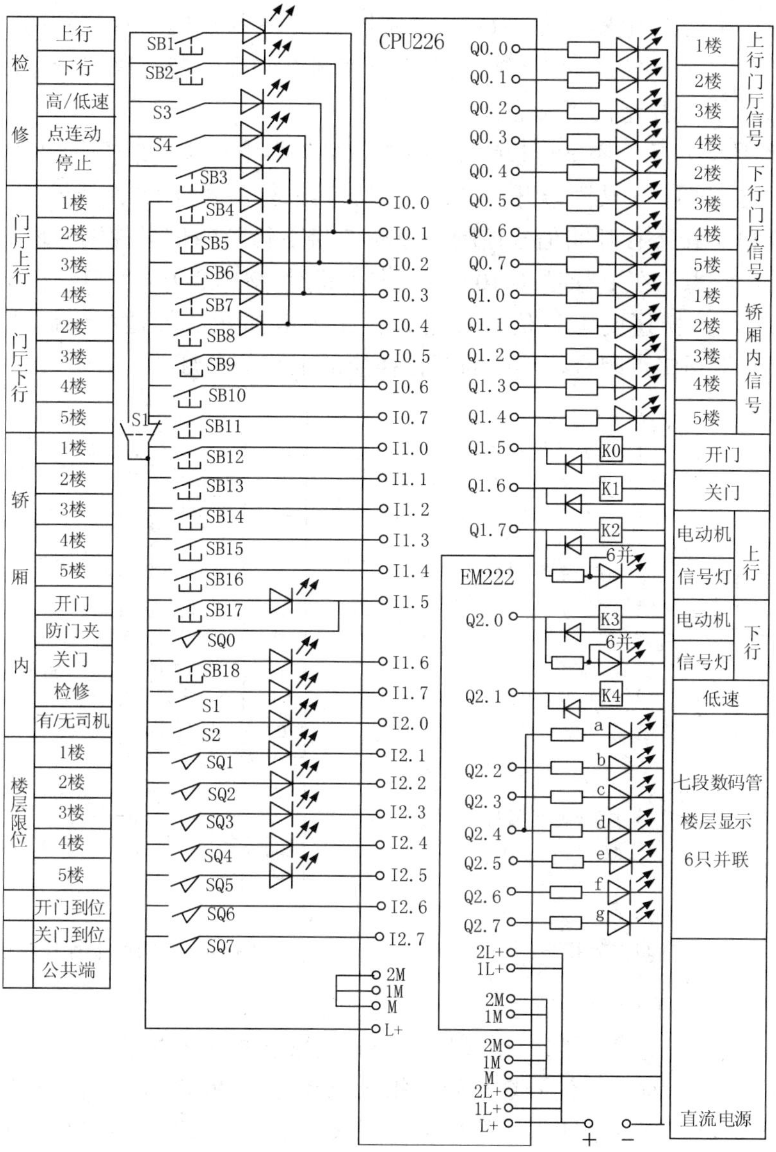

图 54-2　五层楼电梯 PLC 控制梯形图

5 楼是顶层，没有上行呼叫信号。

门厅上行呼叫信号主要起两个作用：一是当乘客按下对应楼层的上行按钮发出上行呼叫指令时，对应的信号灯亮，表示该指令已经输入，等待执行；二是控制电梯，在电梯上行的过程中，电梯经过有上行呼叫信号的楼层时会停下来。门厅上行信号只有在上行过程中，到指定地点（碰到楼层限位开关）才消除信号，在下行过程中上行的信号应保持。

（2）门厅下行呼叫信号

门厅下行呼叫信号的用途：乘客在 2～5 楼层，乘客按下按钮发出下行信号以便告知司机（在司机控制方式下）或直接控制电梯（在乘客控制方式下）运行到乘客所在的楼层。门厅下行呼叫信号控制梯形程序如图 54-4 所示。图中 I0.4～I0.7 输入继电器分别为 2～5 楼层的下行呼叫按钮，输出继电器 Q0.4～Q0.7 分别控制 2～5 楼层的下行信号灯，表示对应的按钮所发出的指令，与同一楼层的下行按钮和下行信号灯装在一起，采用带灯按钮，当按钮按下时，按钮中发出绿光显示向下标志。

例如，5 楼乘客按下 5 楼下行按钮 I0.7 时，Q0.7 得电自锁，5 楼上行信号 Q0.7 亮，当电梯轿厢上行到 5 楼时，5 楼限位开关 I2.5 动作，其上行信号灯 Q0.7 灭。

2 楼、3 楼和 4 楼下行呼叫信号控制原理与 5 楼下行呼叫信号控制原理基本上相同。其中 M10.0 为上行标志，在上行时 M10.0=1。在下行时 M10.0=0，所以，在下行过程中电梯上行到该楼层时，该楼层的上行信号灯熄灭。如果电梯在上行过程中到达该楼层，由于 M10.0=1，M10.0 常开接点闭合，不能断开该楼层的上行信号灯。

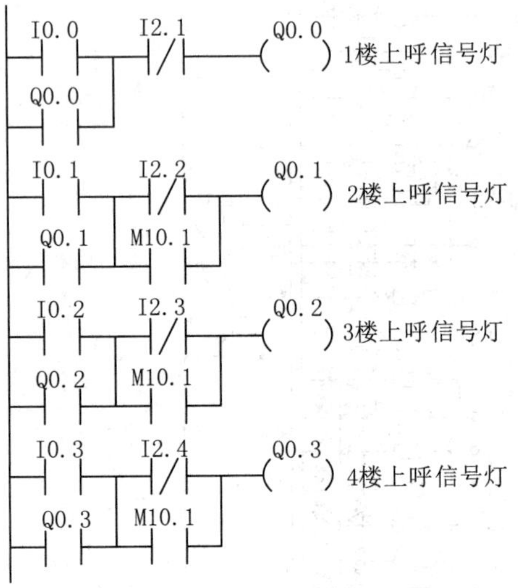

图 54-3　门厅上行呼叫信号梯形图

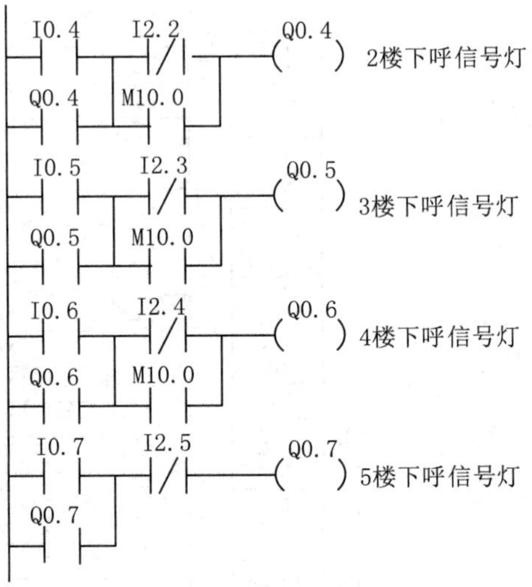

图 54-4　门厅下行呼叫信号梯形图

1 楼是底层，没有下行呼叫信号。

门厅下行呼叫信号也主要起两个作用：一是当乘客按下对应楼层的下行呼叫按钮发出下行呼叫信号指令时，对应的信号灯显示该指令已经存入 PLC 中，等待执行；二是控制电梯在下行过程中经过有下行呼叫指令的楼层停下来，使下行乘客进入轿厢，并清除所停楼层的下行呼叫信号。

电梯在下行过程中只能清除下行呼叫信号，不能消除反方向的上行呼叫信号，以便在上行过程中执行。同理，电梯在上行过程中只能清除上行呼叫信号。

（3）轿厢内选层信号

如图 54-5 所示，图中 I1.0～I1.4 输入继电器分别为轿厢内 1～5 楼层的选层信号按钮，辅助继电器 M1.0～M1.4 分别为 1～5 楼层的选层记忆信号。

例如，轿厢内某乘客要到 2 楼，按下 2 楼下行按钮 I1.1 时，M1.1 得电自锁，当电梯轿厢行驶到 2 楼时，2 楼限位开关 I2.2 动作，M1.1 失电，解除 2 楼的选层记忆信号。

（4）轿厢内选层信号灯的控制

轿厢内选层信号灯用于显示轿厢应到达的楼层，选层信号灯有两种工作方式。

① 乘客控制操作方式：在这种工作方式下，当轿厢内乘客按下某层按钮时，对应的选

层信号灯显示所到的楼层，把楼层的选层按钮和信号灯装在一起，采用带信号灯的按钮，例如，轿厢里的乘客要到4楼，按下4楼选层按钮，则按钮中的信号灯亮显示“4”，电梯到达4楼后，消除信号，4楼选层信号灯灭。轿厢内选层信号灯控制梯形图如图54-6所示。

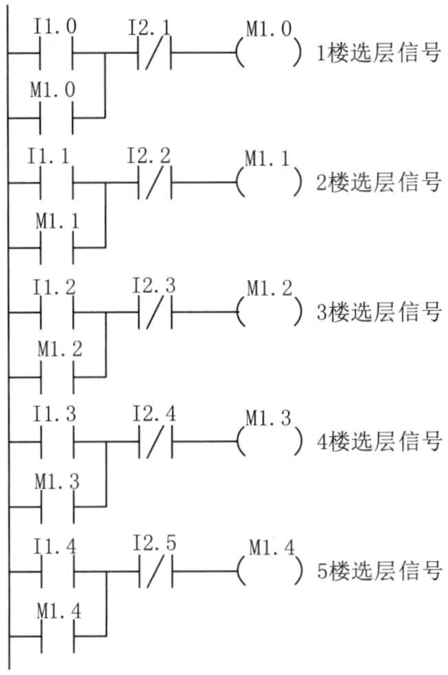

图54-5　轿厢内选层信号梯形图

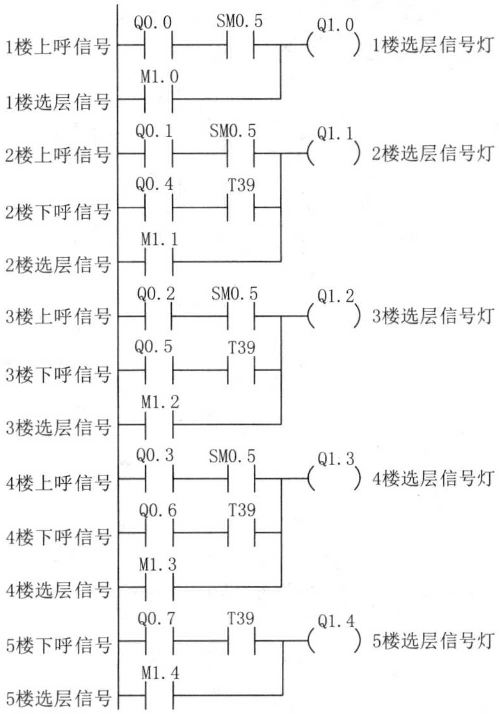

图54-6　轿厢内选层信号灯的控制梯形图

② 司机控制工作方式：在这种工作方式下，电梯的工作方式完全由司机操作控制，乘客不能控制电梯的运行，但可以向司机发出请求信息。司机可以根据请求信息控制电梯来接送乘客，如果有一层楼都向轿厢内发送上行和下行信号则将使电路复杂，占用输出点增加，为了简化电路，节省可编程控制器的输出点，采用一个信号灯多种显示方式来表示不同的信号。在上行呼唤指令中串入一秒钟脉冲信号，当有上行呼唤指令时，指令灯按1Hz频率闪光。在下行呼唤信号串入4s脉冲信号。当有下行呼唤信号时信号灯按0.25Hz频率闪光。当有轿厢内选信号时，信号灯常亮，不闪动，选层信号灯的工作时序如图54-7所示。

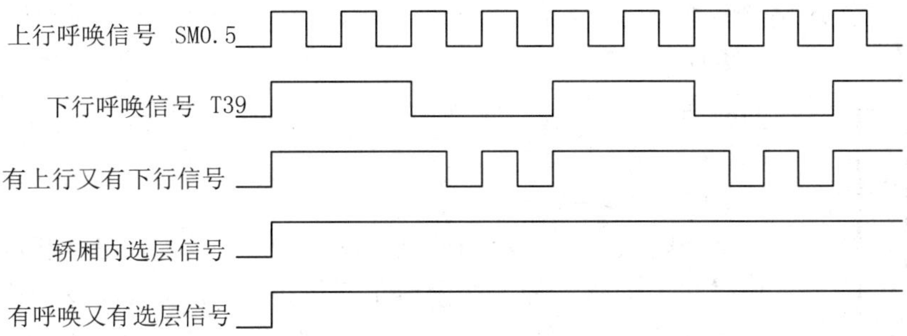

图54-7　轿厢内信号灯工作时序图

由图 54-7 轿厢内信号灯工作时序图可知，电梯在上行、下行、呼唤指令及轿厢内选层指令之间，优先显示轿内选层指令，这是因为在司机操作控制方式下选层指令可以控制电梯运行，而上下行呼唤指令只是请求指令，不能控制电梯的运行。

（5）楼层位置信号

楼层位置记忆信号用于电梯的上、下行控制和楼层数码显示。如图 54-8 所示。

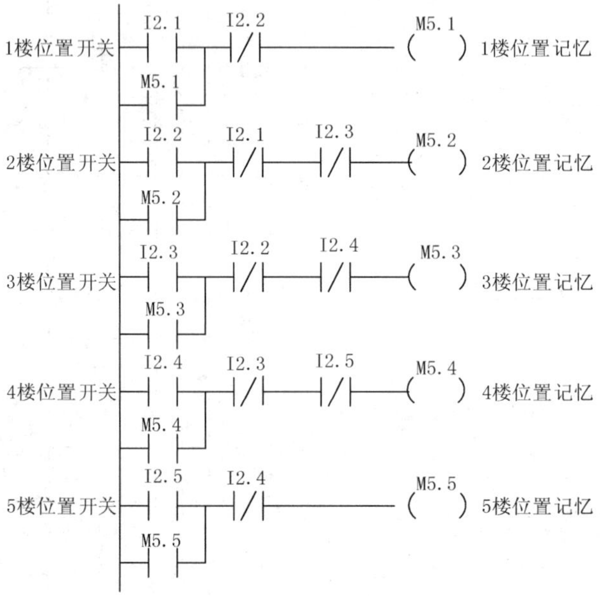

图 54-8　楼层位置信号梯形图

在电梯运行过程中，必须要知道轿厢所在的楼层位置，而楼层位置是由各楼层的位置开关（I2.1～I2.5）来检测的，位置开关由一定长度的挡块来控制，起平层作用，为了保证准确停车，轿厢的牵引方式采用摩擦式上下平衡配重驱动，由于轿厢和配重物的重量基本相等，所以，电梯的上行和下行的运行惯性相同。当轿厢运行到某一层时，限位开关在上行时碰到挡块的上端，或在下行时碰到挡块的下端，当限位开关动作时，电梯进入低速运行状态，运行一定时间后当限位开关处于挡块中部时停止，从而达到平层控制的作用。

当限位开关动作时，限位开关接点受挡块碰撞而闭合，但是当轿厢驶离时，限位开关将脱离挡块而复位，使信号消失，为了保持信号，在梯形图中采用自锁接点。当电梯到达相邻楼层，碰到位置开关时消除记忆，同时对所到达的楼层位置进行记忆。例如，当轿厢到达 2 楼时，I2.2 动作，M5.2 得电自锁，当轿厢离开 2 楼时，M5.2 仍得电，当上行到 3 楼碰到位置开关 I2.3，或下行到 1 楼碰到位置开关 I2.1 时，M5.2 失电。

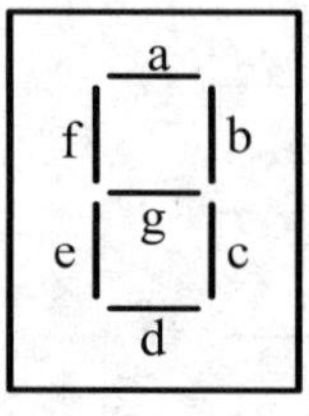

图 54-9　数码管笔画

（6）七段数码管显示

七段数码管显示的笔画如图 54-9 所示，在 1 楼时，1 楼的限位开关 I2.1 动作，使 1 楼限位记忆继电器 M5.1=1，显示数字“1”（b，c 笔画亮）表示轿厢在 1 楼，同理，轿厢在 2 楼时，M5.2=1 数码显示“2”（a，b，g，e，d 笔画亮）表示轿厢在 2 楼。

根据上述各楼限位记忆继电器 M5.1～M5.5 和笔画对应关系如表 54-2 所示。

表 54-2　M5.1～M5.5 与笔画对应关系图

楼层位置开关	楼层记忆信号	楼层数码显示	Q2.4 a	Q2.2 b	Q2.3 c	Q2.4 d	Q2.5 e	Q2.6 f	Q2.7 g
I2.1	M5.1	1		1	1				
I2.2	M5.2	2	1	1		1	1		1
I2.3	M5.3	3	1	1	1	1			1
I2.4	M5.4	4		1	1			1	1
I2.5	M5.5	5	1		1	1		1	1

根据表 54-2 写出数码管笔画的逻辑表达式：

笔画 a，d：$Q2.4=M5.2+M5.3+M5.5=\overline{\overline{M5.2}\cdot\overline{M5.3}\cdot\overline{M5.5}}$

笔画 b：$Q2.2=M5.1+M5.2+M5.3+M5.4=\overline{\overline{M5.1}\cdot\overline{M5.2}\cdot\overline{M5.3}\cdot\overline{M5.4}}$

笔画 c：$Q2.3=M5.1+M5.3+M5.4+M5.5=\overline{\overline{M5.1}\cdot\overline{M5.3}\cdot\overline{M5.4}\cdot\overline{M5.5}}$

笔画 e：$Q2.5=M5.2$

笔画 f：$Q2.6=M5.4+M5.5=\overline{\overline{M5.4}\cdot\overline{M5.5}}$

笔画 g：$Q2.7=M5.2+M5.3+M5.4+M5.5=\overline{\overline{M5.2}\cdot\overline{M5.3}\cdot\overline{M5.4}\cdot\overline{M5.5}}$

根据逻辑表达式画出梯形图，为了使梯形图紧凑，将常开接点并联改为常闭接点串联再取反来表示，如图 54-10 所示。

（7）楼层呼叫选层综合信号

在电梯控制中，电梯的运行是根据门厅的上下行按钮呼叫信号和轿厢内选层按钮呼叫信号来控制的。在司机控制的方式下，要对门厅的上下行按钮呼叫信号进行屏蔽，应将上下行按钮呼叫输出信号 Q0.0～Q0.7 转换成内部信号 M0.0～M0.7，如图 54-11 所示。在司机控制的方式下，I2.0=1，只将 M0.0～M0.7 复位，而 Q0.0～Q0.7 不复位。

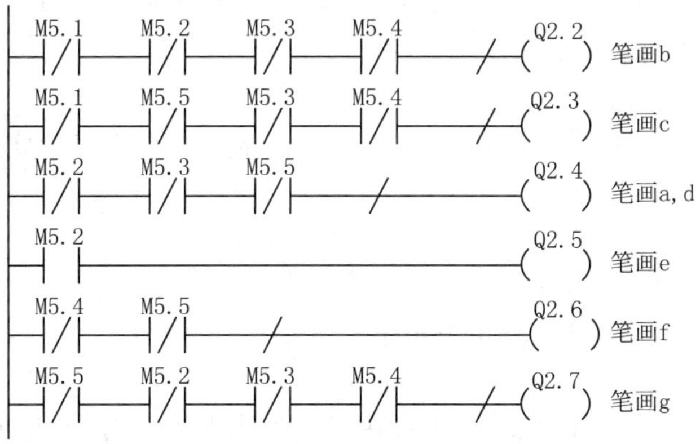

图 54-10　数码输出显示梯形图

T39、T40 组成一个 2s 断、2s 通的振荡电路，用于轿厢内信号灯的下呼信号显示。

为了使上下行辨别控制梯形图清晰简练，将每一层的门厅的上下行呼叫信号和轿厢内选层呼叫信号用一个辅助继电器来表示，如图 54-12 所示。

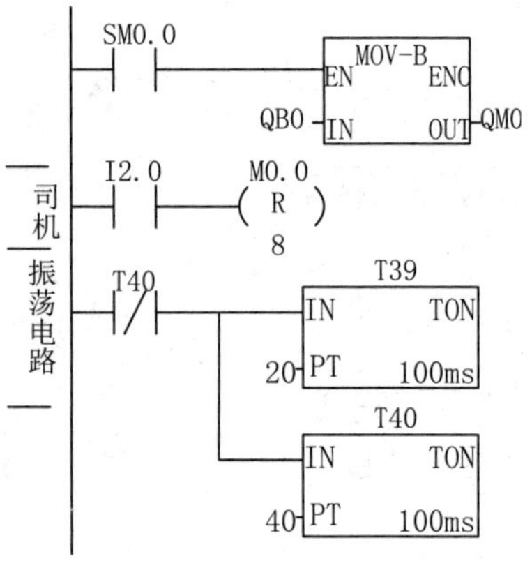

图 54-11　司机控制的方式和 4s 振荡梯形图

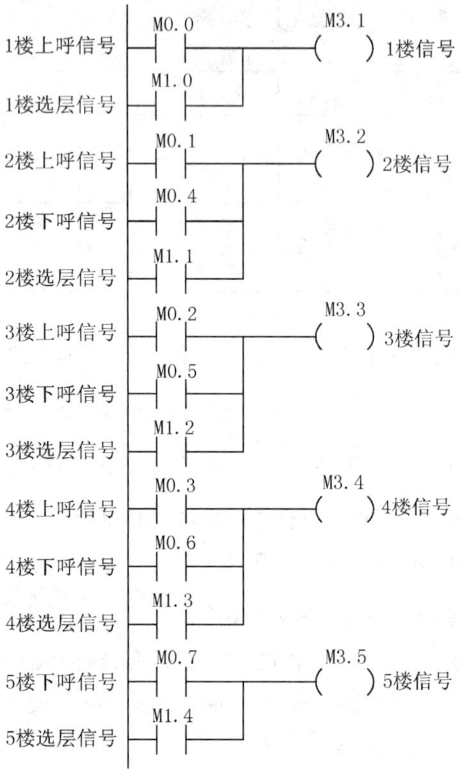

图 54-12　楼层呼叫选层综合信号梯形图

在乘客控制的方式下，I2.0=0，各楼层信号 M3.1～M3.5 接收乘客的门厅呼叫信号 M0.0～M0.7。

在司机控制的方式下，I2.0=1，M0.0～M0.7 被复位，各楼层信号 M3.1～M3.5 不接收乘客的门厅呼叫信号 M0.0～M0.7。也就是说，乘客在门厅不能控制电梯，但是可以给出灯光信号，参见“轿厢内选层信号灯的控制”。

（8）上下行辨别控制信号

上下行辨别控制信号梯形图如图 54-13 所示（控制原理请参见“实例14　五站点呼叫小车”）。

（9）开门控制

开门控制梯形图如图 54-14 所示。

电梯只有在停止时即 Q1.7=0，Q2.0=0 时，才能开门。

开门有四种情况：

① 当电梯行驶到某楼层停止时，电梯由高速转为低速运行 T38 时间时，T38 接点闭合，Q1.5 得电并自锁开门。门打开时碰到开门限位开关 I2.6，Q1.5 失电。开门结束。

② 在轿厢中，按下开门按钮 I1.5 时，开门。

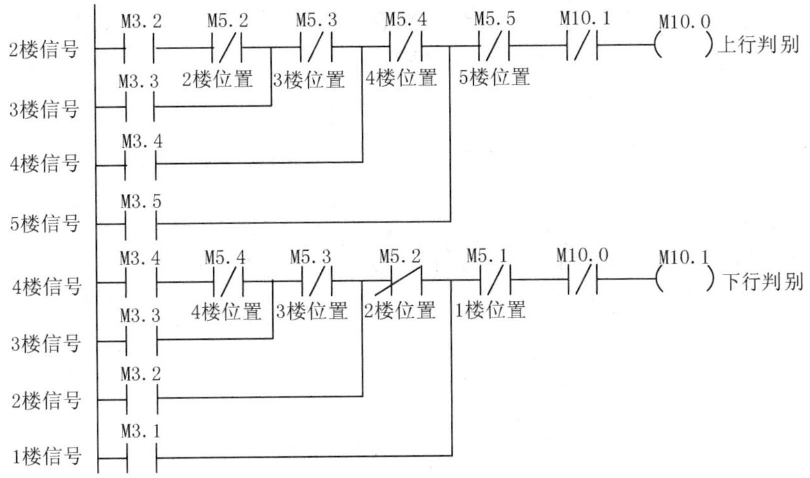

图 54-13　上下行辨别控制信号梯形图

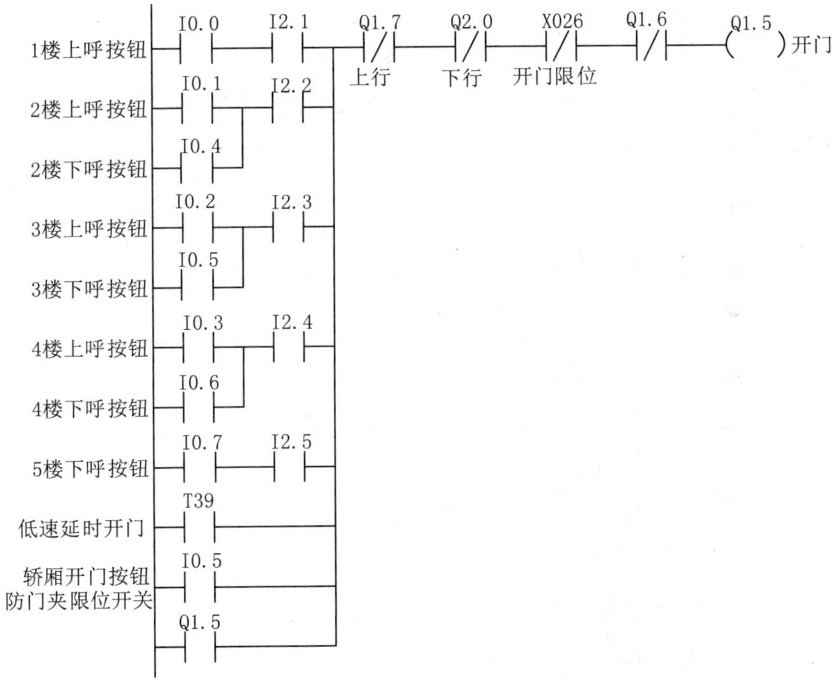

图 54-14　开门控制梯形图

③ 在关门的过程中，若有人被门夹住，此时与开门按钮并联的限位开关 I1.5 动作，断开关门线圈 Q1.6，接通开门线圈 Q1.5，将门打开。

④ 轿厢停在某一层时，在门厅按下上呼按钮或按下下呼按钮，开门。例如，轿厢停在 3 楼时，3 楼限位开关 I2.3=1，乘客按下 3 楼的上呼按钮 I0.2 或按下下呼按钮 I0.5，电梯开门。而其他楼层按按钮不开门。

（10）关门控制

关门控制梯形图如图 54-15 所示，电梯门正常是关着的，如果门开着，则开门限位开关

I2.6=1，T37 得电延时 5s，T37 接点闭合，Q1.6 得电自锁，将电梯门自动关闭。关门到位时，关门限位开关 I2.7=1，Q1.6 失电，关门结束。

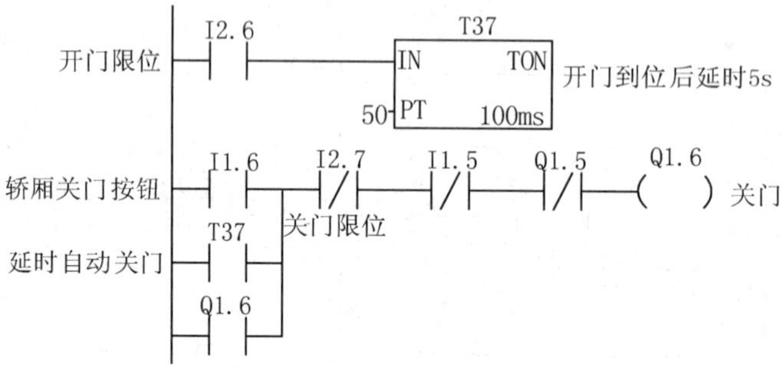

图 54-15　关门控制梯形图

在轿厢中，按下关门按钮 I1.6 时，电梯立即关门。

当关门过程中，若有人被门夹住，限位开关 I1.5 动作停止关门，并将门打开。

有人在轿厢中按住开门按钮 I1.5，门将不能关闭。

（11）停止信号

停止信号梯形图如图 54-16 所示，电梯在运行过程中到哪一层停止，取决于门厅呼叫信号和轿厢内选层信号。

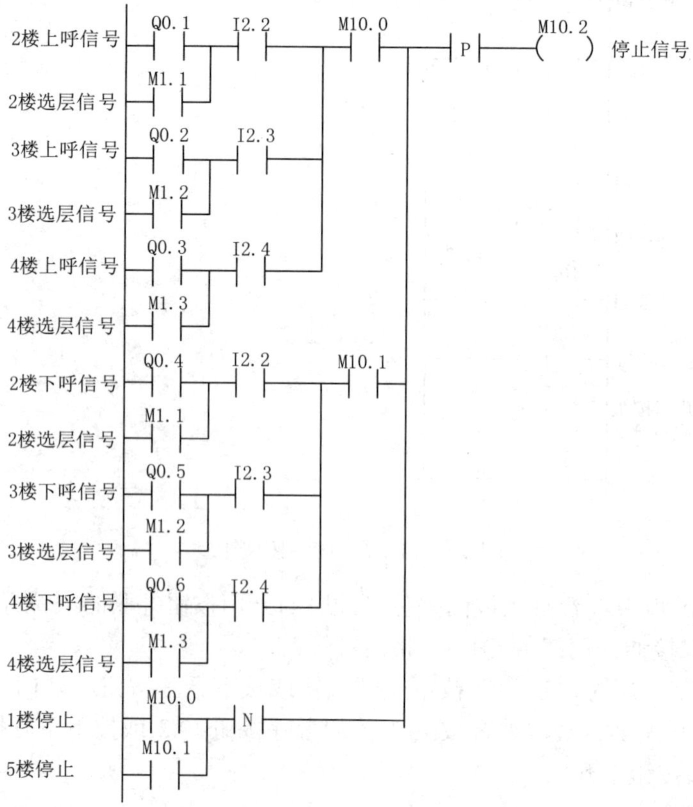

图 54-16　停止信号梯形图

根据控制要求，电梯在上行过程中只接收上行呼叫信号和轿厢内选层信号，当有上行呼叫信号和轿厢内选层信号时，M10.0=1，M10.0 常开接点闭合，如果 3 楼有人按下上呼按钮，则 Q0.2 得电并自锁，当电梯上行到 3 楼时，位置开关 I2.3 动作，M10.2 发出一个停止脉冲。当电梯上行到最高层 5 楼时，M10.0 由 1 变成 0，M10.0 下降沿接点接通一个扫描周期，使 M10.2 发出一个停止脉冲。

电梯在下行过程中只接收下行呼叫信号和轿厢内选层信号，当有下行呼叫信号和轿厢内选层信号时，M10.1=1，M10.1 常开接点闭合，例如，1 楼有人按下上呼按钮，当电梯下行到最低层 1 楼时，M10.1 由 1 变成 0，M10.1 下降沿接点接通一个扫描周期，使 M10.2 发出一个停止脉冲。

（12）升降电动机控制

升降电动机控制梯形图如图 54-17 所示。

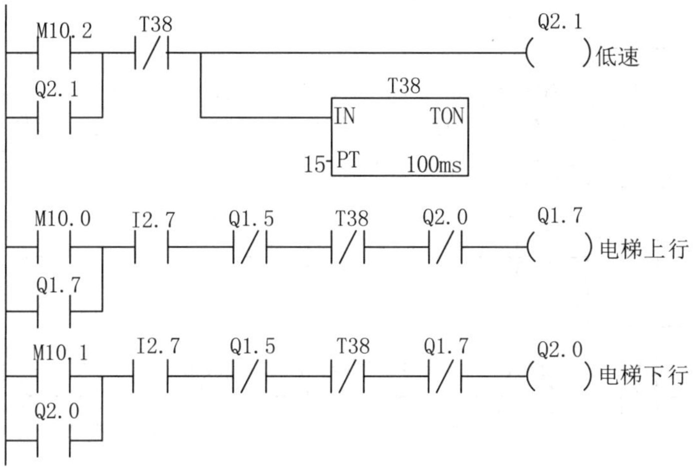

图 54-17　升降电动机控制梯形图

当上行信号 M10.0=1 时，门关闭后，关门限位开关 I2.7 闭合，Q1.7 得电，电梯上行。当某楼层有上行或轿厢选层信号时，M10.2 发出停止脉冲，接通 Q2.1，Q1.7 和 Q2.1 同时得电，升降电动机低速运行。定时器 T38 延时 1.5s，断开 Q1.7 和 Q0.2，电梯停止。

如果轿厢停止到某楼层时，楼上已经没有上行或轿厢选层信号，则 M10.0=0，但是 Q1.7 自锁，此时停止脉冲 M10.2，接通 Q2.1，Q1.7 和 Q2.1 同时得电，升降电动机低速运行。定时器 T38 延时 1.5s，断开 Q1.7 和 Q0.2，电梯停止。

（13）手动检修控制方式

手动检修控制方式 PLC 接线如图 54-18 所示。

电梯一般需要定期检修，当开关 S1 动作时，S1 常闭接点断开门厅呼叫按钮 SB4～SB11，门厅呼叫信号无效，输入继电器 I0.0～I0.7 可以另做他用。S1 常开接点接通检修用的控制电路。S1 另一常开接点接通 I1.7。

I1.7 常开接点闭合，执行跳转指令 CJ P1。跳过乘客控制方式和司机控制方式梯形图。I1.7 常闭接点断开，不执行跳转指令，而手动梯形图被执行。

I0.0 用于电梯上行控制，I0.1 用于电梯下行控制，I0.2 用于电梯低速运行，I0.3 用于点动连动控制，I0.1 用于停止控制。

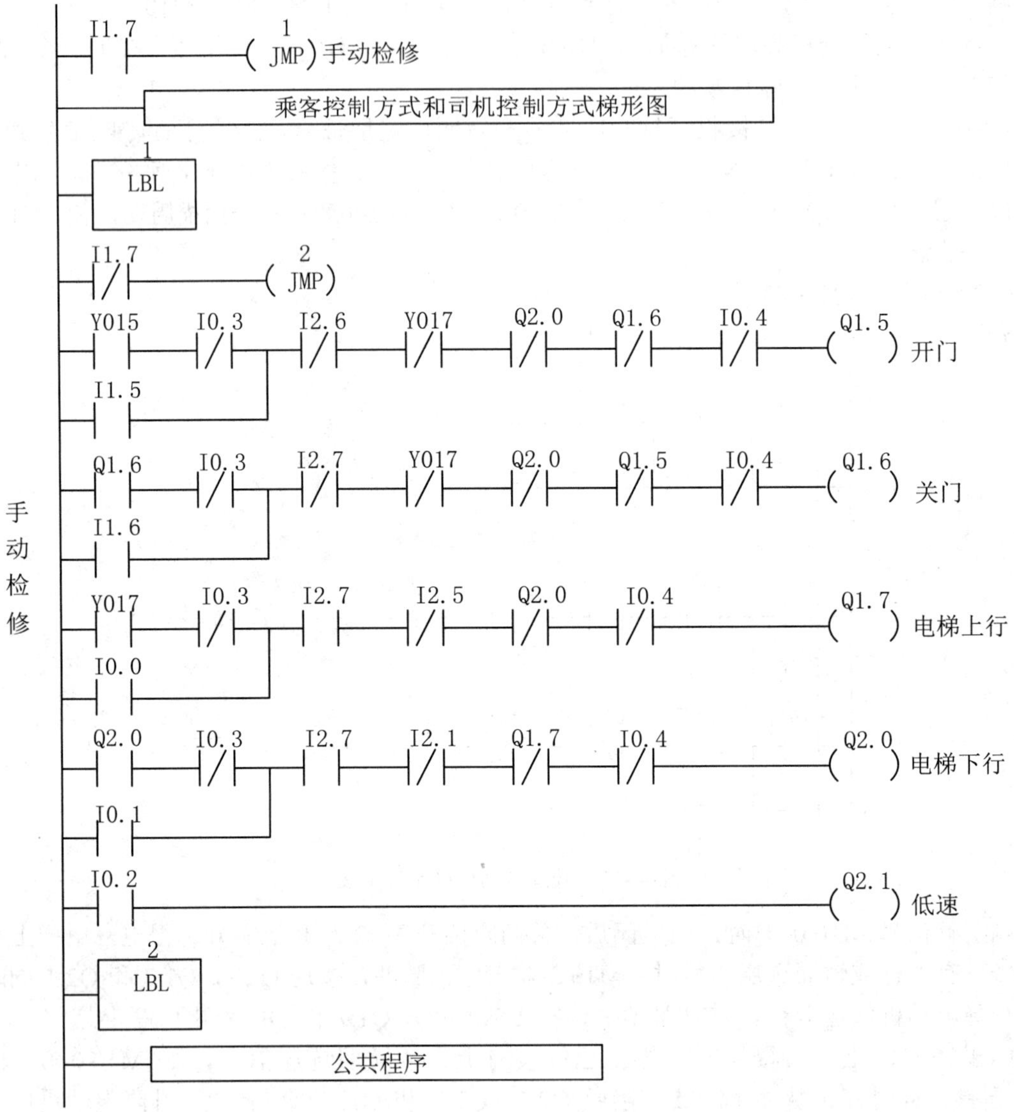

图 54-18　手动检修控制方式梯形图

4. 五层电梯控制总图

电梯控制总梯形图如图 54-19 所示。

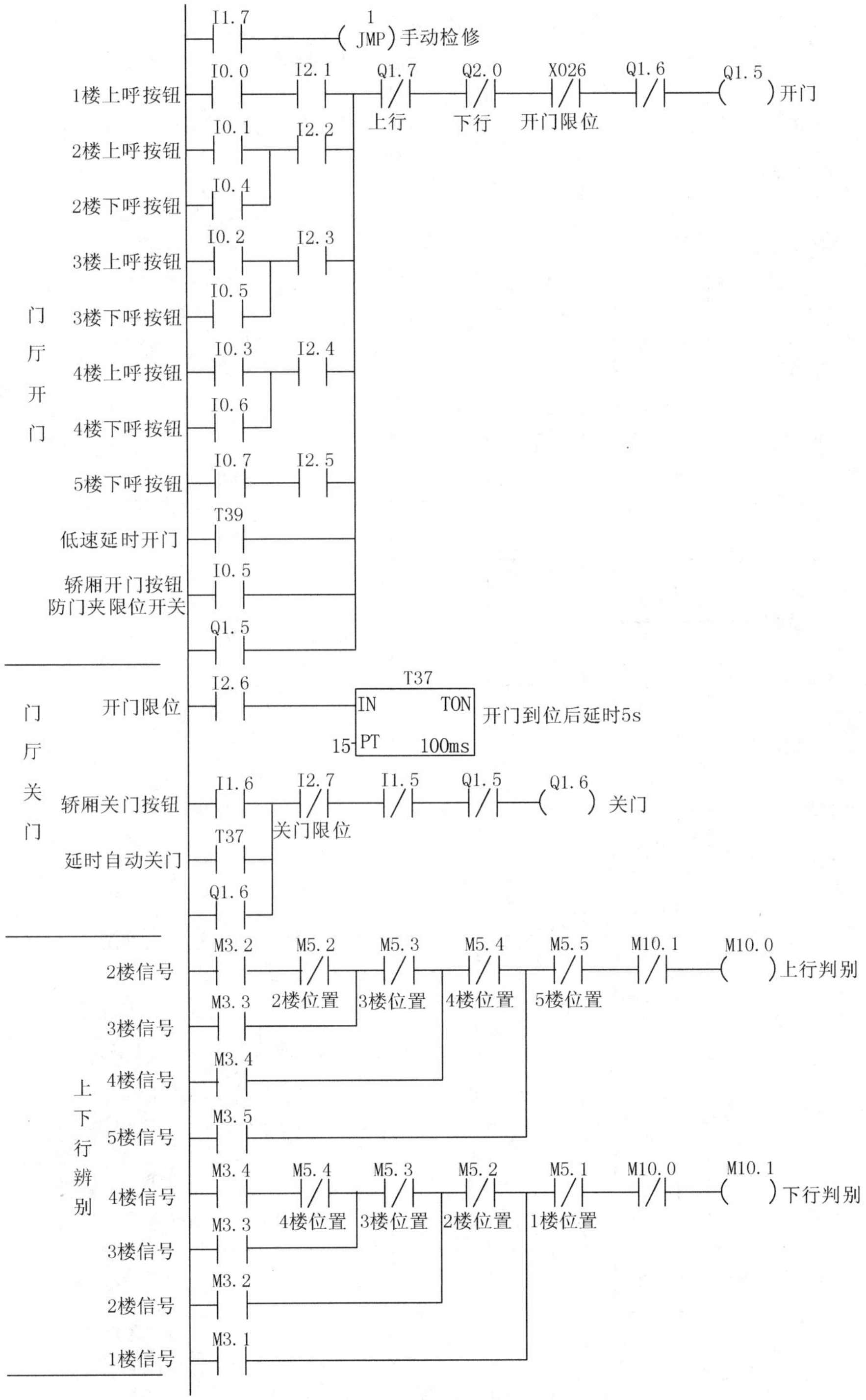

图 54-19　电梯控制梯形图

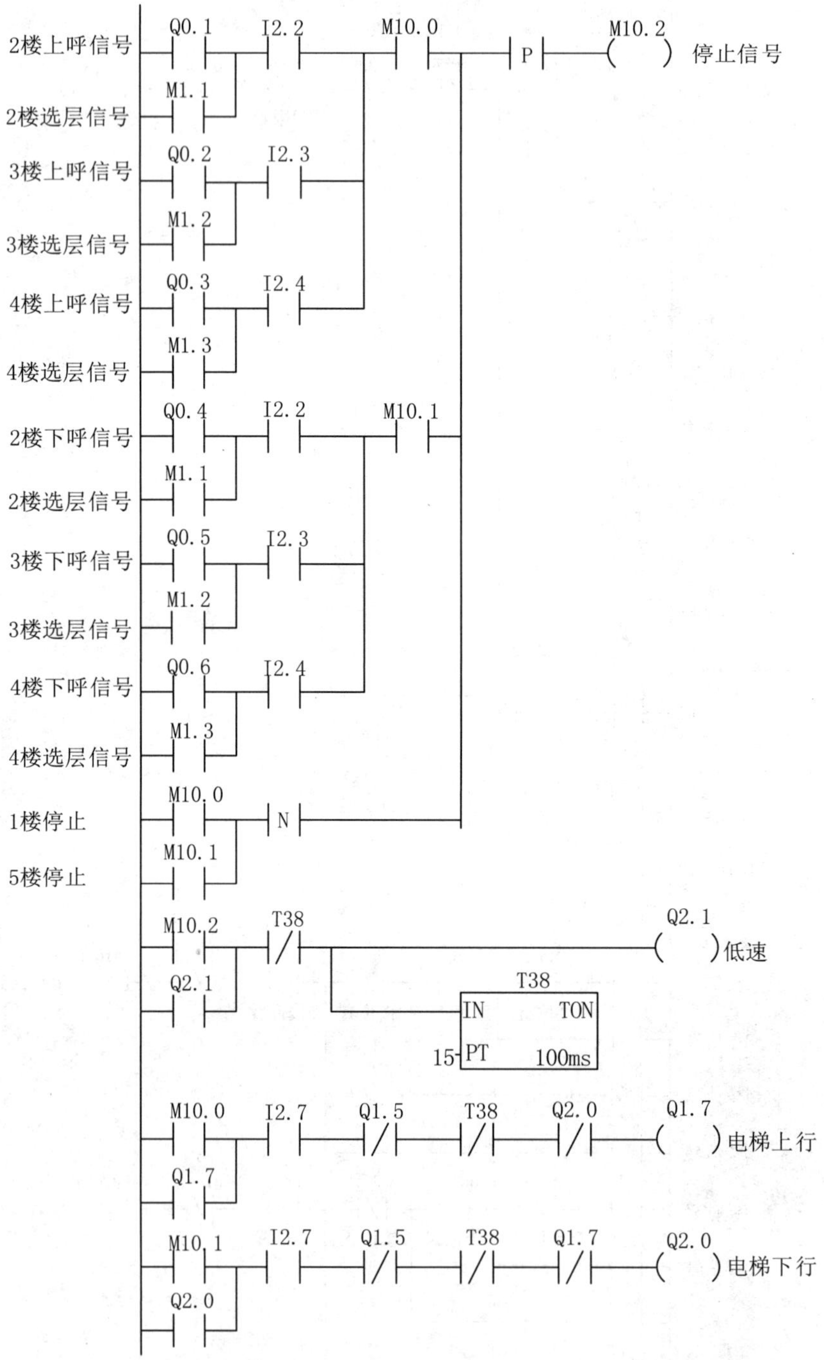

图 54-19　电梯控制梯形图（续 1）

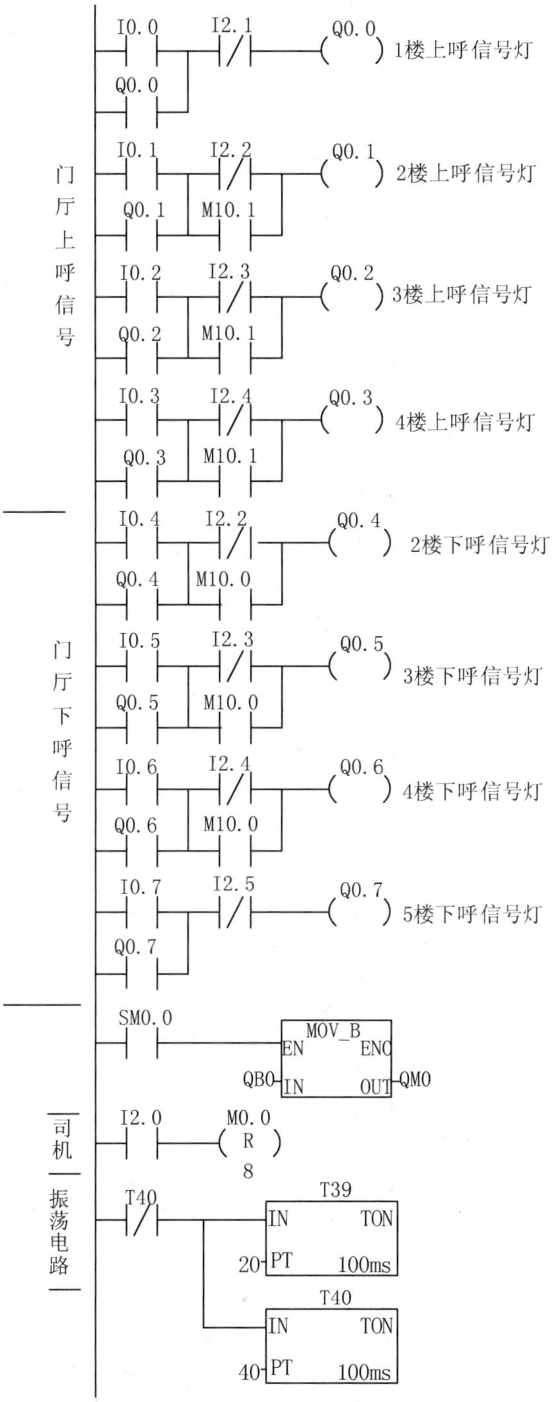

图 54-19　电梯控制梯形图（续 2）

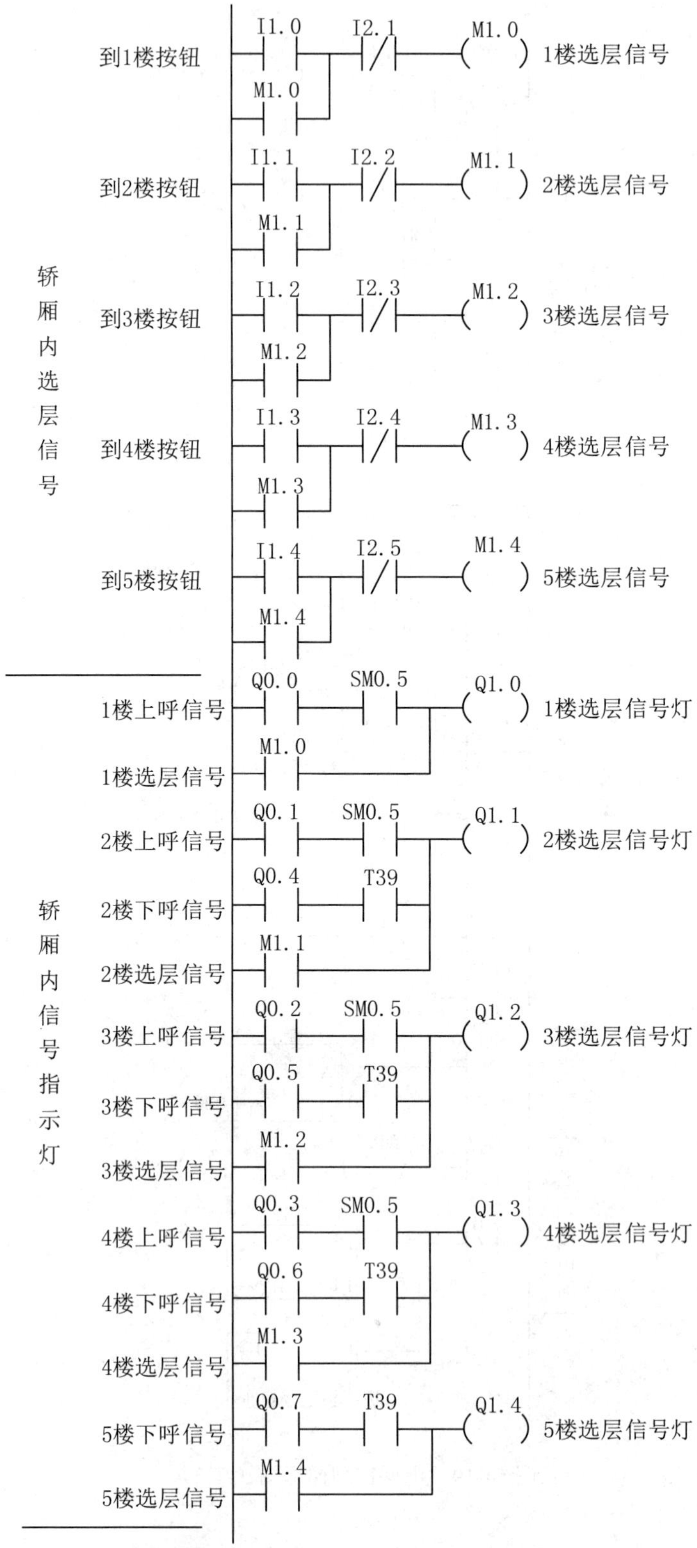

图 54-19　电梯控制梯形图（续 3）

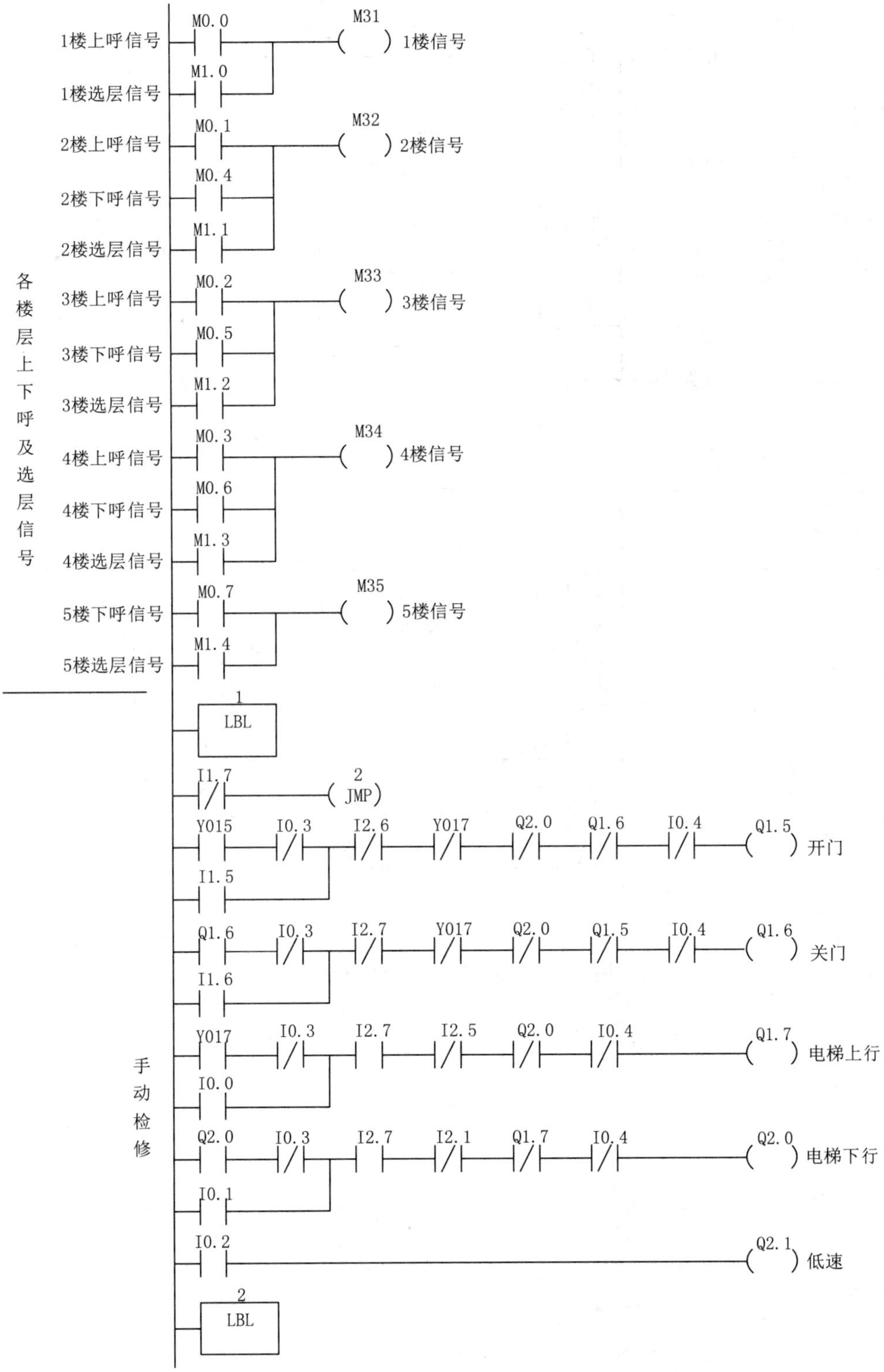

图 54-19　电梯控制梯形图（续 4）

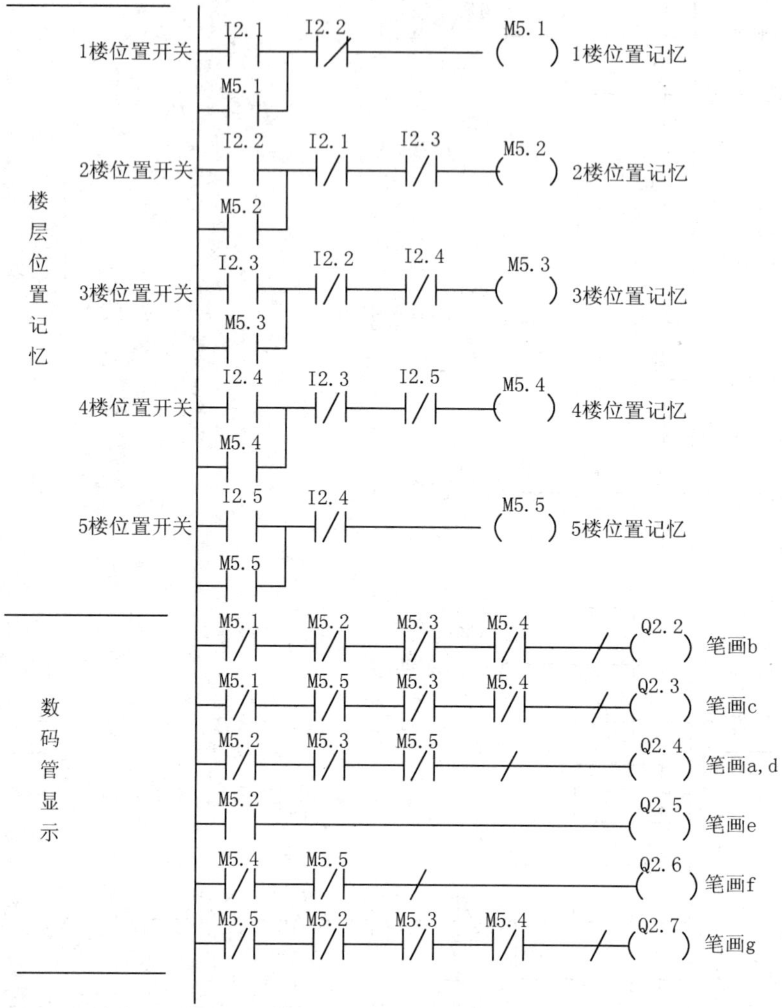

图 54-19　电梯控制梯形图（续 5）

分类七　报警控制

实例 55　预警启动

为了保证运行安全，许多大型生产机械在运行启动之前用电铃或蜂鸣器发出报警信号，预示机器即将启动，警告人们迅速退出危险地段。

控制要求：

启动时，按一下启动按钮，电铃响 3s 后电动机自动启动，按停止按钮电动机立即停止。

控制方案设计

1．输入/输出元件及控制功能

如表 55-1 所示，介绍了实例 55 中用到的输入/输出元件及控制功能。

表 55-1　输入/输出元件及控制功能

	PLC 软元件	元件文字符号	元件名称	控制功能
输入	I0.0	SB1	启动按钮	电动机启动
	I0.1	SB2	停止按钮	电动机停止
输出	Q0.0	HA	电铃	启动报警
	Q0.1	KM	接触器	电动机控制

2．电路设计

电动机预警启动控制 PLC 接线图和梯形图如图 55-1 所示。

3．控制原理

按下启动按钮 SB1，I0.0 接点闭合，定时器 T37 和输出继电器 Q0.1 同时得电并自锁，电铃 HA 响，定时器 T37 延时 3s，断开 Q0.1，电铃停止，Q0.0 得电仍自锁，接触器线圈 KM 得电，驱动电动机运行。按下停止按钮（常闭）SB2，I0.1 输入继电器线圈失电，I0.1 常开接点断开，使 Q0.0 失电，电动机停止运行。

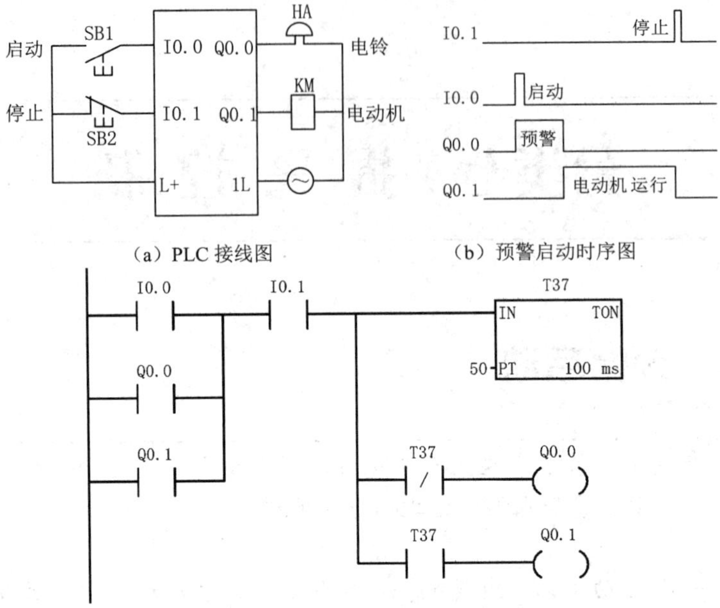

（a）PLC 接线图　　（b）预警启动时序图

（c）PLC 梯形图

图 55-1　预警启动 PLC 接线图、时序图和梯形图

实例 56　正反转预警启动

预警启动控制方式采用定时器控制预警时间。当定时时间到后，自动启动。在某些情况下，如果人不能在规定时间内离开危险场所，设备一旦启动，将会造成危险。

下面的控制采用启动按钮控制警铃的报警时间。

控制方案设计

1. 输入/输出元件及控制功能

如表 56-1 所示，介绍了实例 56 中用到的输入/输出元件及控制功能。

表 56-1　输入/输出元件及控制功能

	PLC 软元件	元件文字符号	元 件 名 称	控 制 功 能
输入	I0.0	SB1	停止按钮	电动机停止
	I0.1	SB2	正转启动按钮	电动机正转启动
	I0.2	SB3	反转启动按钮	电动机反转启动
输出	Q0.0	HA	电铃	启动报警
	Q0.1	KM1	正转接触器	电动机正转控制
	Q0.2	KM2	反转接触器	电动机反转控制

2．电路设计

用按钮控制一台电动机的正反转：启动时，按下正转或反转按钮，警铃报警，警告工作人员离开危险场所。当人员离开危险场所，松开按钮，报警结束。电动机启动，这样掌握现场情况，灵活控制报警时间。如果按下启动按钮报警后，可能碰到危险不能启动，可按下停止按钮后，再松开启动按钮，即可中止启动。电动机的正反转预警启动 PLC 接线图和梯形图如图 56-1 所示。

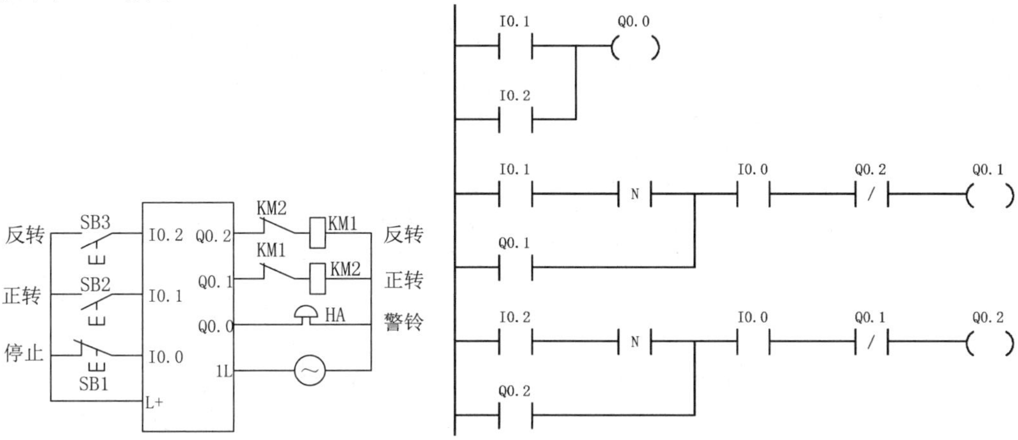

（a）PLC 接线图　　（c）PLC 梯形图

图 56-1　预警启动 PLC 接线图和梯形图

3．控制原理

按下正转启动按钮 SB2，I0.1 接点闭合，输出继电器 Q0.0 得电，警铃 HA 响，松开按钮 SB1，警铃停止，I0.1 下降沿接点产生一个脉冲，使 Q0.1 得电并自锁，接触器线圈 KM1 得电，驱动电动机正转运行。

按下停止按钮（常闭）SB1，I0.0 输入继电器线圈失电，I0.0 常开接点断开，使 Q0.1 失电，电动机停止运行。

如果按下启动（正转或反转）按钮报警后，发现有危险不能启动，可再按下停止按钮 I0.0，使 Q0.1、Q0.2 不能得电，之后松开启动按钮，就可中止启动。

实例 57　预警启动定时运行

控制一台电动机，按下启动按钮预警，松开启动按钮，报警结束，电动机启动运行，10min 后停止。

控制方案设计

1．输入/输出元件及控制功能

如表 57-1 所示，介绍了实例 57 中用到的输入/输出元件及控制功能。

表 57-1　输入/输出元件及控制功能

	PLC 软元件	元件文字符号	元件名称	控制功能
输入	I0.0	SB	点动按钮	电动机启动
输出	Q0.0	KM	接触器	电动机启动控制
	Q0.1	HA	电铃	报警

2．电路设计

预警启动、定时运行接线图、梯形图和波形图如图 57-1 所示。

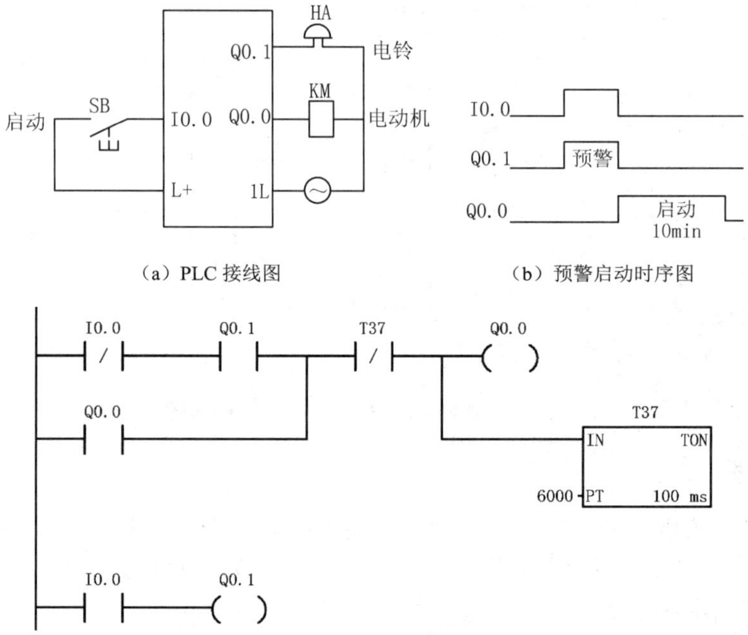

（a）PLC 接线图　　（b）预警启动时序图

（c）PLC 梯形图

图 57-1　预警启动、定时运行接线图、波形图和梯形图

3．控制原理

按下启动按钮 SB，I0.0=1，Q0.1=1，电铃响，Q0.1 接点闭合，为 Q0.0 得电做好准备。松开启动按钮，Q0.1=0 报警结束，I0.0 常闭接点闭合，Q0.0 得电并自锁，电动机启动，同时定时器 T37 得电，延时 600s，T37 常闭接点断开，Q0.0=0，电动机停止。

实例 58　预警停车

控制一台电动机，按下启动按钮，电动机启动运行。按下停止按钮，报警铃响，3s 后报警铃和电动机停止。

控制方案设计

1．输入/输出元件及控制功能

如表 58-1 所示，介绍了实例 58 中用到的输入/输出元件及控制功能。

表 58-1　输入/输出元件及控制功能

	PLC 软元件	元件文字符号	元 件 名 称	控 制 功 能
输入	I0.0	SB1	启动按钮	电动机启动
	I0.1	SB2	停止按钮	电动机停止
输出	Q0.0	KM	接触器	电动机启动控制
	Q0.1	HL	警铃	报警电动机停止报警

2．电路设计

电动机预警停止 PLC 接线图和梯形图如图 58-1 所示。

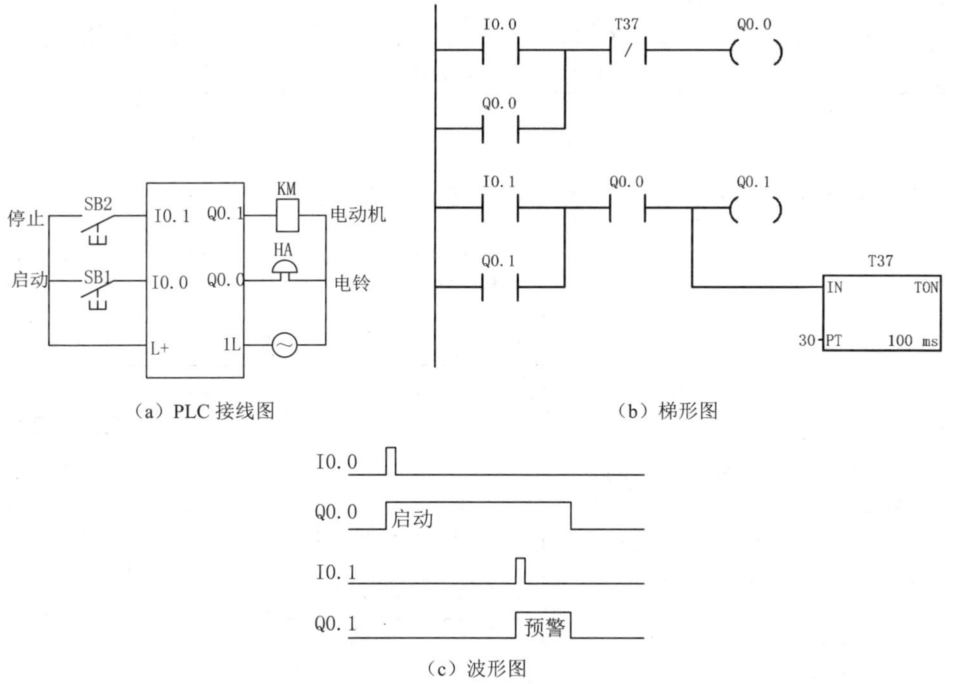

（a）PLC 接线图　（b）梯形图　（c）波形图

图 58-1　电动机预警停止

3．控制原理

按下启动按钮 SB1，I0.0=1，Q0.0 得电，电动机启动并自锁，Q0.0 接点闭合，为 Q0.1 得电做好准备。

按下停止按钮 SB2，I0.1=1，Q0.1 得电并自锁，电铃响报警，同时定时器 T37 得电，延时 3s，T37 常闭接点断开，Q0.0=0，电动机停止，Q0.0 接点断开，报警电铃停止。

实例 59　用一个按钮定时预警启动/停止控制

用一个按钮控制一台电动机预警启动和停止。按下按钮，预警铃响 5s 后电动机启动运行。再按一下按钮，预警铃响 5s 后预警铃和电动机停止。

控制方案设计

1. 输入/输出元件及控制功能

如表 59-1 所示，介绍了实例 59 中用到的输入/输出元件及控制功能。

表 59-1　输入/输出元件及控制功能

	PLC 软元件	元件文字符号	元 件 名 称	控 制 功 能
输入	I0.0	SB	按钮	电动机启动停止
输出	Q0.0	HL	警铃	电动机启动停止报警
	Q0.1	KM	接触器	电动机启动控制

2. 电路设计

电动机定时预警启动停止控制的 PLC 接线图和梯形图如图 59-1 所示。

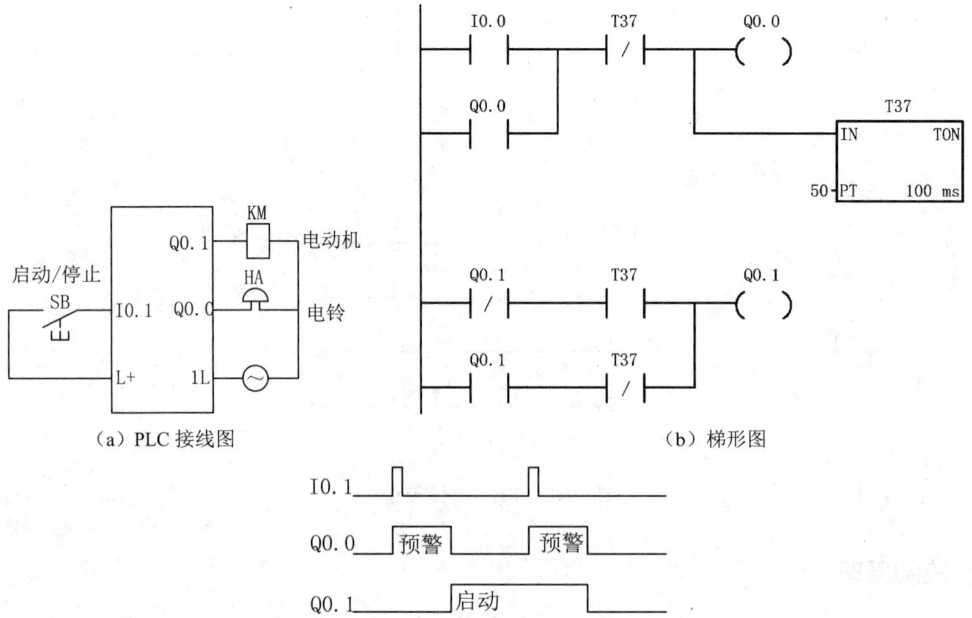

（a）PLC 接线图　　（b）梯形图

（c）波形图

图 59-1　电动机预警启动停止控制

3. 控制原理

按一下按钮 SB，I0.1 接通，Q0.0 得电并自锁开始预警，同时定时器 T37 得电。5s 后 T37 接点动作，Q0.0 失电， T37 常开接点闭合一个扫描周期，Q0.1 得电，第二个扫描周期 T37 常闭接点闭合、Q0.1 常开接点闭合，Q0.1 自锁电动机启动并保持，定时器 T37 失电。

当再按一下按钮 SB，I0.1 再接通，Q0.0 又得电并自锁，开始预警，同时定时器 T37 得电。5s 后接点 T37 动作，Q0.0 失电，T37 常闭接点断开， Q0.1 失电，电动机停止，定时器 T37 失电。波形图如图 59-1（c）所示。

实例 60 用一个按钮预警启动/停止控制

用一个按钮控制一台电动机报警、停止和启动。启动时按下按钮，报警铃响，再按一下按钮后报警停止，电动机启动运行。停止时，按一下按钮，报警铃响，再按一下按钮报警铃和电动机停止。

控制方案设计

1. 输入/输出元件及控制功能

如表 60-1 所示，介绍了实例 60 中用到的输入/输出元件及控制功能。

表 60-1 输入/输出元件及控制功能

	PLC 软元件	元件文字符号	元 件 名 称	控 制 功 能
输入	I0.0	SB	按钮	电动机启动停止控制
输出	Q0.0	HL	警铃	电动机启动停止报警
	Q0.1	KM	接触器	电动机启动控制

2. 电路设计

根据控制要求可知，控制过程可分为 4 个工步：停止、启动报警、启动运行和停止报警。用加 1 指令对 M0.1，M0.0 计数，列出其真值表如表 60-2 所示。

表 60-2 真值表

工 步	计 数 值			PLC 输出	
	数 值	M0.1	M0.0	接触器 KM Q0.1	警铃 HA Q0.0
停止	0	0	0	0	0
启动报警	1	0	1	0	1
启动运行	2	1	0	1	0
停止报警	3	1	1	1	1

由表 60-1 可得逻辑表达式：

$$Q0.0=M0.0$$

$$Q0.1=M0.1$$

根据上述逻辑表达式得出梯形图如图 60-1 所示。

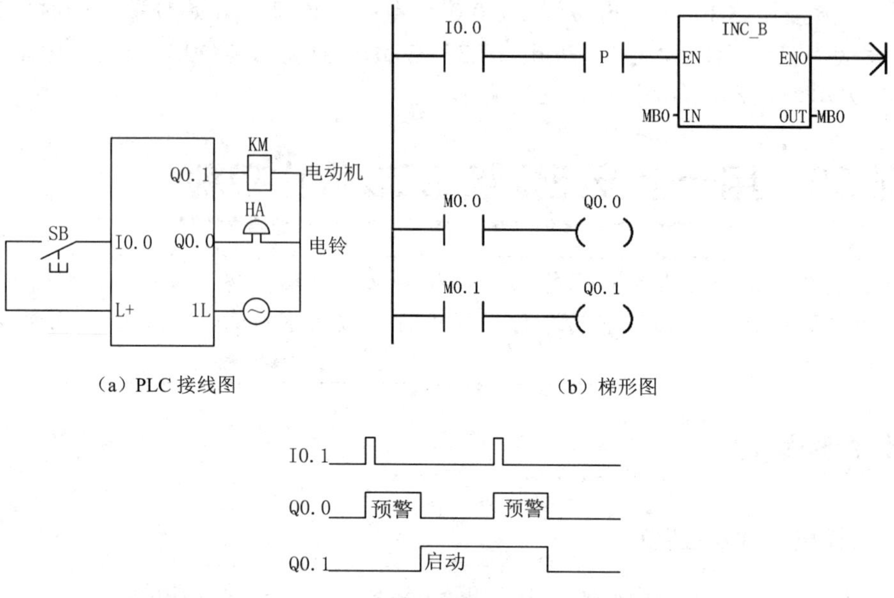

（a）PLC 接线图　　（b）梯形图

（c）梯形图

图 60-1　用一个按钮控制一台电动机启动、停止和报警图

3．控制原理

初始状态 MB0=0。

按一下按钮，加 1 指令 INC_B 加 1，MB0=1，M0.1=0，M0.0=1，Q0.0=1 报警。

再按一下按钮，INC_B 加 1，MB0=2，M0.1=1，M0.0=0，Q0.0=0 报警结束，Q0.1=1，电动机启动。

再按一下按钮，INC_B 加 1，MB0=3，M0.1=1，M0.0=1，Q0.0=1 报警，Q0.1=1 电动机仍运行。

再按一下按钮，INC_B 加 1，MB0=4，M0.1=0，M0.0=0，Q0.0=0 报警结束，Q0.1=0，电动机停止。

实例 61　门铃兼警铃

在房间里安装一个电铃，当有人按门铃按钮时，门铃以断续声音响 3s，当有人触及防盗报警系统时，发出报警信号，门铃直接响并保持，直到按下复位按钮。

控制方案设计

1. 输入/输出元件及控制功能

如表 61-1 所示，介绍了实例 61 中用到的输入/输出元件及控制功能。

表 61-1 输入/输出元件及控制功能

	PLC 软元件	元件文字符号	元件名称	控制功能
输入	I0.0	SB1	按钮	门铃
	I0.1	SB2	按钮	警铃复位
	I0.2	SQ	接近开关	报警
输出	Q0.0	HA	电铃	门铃兼警铃

2. 电路设计

门铃兼警铃 PLC 接线图和梯形图如图 61-1 所示。

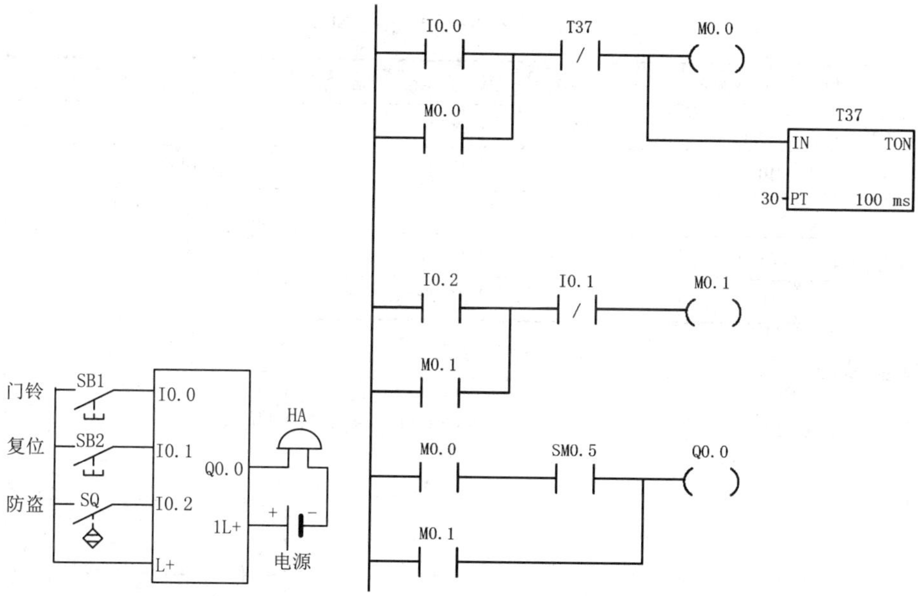

（a）PLC 接线图　　（b）梯形图

图 61-1 门铃兼警铃

3. 控制原理

当有人按动门铃按钮 SB1 时，I0.0 接点闭合，辅助继电器 M0.0 和定时器 T37 得电并自锁。M0.0 接点闭合经 0.5s 脉冲 SM0.5，使 Q0.0 得电产生脉冲输出，使电铃 HA 产生断续铃声，3s 后停止。

如果有人触及防盗报警系统时，I0.2 接点接通，使辅助继电器 M0.1 得电并自锁，M0.1 接点使 Q0.0 直接得电，使电铃 HA 产生连续铃声，这时只有按下复位按钮 SB2，使 I0.1 接点切断 M0.1，才能解除铃声。

实例 62　跳闸报警

当变电所高压开关柜，继电保护装置，保护继电器接点动作，断路器跳闸。将保护继电器接点接入 PLC 输入端，控制报警装置，继电器接点动作时，电喇叭响，信号灯闪亮，值班人员听到报警后，可按下接触喇叭按钮，信号灯为常亮，值班人员处理完事故后，再按一下复位按钮，信号灯灭，恢复正常。

控制方案设计

1. 输入/输出元件及控制功能

如表 62-1 所示，介绍了实例 62 中用到的输入/输出元件及控制功能。

表 62-1　输入/输出元件及控制功能

	PLC 软元件	元件文字符号	元 件 名 称	控 制 功 能
输入	I0.0	KA	跳闸信号接点	跳闸信号
	I0.1	SB1	按钮 1	关闭电喇叭
	I0.2	SB2	按钮 2	关闭信号灯和电喇叭
输出	Q0.0	HA	电喇叭	跳闸报警
	Q0.1	HA	信号灯	跳闸报警

2. 电路设计

断路器跳闸报警接线图如图 62-1 所示。梯形图如图 62-2 所示。

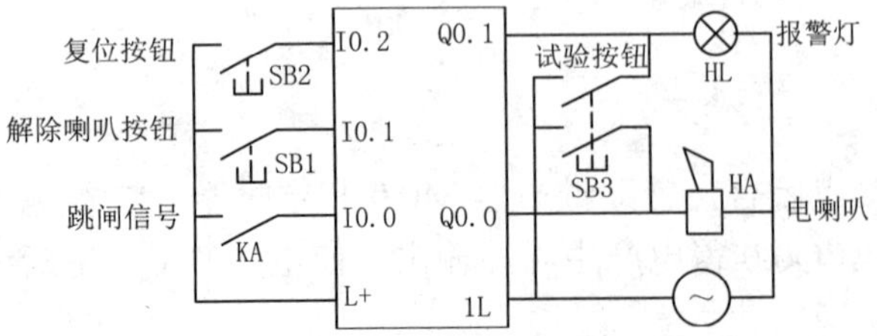

图 62-1　跳闸报警 PLC 接线图

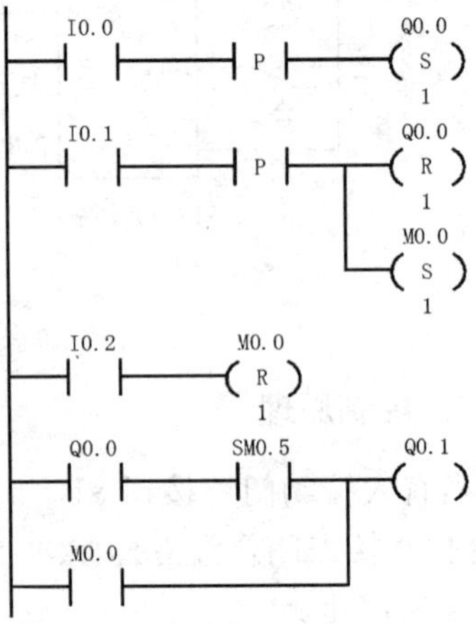

图 62-2　跳闸报警 PLC 梯形图

3. 控制原理

当变电所高压开关柜发出断路器跳闸信号时，I0.0 接点闭合，Q0.0 线圈置位，电喇叭响，Q0.0 接点闭合，Q0.1 线圈经过 SM0.5 接点得电，信号灯闪亮，当按下按钮 SB1，I0.1 接点闭合，Q0.0 复位，电喇叭停止，M0.0 置位，M0.0 接点闭合，Q0.1 线圈直接得电，信号灯常亮，再按下按钮 SB2，I0.2 接点闭合，M0.0 复位，Q0.1 线圈失电，信号灯灭。

SB3 为试验按钮，用于检查信号灯和电喇叭的好坏。

分类八　多位开关控制

实例 63　凸轮控制器

用 PLC 凸轮控制器指令组成一个具有七位四接点的凸轮控制器，输出接点通断状态如图 63-1 所示。

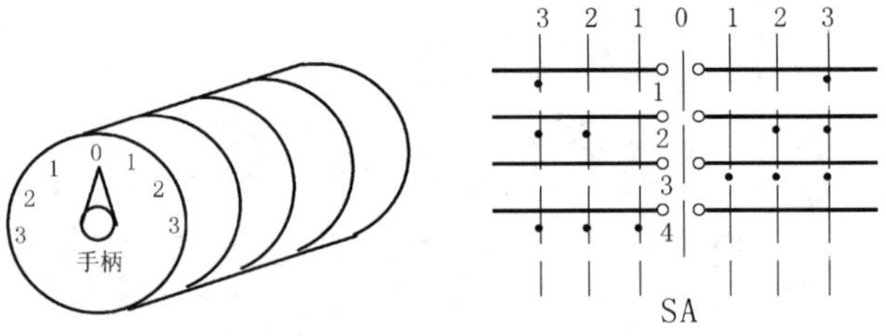

图 63-1　七位四接点凸轮控制器

控制方案设计

1. 输入/输出元件及控制功能

如表 63-1 所示，介绍了实例 63 中用到的输入/输出元件及控制功能。

表 63-1　输入/输出元件及控制功能

	PLC 软元件	元件文字符号	元件名称	控制功能
输入	I0.1	SA1	输入接点	控制凸轮控制器右转
	I0.2	SA2	输入接点	控制凸轮控制器左转
输出	Q0.0	S1	输出接点 1	输出控制
	Q0.1	S2	输出接点 2	输出控制
	Q0.2	S3	输出接点 3	输出控制
	Q0.3	S4	输出接点 4	输出控制

2. 电路设计

根据凸轮控制器四个输出接点，设定 Q0.0、Q0.1、Q0.2、Q0.3 输出接点。有七个开关位置，根据图 63-1 可列出凸轮控制器工作状态表如表 63-2 所示。

表 63-2 凸轮控制器工作状态表

手柄位置			3	2	1	0	1	2	3	
数据（H）			B	A	8	0	4	6	7	0
S1	Q0.0	M3.0	1	0	0	0	0	0	1	0
S2	Q0.1	M3.1	1	1	0	0	0	1	1	0
S3	Q0.2	M3.2	0	0	0	0	1	1	1	0
S4	Q0.3	M3.3	1	1	1	0	0	0	0	0

由表 63-2 可知，凸轮控制器工作状态可以用八位十六进制数 4670BA80 表示，用移位指令控制数据的左移右移即可达到凸轮控制器的控制作用。控制梯形图如图 63-2 所示。

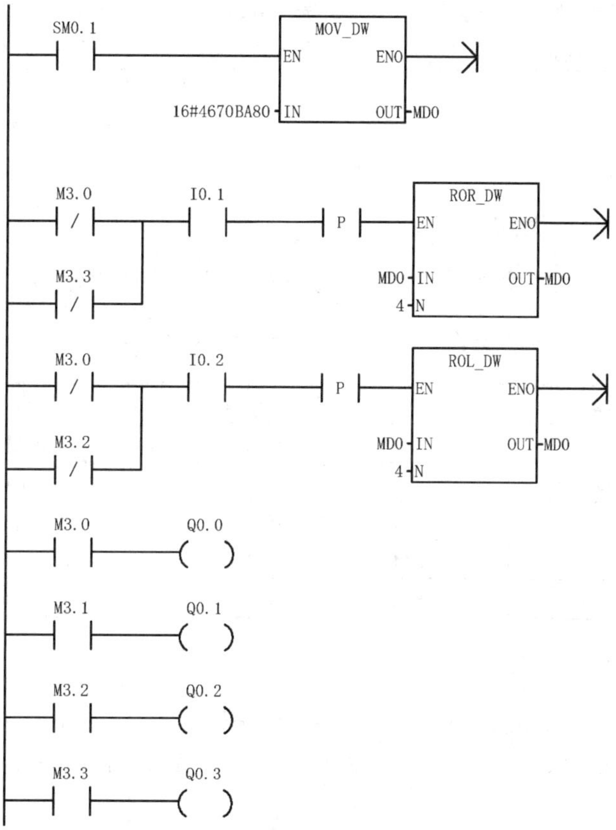

图 63-2 7 位 4 接点凸轮控制器梯形图

3．控制原理

凸轮控制器和主令控制器、万能转换开关的控制原理基本是一致的，都相当于一个旋转式的选择开关，开关在不同的位置对应不同的输出，并可控制多路输出。

如图 63-2 所示，PLC 初始运行时，将八位十六进制数 4670BA80 传送的 MD0 中，用按钮 I0.1 控制数据的循环左移，用按钮 I0.2 控制数据的循环右移，将 MD0 的低四位 M3.0～M3.3 传送到输出继电器 Q0.0～Q0.3，就构成了一个七位四接点凸轮控制器。

当凸轮控制器的手柄打到左边或者右边的三挡位置时，手柄不能再左扳动或右扳动。由表 63-2 可知，当达到左边三挡时，M3.0=1，M3.1=1，M3.2=0，M3.3=1。据此，在 ROR_DW 指令中串入 M3.0 和 M3.3 的常闭并连接点，即当 M3.3～M3.0=1011 时，断开 ROR_DW 指令，不再右移。同理，当达到右边三挡时，M3.0=1, M3.1=1, M3.2=1, M3.3=0。M3.0 和 M3.2 的常闭并连接点断开 ROL_DW 指令，不再左移。

实例 64　用凸轮控制器控制四台电动机顺启逆停

用一个按钮控制四台电动机 M1～M4 顺序启动逆序停止。每按一次按钮，按 M1→M4 顺序启动一台电动机，全部启动后，每按一次按钮，按 M4→M1 逆序停止一台电动机。要求用凸轮控制器控制。如果前一台电动机因故障停止，后一台电动机也要停止。

控制方案设计

1. 输入/输出元件及控制功能

如表 64-1 所示，介绍了实例 64 中用到的输入/输出元件及控制功能。

表 64-1　输入/输出元件及控制功能

	PLC 软元件	元件文字符号	元 件 名 称	控 制 功 能
输入	I0.0	SB	控制按钮	电动机启动停止控制
输出	Q0.0	KM1	接触器 1	电动机 M1 启动
	Q0.1	KM2	接触器 2	电动机 M2 启动
	Q0.2	KM3	接触器 3	电动机 M3 启动
	Q0.3	KM4	接触器 4	电动机 M4 启动

2. 电路设计

根据四台电动机顺序启动、逆序停止的控制过程，其波形图如图 64-1 所示。

四台电动机顺序启动、逆序停止主电路图和 PLC 接线图如图 64-2 所示。

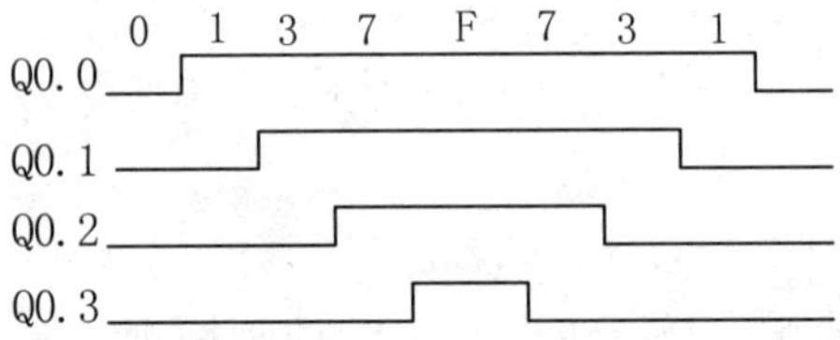

图 64-1　波形图

由波形图可得出八位四接点凸轮控制器的十六进制数为 16#137F7310。对应关系如表 64-2 所示。

表 64-2　凸轮控制器工作状态表

手柄位置		7	6	2	5	4	3	1	0
数据（H）		1	3	7	F	7	3	1	0
Q0.0	M3.0	1	1	1	1	1	1	1	0
Q0.1	M3.1	0	1	1	1	1	1	0	0
Q0.2	M3.2	0	0	1	1	1	0	0	0
Q0.3	M3.3	0	0	0	1	0	0	0	0

用一个按钮 I0.0 控制四台电动机顺序启动，逆序停止的梯形图如图 64-2 所示。

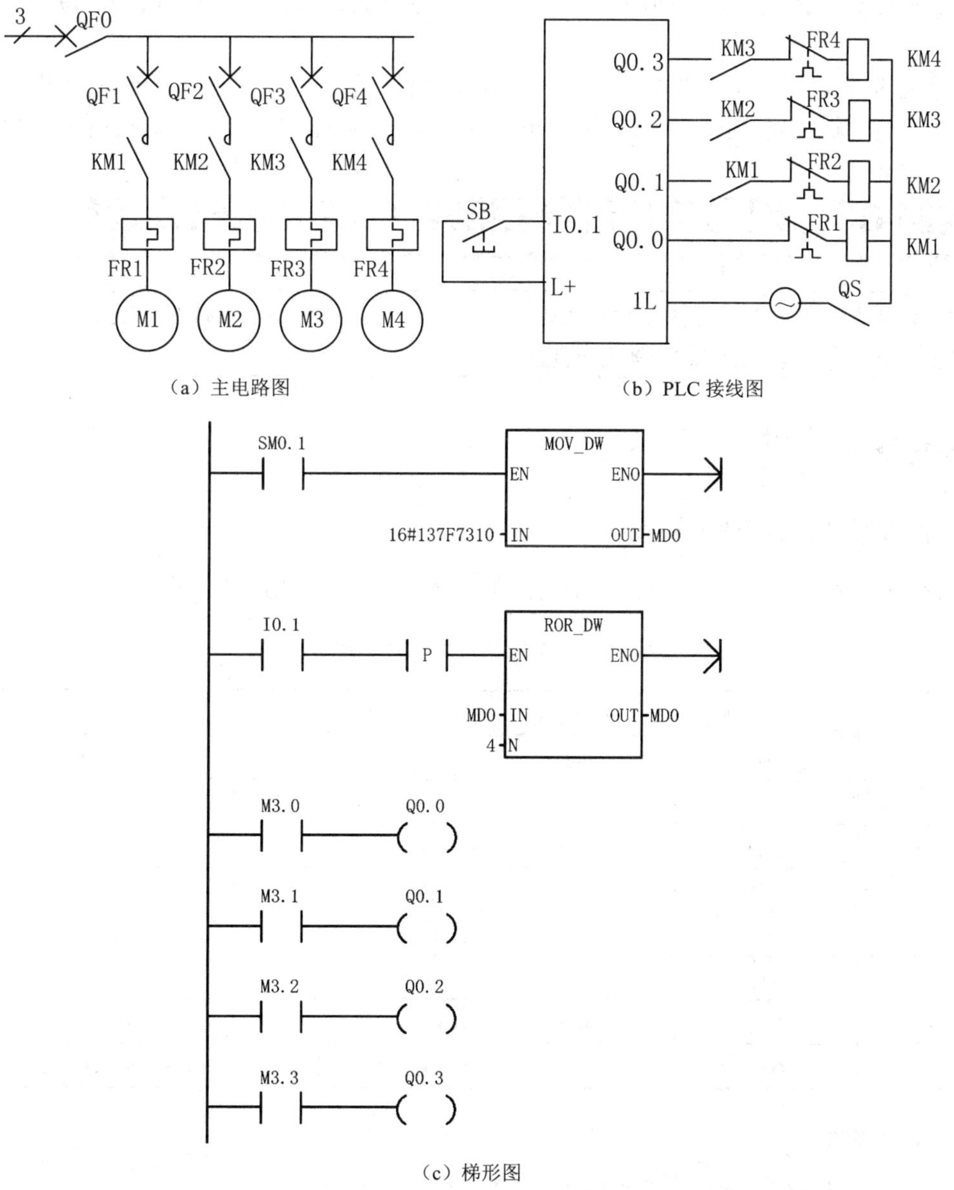

图 64-2　四台电动机顺序启动，逆序停止主电路图、PLC 接线图和梯形图

3．控制原理

如图 64-2 所示，PLC 初始运行时，将八位十六进制数 0137F731 传送到 MD0 中，用按钮 I0.1 控制数据的循环右移，将 MD0 的低 4 位 M3.0～M3.3 传送到输出继电器 Q0.0～Q0.3，构成一个八位四接点凸轮控制器。

初始状态时，MD0=0，无输出，当第一次按按钮时，I0.1 发一个脉冲，执行一次循环右移，每次右移四位，将 16#1 右移到 MD0 的低四位 M3.0～M3.3，M3.0=1，Q0.0=1，第一台电动机启动。当第二次按按钮时，将 16#3 右移到 MD0 的低四位，M3.0=1，Q0.0=1，M3.1=1，Q0.1=1，第二台电动机启动。再按两次按钮，分别启动第三台和第四台电动机。

之后每按一次按钮时，MD0 的低四位的十六进制数依次为 7、3、1、0，每次停一台电动机。

本电路要求前一台电动机启动，后一台电动机才能启动，如果前一台电动机因故障停止，后一台电动机也要停止，所以，要在 PLC 接线图中加 KM1、KM2、KM3 的连锁接点。

实例 65　用凸轮控制器控制四台电动机轮换运行

要求用凸轮控制器控制四台电动机 M1～M4，要求每次只运行两台电动机，四台电动机轮换运行，每台电动机连续运行 12h。

控制方案设计

1．输入/输出元件及控制功能

如表 65-1 所示，介绍了实例 65 中用到的输入/输出元件及控制功能。

表 65-1　输入/输出元件及控制功能

	PLC 软元件	元件文字符号	元件名称	控制功能
输入	I0.0	SB1	按钮	电动机启动控制
	I0.1	SB2	按钮	电动机停止控制
输出	Q0.0	HL	信号灯	启动信号
	Q0.1	KM1	接触器 1	电动机 M1 启动
	Q0.2	KM2	接触器 2	电动机 M2 启动
	Q0.3	KM3	接触器 3	电动机 M3 启动
	Q0.4	KM4	接触器 4	电动机 M4 启动
	Q0.5	KM5	接触器 5	电动机 M5 启动

2．电路设计

四台电动机轮换运行主电路图和 PLC 接线图如图 65-1 所示。

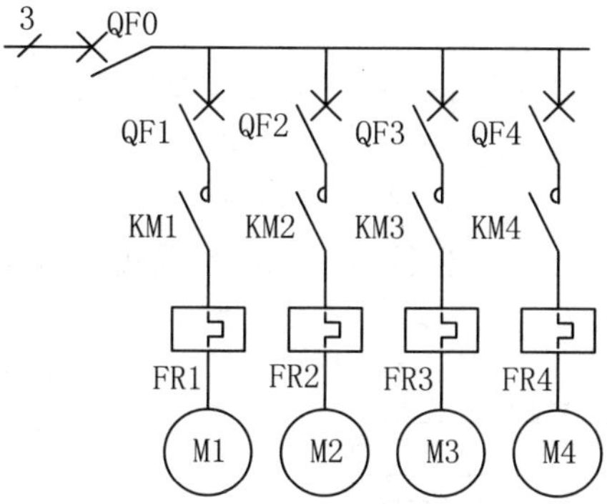

（a）主电路图

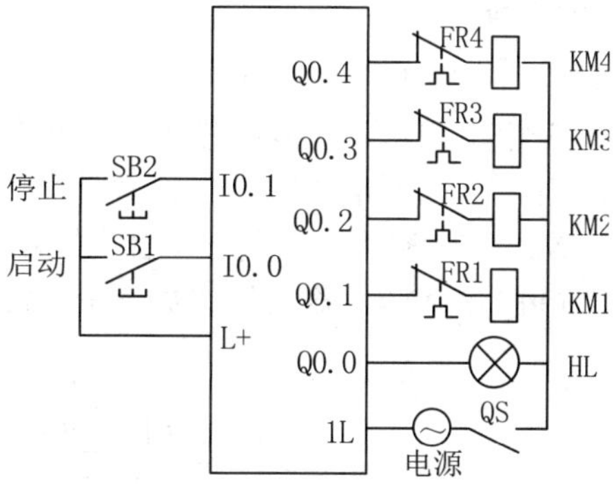

（b）PLC 接线图

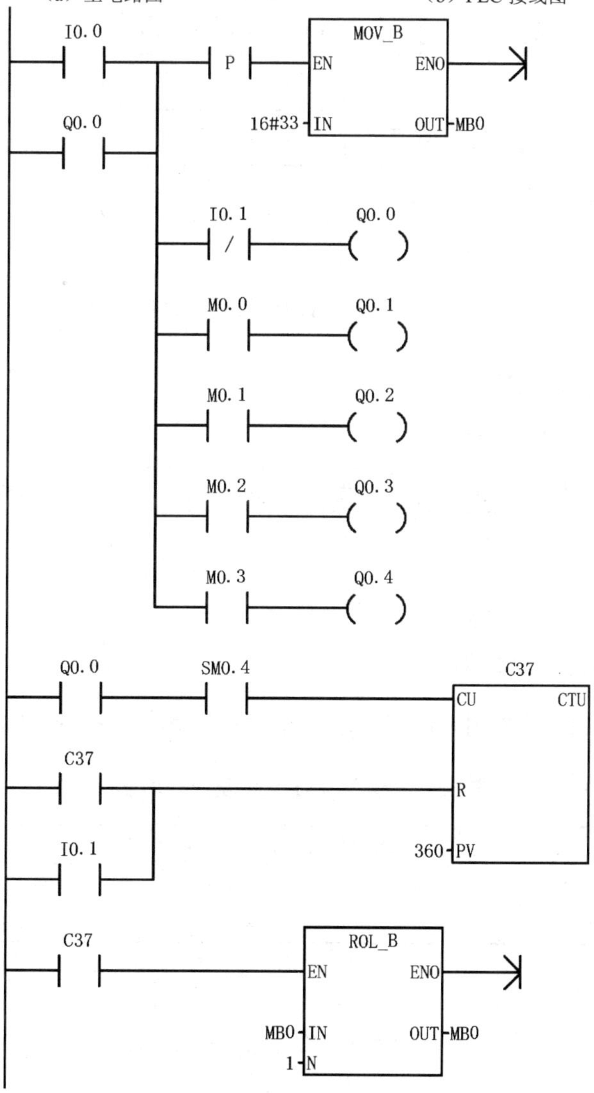

（c）梯形图

图 65-1　四台电动机轮换运行主电路图、PLC 接线图和梯形图

3．控制原理

当按下启动按钮 I0.0 时，由 MOV_B 指令将十六进制数 16#33 写入 MB0 中。Q0.0 得电自锁，启动信号灯 EL 亮，Q0.0 常开接点闭合接通计数器 C37，计数器 C37 对分脉冲 SM0.4 进行计数，相当于一个定时器，当计数值等于 360 时，延时时间为 360min（6h），计数器 C37 重新计数，C37 常开接点发一个脉冲，MB0 进行一次左移。MB0 的低四位 M0.0～M0.3 的值传送给 Q0.1～Q0.4，输出结果如图 65-2 所示。

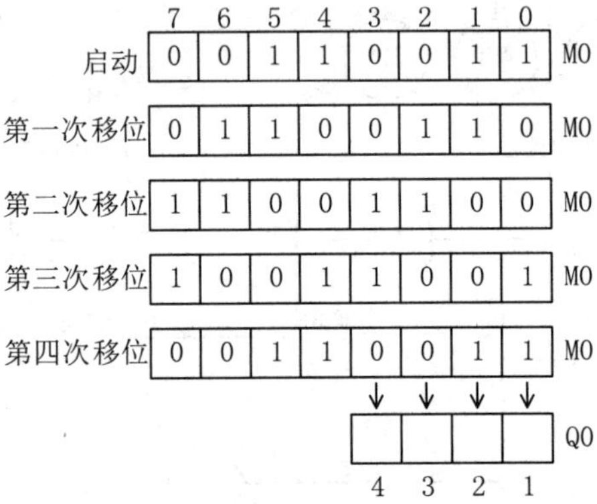

图 65-2　凸轮控制器移位说明

实例 66　选择开关

用一个按钮 I0.0 控制一个五位选择开关，每按一次按钮，接通一个辅助继电器接点。

控制方案设计

1．输入/输出元件及控制功能

如表 66-1 所示，介绍了实例 66 中用到的输入/输出元件及控制功能。

表 66-1　输入/输出元件及控制功能

	PLC 软元件	元件文字符号	元 件 名 称	控 制 功 能
输入	I0.0	SB	控制按钮	接点选择
内部接点	M0.0～M0.4		软接点 1～5	内部接点控制

2．电路设计

用一个按钮控制一个五位选择开关的梯形图如图 66-1 所示。

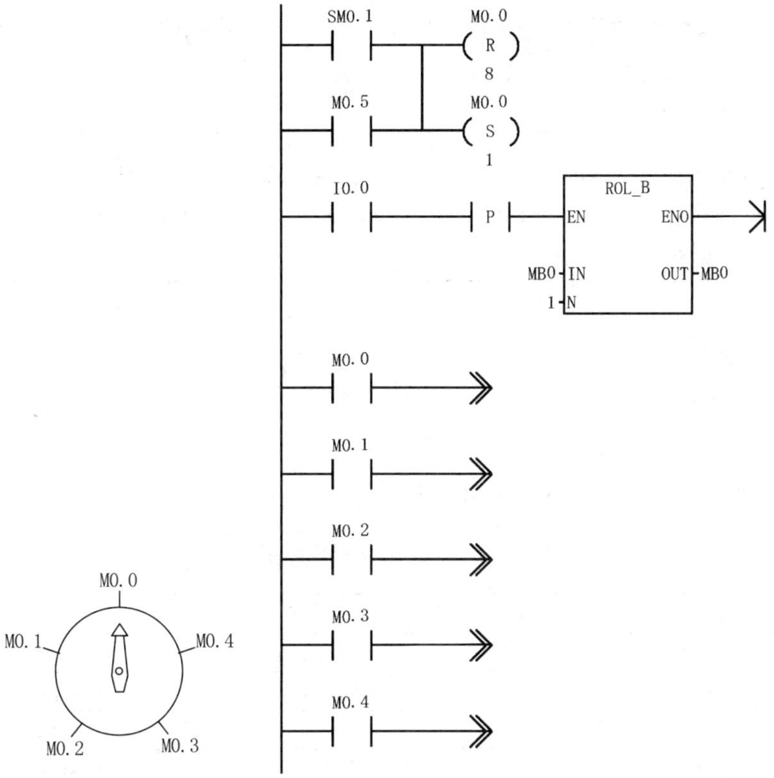

（a）示意图　　（b）选择开关梯形图

图 66-1　选择开关梯形图

3．控制原理

如图 66-1（b）所示，初始状态 SM0.1 将 MB0 的八位数据全部复位后，再将 M0.0 置位。结果 MB0=00000001。

用一个按钮 I0.0 对位存储器 MB0 进行左移控制，每按一次按钮，MB0 中的数据左移一位，M0.0～M0.5 依次为 1，当 M0.5=1 时，将 MB0 全部复位后，再将 M0.0 置位。结果 MB0=00000001。左移位过程如图 66-2 所示。

	7	6	5	4	3	2	1	0	
初始状态	0	0	0	0	0	0	0	1	M0
第一次移位	0	0	0	0	0	0	1	0	M0
第二次移位	0	0	0	0	0	1	0	0	M0
第三次移位	0	0	0	0	1	0	0	0	M0
第四次移位	0	0	0	1	0	0	0	0	M0
第五次移位	0	0	0	0	0	0	0	1	M0

图 66-2　按钮左移控制过程图

实例 67　选择开关控制三台电动机顺序启动，逆序停止

用一个按钮 I0.0 控制三台电动机顺序启动，逆序停止。要求每按一次按钮顺序启动一台电动机，全部启动后每按一次按钮顺序停止一台电动机，如果前一台电动机因故障停止，后一台电动机也要停止。下面举例说明用七位选择开关的控制方法，控制三台电动机顺序启动，逆序停止。

控制方案设计

1．输入/输出元件及控制功能

如表 67-1 所示，介绍了实例 67 中用到的输入/输出元件及控制功能。

表 67-1　输入/输出元件及控制功能

	PLC 软元件	元件文字符号	元 件 名 称	控 制 功 能
输入	I0.0	SB	控制按钮	电动机启动停止控制
输出	Q0.0	KM1	接触器 1	电动机 M1 启动
	Q0.1	KM2	接触器 2	电动机 M2 启动
	Q0.2	KM3	接触器 3	电动机 M3 启动

2．电路设计

用一个按钮控制三台电动机顺序启动，逆序停止的主电路图和 PLC 接线图如图 67-1 所示。三台电动机的启动停止控制梯形图如图 67-2 所示。

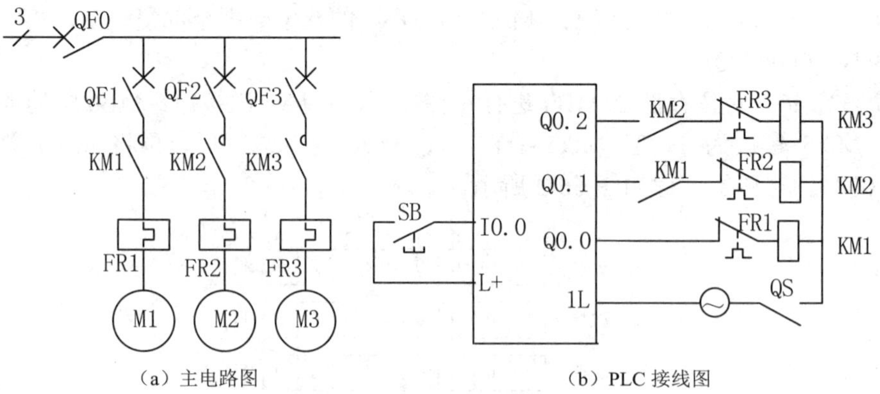

图 67-1　用一个按钮控制三台电动机顺序启动，逆序停止主电路图和 PLC 接线图

3．控制原理

用一个按钮 I0.0 控制一个六位选择开关，每按一次按钮，接通一个辅助继电器接点。选择开关的工作原理与上例相同。

如图 67-2 所示，用一个按钮 I0.0 对 MB0 进行左移控制，M0.0～M0.6 轮流为 1，七个轮流闭合的接点 M0.0～M0.6，可以代替七个选择开关接点。

初始状态 M0.0=1。

第一次按按钮 M0.1=1，Q0.0 置位，启动第一台电动机。

第二次按按钮 M0.2=1，Q0.1 置位，启动第二台电动机。

第三次按按钮 M0.3=1，Q0.2 置位，启动第三台电动机。

第四次按按钮 M0.4=1，Q0.2 复位，停止第三台电动机。

第五次按按钮 M0.5=1，Q0.1 复位，停止第二台电动机。

第六次按按钮 M0.6=1，Q0.0 复位，停止第一台电动机，同时 MB0 复位，M0.0=1，返回初始状态，完成一次三台电动机的启动停止过程。

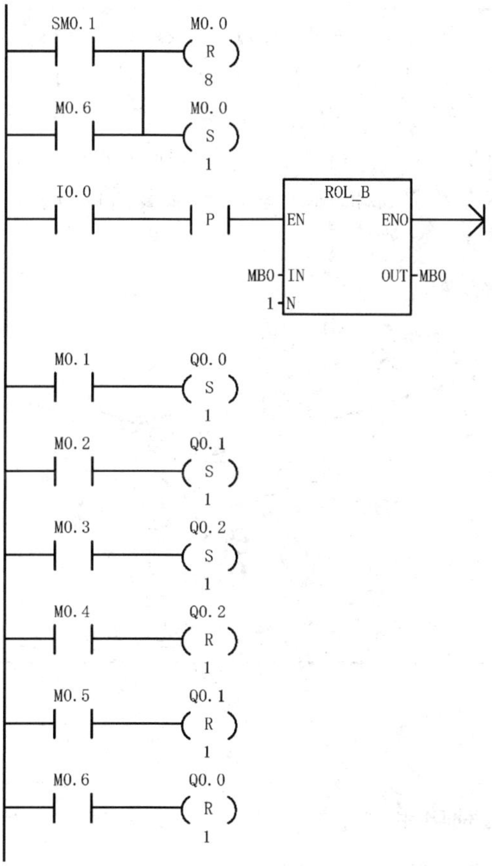

图 67-2　三台电动机的启动停止控制梯形图

分类九 传送带控制

实例 68 传送带产品检测之一

一条传送带传送产品，从前道工序过来的产品按等间距排列，如图 68-1 所示。传送带入口处，每进来一个产品，光电计数器发出一个脉冲，同时，质量检测传感器对该产品进行检测，如果该产品合格，输出逻辑信号“0”，如果产品不合格输出逻辑信号“1”，将不合格产品位置记忆下来。当不合格产品到电磁推杆位置（第 6 个产品间距）时，电磁推杆动作，将不合格产品推出，当产品推出到位时，推杆限位开关动作，使电磁铁断电，推杆返回到原位。

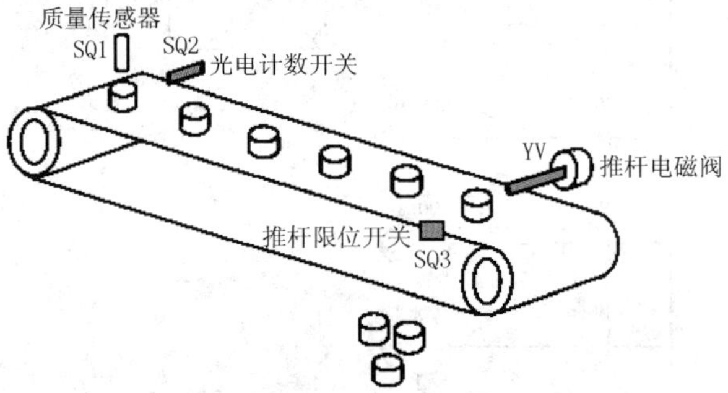

图 68-1 传送带产品检测之一示意图

控制方案设计

1. 输入/输出元件及控制功能

如表 68-1 所示，介绍了实例 68 中用到的输入/输出元件及控制功能。

表 68-1 输入/输出元件及控制功能

	PLC 软元件	元件文字符号	元 件 名 称	控 制 功 能
输入	I0.0	SQ1	质量传感器	次品检测
	I0.1	SQ2	光电计数开关	产品计数
	I0.2	SQ3	推杆限位开关	使推杆复位
输出	Q0.0	YV	推杆电磁阀	将次品推出

2. 电路设计

传送带产品检测之一 PLC 接线图和梯形图如图 68-2 所示。

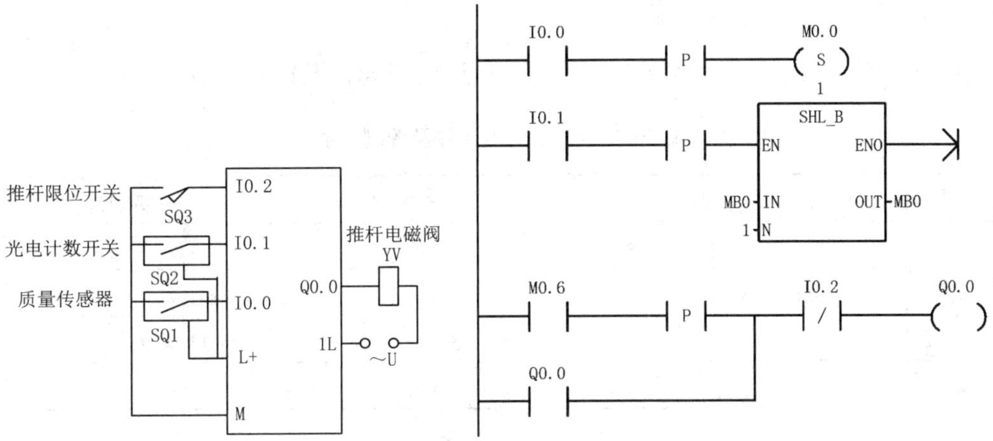

图 68-2　传送带产品检测之一 PLC 接线图和控制梯形图

3. 控制原理

当次品通过质量传感器时，I0.0=1，使 M0.0 置位，同时光电计数开关检测到有产品通过，I0.1=1，进行一次移位，将 M0.0 的 1 移位到 M0.1 中，M0.1=1，传送带每次传送一个产品，光电计数开关接通一次，并进行一次移位，当光电计数开关接通六次并进行六次移位时，使 M0.6=1，M0.6 接点接通一个扫描周期，Q0.0 线圈得电并自锁，推杆电磁阀 YV 得电，将次品推出，推杆触及限位开关 SQ3，I0.2 常闭接点断开，Q0.0 线圈失电，推杆电磁阀在弹簧的反力下退回原位。

实例 69　传送带产品检测之二

一条传送带传送产品，工作过程与实例 68 基本一致，不同的是电磁推杆与质量检测传感器相距一个产品间隔，如图 69-1 所示。

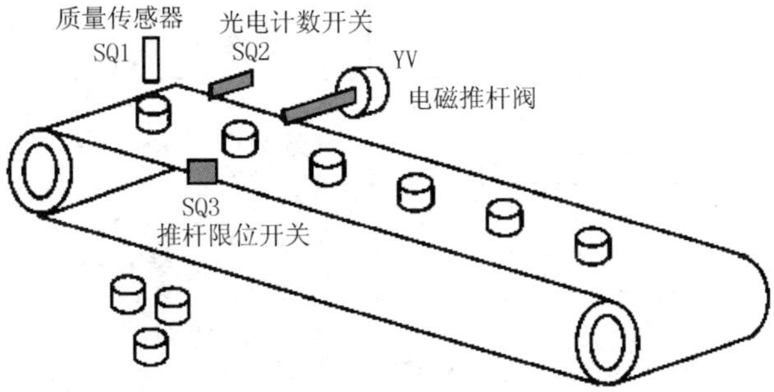

图 69-1　传送带产品检测之二示意图

控制方案设计

1．输入/输出元件及控制功能

如表 69-1 所示，介绍了实例 69 中用到的输入/输出元件及控制功能。

表 69-1　输入/输出元件及控制功能

	PLC 软元件	元件文字符号	元 件 名 称	控 制 功 能
输入	I0.0	SQ1	质量传感器	次品检测
	I0.1	SQ2	光电计数开关	产品计数
	I0.2	SQ3	推杆限位开关	使推杆复位
输出	Q0.0	YV	推杆电磁阀	将次品推出

2．电路设计

传送带产品检测之二 PLC 接线图和梯形图如图 69-2 所示。

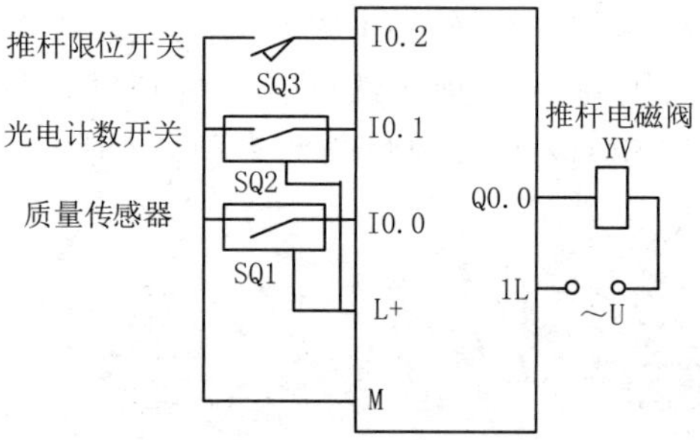

（a）传送带产品检测 PLC 接线图

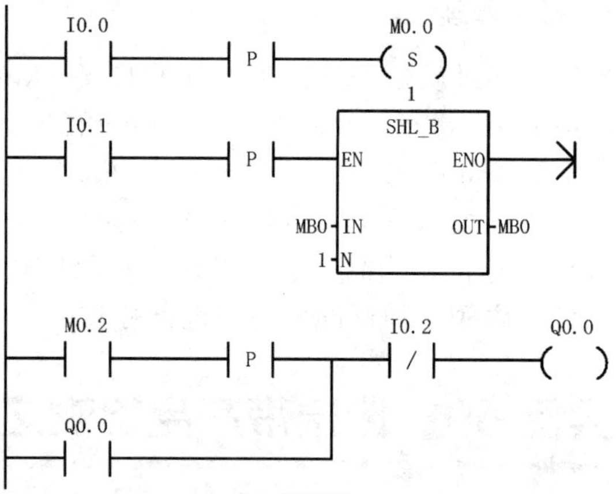

（b）梯形图 1

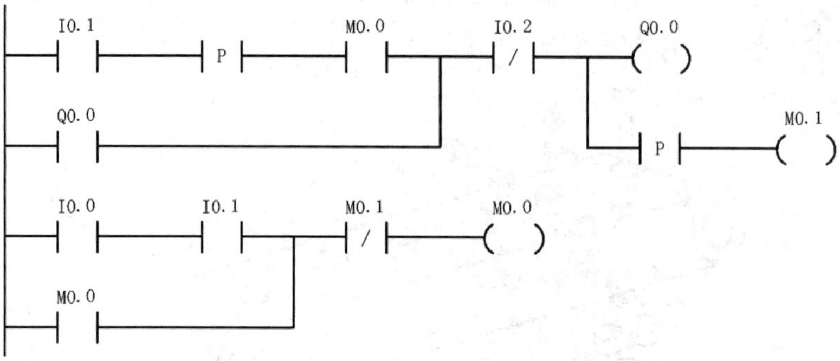

（c）梯形图 2

图 69-2　传送带产品检测之二梯形图

3．控制原理

图 69-2（b）：控制梯形图与实例 68 基本一致，不同的是，图 69-2（b）检测到次品时位移两次将次品推出。

图 69-2（c）：当正品通过时，I0.0=0，I0.0 常开接点断开，M0.0 不能得电，当次品通过时，I0.0=1，I0.0 常开接点闭合，同时光电计数开关 I0.1 检测到有产品通过，I0.1=1，M0.0 得电并自锁，当下一个产品通过时，此时，次品正好在下一个位置，I0.1 上升沿常开接点接通，Q0.0 线圈得电自锁，推杆电磁阀 YV 得电，将次品推出，触及限位开关 SQ3，I0.2 常闭接点断开，Q0.0 线圈失电，推杆电磁阀在弹簧的反力下退回原位。同时 M0.1 产生一个上升沿脉冲，使 M0.0 线圈失电。假如第二个产品也是次品，M0.1 常闭接点断开一个扫描周期，由于 I0.0、I0.1 仍闭合，M0.0 线圈又会重新得电。

如果将电磁推杆与质量检测传感器和产品位置传感器置于同一位置，当产品通过位置传感器 I0.1 时，I0.1 接点闭合，此时产品正对着电磁推杆，如果质量合格，质量传感器 I0.0=0 不动作。如果产品不合格，质量检测传感器动作，I0.0=1 接点闭合，使电磁推杆 Q0.0 得电动作，将次品推出。触及限位开关 SQ3，I0.2 常闭接点断开，Q0.0 线圈失电，推杆电磁阀在弹簧的反力下退回原位。梯形图如图 69-3 所示。

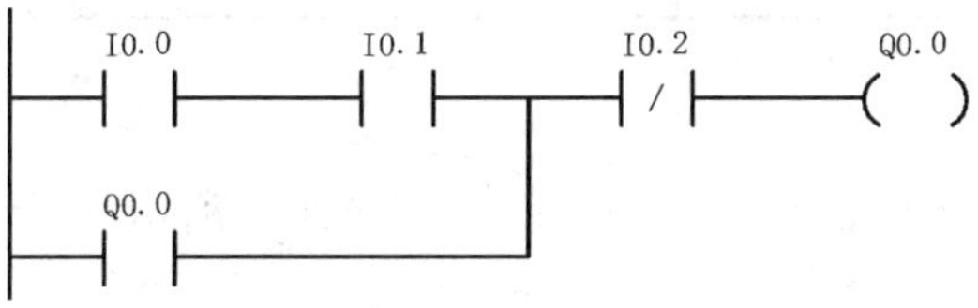

图 69-3　电磁推杆与质量检测传感器和产品位置传感器同一位置传送带产品检测梯形图

实例 70　传送带控制

由三条传送带组成的零件传送系统，如图 70-1 所示，从传送带左侧滑槽上，每 30s 向传送带 1 提供一个零件。

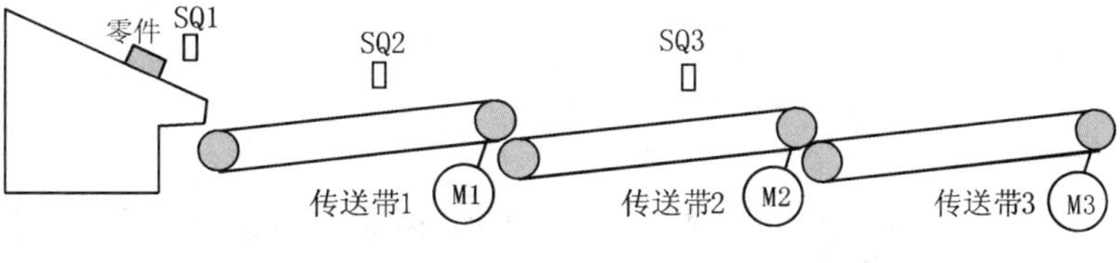

图 70-1　传送带示意图

控制要求：按下启动按钮，系统开始进入准备状态。当有零件经过接近开关 SQ1 时，启动传送带 1。零件经过 SQ2 时，启动传送带 2。当零件经过 SQ3 时，启动传送带 3。如果 SQ1～SQ3 在皮带上 60s 未检测到零件视为故障需要闪烁报警。如果 SQ1 在 100s 内未检测到零件则停止全部传送带。

按下停止按钮，全部传送带停止。

控制方案设计

1. 输入/输出元件及控制功能

如表 70-1 所示，介绍了实例 70 中用到的输入/输出元件及控制功能。

表 70-1 输入/输出元件及控制功能

	PLC 软元件	元件文字符号	元 件 名 称	控 制 功 能
输入	I0.0	SB1	启动按钮	启动
	I0.1	SB2	停止按钮	停止
	I0.2	SQ1	限位开关 1	零件检测
	I0.3	SQ2	限位开关 2	零件检测
	I0.4	SQ3	限位开关 3	零件检测
输出	Q0.0	KM1	接触器 1	传送带 1
	Q0.1	KM2	接触器 2	传送带 2
	Q0.2	KM3	接触器 3	传送带 3
	Q0.3	HL2	报警灯	故障报警

2. 电路设计

传送带 PLC 接线图如图 70-2 所示，梯形图如图 70-3 所示。

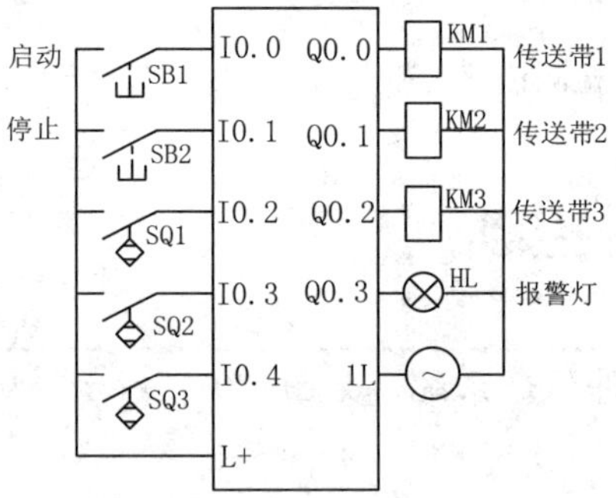

图 70-2 传送带接线图

3. 控制原理

按下启动按钮 I0.0， M0.0 得电自锁，下面的电路被接通。当有零件通过限位开关 I0.2 时，I0.2 常开接点闭合，Q0.0 线圈得电自锁，第一台传送带启动。当零件通过限位开关 I0.3 时，I0.3 常开接点闭合，Q0.1 线圈得电自锁，第二台传送带启动。当零件通过限位开关 I0.4 时，I0.4 常开接点闭合，Q0.2 线圈得电自锁，第三台传送带启动。

当限位开关 I0.2～I0.4 在 60s 没有零件通过，I0.2～I0.4 的常闭接点闭合使定时器 T1、T2、T3 动作，接通报警灯 Q0.3 闪动报警。

当限位开关 I0.2 在 100s 时没有零件通过，I0.2 的常闭接点闭合使定时器 T0 动作，断开 Q0.1～Q0.3，传送带全部停止。

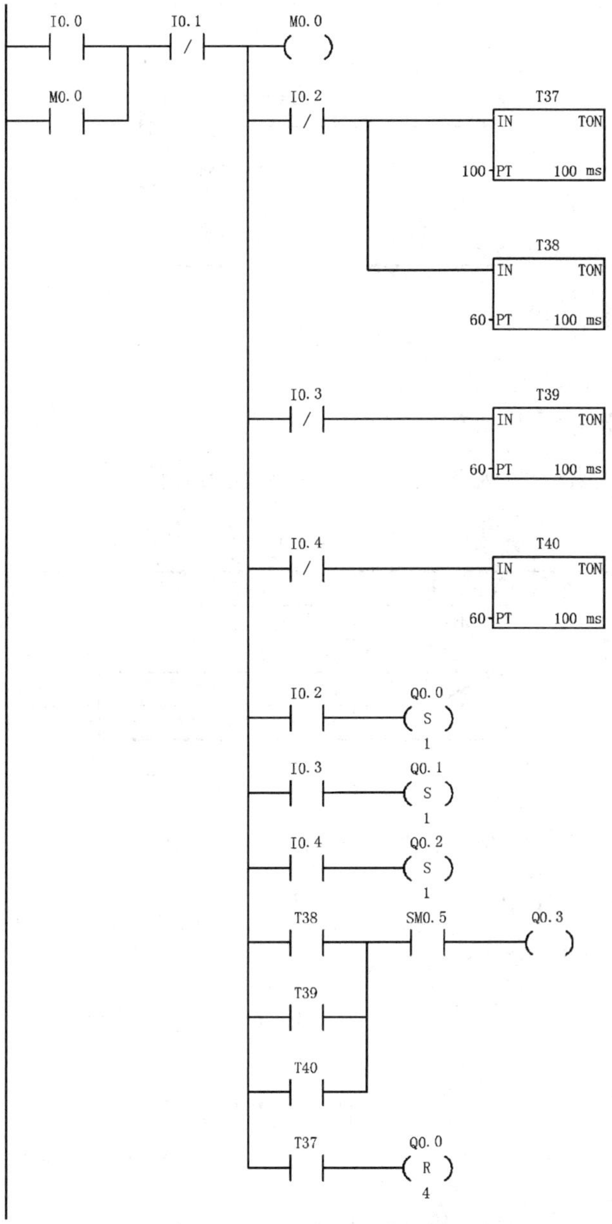

图 70-3　传送带梯形图

实例 71　单条传送带控制

用传送带运送产品（工人在传送带首端放好产品）。传送带由三相鼠笼型电动机控制。在传送带末端安装一个限位开关 SQ。按下启动按钮，传送带开始运行。当产品到达传送带末端并超过限位开关（产品全部离开传送带）时，皮带停止。如图 71-1 所示，为单条传送带示意图。

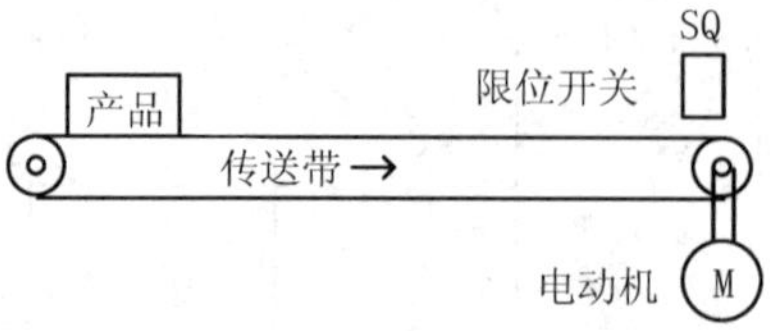

图 71-1　单条传送带示意图

控制方案设计

1. 输入/输出元件及控制功能

如表 71-1 所示，介绍了实例 71 中用到的输入/输出元件及控制功能。

表 71-1　输入/输出元件及控制功能

	PLC 软元件	元件文字符号	元 件 名 称	控 制 功 能
输入	I0.0	SB1	停止按钮	传送带停止
	I0.1	SB2	启动按钮	传送带启动
	I0.2	SQ	限位开关	产品检测
输出	Q0.0	KM	接触器	传送带电动机启动

2. 电路设计

传送带控制接线图和梯形图如图 71-2 所示。

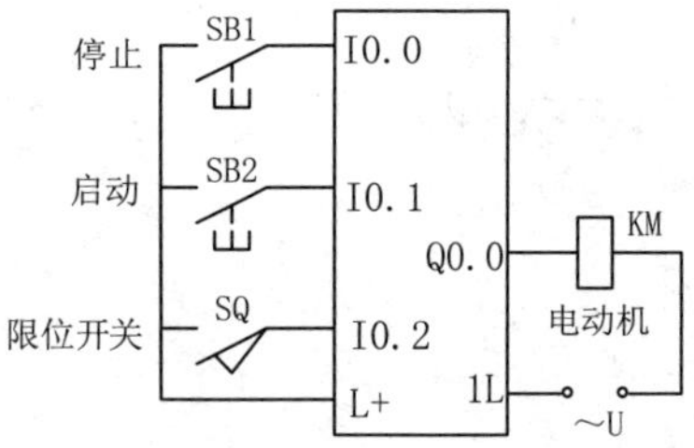

（a）传送带控制接线图

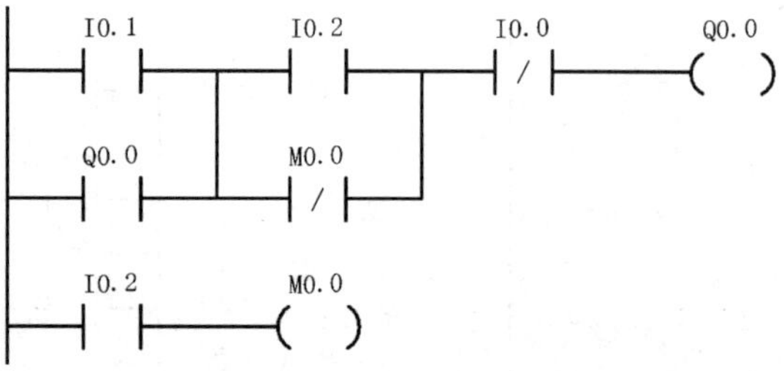

（b）传送带梯形图控制方法 1

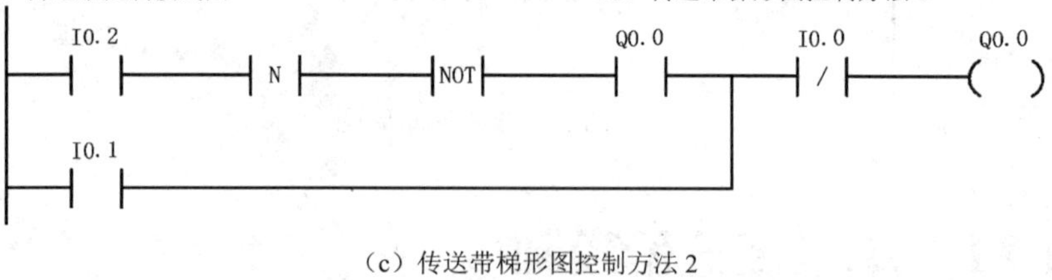

（c）传送带梯形图控制方法 2

图 71-2　传送带控制接线图和梯形图

3. 控制原理

（1）传送带控制方法 1

如图 71-2（b）所示，启动时按下启动按钮 I0.1，Q0.0 得电自锁，传送带启动。当产品的前端到达传送带末端时，限位开关 SQ（I0.2）动作（M0.0 常闭接点在下一个扫描周期断开），Q0.0 仍得电。当产品的末端离开 SQ 时，I0.2 常开接点断开，Q0.0 线圈失电，传送带停止。

（2）传送带控制方法 2

如图 71-2（c）所示，启动时按下启动按钮 I0.1，Q0.0 得电自锁，传送带启动，当产品的前端到达传送带末端时，限位开关 SQ（I0.2）动作，但 I0.2 下降沿常闭接点不动作，Q0.0 仍得电。当产品的末端离开 SQ 时，I0.2 常开接点断开一个扫描周期，Q0.0 线圈失电，传送带停止。

实例 72　多条传送带接力传送

一组传送带由三条传送带连接而成，用于传送有一定长度的金属板。为了避免传送带在没有物品时空转，在每条传送带末端安装一个接近开关用于金属板的检测。控制传送带只有检测到金属板时才启动，当金属板离开传送带时停止。传送带用三相鼠笼型电动机驱动。传送带工作示意图如图 72-1 所示。

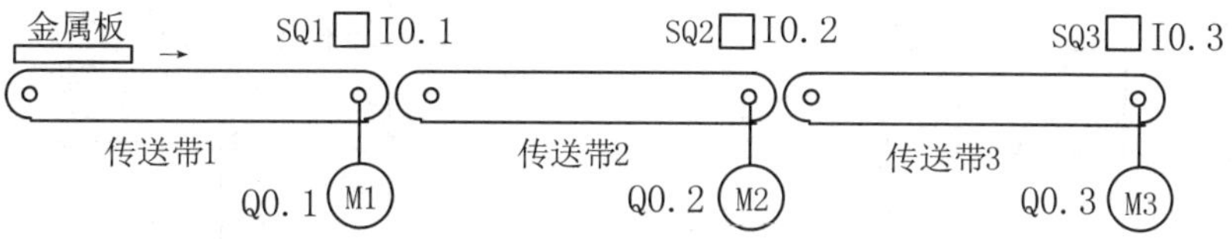

图 72-1　多条传送带工作示意图

当工人在传送带 1 首端放一块金属板，按下启动按钮，则传送带 1 首先启动。当金属板的前端到达传送带 1 末端时，接近开关 SQ1 动作，启动传送带 2。当金属板的末端离开接近开关 SQ1 时，传送带 1 停止。当金属板的前端到达 SQ2 时，启动传送带 3，当金属板的末端离开 SQ2 时停止传送带 2。最后当金属板的末端离开 SQ3 时，停止传送带 3。

控制方案设计

1. 输入/输出元件及控制功能

如表 72-1 所示，介绍了实例 72 中用到的输入/输出元件及控制功能。

表 72-1　输入/输出元件及控制功能

	PLC 软元件	元件文字符号	元 件 名 称	控 制 功 能
输入	I0.0	SB	启动按钮	传送带启动
	I0.1	SQ1	接近开关 1	传送带 1 末端位置检测
	I0.2	SQ2	接近开关 2	传送带 2 末端位置检测
	I0.3	SQ3	接近开关 3	传送带 3 末端位置检测
输出	Q0.0	KM1	接触器 1	传送带 1 启动
	Q0.1	KM2	接触器 2	传送带 2 启动
	Q0.2	KM3	接触器 3	传送带 3 启动

2. 电路设计

多条传送带接力传送主电路和 PLC 接线图如图 72-2 所示，其梯形图如图 72-3 所示。

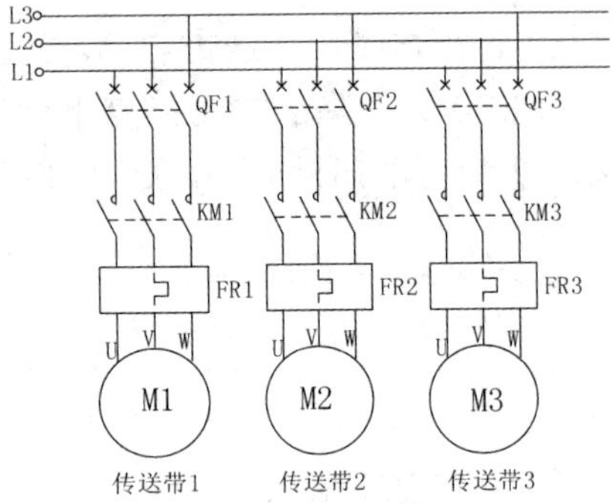

（a）传送带主电路

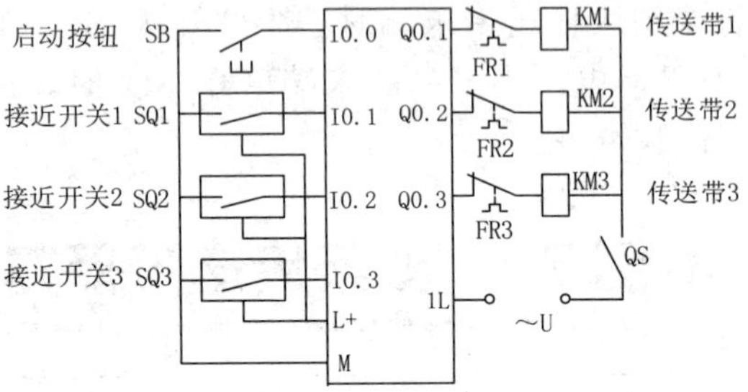

（b）PLC 接线图

图 72-2 传送带接力传送主电路和 PLC 接线图

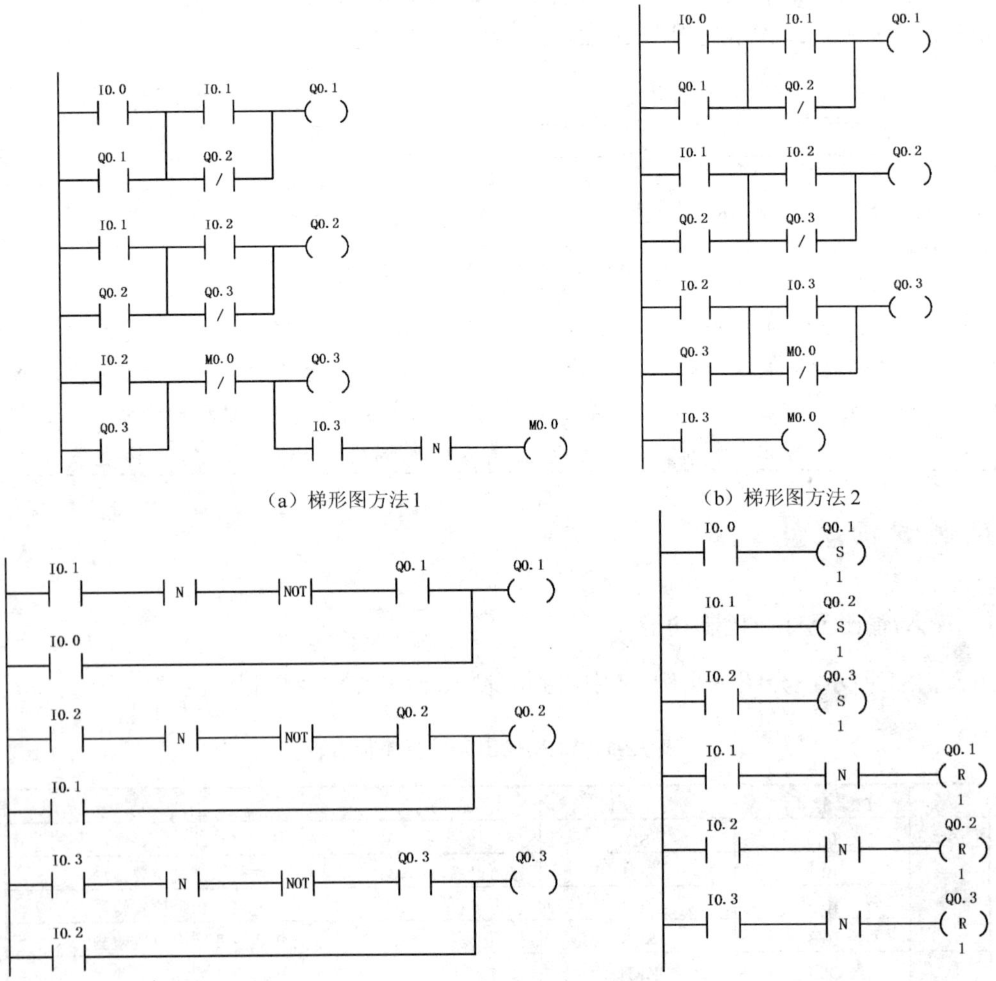

（a）梯形图方法1

（b）梯形图方法2

（c）梯形图方法3

（d）梯形图方法4

图 72-3 传送带接力传送 PLC 梯形图

3. 控制原理

（1）方法 1

如图 72-3（a）所示，启动时按下启动按钮 I0.0，Q0.1 得电自锁，传送带 1 启动，当金属板的前端到达传送带 1 末端时，接近开关 SQ1（I0.1）动作，Q0.2 得电自锁，传送带 2 启动。在 Q0.1 回路中，Q0.2 常闭接点断开，但 I0.1 接点闭合，Q0.1 仍得电。

当金属板的末端离开接近开关 SQ1 时，I0.1 接点断开 Q0.1 线圈，传送带 1 停止。

当金属板的前端到达 SQ2 时，I0.2 动作使 Q0.3 得电自锁，启动传送带 3，当金属板的末端离开 SQ2 时停止传送带 2。

最后当金属板前端到达 SQ3 时，I0.3 常开接点闭合（M0.1 常闭接点在下一个扫描周期断开），Q0.3 仍得电，当金属板的末端离开 SQ3 时，I0.3 常开接点断开，Q0.3 线圈失电，传送带 3 停止。

（2）方法 2

如图 72-3（b）所示，控制方法基本和方法 1 相同，只是最后当金属板前端到达 SQ3 时，I0.3 下降沿常开接点不起作用，Q0.3 仍得电，当金属板的末端离开 SQ3 时，I0.3 下降沿常开接点产生一个下降沿脉冲，使 M0.1 线圈得电，M0.1 常闭接点在下一个扫描周期断开，Q0.3 线圈失电，传送带 3 停止。

（3）方法 3

如图 72-3（c）所示，其中 I0.1、I0.2、I0.3 和下降沿指令 N，取反指令 NOT 组合成下降沿接点常闭接点，它的特点是正常时接点闭合，在下降沿断开一个扫描周期。

启动时按下启动按钮 I0.0，Q0.1 得电自锁，传送带 1 启动，金属板向前运动。

当金属板的前端到达传送带 1 末端时，接近开关 SQ1（I0.1）动作，Q0.2 得电自锁，传送带 2 启动。但在 Q0.1 回路中，I0.1 下降沿常闭接点不动作，Q0.1 仍得电。

当金属板的末端离开接近开关 SQ1 时，I0.1 下降沿常闭接点断开 Q0.1 线圈，传送带 1 停止。

当金属板的前端到达 SQ2 时，I0.2 动作使 Q0.3 得电自锁，启动传送带 3，当金属板的末端离开 SQ2 时停止传送带 2。

最后当金属板前端到达 SQ3 时，I0.3 下降沿常闭接点不动作，Q0.3 仍得电。当金属板的末端离开 SQ3 时，I0.3 下降沿常闭接点断开，Q0.3 线圈失电，传送带 3 停止。

（4）方法 4

如图 72-3（d）所示，启动时按下启动按钮 I0.0，Q0.1 置位得电，传送带 1 启动，金属板向前运动。

当金属板的前端到达传送带 1 末端时，接近开关 SQ1（I0.1）动作，Q0.2 得电置位，传送带 2 启动。

当金属板的末端离开接近开关 SQ1 时，I0.1 下降沿接点使 Q0.1 线圈复位，传送带 1 停止。

当金属板的前端到达 SQ2 时，I0.2 动作使 Q0.3 得电置位，启动传送带 3，当金属板的末端离开 SQ2 时，I0.2 下降沿接点使 Q0.2 线圈复位，传送带 2 停止。

最后当金属板前端到达 SQ3 时，I0.3 下降沿接点不动作，Q0.3 仍得电。当金属板的末端离开 SQ3 时，I0.3 下降沿接点动作，使 Q0.3 线圈复位，传送带 3 停止。

实例 73　用一个按钮控制五条传送机的顺序启动，逆序停止

一组五条皮带传送机由五台三相异步电动机 M1～M5 控制，如图 73-1 所示。启动时，按下按钮，电动机按从 M1～M5 每隔 5s 启动一台。停止时，再按下按钮，电动机按从 M5～M1 每隔 5s 停止一台。

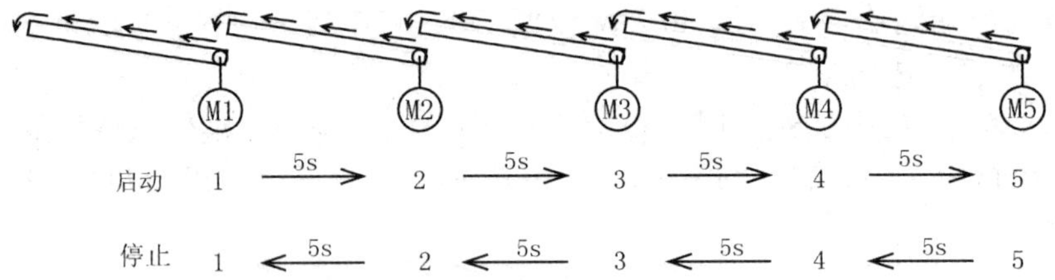

图 73-1　五条皮带传送机的顺序控制示意图

控制方案设计

1. 输入/输出元件及控制功能

如表 73-1 所示，介绍了实例 73 中用到的输入/输出元件及控制功能。

表 73-1　输入/输出元件及控制功能

	PLC 软元件	元件文字符号	元 件 名 称	控 制 功 能
输入	I0.0	SB	启动停止按钮	皮带传送机启动停止
输出	Q0.0	KM1	接触器 1	皮带传送机 1
	Q0.1	KM2	接触器 2	皮带传送机 2
	Q0.2	KM3	接触器 3	皮带传送机 3
	Q0.3	KM4	接触器 4	皮带传送机 4
	Q0.4	KM5	接触器 5	皮带传送机 5

2. 电路设计

PLC 外部接线图如图 73-3 所示，接触器 KM1～KM5（Q0.0～Q0.4）分别控制电动机 M1～M5，为节省输入点，采用一个按钮（I0.0）启动停止控制电动机。电动机控制梯形图如图 73-2 所示，梯形图工作示意图如图 73-4 所示。

3. 控制原理

初始状态：初始化脉冲 SM0.1 将 MW0 置零后，再将 MW0 的低 5 位 M1.0～M1.4 置 1。

启动时按按钮（I0.0），执行一次加 1 指令 INC_B，M0.2=1。M0.2 常开接点闭合，同时 M3.0 常开接点闭合一个扫描周期，执行一次左移指令，M1.5=1，Q0.0=1，第一台电动机启动，定时器 T37 每隔 5s 发一个脉冲，执行一次左移指令，M1.5～M0.1 顺次为 1，Q0.0、Q0.1、Q0.2、Q0.3、Q0.4 顺次得电，五台电动机顺次启动。当 M0.1=1 时，M0.1 常闭接点

断开左移指令。

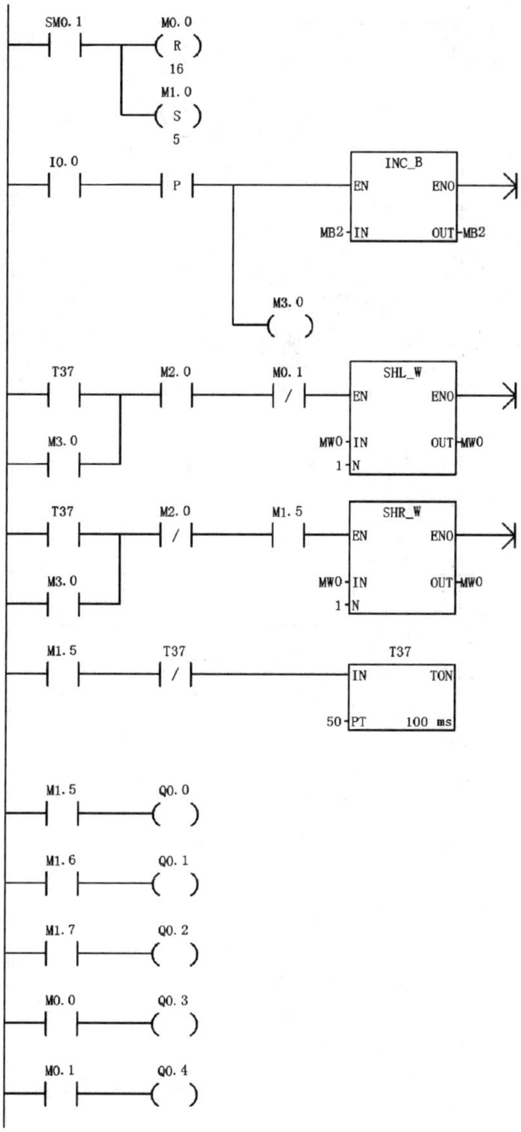

图 73-2 五条皮带传送机的顺序控制梯形图

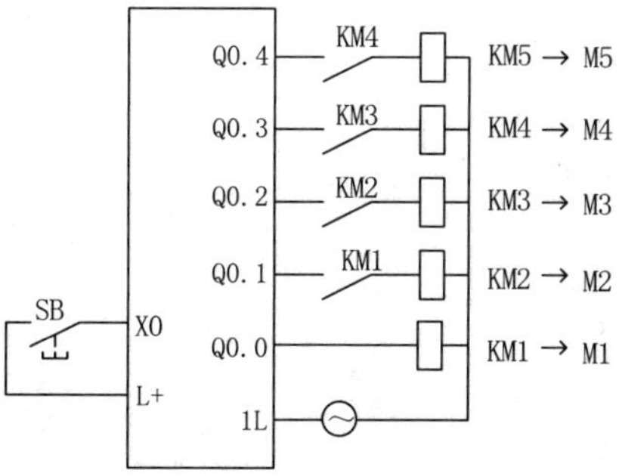

图 73-3 五条皮带传送机的顺序控制接线图

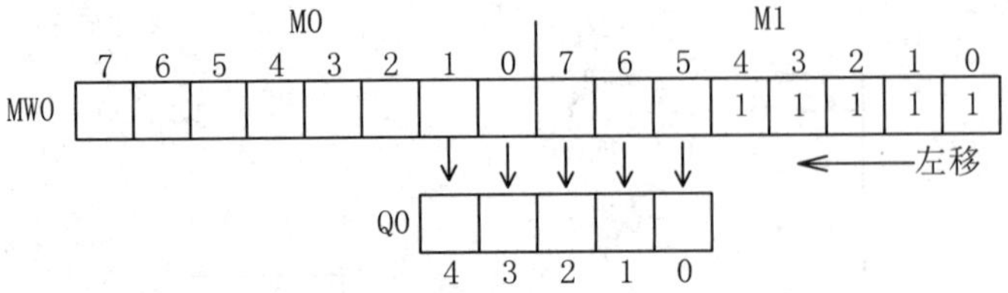

图 73-4 梯形图工作示意图

停止时，再按按钮（I0.0），再执行一次加 1 指令 INC_B，M0.2=0。M0.2 常闭接点闭合，同时 M3.0 常开接点闭合一个扫描周期，执行一次右移指令，M0.1=0，Q0.4=0，第五台电动机停止，定时器 T37 每隔 5s 发一个脉冲，执行一次右移指令，M0.1～M1.5 顺次为 0，Q0.4、Q0.3、Q0.2、Q0.1、Q0.0 顺次失电，五台电动机顺次停止。当 M0.5=0 时，M0.5 常开接点断开右移指令。

五条皮带传送机的顺序控制时序图如图 73-5 所示。

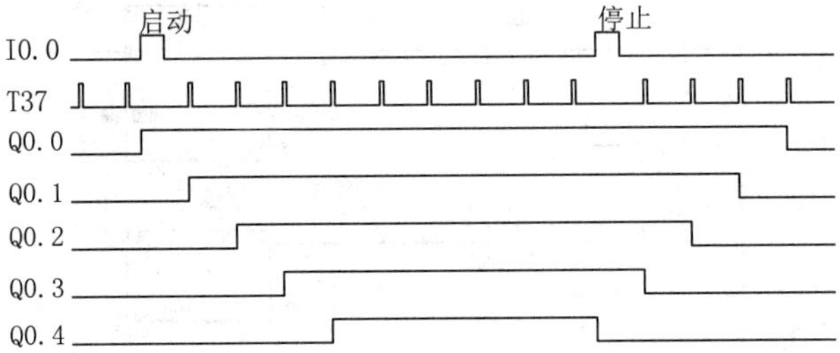

图 73-5 五条皮带传送机的顺序控制时序图

分类十　模拟体育比赛及计分控制

实例 74　乒乓球比赛

乒乓球比赛示意图如图 74-1 所示。用八位输出 Q0.0～Q0.7 模拟乒乓球的运动。甲方与乙方两人按比赛规则每人发两个球。

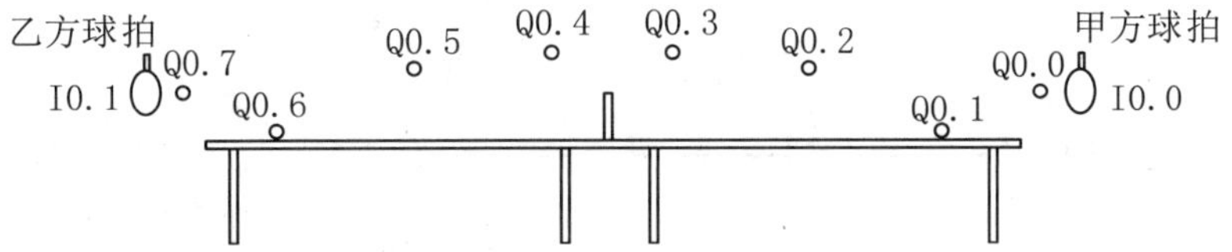

图 74-1　乒乓球比赛示意图

甲方先发球，按下按钮 I0.0，Q0.0=1 表示甲方有发球权，再按一次按钮 I0.0，表示发球，Q0.0→Q0.7 依次逐个得电，模拟乒乓球从甲方向乙方运动。运动速度可由定时脉冲控制，根据参赛人的情况确定。当移动到 Q0.7=1 时，表示球到对方。乙方按按钮 I0.1（表示接球）。如果乙方在 Q0.7=1 时未按按钮 I0.1，则表示接球失败，对方得 1 分。如果乙方在 Q0.7=1 时按下按钮 I0.1，则表示乙方接球成功，则 Q0.7→Q0.0 依次逐个得电，模拟乒乓球从乙方向甲方运动。当 Q0.0=1 时，甲方按钮 I0.0（表示接球），否则失败，乙方得分。

控制方案设计

1．输入/输出元件及控制功能

如表 74-1 所示，介绍了实例 74 中用到的输入/输出元件及控制功能。

表 74-1　输入/输出元件及控制功能

	PLC 软元件	元件文字符号	元 件 名 称	控 制 功 能
输入	I0.0	SB1	按钮	模拟甲方球拍
	I0.1	SB2	按钮	模拟乙方球拍
输出	Q0.0～Q0.7	HL1～HL8	灯 1～灯 8	模拟乒乓球的运动

2. 电路设计

乒乓球比赛 PLC 接线图如图 74-2 所示，梯形图如图 74-3 所示。

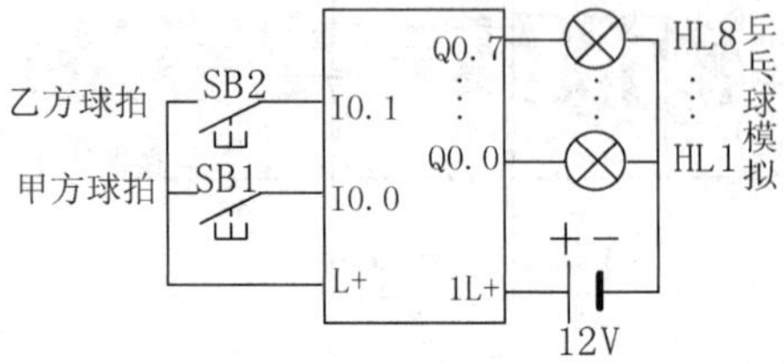

图 74-2　乒乓球比赛接线图

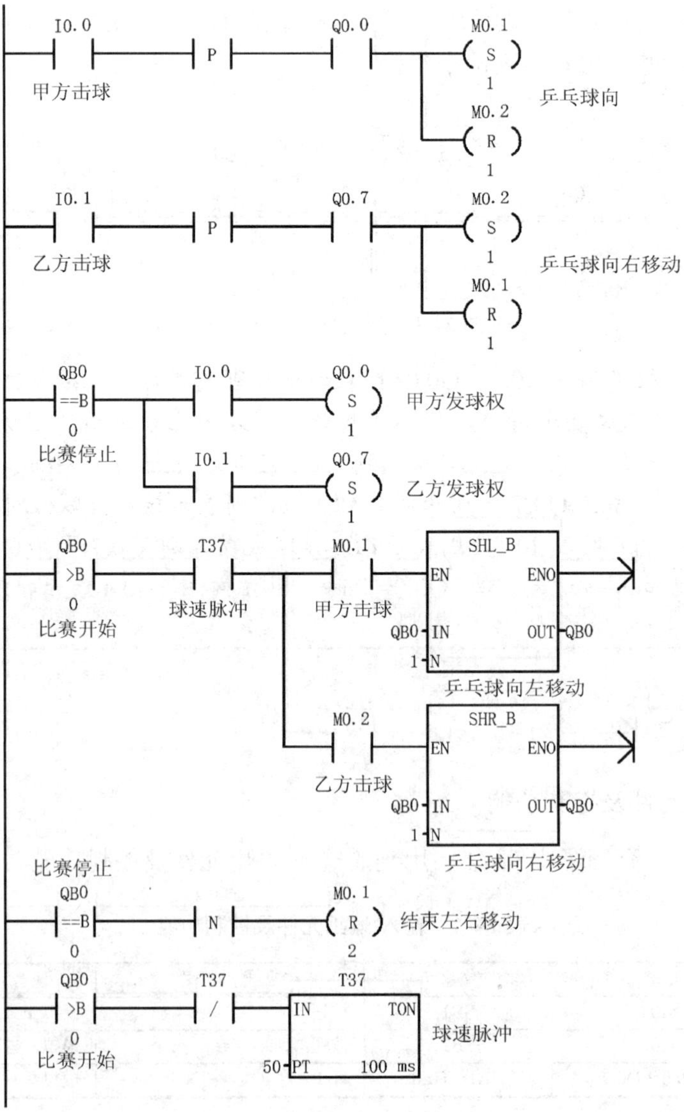

图 74-3　乒乓球比赛梯形图

3. 控制原理

初始时比赛还没有开始，Q0.0～Q0.7 均为零，即 QB0=0。QB0=0 比较接点闭合。

甲方先发球，按下按钮 I0.0，Q0.0 置位，Q0.0=1，表示甲方具有发球权。这时 QB0>0，（因为 Q0.0=1），则 QB0>0 比较接点闭合。再按一下按钮 I0.0，I0.0 上升沿接点使 M0.1 置位，M0.1 常开接点闭合，接通 SHL_B 左移指令，定时器 T0 每隔 0.5s 发出一个脉冲，SHL_B 左移指令每隔 0.5s 左移一次。QB0 的值依次为 00000010→00000100→00001000→00010000→00100000→01000000→10000000。

经过 7 次移位，结果是 Q0.7～Q0.0=10000000（Q0.7=1，Q0.6～Q0.0 均为 0）。

在 Q0.7=1 时，乙方及时按下按钮 I0.1，表示接球，使 M2 置位，M1 复位。结果 SHL_B 左移指令断开，SHR_B 右移指令接通。每隔 0.5s 左移一次。QB0 的值依次为 10000000→01000000→00100000→00010000→00001000→00000100→00000010→00000001。

经过 7 次移位，当 Q0.7～Q0.0=00000001 时（Q0.0=1，Q0.7～Q0.1 均为 0）。甲方按下按钮 I0.0，接通 SHL_B 左移指令，接球成功。如果甲方在 Q0.0=1 时，甲方未及时按下按钮 I0.0，SHR_B 右移指令再移位一次使 Q0.0=0，结果是 Q0.7～Q0.0=00000000，QB0>0 比较接点断开，移位停止，对方得 1 分。

实例 75　具有球速可调、可显示得分的乒乓球比赛

在实例 74 中的乒乓球比赛的基础上增加要求：

（1）球速可在 0.1～0.7s 之间可调，球初速为 0.4s，即 Q0.0～Q0.7 每隔 0.4s 移动一位，可通过调速按钮 I0.2、I0.3 调节球速。

（2）用数码管显示双方得分，每得 1 分数码管计分值加 1，11 分为一局，大于对方 2 分且达到 11 分以上者获胜。最大的计分值为 19 分，一局结束时，按复位按钮 I0.4 清除比分。乒乓球比赛示意图如图 75-1 所示。

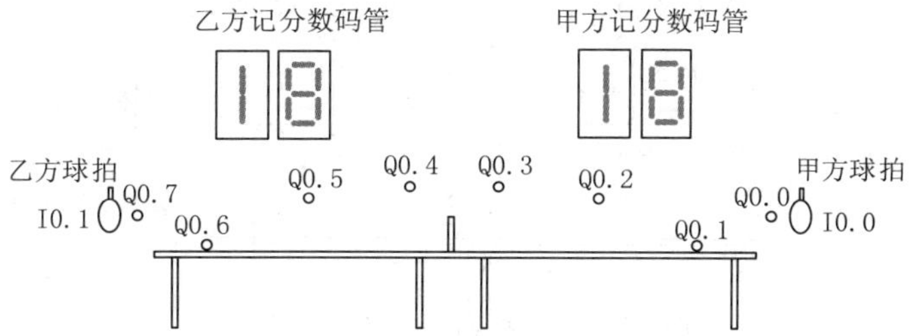

图 75-1　乒乓球比赛示意图

控制方案设计

1. 输入/输出元件及控制功能

如表 75-1 所示，介绍了实例 75 中用到的输入/输出元件及控制功能。

表 75-1　输入/输出元件及控制功能

	PLC 软元件	元件文字符号	元 件 名 称	控 制 功 能
输入	I0.0	SB1	按钮	模拟甲方球拍
	I0.1	SB2	按钮	模拟乙方球拍
	I0.2	SB3	按钮	调节球速减速
	I0.3	SB4	按钮	调节球速加速
	I0.4	SB5	按钮	计分复位
输出	Q0.0～Q0.7	HL1～HL8	灯 1～灯 8	模拟乒乓球的运动
	Q1.0～Q1.6		七段数码管	显示甲方得分个位数
	Q1.7		七段数码管	显示甲方得分十位数 1
	Q2.0～Q2.6		七段数码管	显示乙方得分个位数
	Q2.7		七段数码管	显示乙方得分十位数 1

2. 电路设计

可显示得分的乒乓球比赛 PLC 接线图如图 75-2 所示，乒乓球调速梯形图如图 75-3 所示。

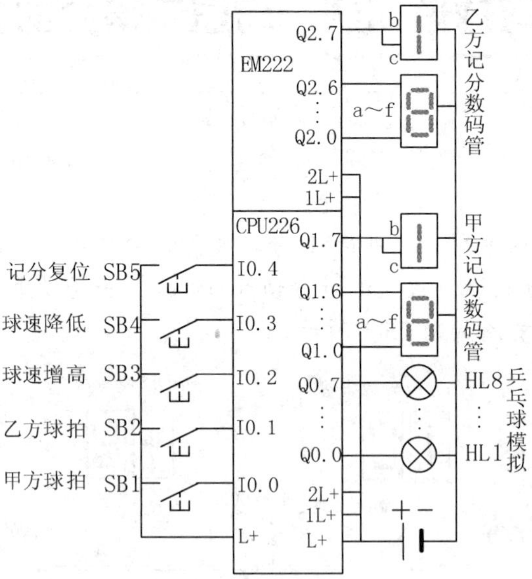

图 75-2　乒乓球比赛 PLC 接线图

3. 控制原理

（1）定时器的设定

定时器 T37 的设定值为间接设定，设定值取决于变量存储器 VW2 中的数据，改变 VW2 中的数据即改变 T37 的设定值，初次运行时，初始化脉冲 SM0.1 将 4 传送到 VW2 中，T37 每 0.4s 发一个脉冲。

在 QB0>0 时，即发球开始后定时器 T37 工作，如图 75-3 所示。

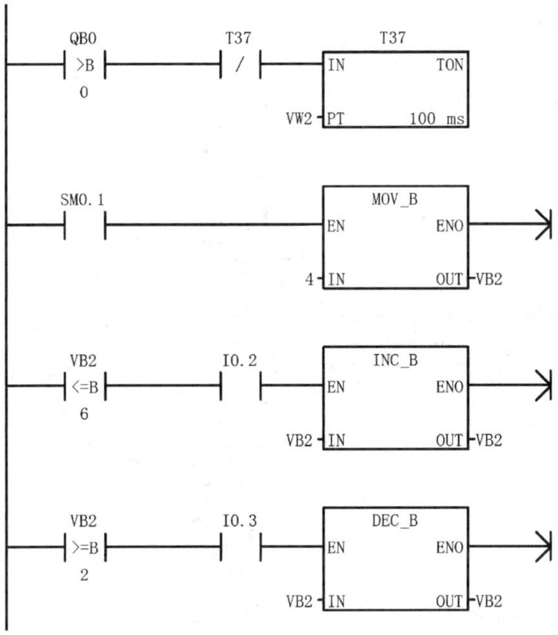

图 75-3　乒乓球调速梯形图

按调速按钮 I0.2，对 VW2 加 1，根据要求 VW2 不得大于 7，当 VW2>6 时，比较接点 VB2<=6 断开，按钮 I0.2 就不起作用了。

按调速按钮 I0.3，对 VW2 减 1，根据要求 VW2 不得小于 1，当 VW2=1 时，比较接点 VB2>=2 断开，按钮 I0.3 就不起作用了。

VB2 的值在 1～7 之间变化。

（2）甲乙双方得分显示原理

甲乙双方得分显示梯形图的工作原理如图 75-4 所示，甲乙双方得分显示梯形图如图 75-5 所示。

甲方接球成功时，M0.1=1，球左移，球到对方时，如果乙方未接到球，则 QB0=0，这时计数器 C1 计 1 次数。

乙方接球成功时，M0.2=1，球右移，球到对方时，如果乙方未接到球，则 QB0=0，这时计数器 C2 计 1 次数。

再次发球时，Q0.0=1 或 Q0.7=1 时，QB0>0，QB0=0 的比较接点断开，QB0=0 时，比较接点的下降沿接通 R 指令将 M0.1、M0.2 复位。

由 I_BCD C1 MW4 指令将甲方得分 C1 转换成 BCD 码存放到 MW4。SEG MB5 QB1 指令将甲方得分的个位数通过 QB1 由一位数码管显示。M5.4 为甲方得分的十位数，由于十位数最大数就是 1，M5.4=1 时，Q1.7=1，Q1.7 驱动数码管显示十位数的 1，如图 75-4 所示。

由 I_BCD C2 MW6 指令将乙方得分 C2 转换成 BCD 码存放到 MW6。SEG MB7 QB2 指令将乙方得分的个位数通过 QB2 由一位数码管显示。M7.4 为乙方得分的十位数，由于十位数最大数就是 1，M7.4=1 时，Q2.7=1，Q2.7 驱动数码管显示十位数的 1。

当计数器 C1、C2 达到 19 时，不再计数，即计分最大不会超过 19。

具有球速可调，可显示得分的乒乓球比赛梯形图如图 75-6 所示。

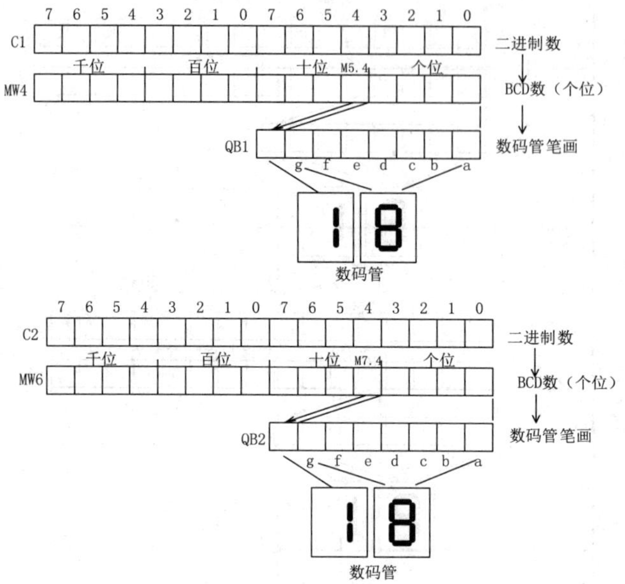

图 75-4　甲乙方得分显示梯形图的工作原理

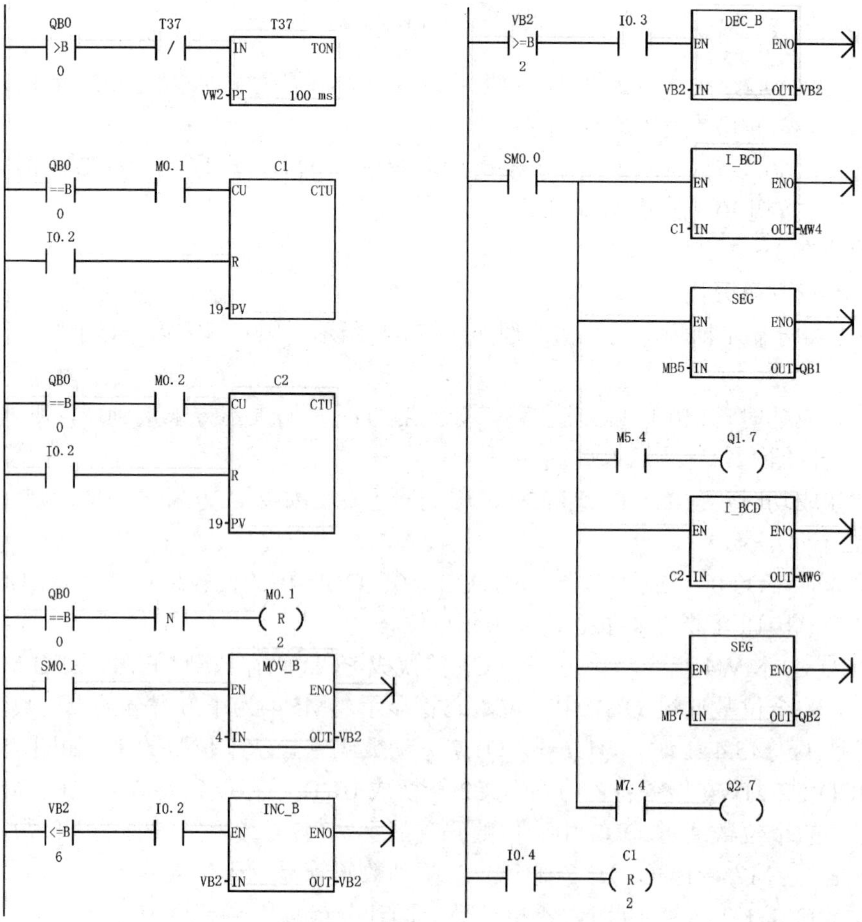

图 75-5　甲乙双方得分显示梯形图

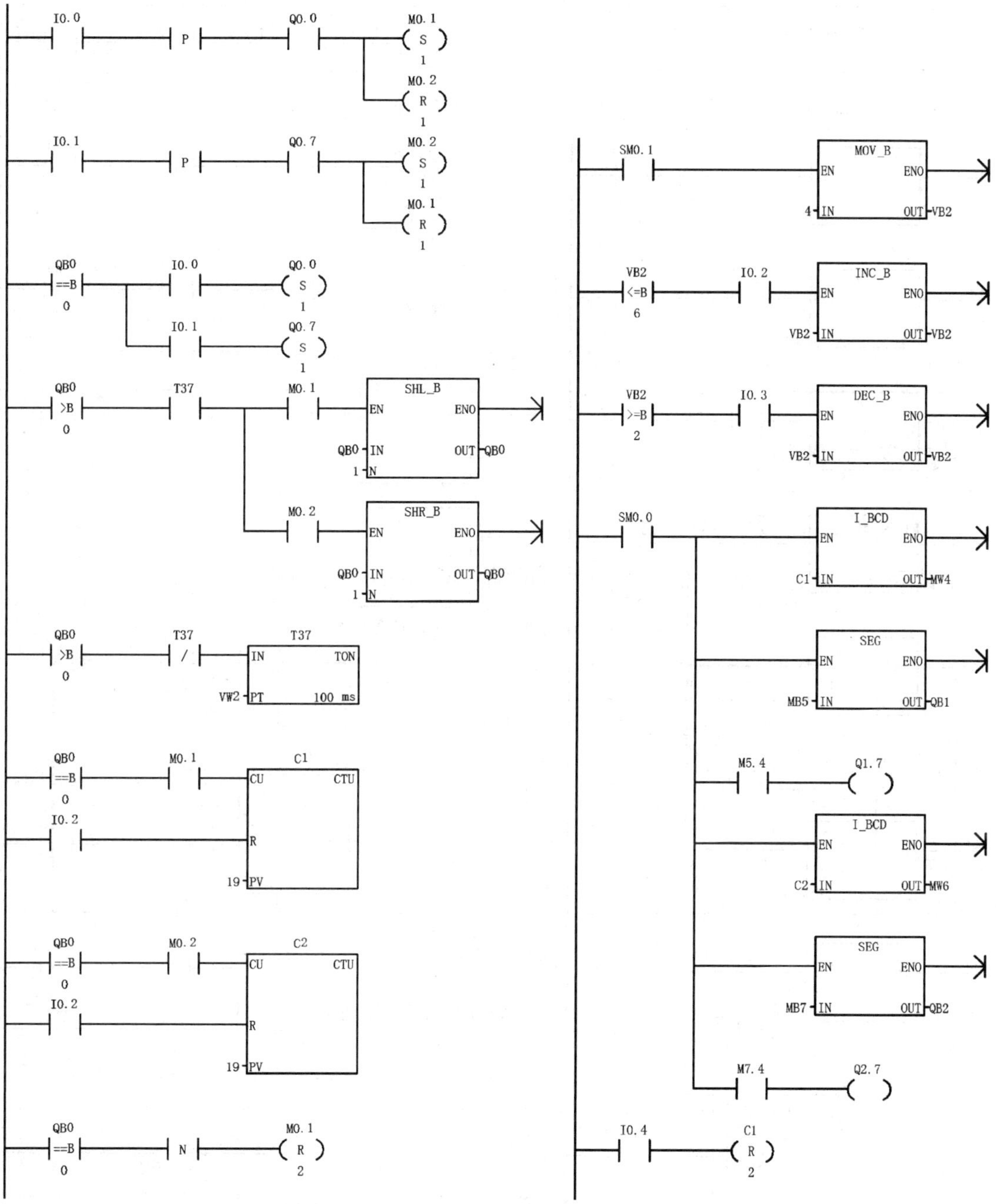

图 75-6 具有球速可调，可显示得分的乒乓球比赛梯形图

实例 76 拔河比赛

用七个灯排成一条直线，开始时，按下开始按钮，中间一个灯亮表示拔河绳子的中点，游戏的双方各持一个按钮，游戏开始，双方都快速不断地按动按钮，每按一次按

钮，亮点向本方移动一位。当亮点移动到本方的端点时，这一方获胜，并保持灯一直亮，并得一分，双方的按钮不再起作用。用两个数码管显示双方得分。

当按下开始按钮时，亮点回到中间，即可重新开始。

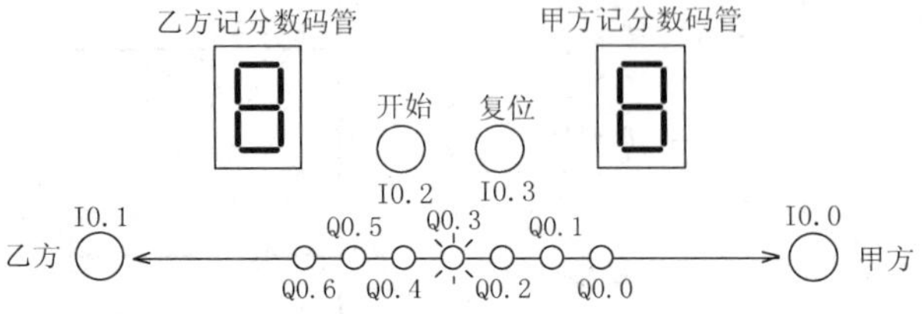

图 76-1 拔河示意图

控制方案设计

1．输入/输出元件及控制功能

如表 76-1 所示，介绍了实例 76 中用到的输入/输出元件及控制功能。

表 76-1 输入/输出元件及控制功能

	PLC 软元件	元件文字符号	元 件 名 称	控 制 功 能
输入	I0.0	SB1	按钮	模拟甲方拔河
	I0.1	SB2	按钮	模拟乙方拔河
	I0.2	SB3	按钮	拔河开始
输出	Q0.0～Q0.6	HL1～HL7	灯 1～灯 7	模拟绳子的运动
	Q1.0～Q1.6		七段数码管	显示甲方得分
	Q2.0～Q2.6		七段数码管	显示乙方得分

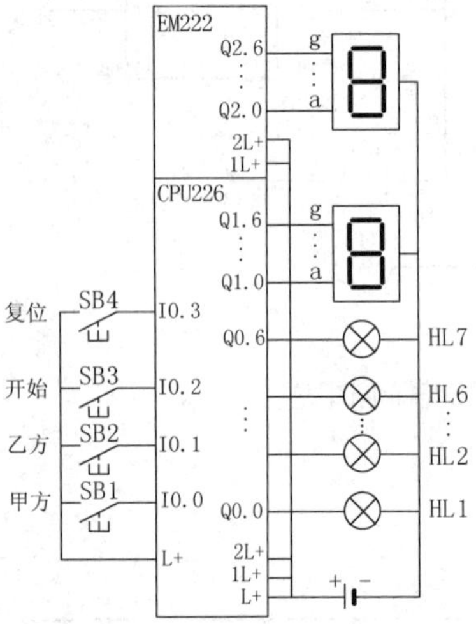

图 76-2 拔河比赛 PLC 接线图

2．电路设计

拔河比赛 PLC 接线图如图 76-2 所示。梯形图如图 76-3 所示。

3．控制原理

首先裁判员按下开始按钮 I0.2，Q0.0～Q0.7 全部复位后，再将 Q0.3 置位，中间一个灯亮表示拔河绳子的中点。

游戏开始，甲方按按钮 I0.0，每按一次，亮点向甲方右移一位，乙方按按钮 I0.1，每按一次，亮点向乙方左移一位。双方都快速不断地按动按钮，每按一次按钮，亮点向本方移动一位。假如甲方移动快，当亮点移动到甲方的端点，Q0.0=1，Q0.0 常闭接点断开，不执行移位指令，双方的按钮不再起作用。Q0.0 常开接点闭合，执行加 1 指令，并得 1 分，并保持 Q0.0 灯一直亮，经 SEG 译码，数码管显示得分。

同理，假如乙方移动快，当亮点移动到乙方的端点，Q0.6=1，Q0.6 常闭接点断开，不执行移位指令，双方的按钮不再起作用。Q0.6 常开接点闭合，执行加 1 指令，并得 1 分，并保持 Q0.6 灯一直亮，经 SEG 译码，数码管显示得分。

再按下开始按钮 I0.2 时，亮点回到中间，即可重新开始。

比赛结束时，再按下复位按钮 I0.3 时，比分复位。

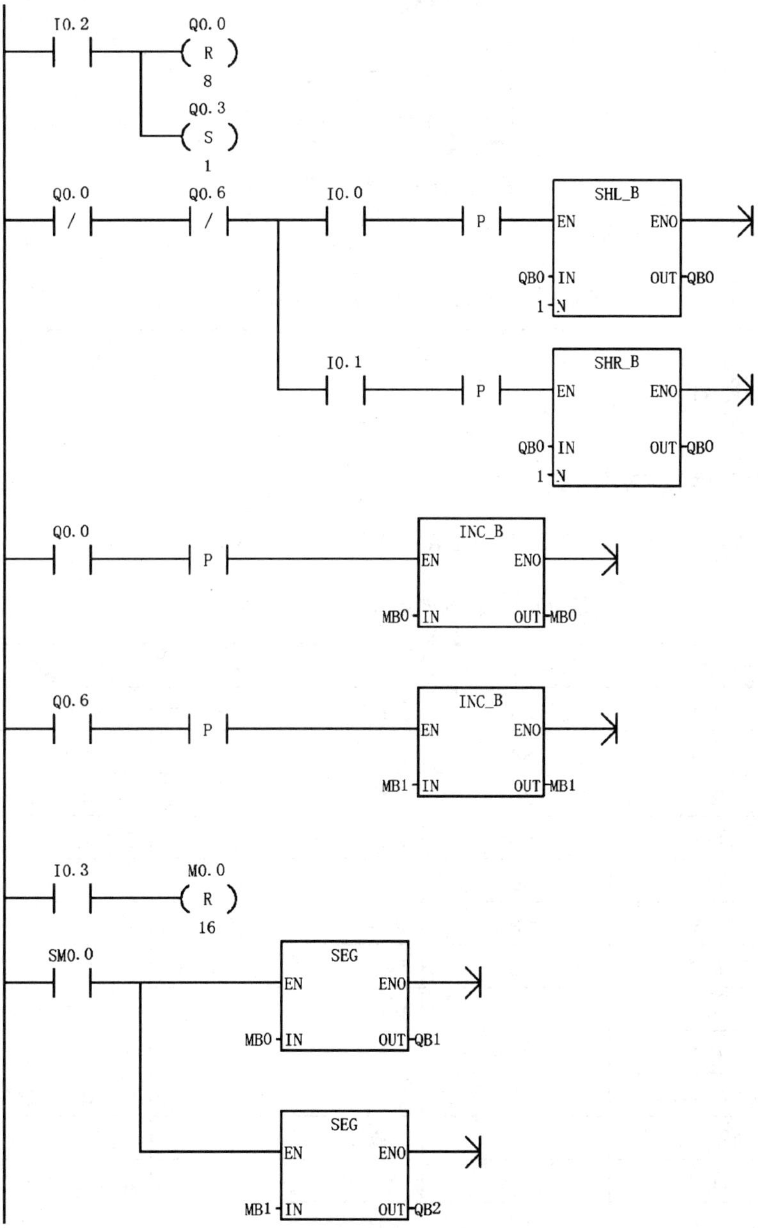

图 76-3　拔河比赛梯形图

实例 77　篮球赛记分牌

用 PLC 控制一个篮球赛记分牌，如图 77-1 所示，甲乙双方最大计分各为 199 分，各设一个 1 分按钮，2 分按钮，3 分按钮和一个减 1 分按钮。用数码管显示计分，设置一个清除计分按钮。

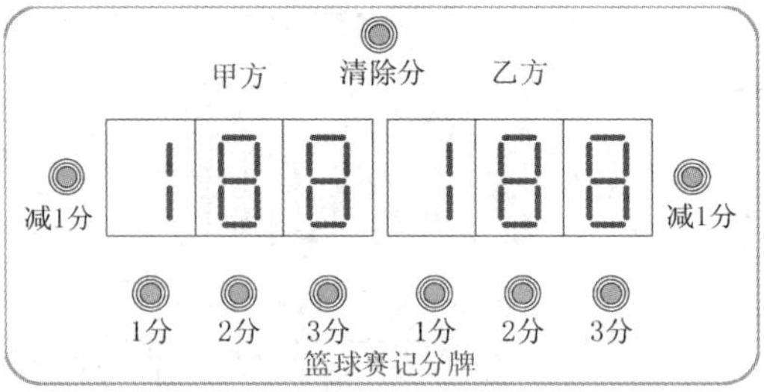

图 77-1　篮球赛记分牌示意图

控制方案设计

1. 输入/输出元件及控制功能

如表 77-1 所示，介绍了实例 77 中用到的输入/输出元件及控制功能。

表 77-1　输入/输出元件及控制功能

	PLC 软元件	元件文字符号	元 件 名 称	控 制 功 能
输入	I0.0	SB1	按钮	清除计分
	I0.1	SB2	按钮	甲方加 1 分
	I0.2	SB3	按钮	甲方加 2 分
	I0.3	SB4	按钮	甲方加 3 分
	I0.4	SB5	按钮	甲方减 1 分
	I0.5	SB6	按钮	乙方加 1 分
	I0.6	SB7	按钮	乙方加 2 分
	I0.7	SB8	按钮	乙方加 3 分
	I1.0	SB9	按钮	乙方减 1 分
输出	Q0.0～Q0.3		数码管	甲方计分个位数
	Q0.4～Q0.7		数码管	甲方计分十位数
	Q2.0		数码管	甲方计分百位数
	Q10～Q1.3		数码管	乙方计分个位数
	Q1.4～Q1.7		数码管	乙方计分十位数
	Q2.1		数码管	乙方计分百位数

2. 电路设计

篮球赛记分牌 PLC 接线图如图 77-2 所示，其梯形图如图 77-3 所示。

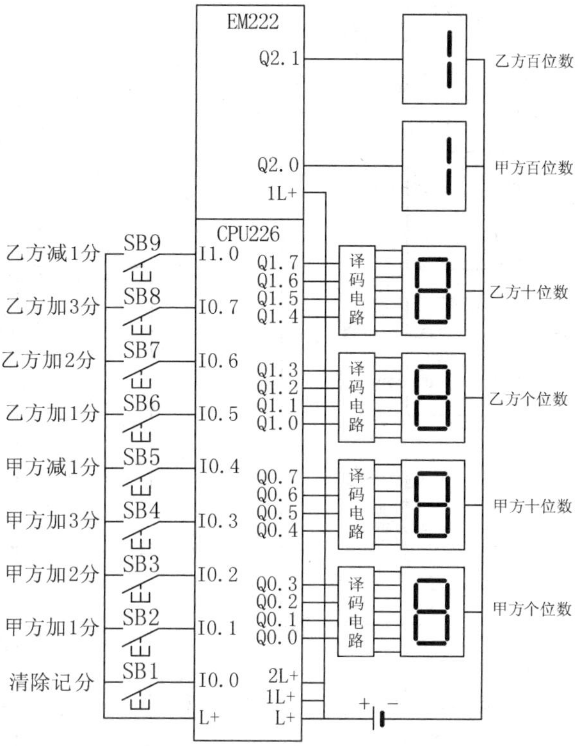

图 77-2 篮球赛记分牌 PLC 接线图

3. 控制原理

用位存储器 VW0 存放甲方得分，按钮 I0.1、I0.2、I0.3、I0.4 分别用于甲方加 1 分，加 2 分，加 3 分和减 1 分。用位存储器 VW2 存放乙方得分，按钮 I0.5、I0.6、I0.7、I0.10 分别用于乙方加 1 分，加 2 分，加 3 分和减 1 分。按钮 I0.0 用于清除计分。

例如，按下按钮 I0.2，执行一次加指令，将原来 VW0 存放的甲方得分加上 2 再存放到 VW0 中，结果是 VW0 中的数增加了 2。

同理，按下按钮 I0.4，执行一次减指令，将原来 VW0 存放的甲方得分减去 1 再存放到 VW0 中，结果是 VW0 中的数减少了 1。

由于 VW0 和 VW2 中存放的是二进制数，不能用十进制的数码管显示，这里用 I_BCD 指令将二进制数转换成 BCD 数（二进制数表示的十进制数）。

甲方计分 VW0 二进制数转换成 BCD 数存放在 VW4 中。VW4 的低 8 位 VB5 存放的是的十位数和个位数。将 VB5 中的数传送到输出继电器 QB0，经过译码电路显示甲方计分的十位数和个位数。当甲方计分计数值大于等于 100 时，Q2.0=1，直接驱动数码管，显示 1。

乙方计分 VW2 二进制数转换成 BCD 数存放在 VW6 中。VW6 的低 8 位 VB7 存放的是乙方计分的十位数和个位数。将 VB7 中的数传送到输出继电器 QB1，经过译码电路显示甲方计分的十位数和个位数。当乙方计分计数值大于等于 100 时，Q2.1=1，直接驱动数码管，显示 1。

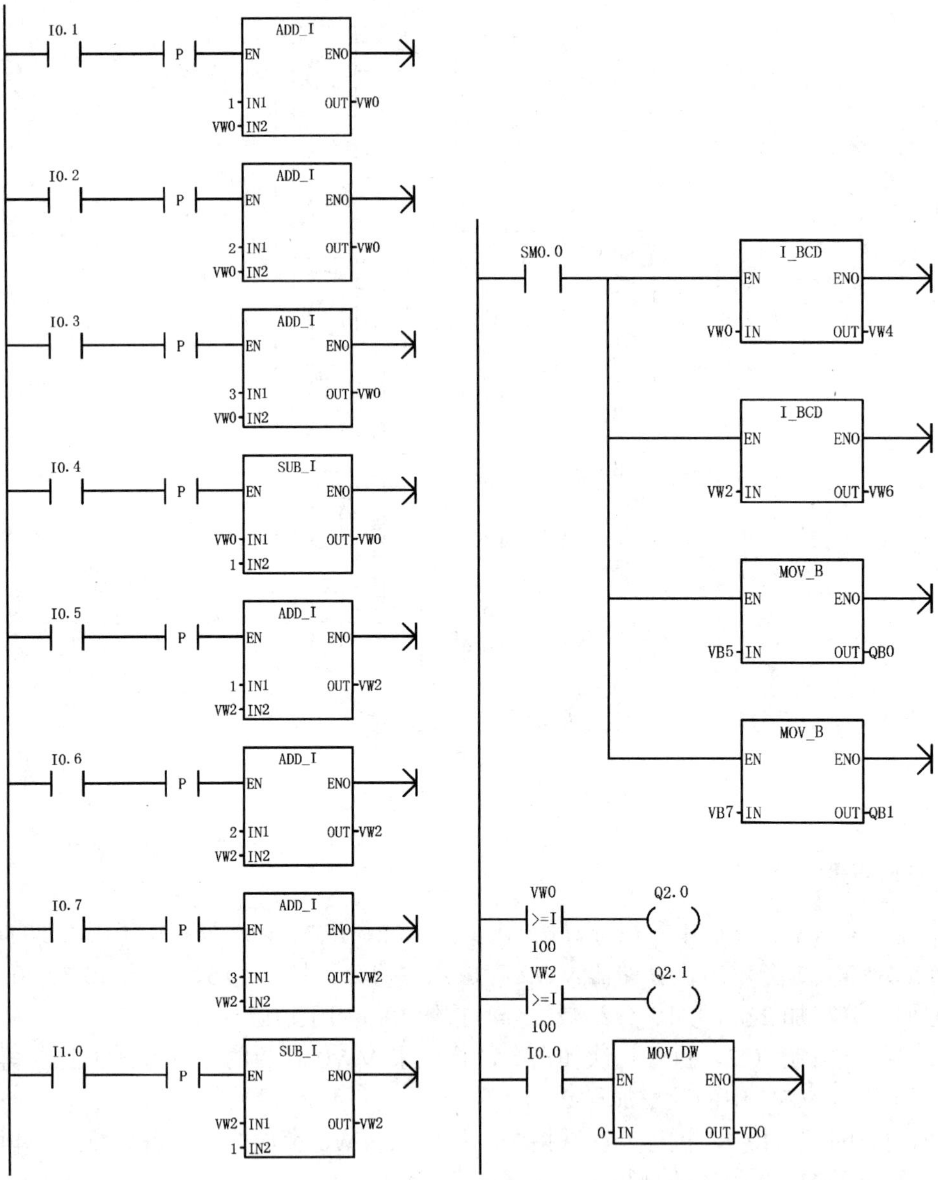

图 77-3　篮球赛记分牌控制梯形图

分类十一　时间设定控制

实例 78　用十字键设定一个定时器的设定值

用 10 个数字键设定一个定时器的设定值，范围为 1～9999。并用 4 位数码管显示数值。

控制方案设计

1．输入/输出元件及控制功能

如表 78-1 所示，介绍了实例 78 中用到的输入/输出元件及控制功能。

表 78-1　输入/输出元件及控制功能

	PLC 软元件	元件文字符号	元 件 名 称	控 制 功 能
输入	I0.0			BCD 码输入 1
	I0.1			BCD 码输入 2
	I0.2			BCD 码输入 4
	I0.3			BCD 码输入 8
	I0.4	SB11	复位键	数据复位
输出	Q0.0～Q0.3		个位数 BCD 码	个位数显示
	Q0.4～Q0.7		十位数 BCD 码	十位数显示
	Q1.0～Q1.3		百位数 BCD 码	百位数显示
	Q1.4～Q1.7		千位数 BCD 码	千位数显示

2．电路设计

采用编码输入法，用 10 个数字键 SB1～SB10 输入数值 0～9。如图 78-1 所示，选用 4 个输入点 I0.0～I0.3 输入 BCD 码，如表 78-2 所示。

但是这种方法不能直接输入数字“0”，可用按钮 SB10 输入编码“1010”来输入数字“0”，SB11 用于数字的清零。数字键输入 PLC 接线图如图 78-1 所示。PLC 梯形图如图 78-2 所示。PLC 梯形工作过程示意图如图 78-3 所示。

表 78-2　10 个输入键对应的数值和编码

数字键		SB1	SB2	SB3	SB4	SB5	SB6	SB7	SB8	SB9	SB10
输入值		1	2	3	4	5	6	7	8	9	0
编码	I0.0	1	0	1	0	1	0	1	0	1	0
	I0.1	0	1	1	0	0	1	1	0	0	1
	I0.2	0	0	0	1	1	1	1	0	0	0
	I0.3	0	0	0	0	0	0	0	1	1	1

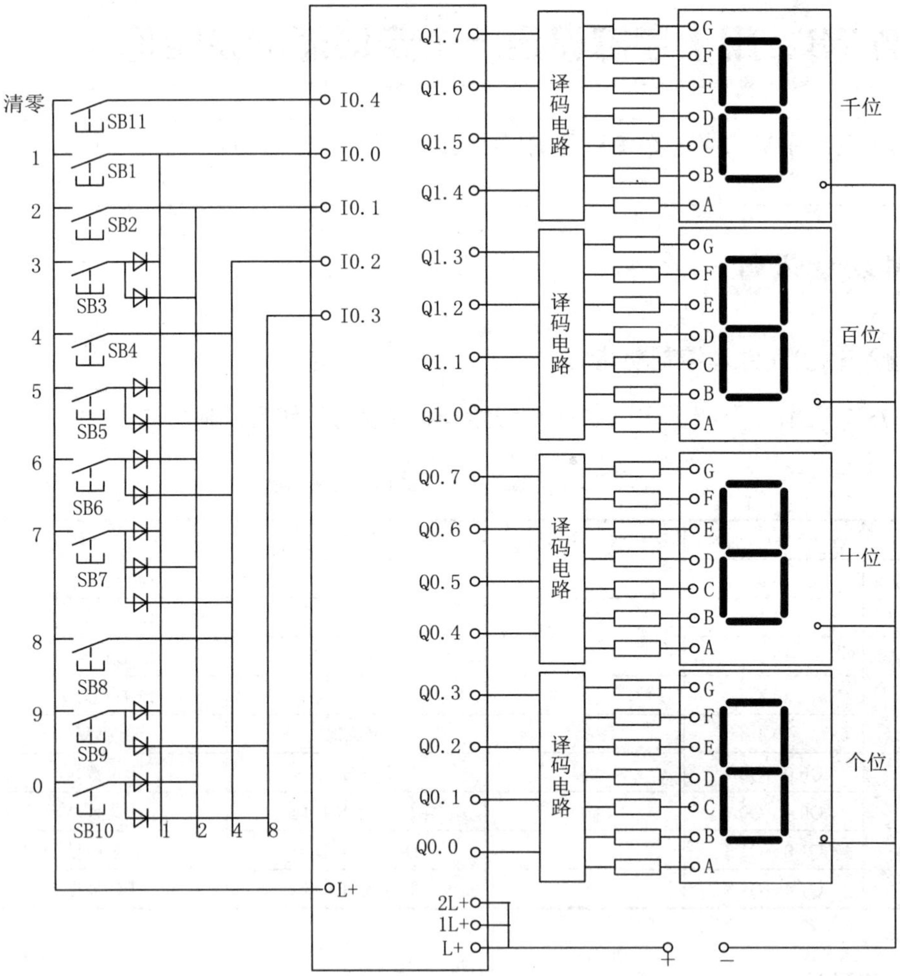

图 78-1　10 个数字键的 PLC 接线图

3．控制原理

例如，输入数值 3509，首先按下数字键 3（SB3），通过输入点 I0.0～I0.3 输入 BCD 码 0011，将 0011 传送到 MD0 中低 8 位的 M3.4～M3.7 中，由于这时 MB3>0，所以，比较接点闭合，执行一次双字 MD0 左移 4 位，M3.4～M3.7 中的 BCD 码 0011 左移到了 MB2.3～MB2.0 中。

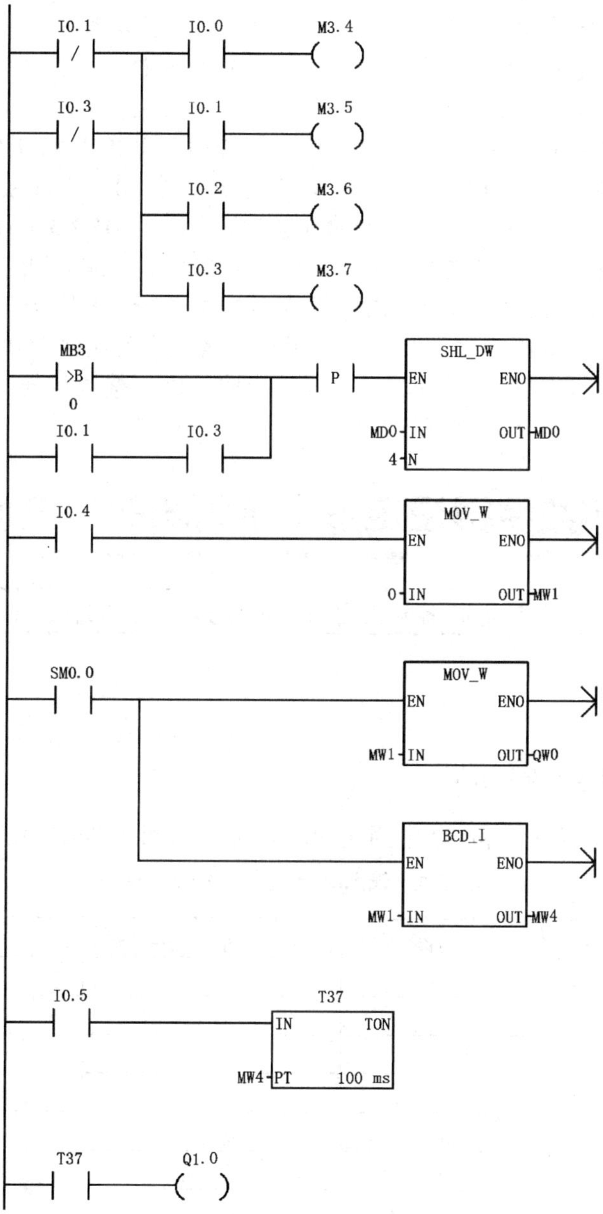

图 78-2　PLC 梯形图

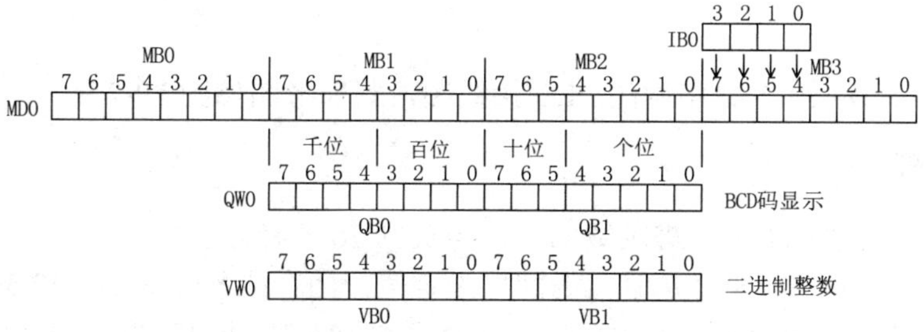

图 78-3　PLC 梯形工作过程示意图

按下数字键 5（SB5），输入 BCD 码 0101，将 0101 传送到 MD0 中低 8 位的 M3.4～M3.7 中，MB3>0，比较接点闭合，执行一次双字 MD0 左移 4 位，M3.4～M3.7 中的 BCD 码 0101 左移到了 MB2.3～MB2.0 中。

按下数字键 0（SB10），由于 I0.1=1，I0.3=1，I0.1 和 I0.3 常闭接点均断开，M3.4～M3.7 线圈不能得电，MB3=0，比较接点断开，但是 I0.1 和 I0.3 常开接点闭合，执行一次双字 MD0 左移 4 位，M3.4～M3.7 中的 BCD 码 0000 左移到了 MB2.3～MB2.0 中。

按下数字键 9（SB9），工作过程同上，最终输入端数值 3509 以 BCD 码的形式存放在 MB1、MB2（MW1）中，由 MOV_W 指令将 MW1 中的 BCD 码传送到 16 位输出继电器 QW0 中，由 16 位输出继电器驱动 4 个七段数码管，显示输入数据 3509。

执行 BCD_I 指令，将 MW1 中的 BCD 码转换成二进制整数传送到 MW4 中，MW4 可以作为定时器的设定值。按下清零键 SB11，可以将输入的数据清除。

实例 79 用数字键设定多个定时器的设定值

用 10 个数字键设定多个定时器的设定值，范围为 1～9999。

控制方案设计

1. 输入/输出元件及控制功能

如表 79-1 所示，介绍了实例 79 中用到的输入/输出元件及控制功能。

表 79-1 输入/输出元件及控制功能

	PLC 软元件	元件文字符号	元 件 名 称	控 制 功 能
输入	I0.0			BCD 码输入 1
	I0.1			BCD 码输入 2
	I0.2			BCD 码输入 4
	I0.3			BCD 码输入 8
	I0.4	SB11	复位键	数据复位
	I0.5	SA1	选择开关 1	数据设定选择
	I0.6	SA2	选择开关 2	数据设定选择
	I0.7	SA3	选择开关 3	数据设定选择

2. 电路设计

如图 79-1 所示为 10 个数字键的 PLC 接线图，其梯形图如图 79-2 所示。

3. 控制原理

用 10 个数字键输入 4 位十进制数的方法与实例 78 一样。

图 79-2 可以用于设定 8 个定时器的间接设定值，闭合或断开 SA1（I0.5）、SA2（I0.6）和 SA3（I0.7），将输入到 MW1 中的 4 位 BCD 数转换成二进制整数分别存放到 8 个字位存储器中，如表 79-2 所示。

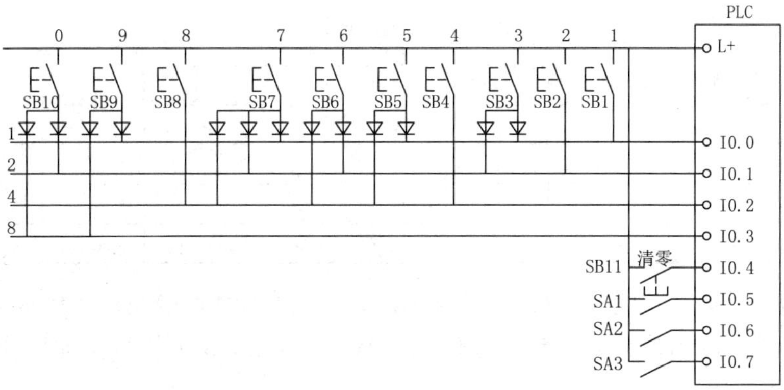

图 79-1　10 个数字键的 PLC 接线图

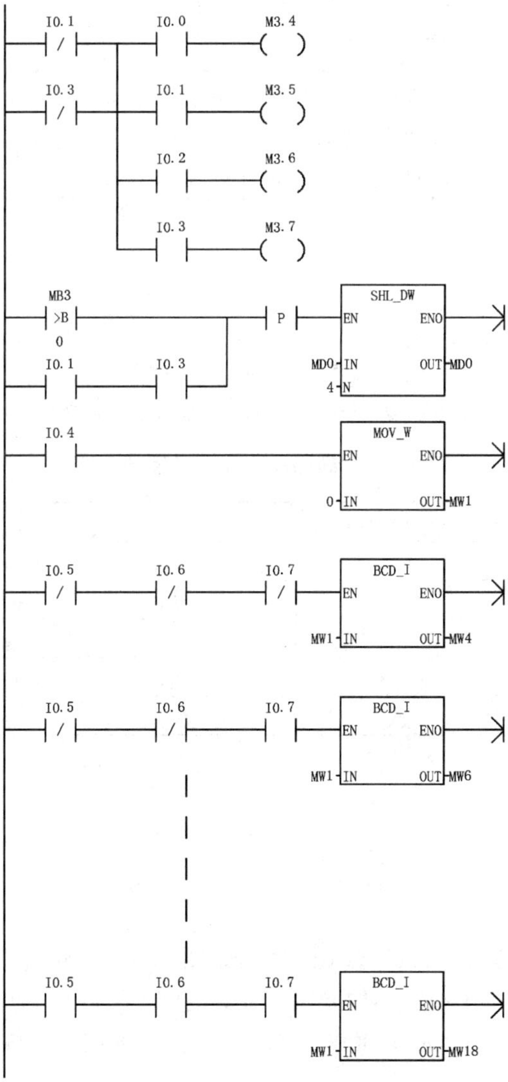

图 79-2　十字键数据设定梯形图

表 79-2 输入选择表

输入	0	1	2	3	4	5	6	7
I0.7	0	1	0	1	0	1	1	1
I0.6	0	0	1	1	0	0	1	1
I0.5	0	0	0	0	1	1	0	1
	MW4	MW6	MW8	MW10	MW12	MW14	MW16	MW18

例如，I0.5=0、I0.6=0、I0.7=1，则接通 BCD_I MW! MW6 指令，将输入到 MW1 中的 4 位 BCD 数转换成二进制整数存放到位存储器 MW6 中。MW6 中的数据即可作为某定时器的设定值。

实例 80 电动机运行时间调整

控制一台电动机，按下启动按钮，电动机运行一段时间自行停止；按下停止按钮，电动机立即停止。运行时间用两个按钮来调整，时间调整间距为 10s，初始设定时间为 1000s，最小设定时间为 100s，最大设定时间为 3000s。

控制方案设计

1．输入/输出元件及控制功能

如表 80-1 所示，介绍了实例 80 中用到的输入/输出元件及控制功能。

表 80-1 输入/输出元件及控制功能

	PLC 软元件	元件文字符号	元 件 名 称	控 制 功 能
输入	I0.0	SB1	按钮	启动
	I0.1	SB2	按钮	停止
	I0.2	SB3	按钮	增加设定时间
	I0.3	SB4	按钮	减少设定时间
输出	Q0.0	KM	接触器	控制电动机

2．电路设计

电动机运行时间调整。

3．控制原理

电动机运行时间调整 PLC 接线图和梯形图如图 80-1 所示。PLC 初次运行时，将常数 10000 传送到 VW0 中，VW0 作为定时器 T37 的间接设定值为 1000s。每按一次按钮 I0.2，VW0 中的数据增加 100，当 D0≥30000 时，比较接点断开（VW 0<30000 时比较接点闭合），按钮 I0.2 不起作用。

每按一次按钮 I0.3，VW0 中的数据减少 100，当 VW0≤1000 时，比较接点断开（VW0>30000 时比较接点闭合），按钮 I0.3 不起作用。VW0 的数据只能在 1000～30000 之间调整。

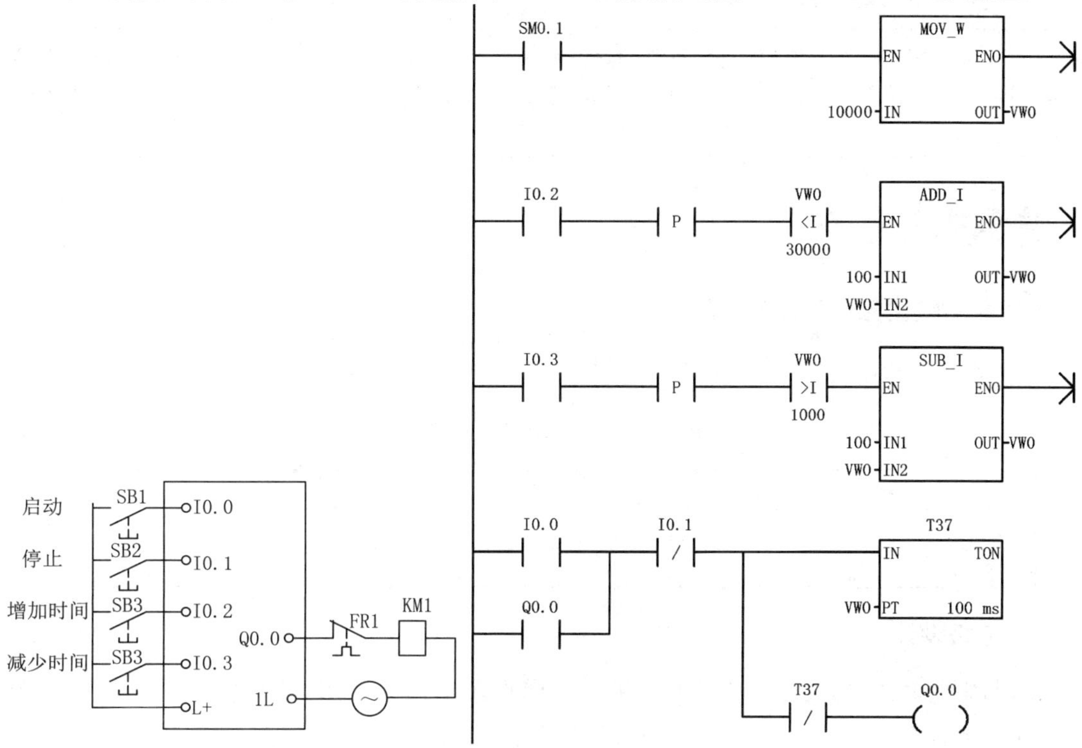

图 80-1　电动机运行时间调整 PLC 接线图和梯形图

按下启动按钮 I0.0，Q0.0 线圈得电自锁，电动机启动，定时器 T37 延时时间达到 VW 0 中的数据时定时器 T37 常闭接点断开，Q0.0 线圈失电，电动机停止。如果电动机运行时按下停止按钮 I0.1，电动机立即停止。梯形图工作原理如图 80-2 所示。

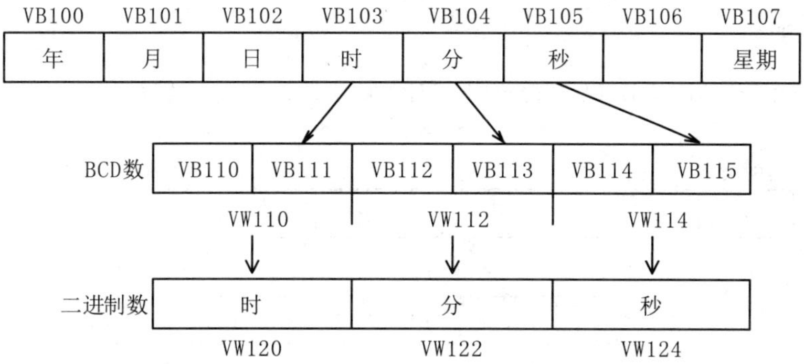

图 80-2　梯形图工作原理图

实例 81　定时闹钟

用 PLC 控制一个电铃，要求除了星期六、星期日以外，每天早上 7:10 分电铃响 10s，按下复位按钮，电铃停止。如果不按下复位按钮，每隔 1min 再响 10s 进行提醒，共响 3 次结束。

控制方案设计

1．输入/输出元件及控制功能

如表 81-1 所示，介绍了实例 81 中用到的输入/输出元件及控制功能。

表 81-1　输入/输出元件及控制功能

	PLC 软元件	元件文字符号	元 件 名 称	控 制 功 能
输入	I0.0	SB	复位按钮	闹钟停止
输出	Q0.0	HA	电铃	闹钟响铃

2．电路设计

定时闹钟 PLC 接线图如图 81-1 所示，梯形图工作原理图如图 81-2 所示。梯形图如图 81-3 所示。

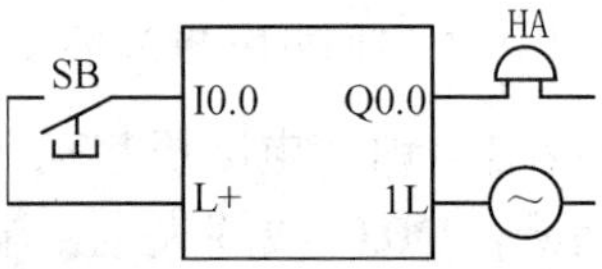

图 81-1　PLC 接线图

3．控制原理

执行功能指令 READ WB100，将 PLC 中的实时时钟的时间传送到 VB100～VB107 中，如图 81-2 所示。

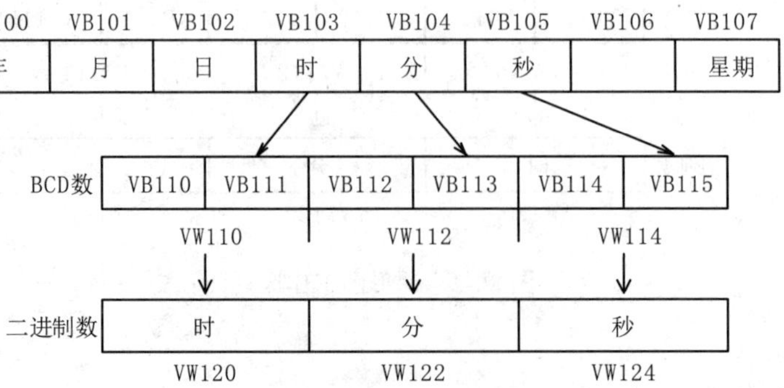

图 81-2　梯形图工作原理图

执行 MOV_B VB103 VB111 指令，将时写入到 VB111 中。

执行 MOV_B VB104 VB113 指令，将分写入到 VB113 中。

执行 MOV_B VB105 VB115 指令，将秒写入到 VB115 中。

执行 BCD_I VW110 VW120 指令，将时的 BCD 数转换成二进制整数放在 VW120 中。

执行 BCD_I VW112 VW122 指令，将分的 BCD 数转换成二进制整数放在 VW122 中。

执行 BCD_I VW114 VW124 指令，将秒的 BCD 数转换成二进制整数放在 VW124 中。

当时间为 7 时 10 分 0 秒时，M0.0=1，当不是星期日（VW106≠1），不是星期六（VW106≠7）时，M0.1 得电自锁。

M0.1=1 时，Q0.0 得电铃响 10s 停止，T37 延时 1min 断开一次。计数器 C0 对 T37 的接通次数计数，当计数值为 4 时，C0 常开接点断开 M0.0，并对 C0 复位。

按下复位按钮，电铃停止。

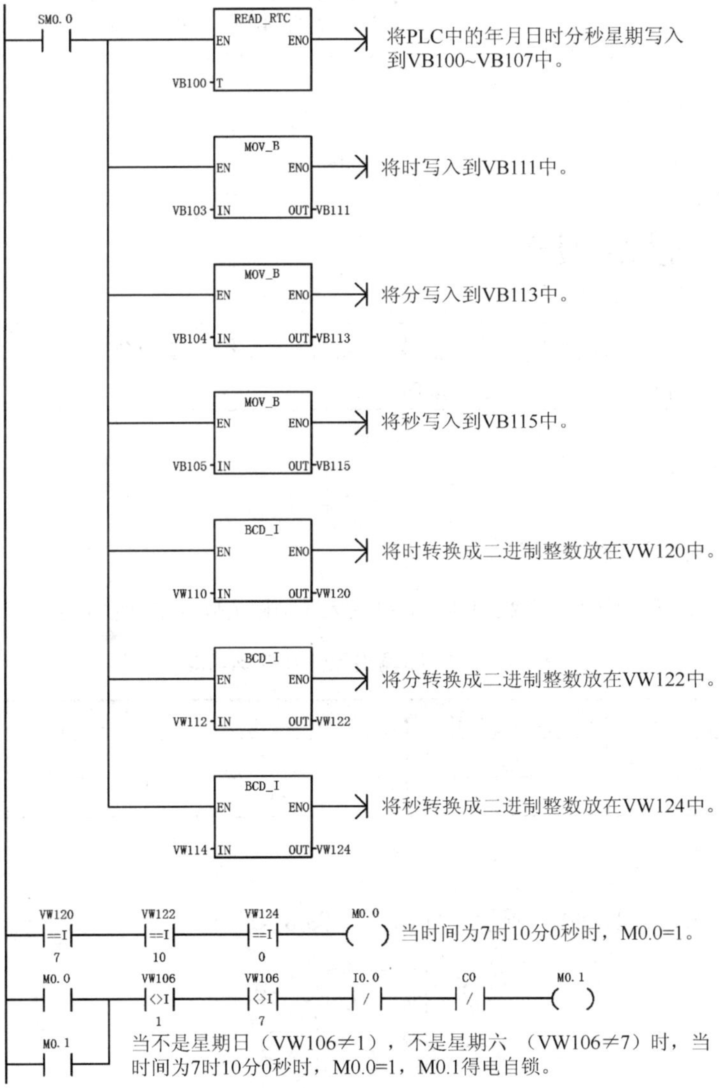

图 81-3 梯形图

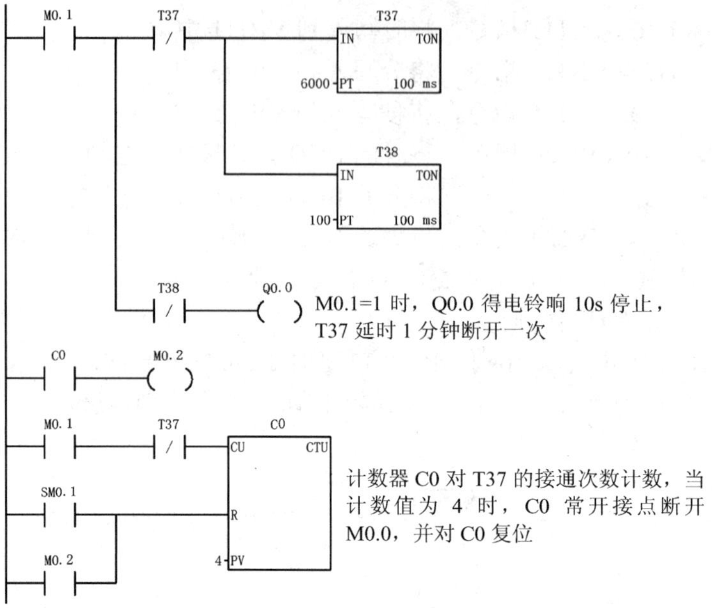

图 81-3　梯形图（续）

实例 82　整点报时

对 PLC 中的时钟进行整点报时，要求几点钟响几次，每秒钟一次。为了不影响晚间休息，只在早晨 6 时到晚上 21 时之间报时。

控制方案设计

1. 输入/输出元件及控制功能

如表 82-1 所示，介绍了实例 82 中用到的输入/输出元件及控制功能。

表 82-1　输入/输出元件及控制功能

	PLC 软元件	元件文字符号	元 件 名 称	控 制 功 能
输入	I0.0	SA	开关	启动报警
输出	Q0.0	HA	报时器	整点报时

2. 电路设计

整点报时的接线图如图 82-1 所示，梯形图如图 82-2 所示。

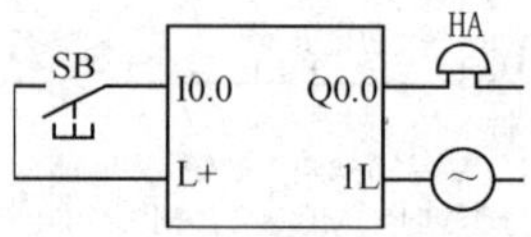

图 82-1　整点报时接线图

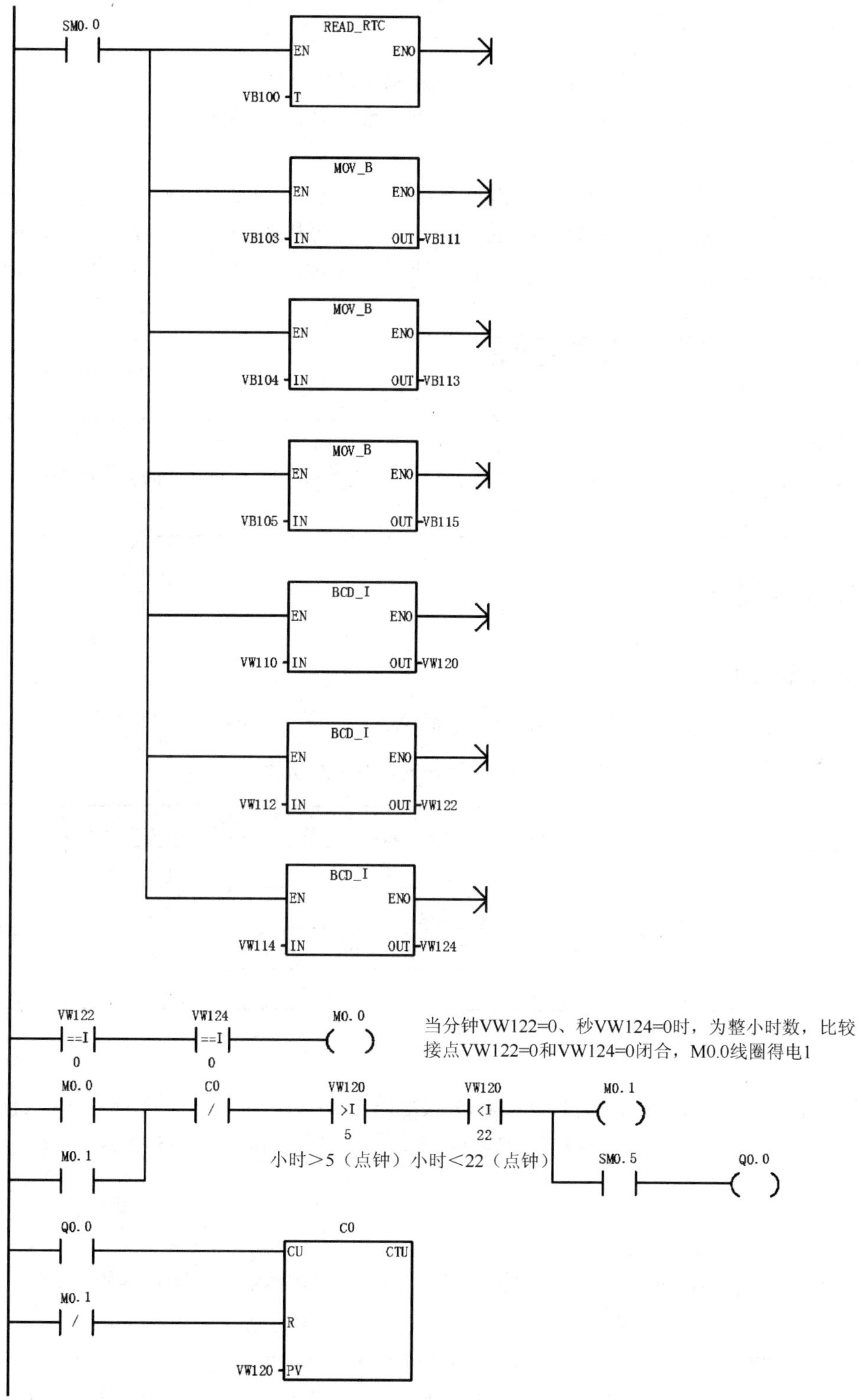

图 82-2　整点报时梯形图

3．控制原理

PLC 中的实时时钟的时间读出与转换与实例 81 一样。

当分钟 VW122=0、秒 VW124=0 时，为整小时数，比较接点 VW122=0 和 VW124=0 闭合，M0.0 线圈得电。

M0.0 常开接点闭合，当小时 VW120>5（点钟）、VW120<22（点钟）时两个比较接点闭合，M0.1 线圈得电自锁，Q0.0 每秒钟接通一次，报时器每秒钟响一次。计数器 C0 对 Q0.0 的动作次数计数。计数值等于 VW120 的钟点数，所以，报时器响的次数和钟点数正好相同。

实例 83　显示日期时间

用选择开关查看 PLC 中内置的日期时间，用 4 个数码管依次显示“年月”、“日时”、“分秒”和“星期”，当 I0.0=1 时显示“年月”，当 I0.1=1 时显示“日时”，当 I0.2=1 时显示“分秒”，当 I0.3 =1 时显示“星期”。

控制方案设计

1．输入/输出元件及控制功能

如表 83-1 所示，介绍了实例 83 中用到的输入/输出元件及控制功能。

表 83-1　输入/输出元件及控制功能

	PLC 软元件	元件文字符号	元 件 名 称	控 制 功 能
输入	I0.0～I0.2		数字开关	选择年月日时分秒和星期
	I0.4	SB	按钮	校对时间
输出	Q0.0～Q0.6		数码管（个位）	时间显示
	Q0.10～Q0.16		数码管（十位）	时间显示

2．电路设计

用选择开关查看 PLC 中内置的日期时间接线图如图 83-1 所示，日期输入控制梯形图如图 83-2 所示，用选择开关查看 PLC 中内置的日期时间梯形图如图 83-3 所示。

3．控制原理

（1）PLC 中的日期时间设置

如果对 PLC 中的日期时间未设置或不正确，可以用图 83-2 的梯形图对 PLC 内置的时间设置正确的时间，设置过程如表 83-2 所示。

设定当前时间为 2011 年 4 月 18 日 10 时 30 分 30 秒星期一。

将 11 年 04 月 18 日 10 时用 16#11041810 传送到 VD0 中，其中 VB0 存放 11 年，VB1 存放 04 月，VB2 存放 18 日，VB3 存放 10 时。

将 30 分 30 秒星期一用 16#30300002 传送到 VD4 中，其中 VB4 存放 30 分，VB5 存放

30s，VB6 不使用，VB7 存放星期一（02 为星期一），如表 83-3 所示。

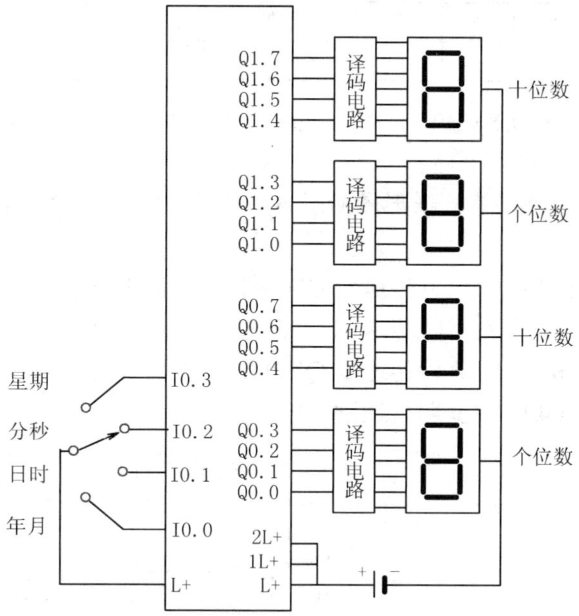

图 83-1　用选择开关查看 PLC 中内置的日期时间接线图

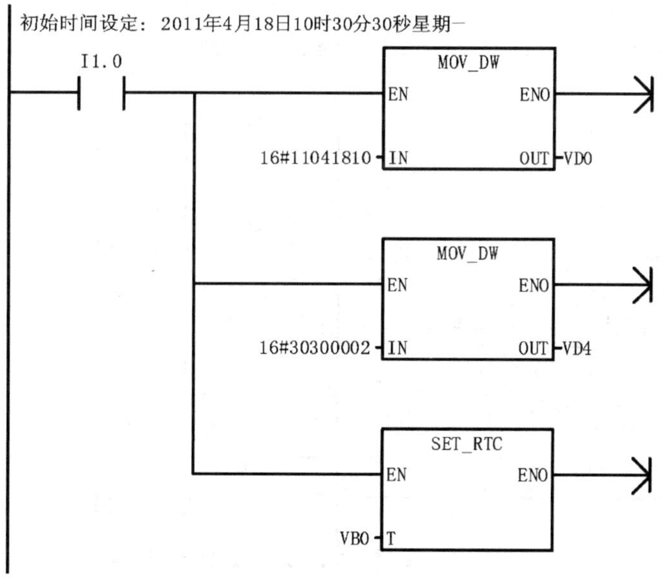

图 83-2　PLC 初始时间的设定梯形图

表 83-2　图 83-1 PLC 初始时间的设定结果

VD0				VD4			
VB0	VB1	VB2	VB3	VB4	VB5	VB6	VB7
11	04	18	10	30	30	00	02
年	月	日	时	分	秒		星期

表 83-3　VW107 中数字与星期的对应关系

VB7	1	2	3	4	5	6	7
星期	日	一	二	三	四	五	六

执行时钟写入指令 TODR VB0，即将初始设定的时间写入 PLC 中。

（2）PLC 中的日期时间读出显示

日期时间输出控制如图 83-3 梯形图所示，首先将 PLC 中的日期时间读出到 VB100～VB107 中。

当 I0.0=1 时，VW100 中的年月传送到 QW0 中，显示年月。

当 I0.1=1 时，VW102 中的日时传送到 QW0 中，显示日时。

当 I0.2=1 时，VW103 中的分秒传送到 QW0 中，显示分秒。

当 I0.3=1 时，VW104 中的星期传送到 QW0 中，显示星期。

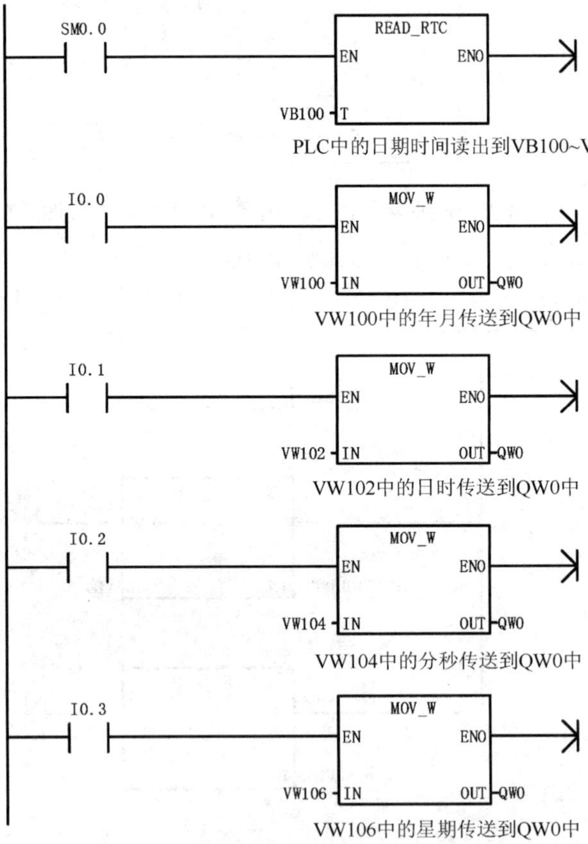

图 83-3　日期输出控制梯形图

表 83-4　时间的对应

VW100		VW102		VW104		VW106	
VB100	VB101	VB102	VB103	VB104	VB105	VB106	VB107
年	月	日	时	分	秒		星期

实例 84　通断电均延时定时器

当 I0.0 闭合时，Q0.0 延时 2s 得电，当 I0.0 断开时，Q0.0 延时 2s 失电，要求只用一个定时器。

控制方案设计

1．输入/输出元件及控制功能

如表 84-1 所示，介绍了实例 84 中用到的输入/输出元件及控制功能。

表 84-1　输入/输出元件及控制功能

	PLC 软元件	元件文字符号	元 件 名 称	控 制 功 能
输入	I0.0	SB	按钮	控制
输出	Q0.0	KM	接触器	电路控制

2．电路设计

（1）通电断电延时时间相同的定时器

通断电均延时定时器 PLC 控制接线图和时序图如图 84-1 所示，梯形图如图 84-2 所示。当 I0.0 接点闭合时，Q0.0 延时 5s 得电，当 I0.0 接点断开时，Q0.0 延时 5s 失电。由于通电延时和断电延时的时间一样，可以只用一个定时器。

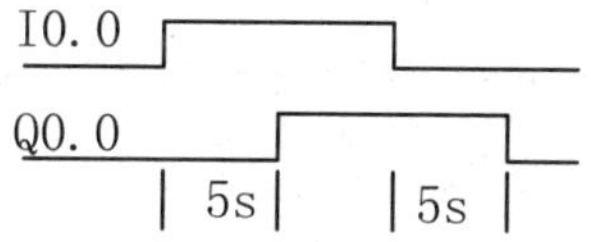

图 84-1　PLC 控制接线图和时序图

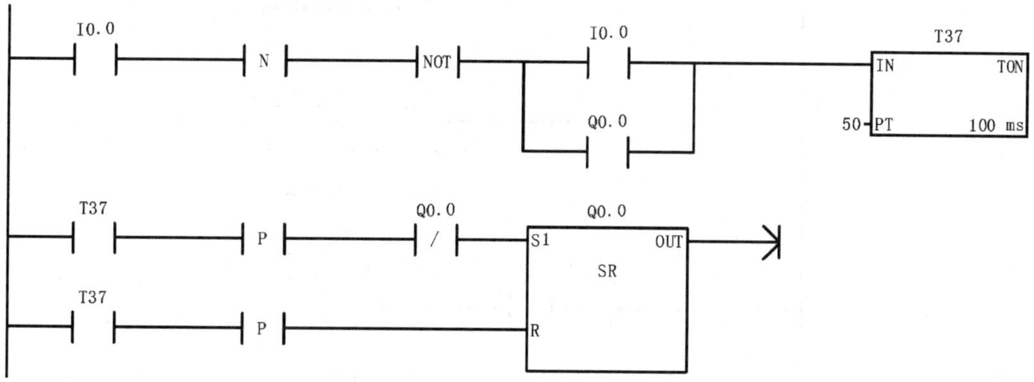

图 84-2　通断电均延时定时器梯形图

（2）通电断电延时时间不相同的定时器

通电断电延时时间不相同的定时器时序图如图 84-3 所示，梯形图之一如图 84-4 所示，梯形图之二如图 84-5 所示。

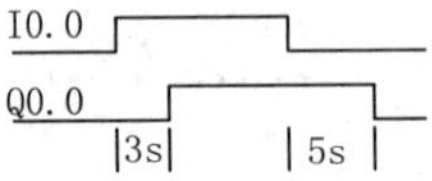

图 84-3 通电断电延时时间不相同的定时器时序图

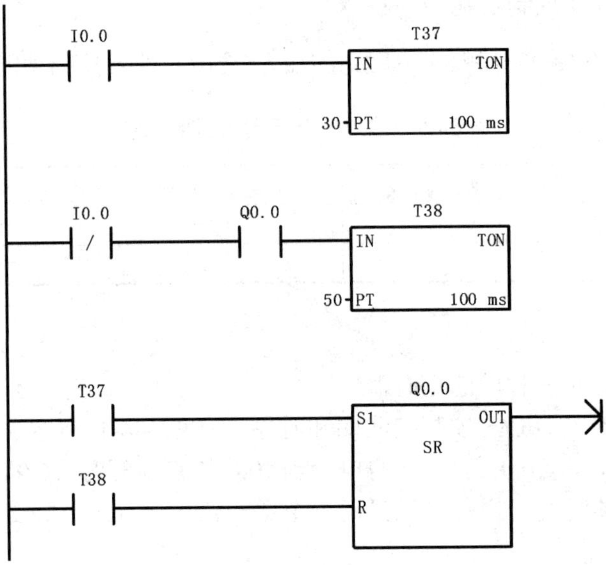

图 84-4 通电断电延时时间不相同的定时器梯形图之一

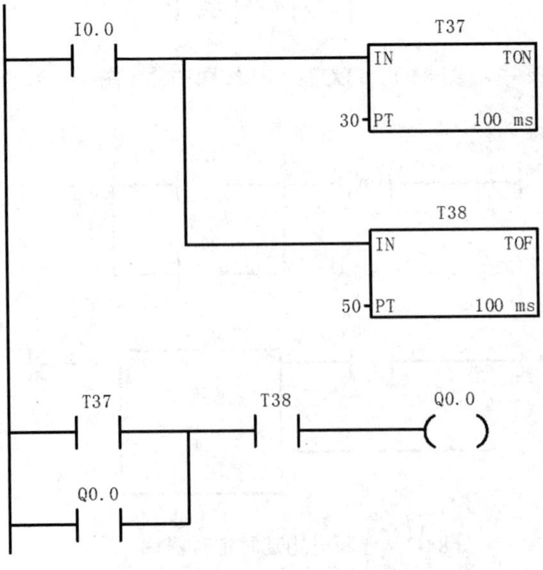

图 84-5 通电断电延时时间不相同的定时器梯形图之二

3. 控制原理

（1）通电断电延时时间相同的定时器

如图 84-2 所示，I0.0 常开接点和负跳变 ED 指令以及取反指令 NOT 组成了一个 I0.0 的负跳变（下降沿）常闭接点，这个接点的特点是当 I0.0=0 时是闭合的，I0.0=1 时也是闭合的，只有当 I0.0 从 1 变为 0 时，断开一个扫描周期。

当 I0.0 闭合时，定时器 T37 得电延时 5s，T37 上升沿接点闭合 SR 触发器的 S1 端和 R 端都接通，但是 SR 触发器为置位优先触发器，结果 Q0.0 置位。

当 I0.0 断开时，I0.0 下降沿常闭接点断开一个扫描周期又闭合，T37 又得电延时 5s，由于 Q0.0 常闭接点断开，SR 触发器不能置位，T37 上升沿接点接通 SR 触发器的复位端 R，Q0.0 复位失电。

（2）通电断电延时时间不相同的定时器

通电断电延时时间不相同的定时器梯形图之一如图 84-4 所示，采用两个通电延时继电器。

当 I0.0 闭合时，定时器 T37 得电延时 3s，T37 接点闭合接通 SR 触发器的 S1 端，结果 Q0.0 置位。

当 I0.0 断开时，I0.0 常闭接点闭合，由于 Q0.0 常开接点闭合，T38 得电，延时 5s，T38 接点接通 SR 触发器的复位端 R，Q0.0 复位失电。

通电断电延时时间不相同的定时器梯形图之二如图 84-5 所示，采用一个通电延时继电器和一个断电延时继电器。

当 I0.0 闭合时，同时接通通电延时定时器 T37 和断电延时定时器 T38。T38 常开接点瞬时闭合，T37 得电延时 3s，T37 常开接点闭合接通 Q0.0 线圈并自锁。

当 I0.0 断开时，T37 常开接点断开，但是 Q0.0 自锁，Q0.0 线圈仍得电，T38 失电延时 5s，T38 接点断开，Q0.0 失电。

实例 85　按钮人行道控制

按钮人行道如图 85-1 所示，道路上的交通灯由行人控制，在人行道的两边各设一个按钮，当行人要过人行道时按下路边的按钮，交通灯按如图 85-2 所示的时间顺序变化，在交通灯已经进入运行状态时，再按按钮将不起作用。

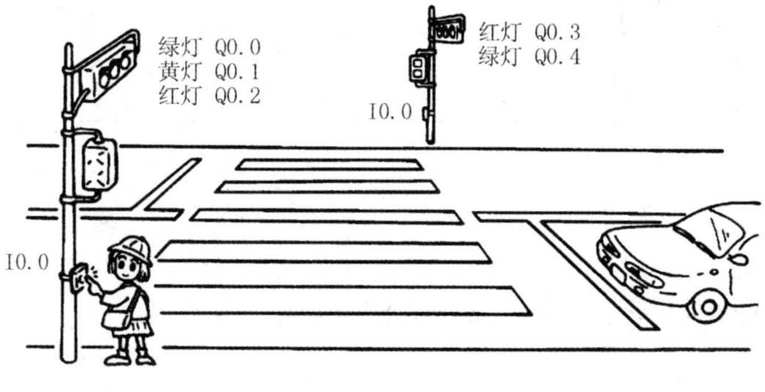

图 85-1　按钮人行道示意图

按钮人行道交通灯的时间顺序变化可以根据图 85-2 所示，分为 6 个时间段，用 6 个定时器来控制。

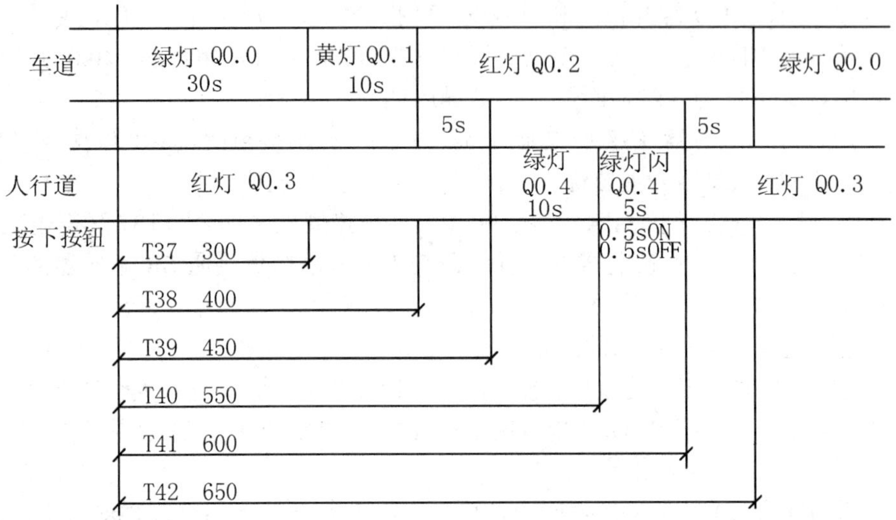

图 85-2　按钮人行道信号灯时间图

控制方案设计

1．输入/输出元件及控制功能

如表 85-1 所示，介绍了实例 85 中用到的输入/输出元件及控制功能。

表 85-1　输入/输出元件及控制功能

	PLC 软元件	元件文字符号	元 件 名 称	控 制 功 能
输入	I0.0	SB1	按钮 1	路北按钮，控制交通灯
		SB2	按钮 2	路南按钮，控制交通灯
输出	Q0.0	HL0	交通信号灯	车道绿灯
	Q0.1	HL1	交通信号灯	车道黄灯
	Q0.2	HL2	交通信号灯	车道红灯
	Q0.3	HL3	交通信号灯	人行道红灯
	Q0.4	HL4	交通信号灯	人行道绿灯

2．电路设计

方法 1：

PLC 接线图如图 85-3 所示。梯形图如图 85-4 所示。

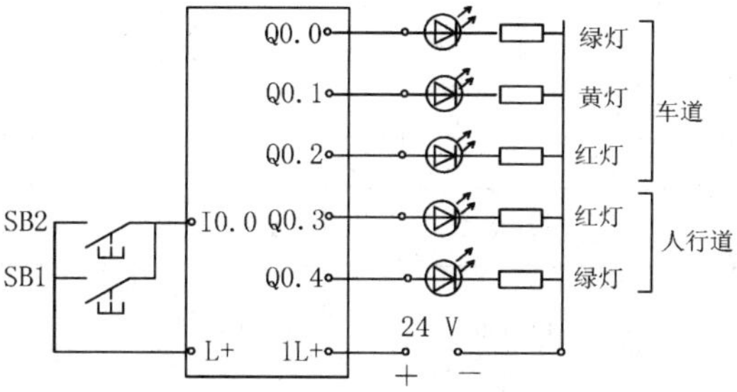

图 85-3 PLC 接线图

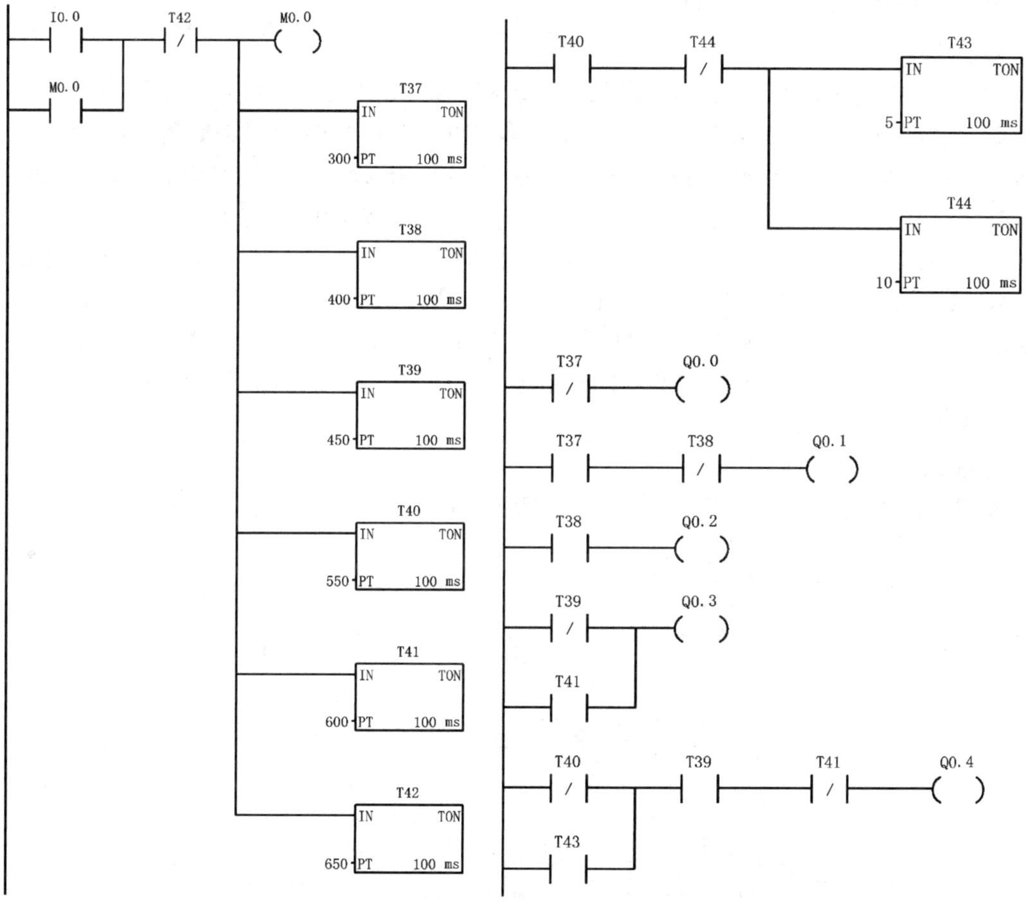

图 85-4 梯形图

方法 2：

以上用基本逻辑指令编制梯形图的方法实现了按钮人行道的控制，这是一种典型的时间顺序控制，用状态转移图编程也很方便。

本例采用并行分支比较方便，根据控制的通行时间关系，将时间按照车道和人行道分别标定，如图 85-5 所示。

在并行分支中，车道按定时器 T37、T38、T39 设定的时间工作，人行道按定时器 T40、T41、T42 设定的时间工作。

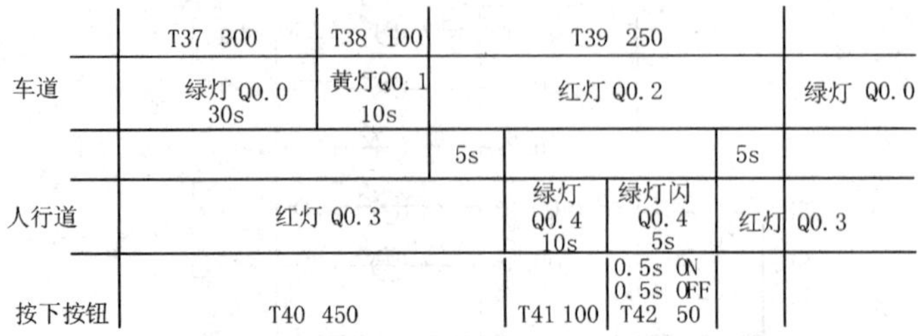

图 85-5 按钮人行道交通灯通行时间图

3．控制原理

方法 1：

如图 85-4 所示，在未按下按钮时，Q0.0 和 Q0.3 常闭接点得电，人行道红灯亮，车道绿灯亮。当按下按钮 I0.0，M0.0 得电自锁，将定时器 T37～T42 线圈接通开始延时，在此期间按按钮对梯形图没有影响。首先 T37 经 30s 动作断开 Q0.0，车道绿灯灭，闭合 Q0.1，车道黄灯亮。10s 后 T38 接点动作，断开 Q0.1 车道，黄灯灭，闭合 Q0.2，车道红灯亮。5s 后 T39 接点动作，断开 Q0.3，人行道红灯灭，闭合 Q0.4，人行道绿灯亮，行人可以通行。10s 后 T40 接点动作，接通由 T43、T44 组成的振荡电路，T43 常开接点使 Q0.4 线圈 0.5s 断、0.5s 通，人行道绿灯闪。闪 5s 后 T41 接点动作，断开 Q0.4，人行道绿灯灭，闭合 Q0.3，红灯亮。5s 后 T42 接点动作，T42 常闭接点使 M0.0 和所有定时器线圈断开，恢复到初始状态，完成一次行人通行过程。

方法 2：

按钮人行道交通灯步进顺控图如图 85-6 所示。根据图 85-6 画出的梯形图如图 85-7 所示。

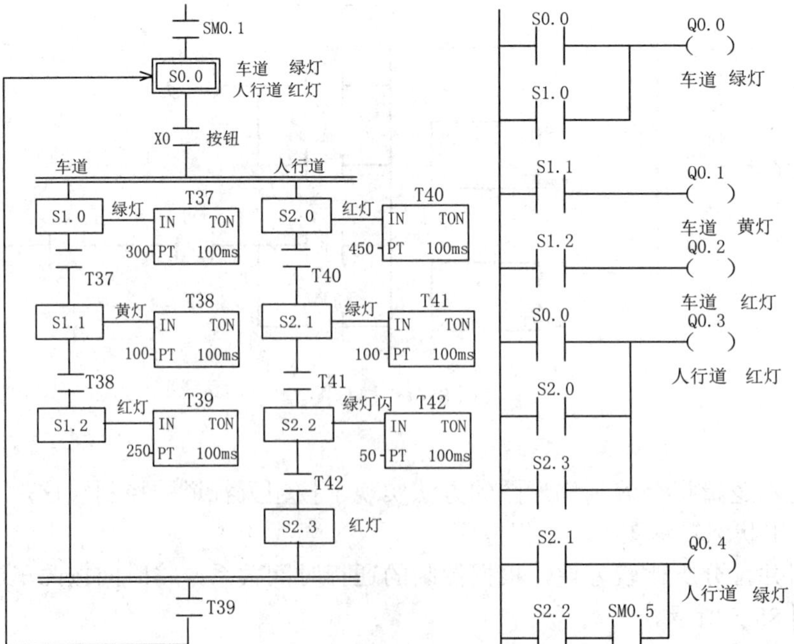

图 85-6 按钮人行道交通灯步进顺控图

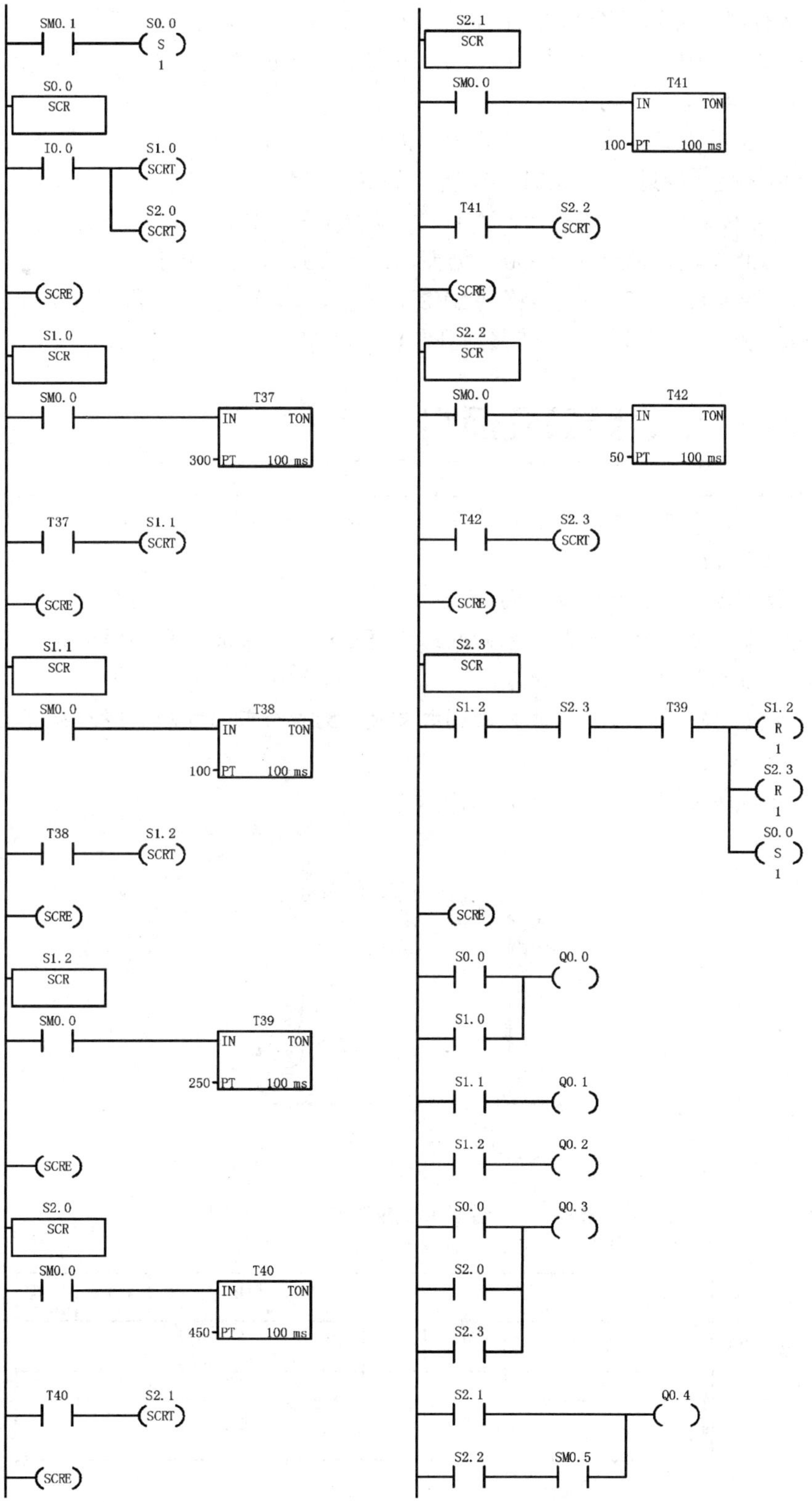

图 85-7　按钮人行道交通灯梯形图

当 PLC 运行时，初始脉冲 S0.1 使 S0.0 置位，正常情况下车道绿灯亮，人行道红灯亮。

当按下路边的其中一个按钮时，I0.0=1，并行分支中的 S1.0 和 S2.0 同时动作，并分别按车道和人行道的时间顺序动作。

在人行道，S2.0 置位，人行道红灯 Q0.3 仍亮，经过 T40 延时 45s 转移到 S2.1 状态步，人行道绿灯 Q0.4 亮，经过 T41 延时 10s 转移到 S2.2 状态步，人行道绿灯 Q0.4 变为闪亮，经过 T42 延时 5s 转移到 S2.3 状态步，人行道红灯 Q0.3 又亮，等待左分支车道的结束。

在车道，S1.0 置位，车道绿灯 Q0.0 仍亮，经过 T37 延时 30s 转移到 S1.1 状态步，车道黄灯 Q0.1 亮，经过 T38 延时 10s 转移到 S1.2 状态步，车道黄灯亮，经过 T39 延时 25s，T39 接点闭合，S1.2 和 S2.3 同时复位，转移回到 S0.0 初始状态步车道绿灯亮，人行道红灯亮。

实例 86　十字路口交通灯

十字路口的交通灯布置示意图如图 86-1 所示。

用 PLC 实现 PLC 交通灯控制，控制要求如下：

（1）在十字路口，要求东西方向和南北方向各通行 35s，并周而复始。

（2）在南北方向通行时，东西方向的红灯亮 35s，而南北方向的绿灯先亮 30s 后再闪 3s（0.5s 暗，0.5s 亮）后黄灯亮 2s。

（3）在东西方向通行时，南北方向的红灯亮 35s，而东西方向的绿灯先亮 30s 后再闪 3s（0.5s 暗，0.5s 亮）后黄灯亮 2s。

十字路口的交通灯时间图如图 86-2 所示。

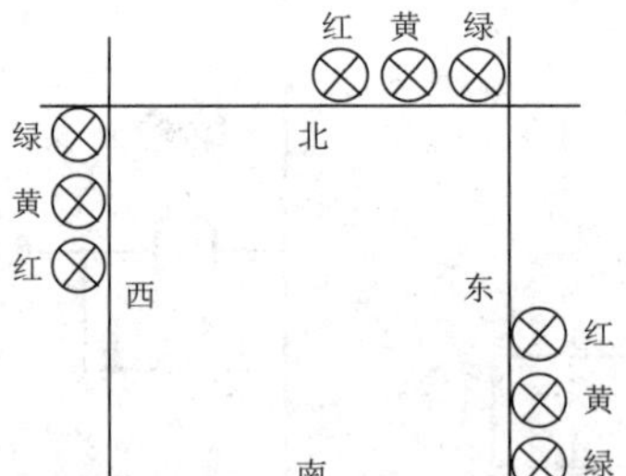

图 86-1　十字路口的交通灯布置示意图

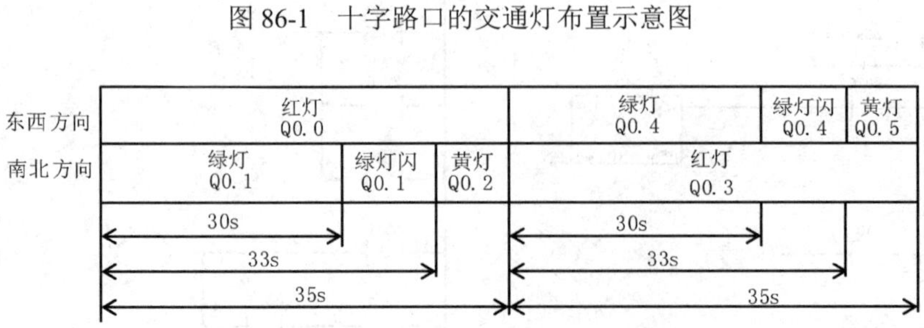

图 86-2　十字路口的交通灯时间图

控制方案设计

1．输入/输出元件及控制功能

如表 86-1 所示，介绍了实例 86 中用到的输入/输出元件及控制功能。

表 86-1 输入/输出元件及控制功能

	PLC 软元件	元件文字符号	元 件 名 称	控 制 功 能
输出	Q0.0	HL0	交通信号灯	东西方向红灯
	Q0.1	HL1	交通信号灯	南北方向绿灯
	Q0.2	HL2	交通信号灯	南北方向黄灯
	Q0.3	HL3	交通信号灯	南北方向红灯
	Q0.4	HL4	交通信号灯	东西方向绿灯
	Q0.5	HL5	交通信号灯	东西方向黄灯

2．电路设计

PLC 接线图和梯形图如图 86-3 所示。

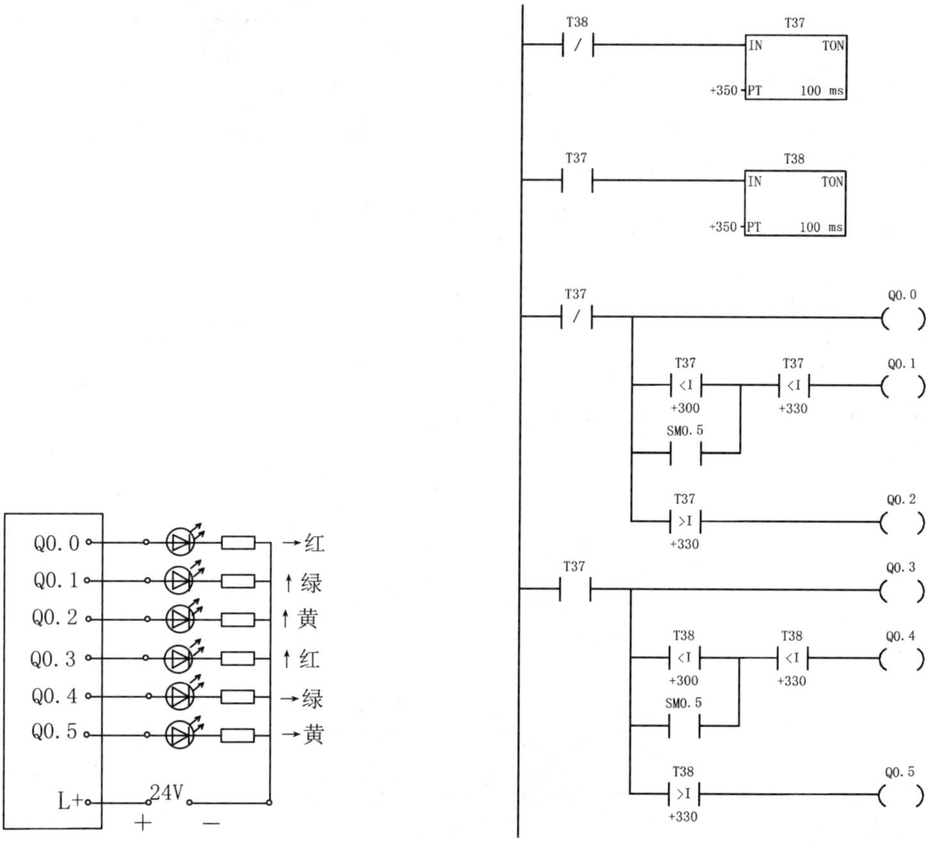

（a）PLC 接线图　　（b）梯形图

图 86-3 十字路口交通灯

3. 控制原理

梯形图如 86-3 所示，PLC 运行时，定时器 T37 和 T38 组成一个振荡电路，T37 常开接点 35s 断，35s 通。

在 T37 常开接点断开时，T37 常闭接点接通，Q0.0 得电东西红灯亮，Q0.1 得电，南北绿灯亮，当 T37≥30s，比较接点 T37<30 断开，Q0.1 经 SM0.5 接点得电，南北绿灯闪亮，当 T37≥33s，比较接点 T37<33 断开，Q0.1 失电。T37>33 比较接点闭合，Q0.2 得电，南北黄灯亮。定时器 T73 延时 35s，T37 常闭接点断开时，Q0.0 失电，东西红灯灭，Q0.2 失电，南北黄灯灭。

T37 常开接点接通，Q0.3 得电，南北红灯亮，Q0.4 得电，东西绿灯亮，当 T38≥30s，比较接点 T38<30 断开，Q0.4 经 SM0.5 接点得电，东西绿灯闪亮，当 T38≥33s，比较接点 T38<33 断开，Q0.4 失电。T38>33 比较接点闭合，Q0.5 得电，东西黄灯亮。定时器 T38 延时 35s，T38 常闭接点断开，T37、T38 也失电，Q0.3 失电，南北红灯灭，Q0.5 失电，东西黄灯灭。T37 常闭接点闭合，完成一个循环，并周而复始。

实例 87　具有通行时间显示的十字路口交通灯

用 PLC 实现 PLC 交通灯控制，控制要求如下：

（1）在十字路口，要求东西方向和南北方向各通行 35s，并周而复始。

（2）在南北方向通行时，东西方向的红灯亮 35s，而南北方向的绿灯先亮 30s 后再闪 3s（0.5s 暗，0.5s 亮）后黄灯亮 2s。

（3）在东西方向通行时，南北方向的红灯亮 35s，而东西方向的绿灯先亮 30s 后再闪 3s（0.5s 暗，0.5s 亮）后黄灯亮 2s。

（4）在东西方向和南北方向各设一组通行时间显示器，按倒计时的方式显示通行和停止时间（此处控制时间为 35s），采用红绿双色七段数码管。通行时显示绿色数字，停止通行时显示红色数字。

十字路口的交通灯布置示意图如图 87-1 所示。

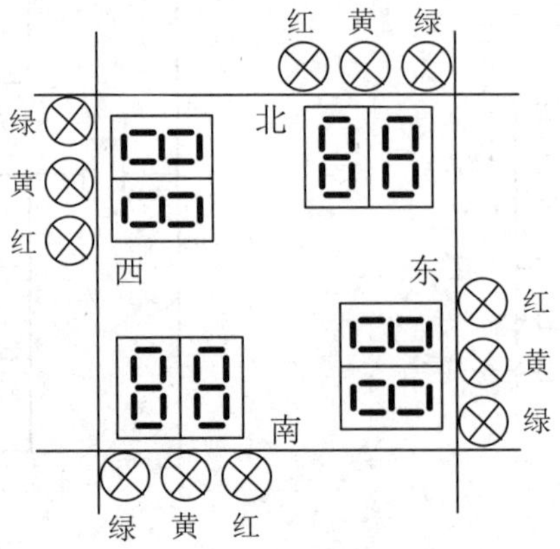

图 87-1　十字路口交通灯布置示意图

控制方案设计

1. 输入/输出元件及控制功能

如表 87-1 所示，介绍了实例 87 中用到的输入/输出元件及控制功能。

表 87-1　输入/输出元件及控制功能

	PLC 软元件	元件文字符号	元 件 名 称	控 制 功 能
输出	Q0.0～Q0.3		个位数输出	显示七段数码管
	Q0.4～Q0.7		十位数输出	显示七段数码管
	Q2.0			选择数码管显示颜色
	Q2.1			选择数码管显示颜色
	Q2.2	HL5	交通信号灯	显示东西方向红灯
	Q2.3	HL6	交通信号灯	显示南北方向红灯
	Q2.4	HL1	交通信号灯	显示南北方向黄灯
	Q2.5	HL2	交通信号灯	显示南北方向绿灯
	Q2.6	HL3	交通信号灯	显示东西方向黄灯
	Q2.7	HL4	交通信号灯	显示东西方向绿灯

2. 电路设计

十字路口交通灯的接线图如图 87-2 所示，梯形图如图 87-3 所示。

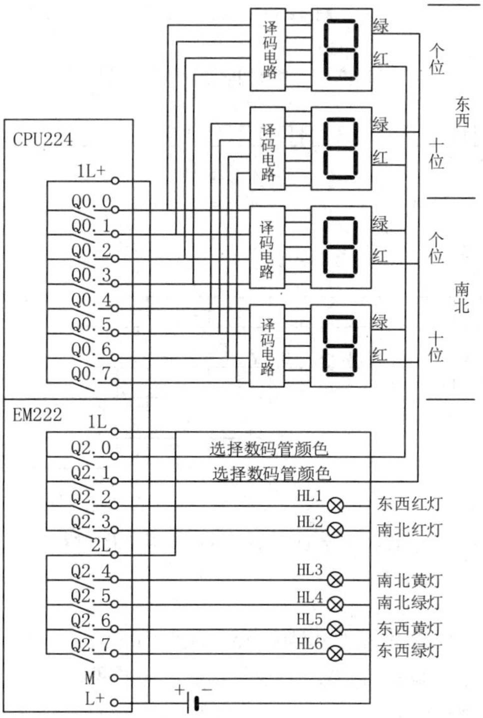

图 87-2　十字路口交通灯接线图

3．控制原理

（1）倒计时显示原理

倒计时显示梯形图如图 87-3 所示，倒计数器 C0 对秒脉冲 SM0.5 计数，初始设定值为 35，每秒计一次，计数值由 35→34→33→…递减，当计数值为 0 时，C0 常开接点闭合，对计数器 C0 复位。C0 相当是一个 35s 的倒计时循环计时器，如图 87-4 所示。

将 C0 的当前值转换成 BCD 数存放到 VW0 中，VW0 的低 8 位 VB1 为 C0 当前值的十位数和个位数，将 VB1 的两位 BCD 数传送到 QB0 中，Q0.0～Q0.3 输出显示个位数，Q0.4～Q0.7 输出显示十位数。

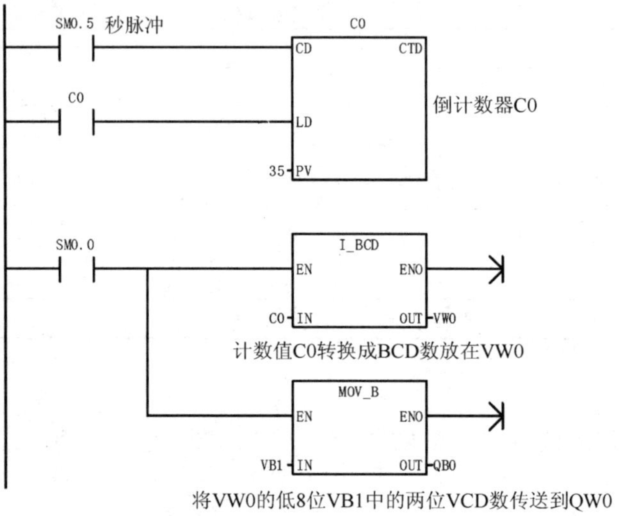

图 87-3　倒计时显示梯形图

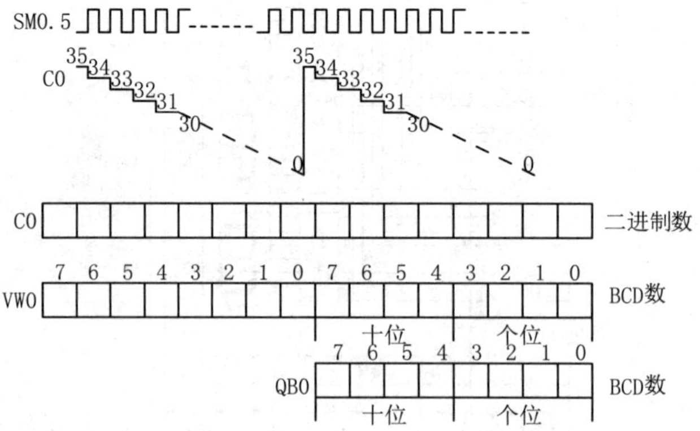

图 87-4　倒计时显示梯形图工作过程

（2）信号灯显示原理

梯形图如 87-5 所示，C0 常开接点每隔 35s 发一个脉冲，发第一个脉冲 Q2.0 由 0 翻转为 1，发第二个脉冲 Q2.0 由 1 翻转为 0，每隔 35s 发一个脉冲，Q2.0 一次翻转，定时器 T37 延时 30s 接点动作，T38 延时 33s 接点动作，C0 发脉冲时断开 T37、T38 重新开始延时，其时序图如图 87-6 所示。

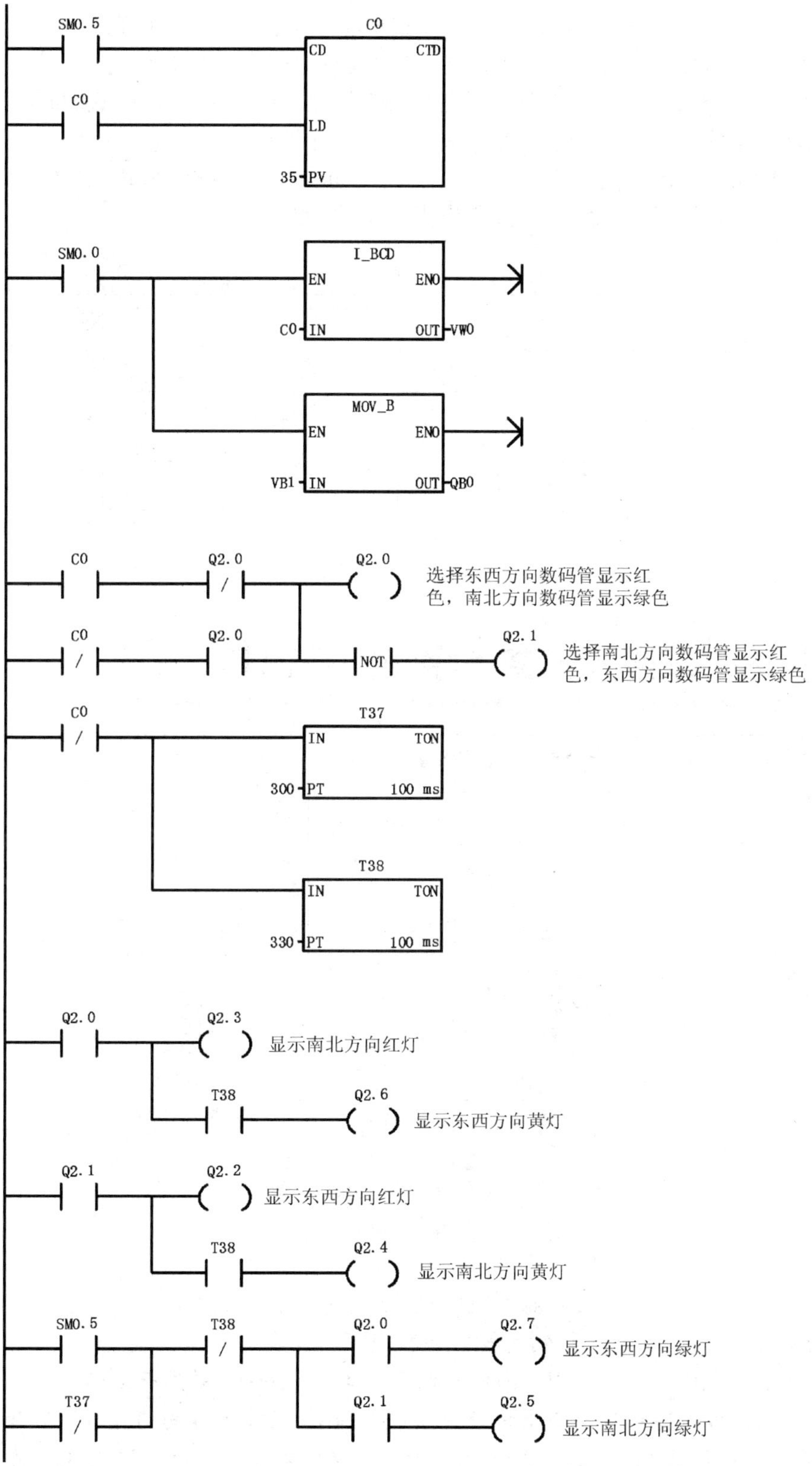

图 87-5　十字路口交通灯梯形图

当 Q2.0=1 时，Q2.3 得电，南北红灯亮，T38 延时 33s 后东西黄灯亮。

当 Q2.1=1 时，Q2.2 得电，东西红灯亮，T38 延时 33s 后南北黄灯亮。

当 Q2.0=1 时，Q2.7 得电，东西绿灯亮，T37 延时 30s ，T37 常闭接点断开，东西绿灯闪，T38 延时 33s 后常闭接点断开，Q2.7 失电，东西绿灯灭。

当 Q2.1=1 时，Q2.5 得电，南北绿灯亮，T37 延时 30s ，T37 常闭接点断开，南北绿灯闪，T38 延时 33s 后常闭接点断开，Q2.5 失电，南北绿灯灭。

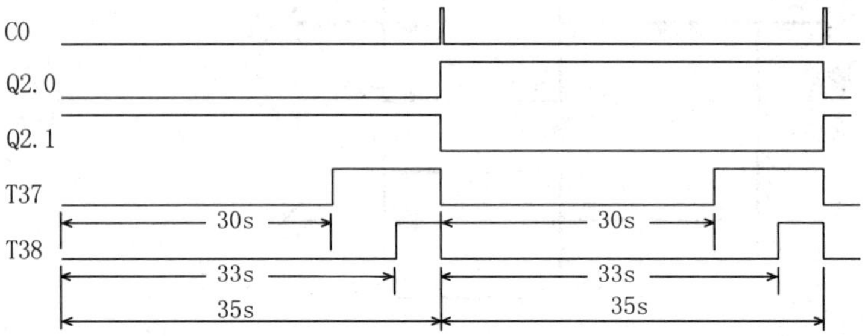

图 87-6　C0、T37、T38 的时序图

实例 88　车道人行道十字路口交通灯

十字路口的交通灯布置示意图如图 88-1 所示。

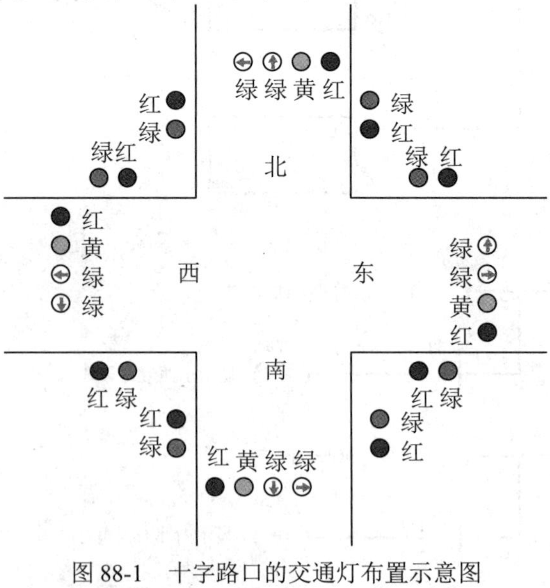

图 88-1　十字路口的交通灯布置示意图

用 PLC 实现 PLC 交通灯控制，控制要求如下：

（1）在十字路口，要求东西方向和南北方向各通行 60s，并周而复始。

（2）在东西方向通行时，南北方向的红灯亮 60s，而东西方向的直行绿灯和人行道绿灯先亮 24s 后再闪 3s（0.5s 暗，0.5s 亮）后人行道红灯亮，车道黄灯亮 3s，左行绿灯亮 24s 后再闪 3s（0.5s 暗，0.5s 亮）黄灯亮 3s。

（3）在南北方向通行时，东西方向的红灯亮 60s，而南北方向的直行绿灯和人行道绿灯先亮 24s 后再闪 3s（0.5s 暗，0.5s 亮）后人行道红灯亮，车道黄灯亮 3s，左行绿灯亮 24s 后再闪 3s（0.5s 暗，0.5s 亮）黄灯亮 3s。

十字路口的交通灯时间图如图 88-2 所示。

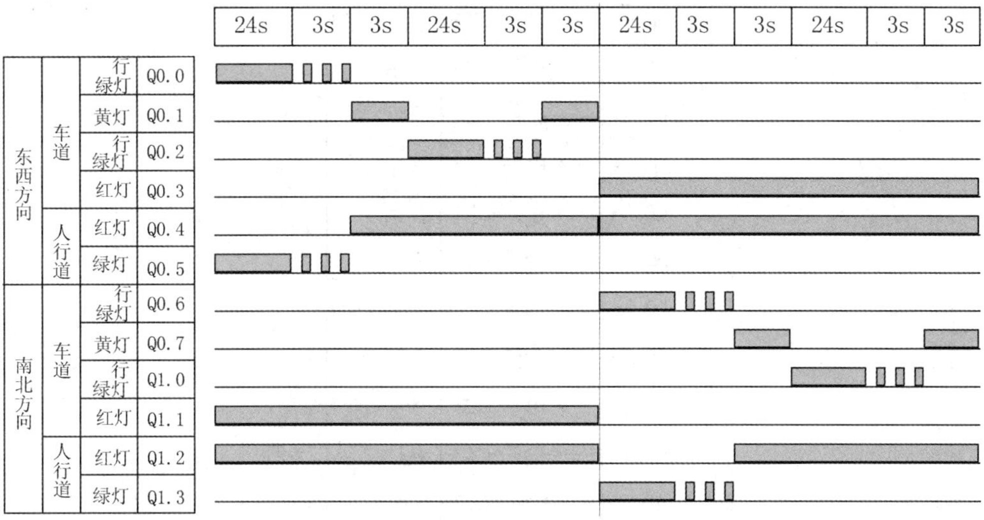

图 88-2　十字路口的交通灯时间图

控制方案设计

1．输入/输出元件及控制功能

如表 88-1 所示，介绍了实例 88 中用到的输入/输出元件及控制功能。

表 88-1　输出元件及控制功能

	PLC 软元件	元件文字符号	元 件 名 称	控 制 功 能
输出	Q0.0	HL0	交通信号灯	东西车道直行绿灯
	Q0.1	HL1	交通信号灯	东西车道黄灯
	Q0.2	HL2	交通信号灯	东西车道左行绿灯
	Q0.3	HL3	交通信号灯	东西车道红灯
	Q0.4	HL4	交通信号灯	东西人行道红灯
	Q0.5	HL5	交通信号灯	东西人行道绿灯
	Q0.6	HL6	交通信号灯	南北车道直行绿灯
	Q0.7	HL7	交通信号灯	南北车道黄灯
	Q1.0	HL8	交通信号灯	南北车道左行绿灯
	Q1.1	HL9	交通信号灯	南北车道红灯
	Q1.2	HL10	交通信号灯	南北人行道红灯
	Q1.3	HL11	交通信号灯	南北人行道绿灯

2. 电路设计

方法 1：

PLC 接线图如图 88-3 所示。梯形图如图 88-4 所示。

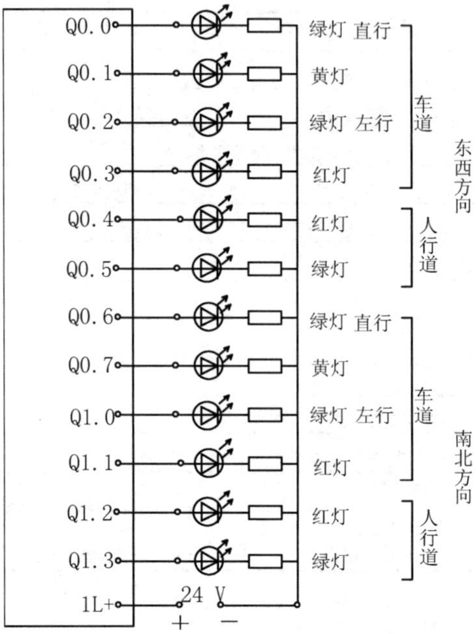

图 88-3　PLC 接线图

方法 2：

采用状态转移图进行编程，如图 88-5 所示。十字路口交通灯梯形图如图 88-6 所示。指令表如表 88-2 所示。

3. 控制原理

方法 1：

梯形图如 88-4 所示，PLC 运行时，定时器 T37 和 T38 组成一个振荡电路，T37 常开接点 60s 断，60s 通。

首先，定时器 T37 经 T38 常闭接点得电延时，延时 60sT37 常开接点接通 T38，T38 延时 60s，常闭接点断开 T37，又重复上述过程。

在 T37 常闭接点闭合时，为东西方向通行，南北方向停止。Q1.1、Q1.2 得电，南北红灯亮，Q0.0、Q0.5 得电，东西直行绿灯和人行道绿灯亮，当 T37≥34s，比较接点 T37<24 断开，Q0.0、Q0.5 经 SM0.5 接点得电，东西绿灯闪亮，当 T37≥37s，比较接点 T38<37 断开，Q0.0、Q0.5 失电。

T37>27s 比较接点闭合，Q0.1 得电，东西黄灯亮。定时器 T37>30s，T37 常闭接点断开，Q0.1 失电，T37>57s，Q0.1 再得电。到 60s，T37 常闭接点断开失电。

T37>30s，Q0.2 得电，东西左行绿灯亮。当 T37≥54s，比较接点 T37<540 接点断开，Q0.2 经 SM0.5 接点得电，绿灯闪亮，当 T37≥57s，比较接点 T37<570 断开，Q0.2 失电。

T37>270 比较接点闭合，Q0.4 得电，东西人行道红灯亮。T37 常开接点闭合仍亮。

T38>270 比较接点闭合，Q1.2 得电，南北人行道红灯亮。T37 常闭接点闭合仍亮。在 T37 常开接点闭合时，为南北方向通行，东西方向停止。其工作原理与上述类似。

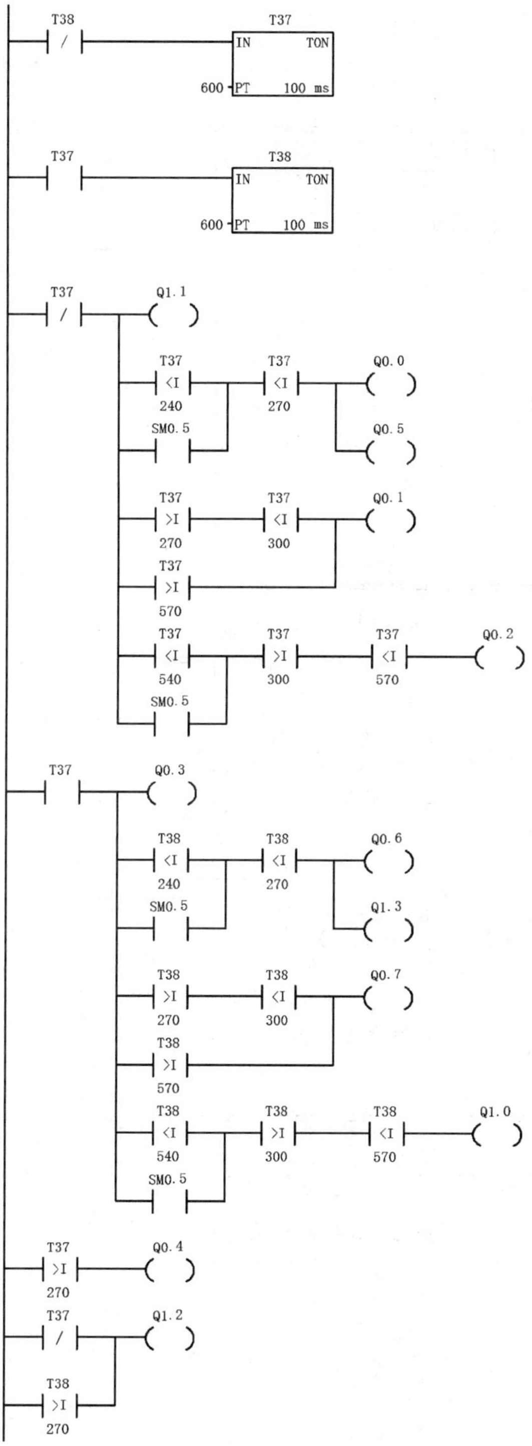

图 88-4　十字路口交通灯梯形图

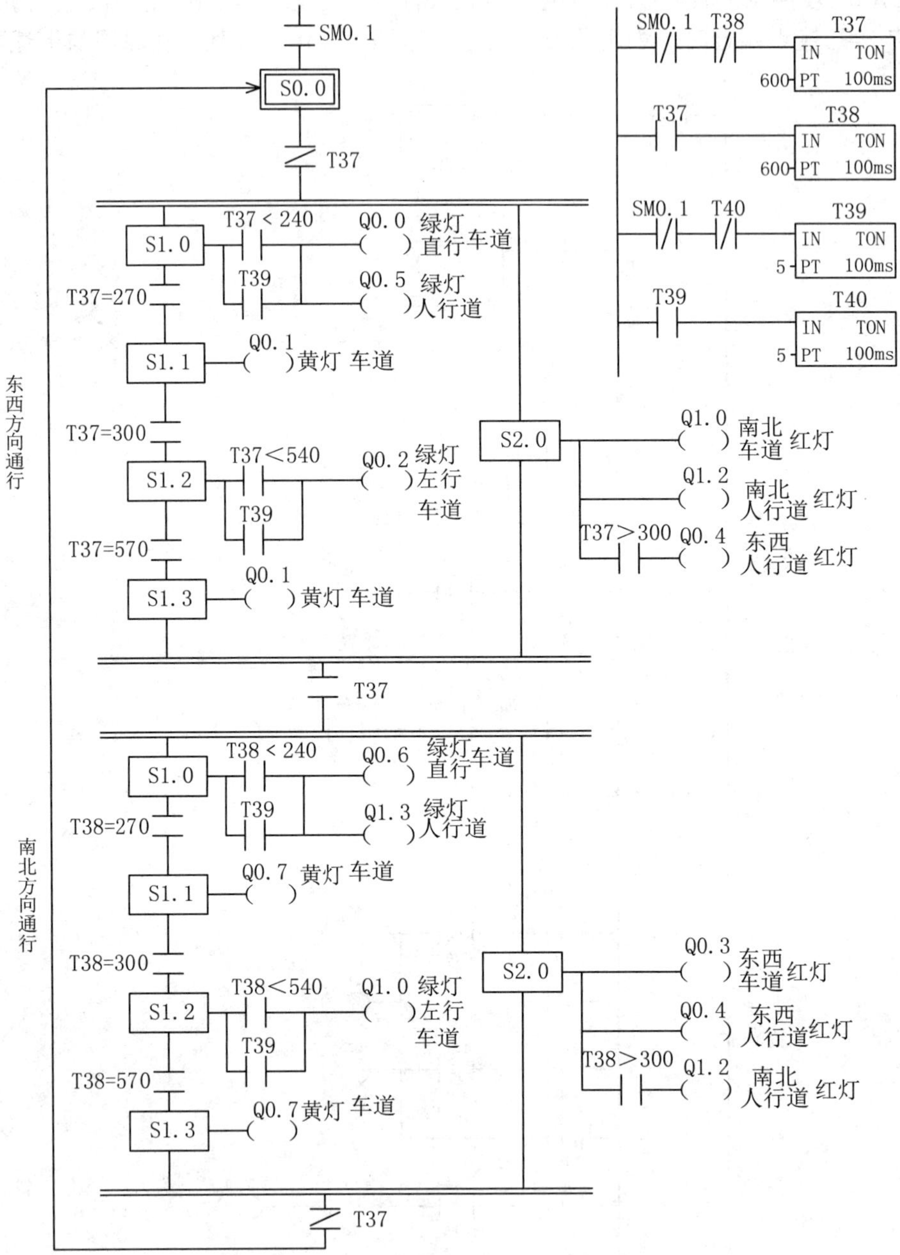

图 88-5　十字路口交通灯状态转移图

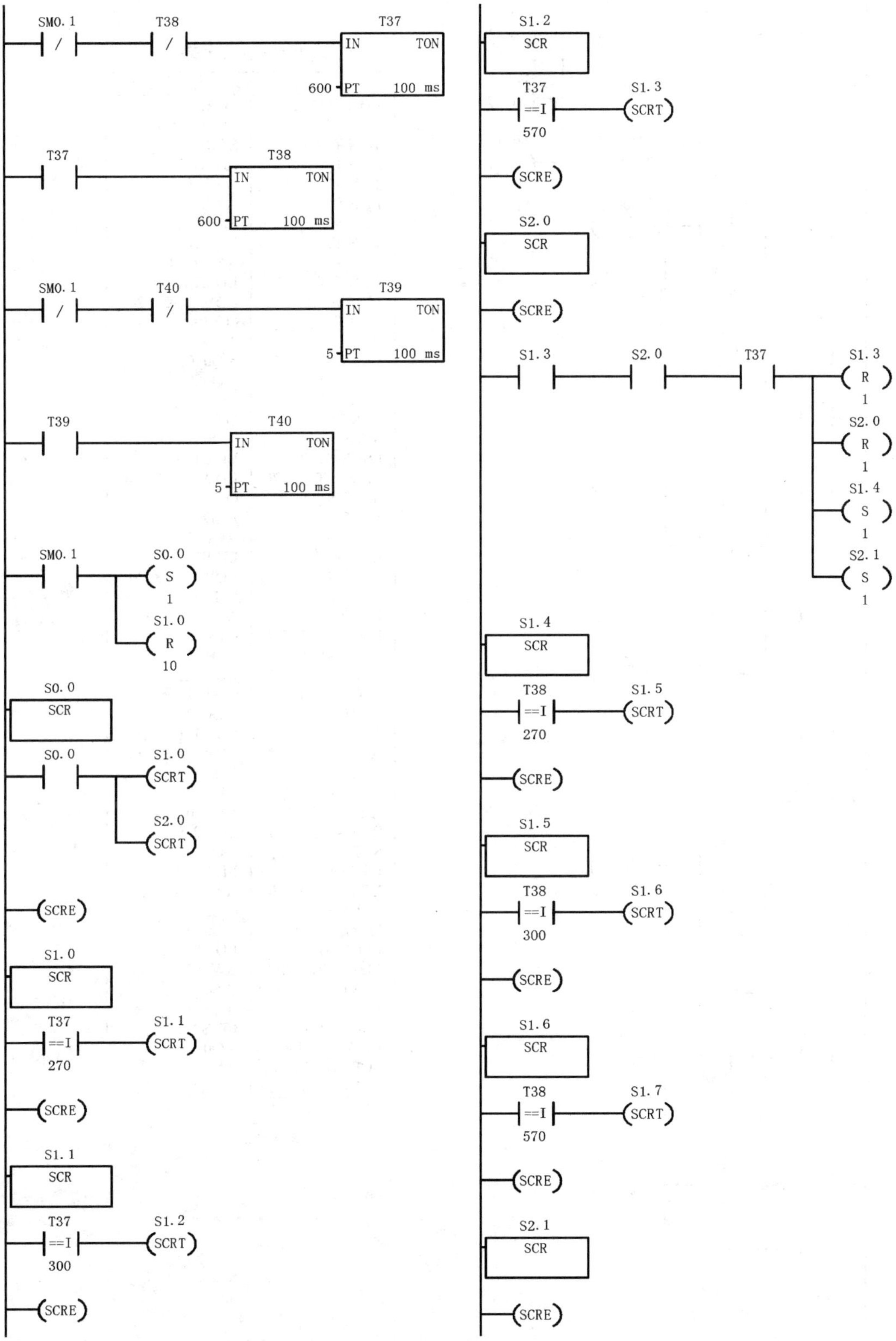

图 88-6　十字路口交通灯梯形图

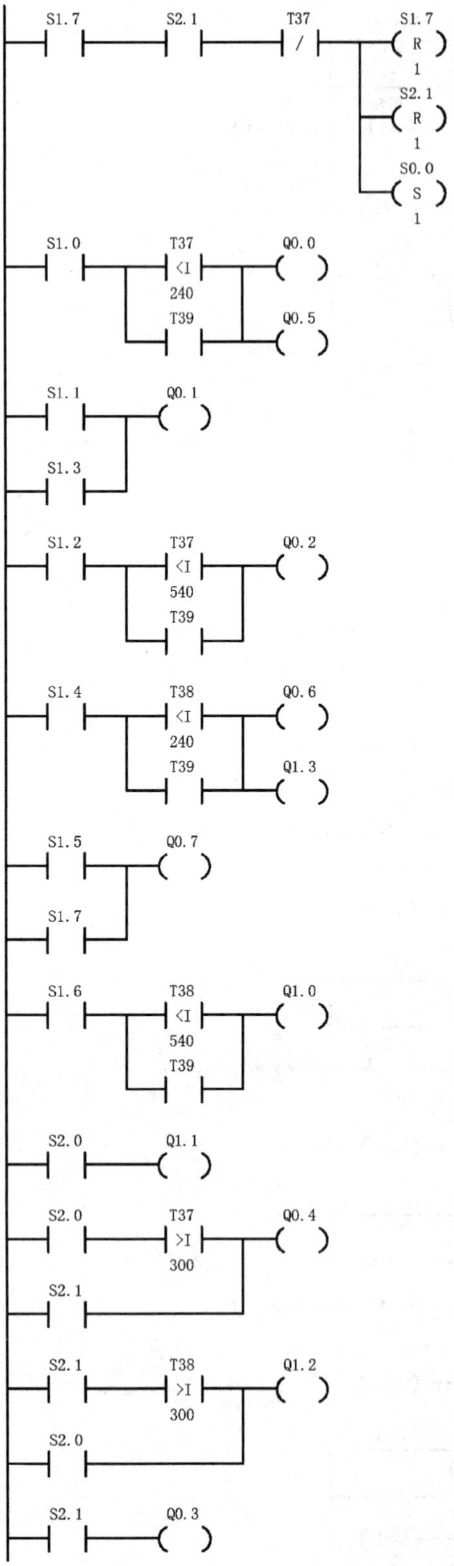

图 88-6 十字路口交通灯梯形图（续）

表 88-2 指令表

指令表	
LDN SM0 .1	SCRE
AN T38	LSCR S2 .1
TON T37, 600	SCRE
LD T37	LD S1 .7
TON T38, 600	A S2 .1
LDN SM0 .1	AN T37
AN T40	R S1 .7 , 1
TON T39, 5	R S2 .1 , 1
LD T39	S S0 .0 , 1
TON T40, 5	LD S1 .0
LD SM0 .1	LDW < T37, 240
S S0 .0 , 1	O T39
R S1 .0 , 10	ALD
LSCR S0 .0	= Q0 .0
LD S0 .0	= Q0 .5
SCRT S1 .0	LD S1 .1
SCRT S2 .0	O S1 .3
SCRE	= Q0 .1
LSCR S1 .0	LD S1 .2
LDW = T37, 270	LDW < T37, 540
SCRT S1 .1	O T39
SCRE	ALD
LSCR S1.1	= Q0 .2
LDW = T37, 300	LD S1 .4
SCRT S1 .2	LDW < T38, 240
SCRE	O T39
LSCR S1 .2	ALD
LDW = T37, 570	= Q0 .6
SCRT S1 .3	= Q1 .3
SCRE	LD S1 .5
LSCR S2 .0	O S1 .7
SCRE	= Q0 .7
LD S1 .3	LD S1 .6
A S2 .0	LDW < T38, 540
A T37	O T39
R S1 .3 , 1	ALD
R S2 .0 , 1	= Q1 .0
S S1 .4 , 1	LD S2 .0
S S2 .1 , 1	= Q1 .1
LSCR S1 .4	LD S2 .0
LDW = T38, 270	AW > T37, 300
SCRT S1 .5	O S2 .1
SCRE	= Q0 .4
LSCR S1 .5	LD S2 .1
LDW = T38, 300	AW > T38, 300
SCRT S1 .6	O S2 .0
SCRE	= Q1 .2
LSCR S1 .6	LD S2 .1
LDW = T38, 570	= Q0 .3
SCRT S1 .7	

方法 2：

状态转移图的时间由 T37 和 T38 组成的振荡电路控制，采用比较接点作为控制接点和转移条件。根据图 88-2 十字路口的交通灯时间图将状态转移图分成两个并行分支的串联。

图中控制绿灯闪亮由 T39 和 T40 组成的 0.5s 断 0.5s 通的秒振荡电路控制。注意特殊继电器 SM0.5 也是秒振荡电路，但是两者不同，SM0.5 是秒时钟脉冲，和 T37 和 T38 组成的振荡电路不同步。例如，当绿灯到 24s 应断开 0.5s 再接通 0.5s，如果用 SM0.5，当绿灯到 24s 断开时，SM0.5 如果正处于接通状态，那么绿灯还要多延长 0～0.5s 才断开。

在 T37 和 T39 的前面加一个 SM0.1 的常闭接点，目的是在初次运行时，让 T37 和 T39 断开一个扫描周期重新开始计时。否则 T37 和 T39 在停止状态仍然会保持上一次的计时值，再一次运行时会影响程序的正常运行。

和三菱编程软件不同，西门子编程软件有一个缺陷，它不能将图 88-5 直接转换成梯形图，这是因为图中的输出继电器重复出现，如图中的 Q0.1 有两个。对于这种情况，可以先写入状态步，然后再根据状态步写入输出梯形图，如图 88-6 所示。

分类十二　步进电动机控制

实例 89　四相步进电动机控制

用按钮控制一台四相步进电动机，采用两种激磁控制方式。

（1）采用二相激磁控制方式

2 相激磁就是每次有两个绕组被激磁：即 AB→B$\overline{A}$→$\overline{A}\,\overline{B}$→$\overline{B}$A→AB 的循环激磁方式，如图 89-1 所示的。设每步 1s，可以正反转控制，按下启动按钮，步进电动机运行时指示灯亮，按下停止按钮时电动机停止，指示灯熄灭。

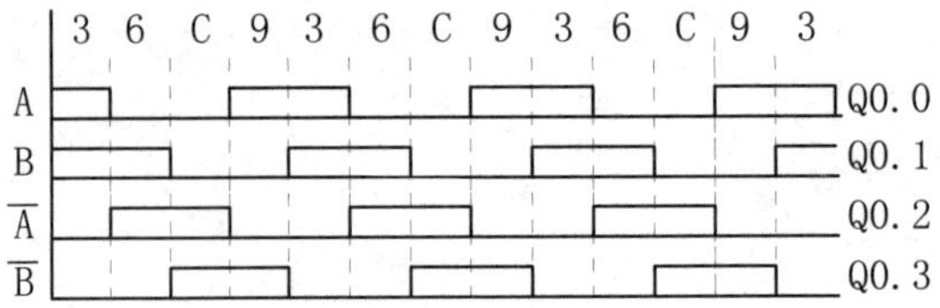

图 89-1　四相步进电动机正转时 2 相激磁控制方式

（2）采用 1-2 相激磁控制方式

1-2 相激磁就是一次有一个绕组被激磁，下一次有两个绕组被激磁：即 A→AB→B→B$\overline{A}$→$\overline{A}$→$\overline{A}\,\overline{B}$→$\overline{B}$→$\overline{B}$A→A 的循环激磁方式，如图 89-2 所示的。设每步 1s，可以正反转控制，按下启动按钮，步进电动机运行时指示灯亮，按下停止按钮时电动机停止，指示灯熄灭。

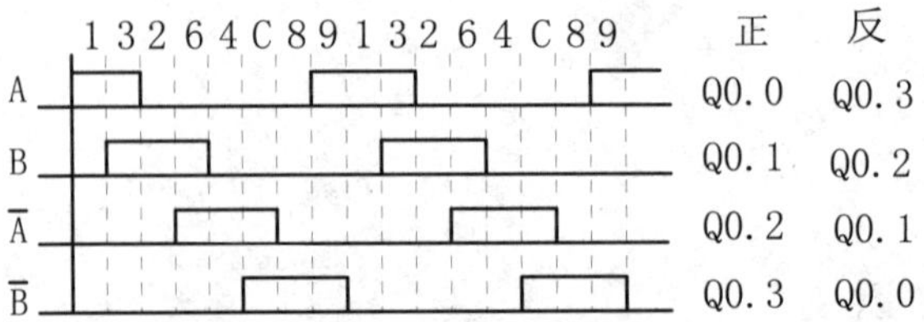

图 89-2　四相步进电动机 1-2 相激磁控制方式

控制方案设计

1．输入/输出元件及控制功能

如表 89-1 所示，介绍了实例 89 中用到的输入/输出元件及控制功能。

表 89-1　输入/输出元件及控制功能

	PLC 软元件	元件文字符号	元 件 名 称	控 制 功 能
输入	I0.0	SB1	启动按钮	启动控制
	I0.1	SB2	停止按钮	停止控制
	I0.2	SA	开关	正反转控制
输出	Q0.0		A 相端	步进电动机 A 相
	Q0.1		B 相端	步进电动机 B 相
	Q0.2		$\overline{A}$ 相端	步进电动机 $\overline{A}$ 相
	Q0.3		$\overline{B}$ 相端	步进电动机 $\overline{B}$ 相
	Q0.4	HL	信号灯	运行显示

2．电路设计

四相步进电动机控制接线图如图 89-3 所示。

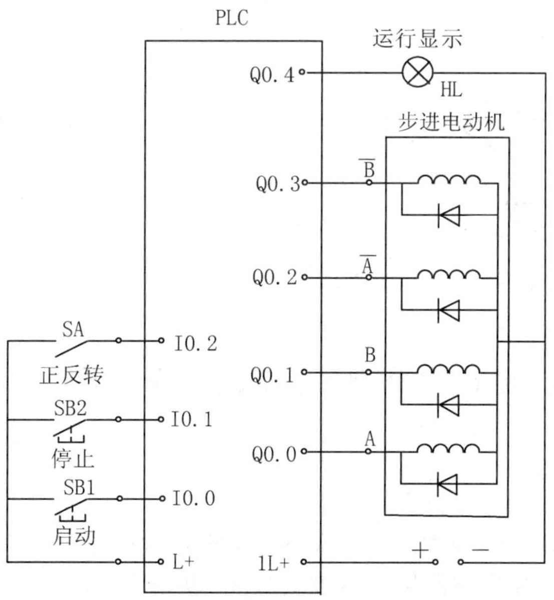

图 89-3　四相步进电动机接线图

（1）采用二相激磁控制方式

四相步进电动机二相激磁控制的梯形图如图 89-4 所示。

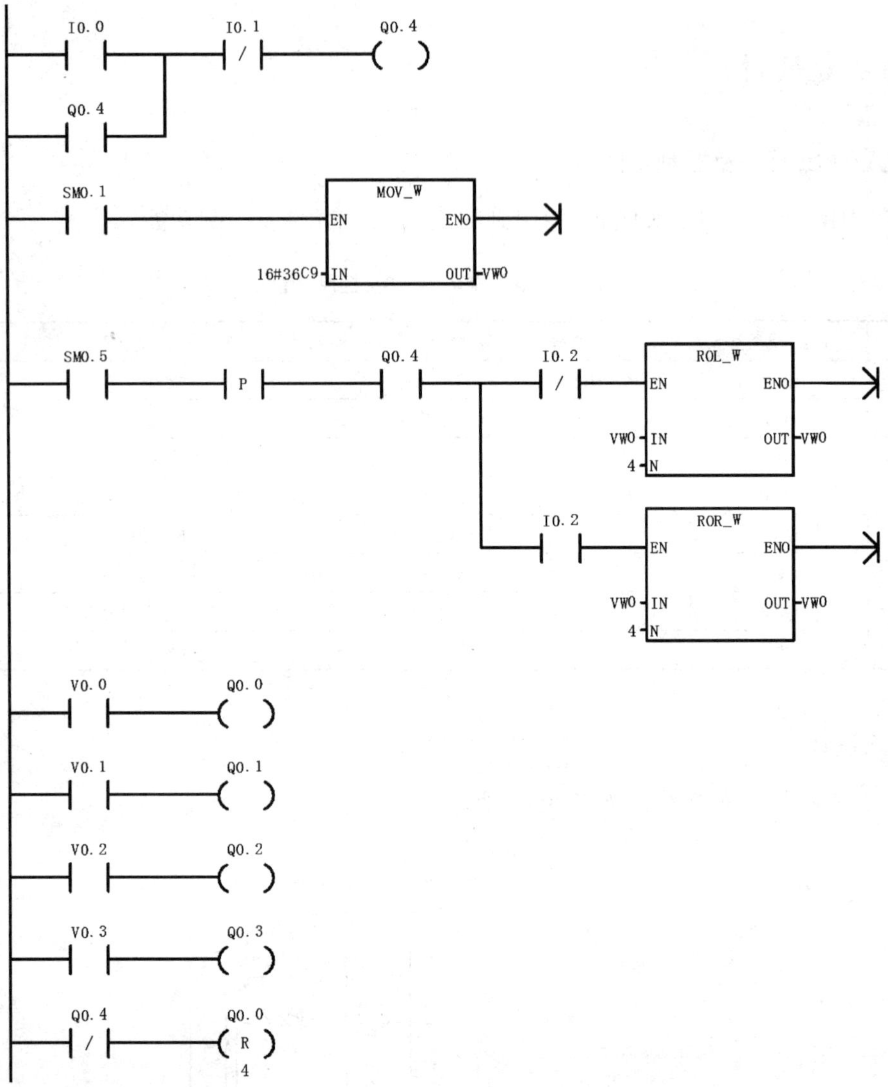

图 89-4　四相步进电动机二相激磁控制的梯形图

（2）采用 1-2 相激磁控制方式

四相步进电动机 1-2 相激磁控制可调速的梯形图如图 89-5 所示。

3. 控制原理

（1）采用二相激磁控制方式

四相步进电动机二相激磁控制的梯形图如图 89-4 所示。根据四相步进电动机采用二相激磁方式控制，可将激磁波形用四位十六进制数 36C9 来表示。

PLC 运行时，初始化脉冲 SM0.1 将十六进制数 36C9 传送到 VW0 中。

电动机启动时，按下按钮 I0.0，Q0.4 得电自锁，信号灯亮。Q0.4 常开接点闭合，执行 ROL 循环左移指令，在秒脉冲 SM0.5 的上升沿，循环左移一位十六进制数，也就是四位二进制数，步进电动机正转。

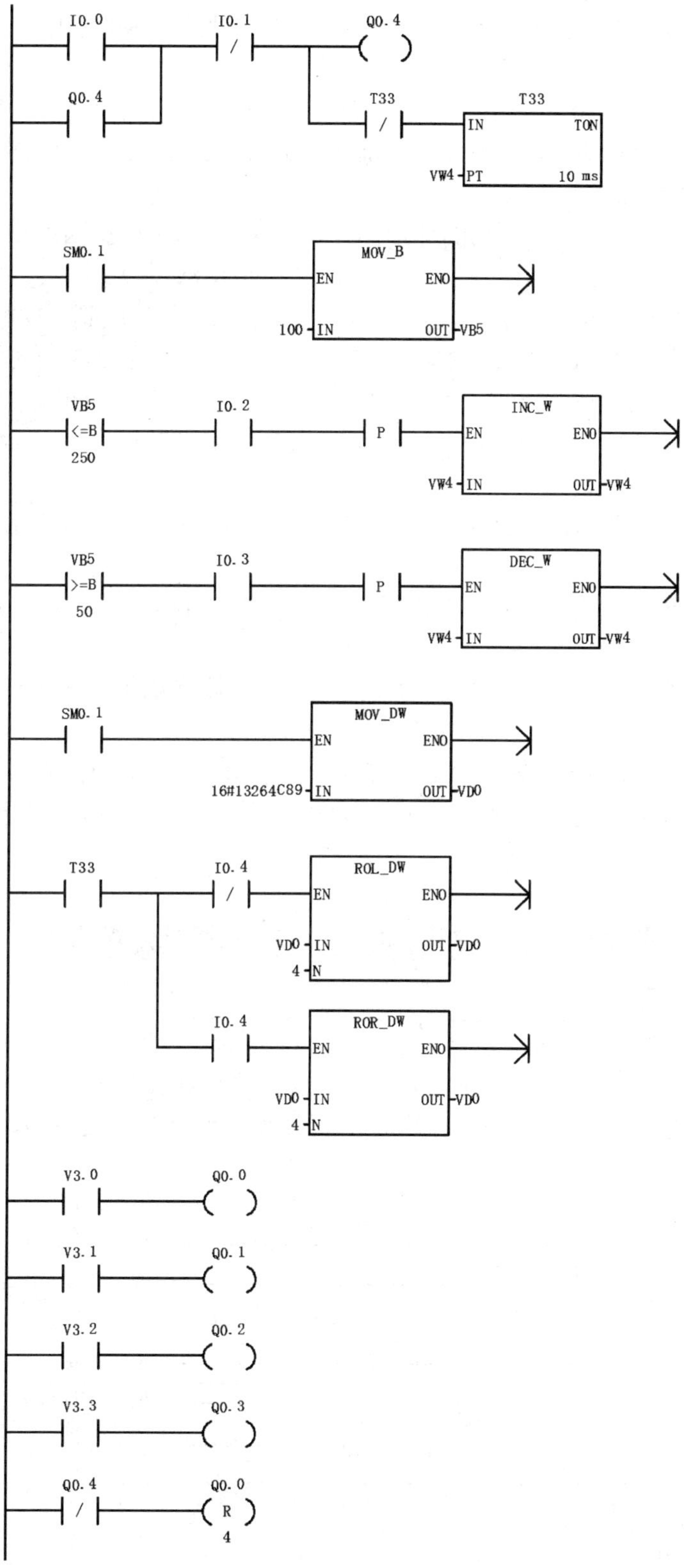

图 89-5　四相步进电动机 1-2 相激磁可调速控制的梯形图

将开关 I0.2 闭合，则执行 ROR 循环右移指令，在秒脉冲 SM0.5 的上升沿，循环右移，步进电动机反转。

按下停止按钮 I0.1，Q0.4 失电，信号灯熄灭。Q0.4 常开接点断开，不再执行循环左、右移指令，Q0.4 常闭接点闭合，将输出继电器 Q0.0～Q0.3 复位。电动机停止。

（2）采用 1-2 相激磁控制方式

四相步进电动机 1-2 相激磁控制的梯形图如图 89-5 所示。根据四相步进电动机采用 1-2 相激磁方式控制，可将激磁波形用八位十六进制数 13264C89 来表示。

PLC 运行时，初始化脉冲 SM0.1 将十六进制数 13264C89 传送到 VD0 中。

SM0.1 将 100 传送到 VB5 中，VB5 是 VW4 的低 8 位，作为 T33 的初始设定值。

电动机启动时，按下按钮 I0.0，Q0.4 得电自锁，信号灯亮。Q0.4 常开接点闭合执行 ROL 循环左移指令，定时器 T33 每发一个脉冲，VD0 循环左移四位。也就是一位十六进制数，步进电动机正转。

将开关 I0.4 闭合，则执行 ROR 循环右移指令，定时器 T33 每发一个脉冲，VD0 循环右移四位。步进电动机反转。

按动减速按钮 I0.2，每按一次 T33 的设定值 VW4 数值加 1，当大于 250 时，比较接点 VB5＜=250 断开。

按动加速按钮 I0.3，每按一次 T33 的设定值 VW4 数值减 1，当小于 50 时，比较接点 VB5＞=50 断开。

按下停止按钮 I0.1，Q0.4 失电，信号灯熄灭。Q0.4 常开接点断开，不再执行循环左、右移指令，Q0.4 常闭接点闭合，将输出继电器 Q0.0～Q0.3 复位，电动机停止。

实例 90　五相步进电动机 1-2 相激磁控制

用按钮控制一只五相步进电动机，采用 1-2 相激磁控制方式：A→AB→B→BC→C→CD→D→DE→E→EA→A。可以正反转控制，按下启动按钮时电动机运行，指示灯亮，按下停止按钮时电动机停止，指示灯熄灭。五相步进电动机 1-2 相激磁控制时序图如图 90-1 所示。

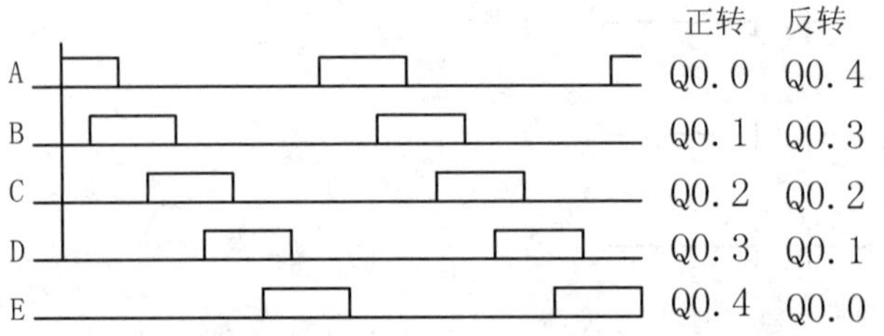

图 90-1　五相步进电动机 1-2 相激磁控制时序图

控制方案设计

1．输入/输出元件及控制功能

如表 90-1 所示，介绍了实例 90 中用到的输入/输出元件及控制功能。

表 90-1　输入/输出元件及控制功能

	PLC 软元件	元件文字符号	元 件 名 称	控 制 功 能
输入	I0.0	SB1	启动按钮	启动控制
	I0.1	SB2	停止按钮	停止控制
	I0.2	SA	开关	正反转控制
输出	Q0.0		A 相端	步进电动机 A 相
	Q0.1		B 相端	步进电动机 B 相
	Q0.2		C 相端	步进电动机 C 相
	Q0.3		D 相端	步进电动机 D 相
	Q0.4		E 相端	步进电动机 E 相
	Q0.5	HL	信号灯	运行显示

2．电路设计

五相步进电动机 1-2 相激磁控制接线图如图 90-2 所示，梯形图如图 90-3 所示。

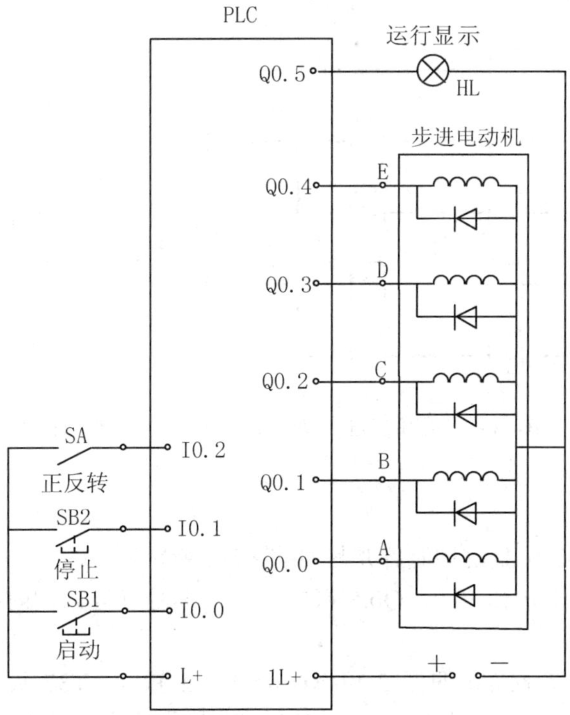

图 90-2　五相步进电动机 1-2 相激磁控制接线图

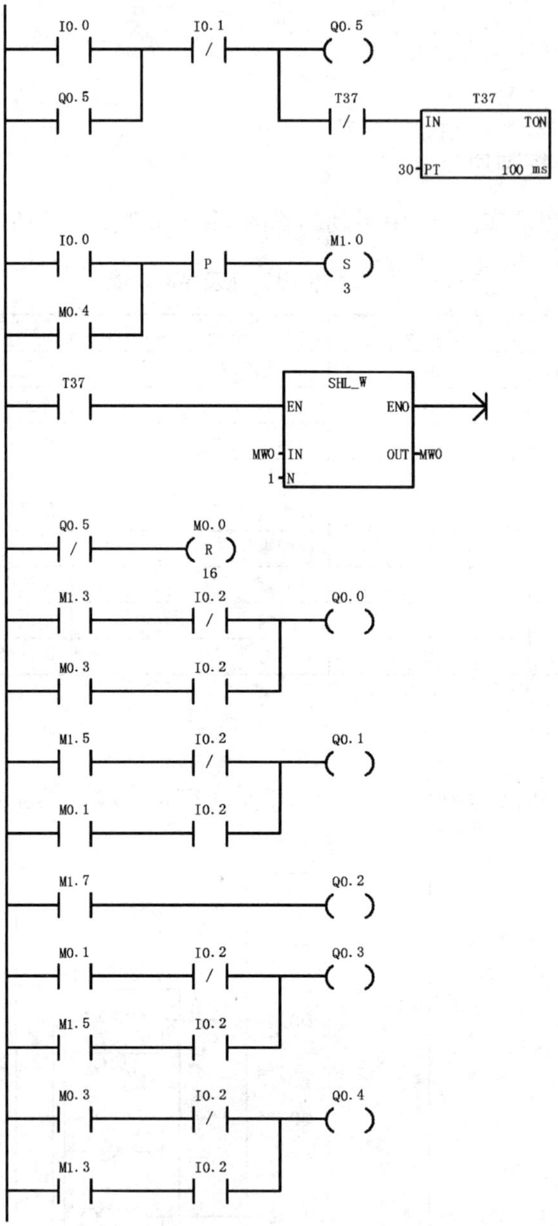

图 90-3　五相步进电动机 1-2 相激磁控制梯形图

3．控制原理

五相步进电动机 1-2 相激磁控制梯形图如图 90-3 所示。

电动机启动时，按下按钮 I0.0，Q0.5 得电自锁，信号灯亮，同时接通定时器 T37，定时器 T37 每 3s 发一个脉冲。

I0.0 的上升沿脉冲使 MW0 的低 3 位 M1.0～M1.2 置 1。T37 每 3s 发一个脉冲，MW0 中的数据左移一位，第 10 次移位 M0.4=1，M0.4 的上升沿脉冲再使 MW0 的低 3 位 M1.0～M1.2 置 1。并重复上述过程，结果如图 90-4 所示。

步进电动机的 A、B、C、D、E 五相线圈的值分别取自 MW0 中的 M1.3、M1.5、M1.7、M0.1、M0.3。

步进电动机正转时，I0.2=0，I0.2 常闭接点闭合。M1.3、M1.5、M1.7、M0.1、M0.3 依次接通 Q0.0、Q0.1、Q0.2、Q0.3、Q0.4。

步进电动机反转时，I0.2=1，I0.2 常开接点闭合。M0.3、M0.1、M1.7、M1.5、M1.3 依次接通 Q0.0、Q0.1、Q0.2、Q0.3、Q0.4。

停止时按下停止按钮 I0.1，Q0.5 失电，信号灯灭，Q0.5 常闭接点闭合将 MW0 全部复位。电动机停止。

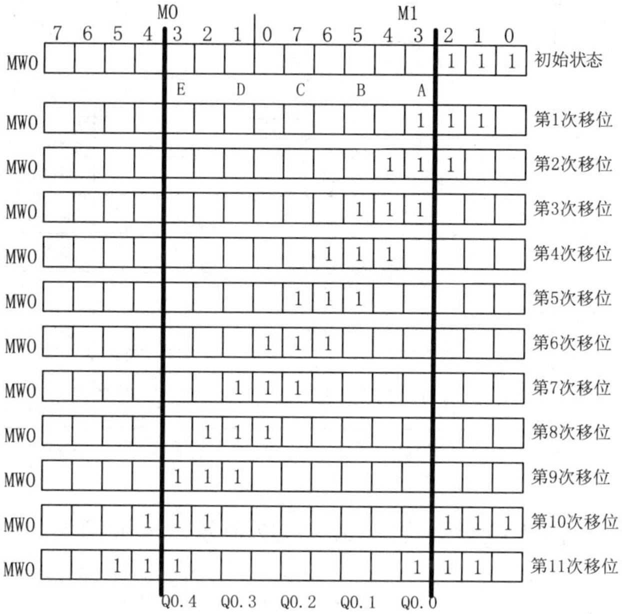

图 90-4　MW0 数据左移控制时序图

实例 91　五相步进电动机两相激磁可连续调速控制

用一个按钮控制一台五相步进电动机，采用两相激磁控制方式：AB→BC→CD→DE→EA→AB，如图 91-1 所示。设初始步速 1s/步，可在 0.2～2.5s/步之间连续调速，可以正反转控制。按下启动按钮电动机运行时，指示灯亮，按下停止按钮时电动机停止，指示灯熄灭。

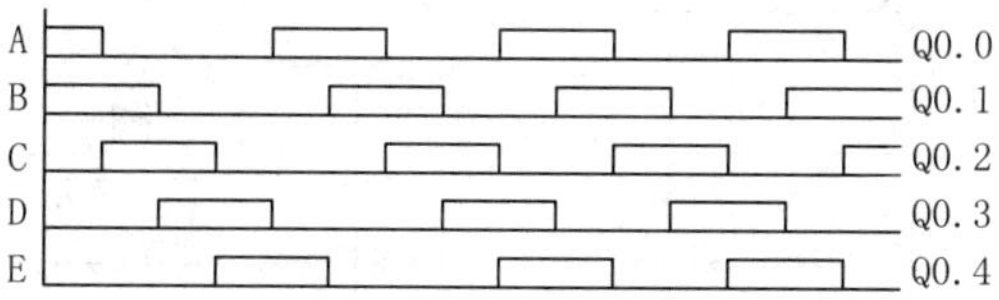

图 91-1　五相步进电动机两相激磁控制方式

控制方案设计

1. 输入/输出元件及控制功能

如表 91-1 所示，介绍了实例 91 中用到的输入/输出元件及控制功能。

表 91-1 输入/输出元件及控制功能

	PLC 软元件	元件文字符号	元 件 名 称	控 制 功 能
输入	I0.0	SB1	启动按钮	启动控制
	I0.1	SB2	停止按钮	停止控制
	I0.2	SA	开关	正反转控制
	I0.3	SB2	调速按钮	减速调节
	I0.4	SB3	调速按钮	加速调节
输出	Q0.0		A 相端	步进电动机 A 相
	Q0.1		B 相端	步进电动机 B 相
	Q0.2		C 相端	步进电动机 C 相
	Q0.3		D 相端	步进电动机 D 相
	Q0.4		E 相端	步进电动机 E 相
	Q0.5	HL	信号灯	运行显示

2. 电路设计

五相步进电动机两相激磁控制接线图如图 91-2 所示，梯形图如图 91-3 所示。

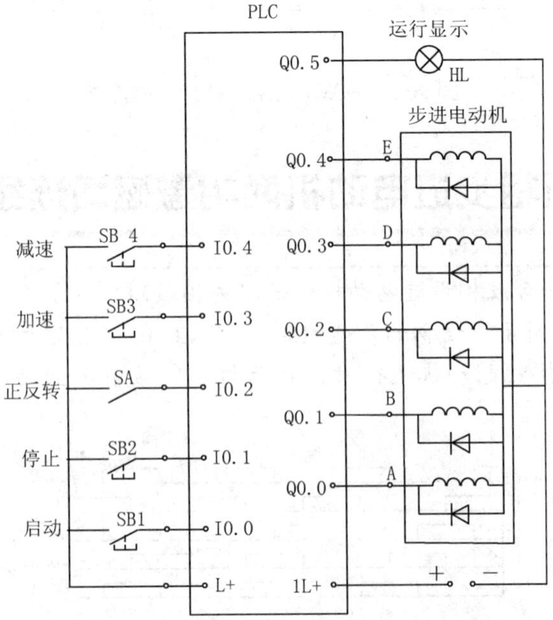

图 91-2 五相步进电动机两相激磁控制接线图

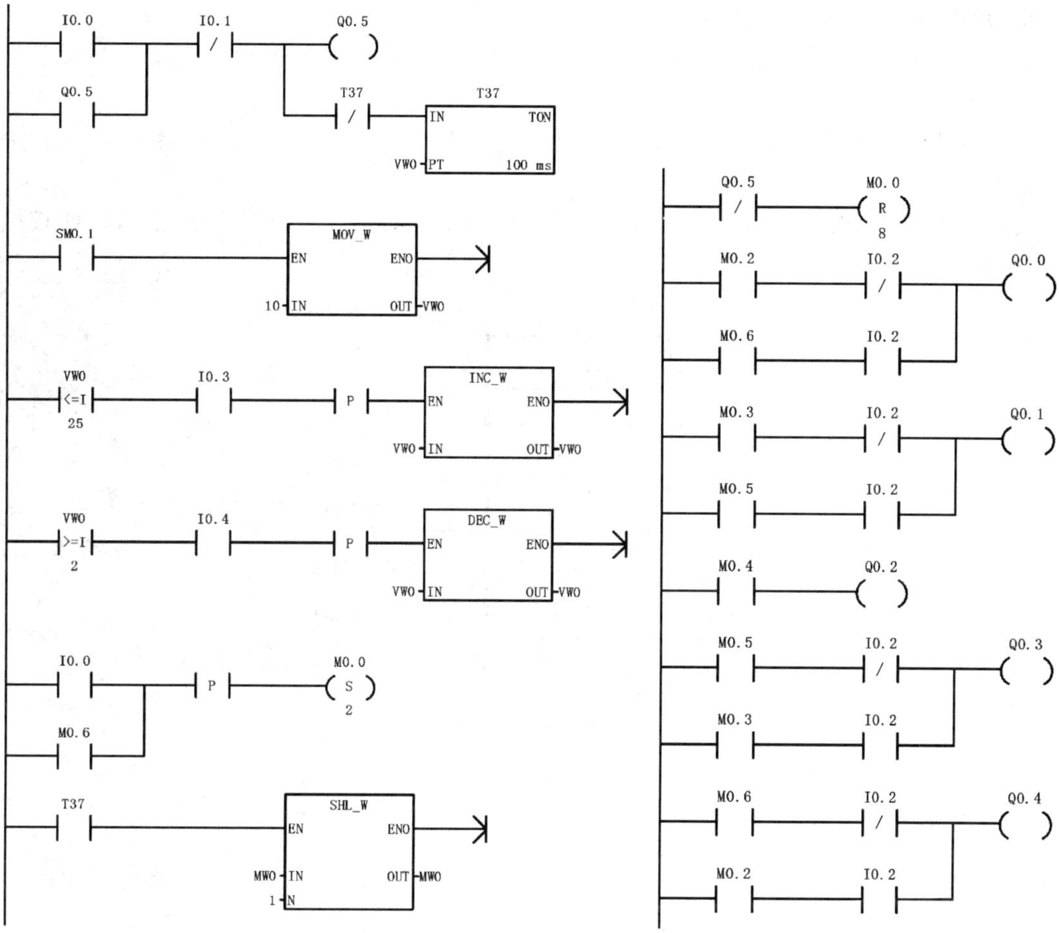

图 91-3　五相步进电动机两相激磁控制梯形图

3．控制原理

PLC 运行时，初始化脉冲 SM0.1 将 10 传送到 VW0 中，VW0 为定时器 T37 的设定值，初始设定值为 1s。

电动机启动时，按下按钮 I0.0，Q0.5 得电自锁，信号灯亮，同时接通定时器 T37，定时器 T37 每 1s 发一个脉冲。

I0.0 的上升沿脉冲使 MW0 的低 2 位 M0.0、M0.1 置 1。T37 每 1s 发一个脉冲，使 MW0 中的数据左移一位，第 5 次移位 M0.6=1，M0.6 的上升沿脉冲再使 MW0 的低 2 位 M0.0～M0.1 置 1。并重复上述过程，结果如图 91-4 所示。

步进电动机的 A、B、C、D、E 五相线圈的值分别取自 MB0 中的 M0.2、M0.3、M0.4、M0.5、M0.6。

步进电动机正转时，I0.2=0，I0.2 常闭接点闭合。M0.2、M0.3、M0.4、M0.5、M0.6 依次接通 Q0.0、Q0.1、Q0.2、Q0.3、Q0.4。

步进电动机反转时，I0.2=1，I0.2 常开接点闭合。M0.6、M0.5、M0.4、M0.3、M0.2 依

次接通 Q0.0、Q0.1、Q0.2、Q0.3、Q0.4。

停止时按下停止按钮 I0.1，Q0.5 失电，信号灯灭，Q0.5 常闭接点闭合将 MW0 全部复位。电动机停止。

按动减速按钮 I0.3，每按一次 T37 的设定值 VW0 数值加 1，当大于 25 时，比较接点 VW0≤25 断开。

按动加速按钮 I0.4，每按一次 T37 的设定值 VW0 数值减 1，当小于 2 时，比较接点 VW0≥2 断开。

7	E 6	D 5	C 4	B 3	A 2	1	0	
						1	1	初始状态
					1	1		第1次移位
				1	1			第2次移位
			1	1				第3次移位
		1	1					第4次移位
	1	1				1	1	第5次移位
1	1				1	1		第6次移位

图 91-4　五相步进电动机两相激磁控制过程图

分类十三　随机控制

实例 92　停车场车辆计数

某停车场有 50 个车位，用 PLC 对进出车辆进行计数，当车辆进入停车场时，计数值加 1，当车辆离开停车场时，计数值减 1，当计数值为 50 时车位已满，信号灯亮。如图 92-1 所示为小车进出示意图。

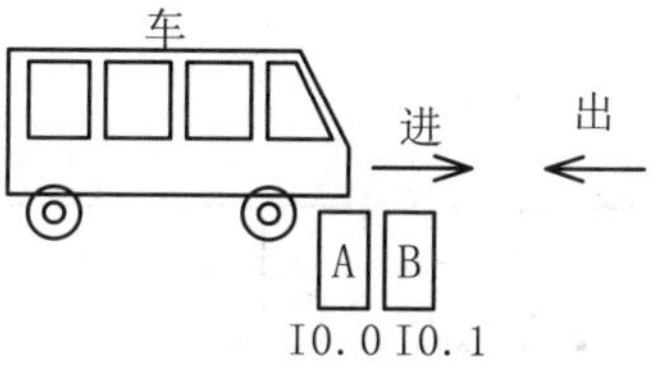

图 92-1　小车进出示意图

控制方案设计

1．输入/输出元件及控制功能

如表 92-1 所示，介绍了实例 92 中用到的输入/输出元件及控制功能。

表 92-1　输入/输出元件及控制功能

	PLC 软元件	元件文字符号	元 件 名 称	控 制 功 能
输入	I0.0	SQ1	光电开关（A 相）	检测小车进出
	I0.1	SQ2	光电开关（B 相）	检测小车进出
输出	Q0..0	HL	信号灯	车辆已满信号

2．电路设计

停车场计数控制 PLC 接线图和梯形图如图 92-2 所示。

停车场只有一个门，需用两个光电开关检测车辆进出的方向，如图 92-2 所示，当车辆进入停车场时，光电开关 A 先动作，I0.0=1，执行 INC_B 指令 VB1 加 1，同时 M0.0 得电自锁，M0.0 常闭接点断开 DEC_B 指令，接着当光电开关 B 再动作时，I0.1=1，由于减 1 指令 DEC_B 已断开，所以不能减计数。当车辆进入后，I0.1=0，其 I0.1 的下降沿接点断开

M0.0 的自锁回路，为下一辆进入车辆计数做好准备。

当车辆离开停车场时，光电开关 B 先动作，VB1 中的数减 1，其动作原理与车辆进入时相似。如图 92-3 所示为小车进出时序图。

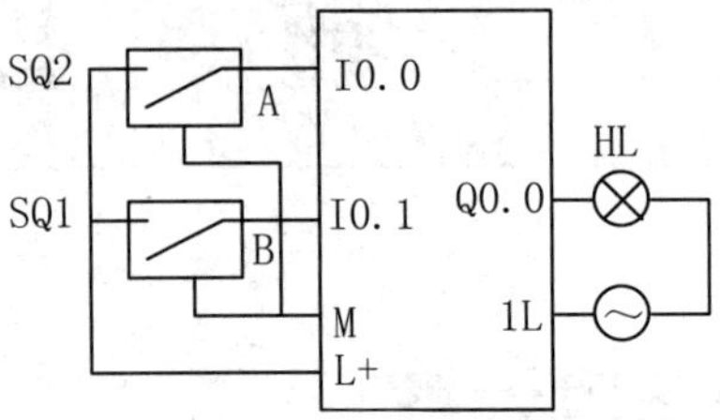

（a）PLC 接线图

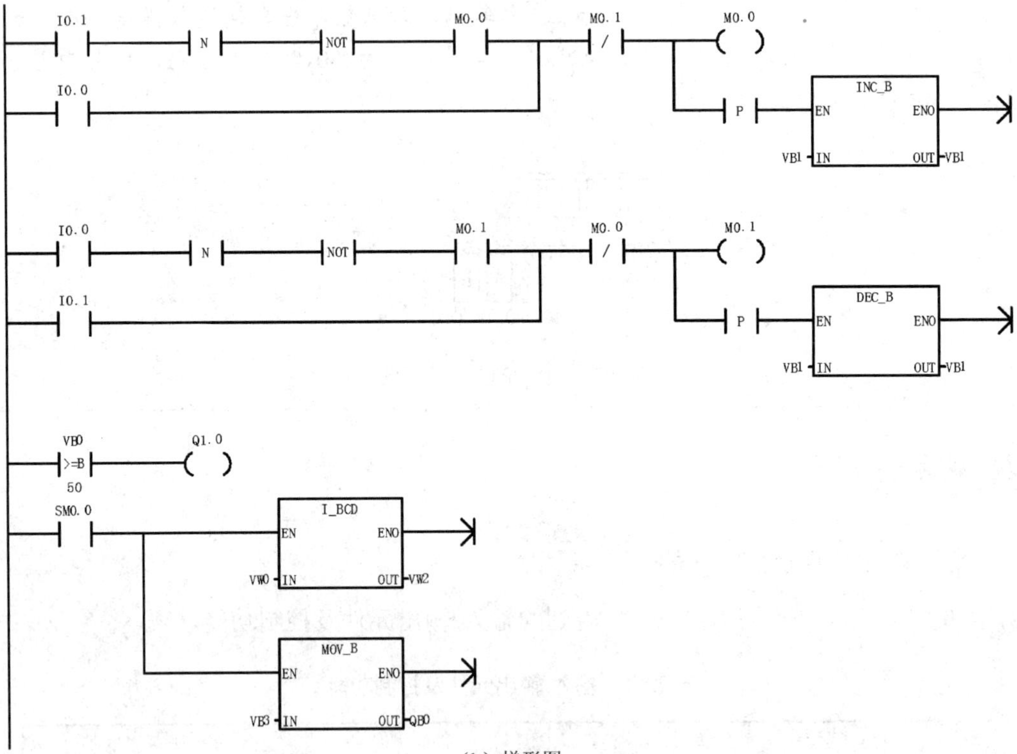

（b）梯形图

图 92-2　停车场计数控制

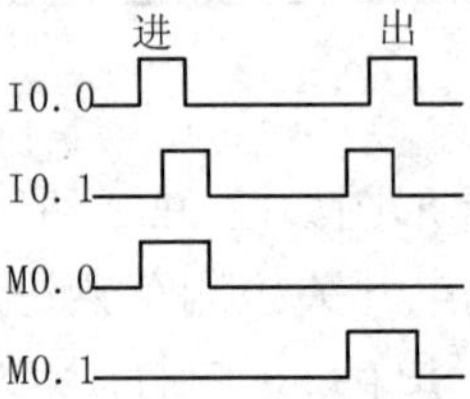

图 92-3　小车进出时序图

实例 93 变频器多速控制

用 PLC 对变频器进行多速控制。变频器有三个调速输入端 S1、S2、S3，改变输入端 S1、S2、S3 的通断状态，如表 93-1 所示，可以进行 7 段调速。

表 93-1 变频器输入端状态表

转速挡次		1 速	2 速	3 速	4 速	5 速	6 速	7 速
变频器输入端	S1	1	0	1	0	1	0	1
	S2	0	1	1	0	0	1	1
	S3	0	0	0	1	1	1	1

控制方案设计

1. 输入/输出元件及控制功能

如表 93-2 所示，介绍了实例 93 中用到的输入/输出元件及控制功能。

表 93-2 输入/输出元件及控制功能

	PLC 软元件	元件文字符号	元件名称	控制功能
输入	I0.1	SA-1	选择开关接点 1	变频器 1 速
	I0.2	SA-2	选择开关接点 2	变频器 2 速
	I0.3	SA-3	选择开关接点 3	变频器 3 速
	I0.4	SA-4	选择开关接点 4	变频器 4 速
	I0.5	SA-5	选择开关接点 5	变频器 5 速
	I0.6	SA-6	选择开关接点 6	变频器 6 速
	I0.7	SA-7	选择开关接点 7	变频器 7 速
输出	Q0. 1	S1	PLC 输出端 1	变频器 S1 端输入
	Q0.2	S2	PLC 输出端 2	变频器 S2 端输入
	Q0.3	S3	PLC 输出端 3	变频器 S3 端输入

2. 电路设计

方法 1：

用 7 挡选择开关设定变频器的多速控制，如图 93-1 所示。

根据变频器调速输入端 S1～S3 的变频器输入端状态表，列出 PLC 输入/输出的对应关系，如表 93-3 所示。

根据表写出变频器多速控制梯形图，如图 93-1（b）所示。

扳动调速选择开关 SA 到某一挡，若选择开关 SA 扳到 SA-3 时，输入继电器 I0.3 接通，Q0.1 和 Q0.2 得电输出，变频器调速输入端 S1 和 S2 接通，变频器为 3 速。

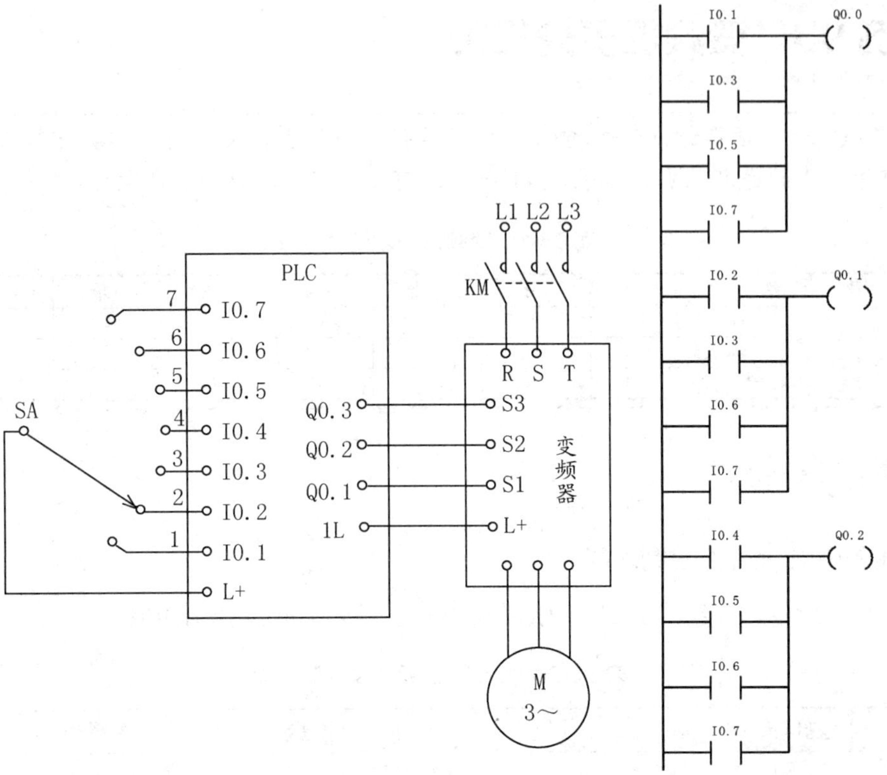

（a）变频器多速控制接线图　　（b）变频器多速控制梯形图

图 93-1　变频器多速控制接线图和梯形图

表 93-3　变频器调速输入端与 PLC 对应关系

变频器调速输入端	PLC7 挡调速选择开关 SA							PLC 输出端
	I0.1	I0.2	I0.3	I0.4	I0.5	I0.6	I0.7	
S1	1		1		1		1	Q0.1
S2		1	1			1	1	Q0.2
S3				1	1	1	1	Q0.3

方法 2：

用 7 个调速按钮设定变频器的多速控制，PLC 接线图如图 93-2 所示，梯形图如图 93-3 所示。

按下某一挡的按钮，先对所有的辅助继电器复位，然后接通对应的辅助继电器置位。例如，按下第五挡的按钮 SB5，输入继电器 I0.5 接通，先将 M0.1 开始的 7 个辅助继电器复位，再对对应的辅助继电器 M0.5 置位，M0.5 接点接通，Q0.1 和 Q0.2 得电输出，变频器调速输入端 S1 和 S3 接通，变频器为 5 速。

如图 93-3 所示为变频器多速基本指令控制梯形图，该梯形图比较长，其用功能指令则比较简单，如图 93-4 所示。

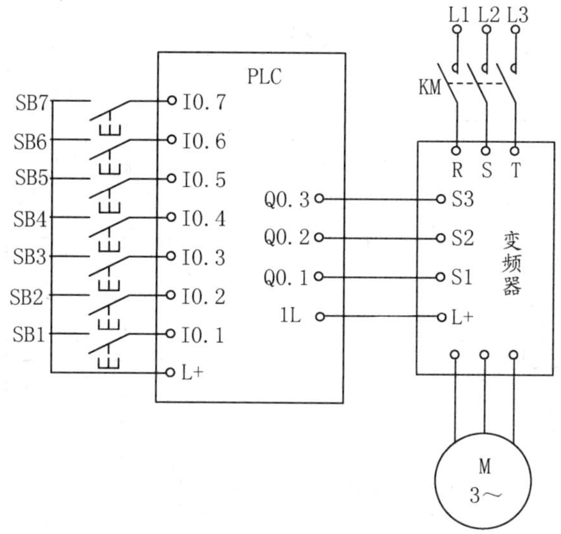

图 93-2 变频器多速控制接线图

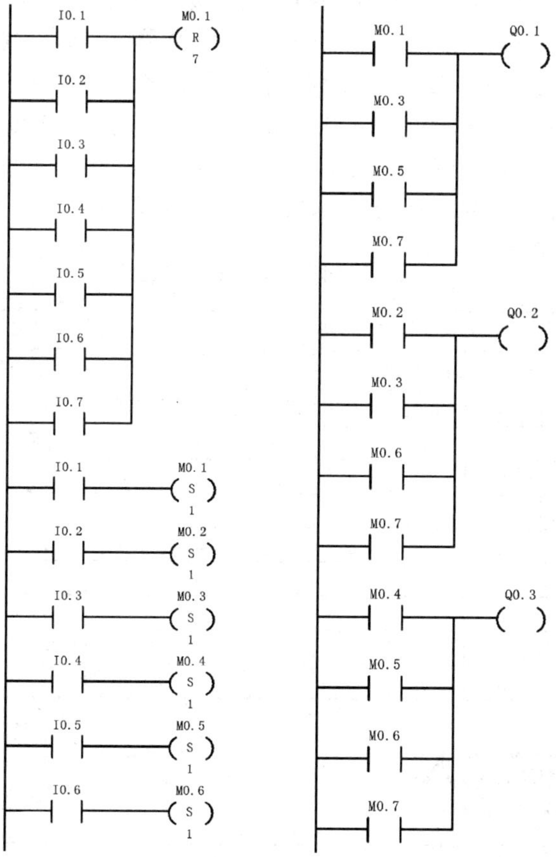

图 93-3 变频器多速基本指令控制梯形图

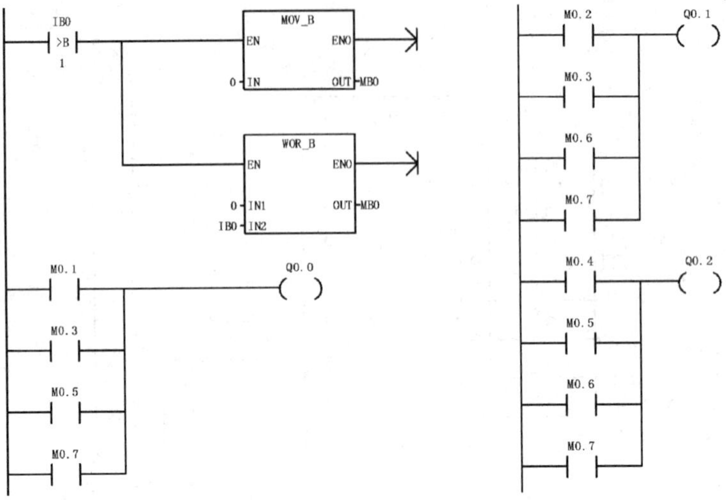

图 93-4　变频器多速功能指令控制梯形图

图 93-4 的工作原理如下：

用 7 个按钮 SB1～SB7 控制变频器的 7 段速度，输入继电器 I0.0 对控制梯形图不起作用，因为当 I0.0=1 时，IB0=1，比较接点 IB0＞1，接点断开，不执行指令。只有 I0.7～I0.1 输入接点闭合时，IB0＞1 执行指令。首先执行 MOV_B 指令，将 MB0 清零。再将 0 和 IB0 进行 WOR_B 运算，结果放到 MB0 中。7 段速按钮编码输出表如表 93-4 所示。

例如，按下按钮 SB5，IB0=2#00100000=64＞1，比较接点 IB0＞1 闭合，将 MB0 清零。再将 0 和 IB0 进行 WOR_B 运算，结果 MB0=2#00100000，即 M0.5=1，M0.5 常开接点闭合，接通 Q0.0 和 Q0.2。变频器调速输入端 S1 和 S3 接通，变频器为 5 速。

表 93-4　7 段速按钮编码输出表

7 段 速	7 段速按钮								编　码		
	I0.7 SB7	I0.6 SB6	I0.5 SB5	I0.4 SB4	I0.3 SB3	I0.2 SB2	I0.1 SB1	I0.0	Q0.2	Q0.1	Q0.0
	0	0	0	0	0	0	0	1	0	0	0
1 速	0	0	0	0	0	0	1	0	0	0	1
2 速	0	0	0	0	0	1	0	0	0	1	
3 速	0	0	0	0	1	0	0	0	0	1	1
4 速	0	0	0	1	0	0	0	0	1	0	0
5 速	0	0	1	0	0	0	0	0	1	0	1
6 速	0	1	0	0	0	0	0	0	1	1	0
7 速	1	0	0	0	0	0	0	0	1	1	1

实例 94　矩阵输入

当一个控制系统中存在大量输入接点时，采用一对一的输入方法是不够的，采用输入点和输出点编程的方法来实现输入矩阵，可以扩大输入点数的数量。下面以 8×5

输入矩阵为例说明输入矩阵的设计方法。

控制方案设计

1. 输入/输出元件及控制功能

如表 94-1 所示，介绍了实例 94 中用到的输入/输出元件及控制功能。

表 94-1　输入/输出元件及控制功能

	PLC 软元件	元件文字符号	元 件 名 称	控 制 功 能
输入	I0.0			行输入
	I0.1			行输入
	I0.2			行输入
	I0.3			行输入
	I0.4			行输入
	I0.5			行输入
	I0.6			行输入
	I0.7			行输入
输出	Q0.0		M0.0～M0.7 列输入	列输出
	Q0.1		M1.0～M1.7 列输入	列输出
	Q0.2		M2.0～M2.7 列输入	列输出
	Q0.3		M3.0～M3.7 列输入	列输出
	Q0.4		M4.0～M4.7 列输入	列输出

2. 电路设计

PLC 8×5 的矩阵输入接线图如图 94-1 所示，输入梯形图如图 94-2 所示。

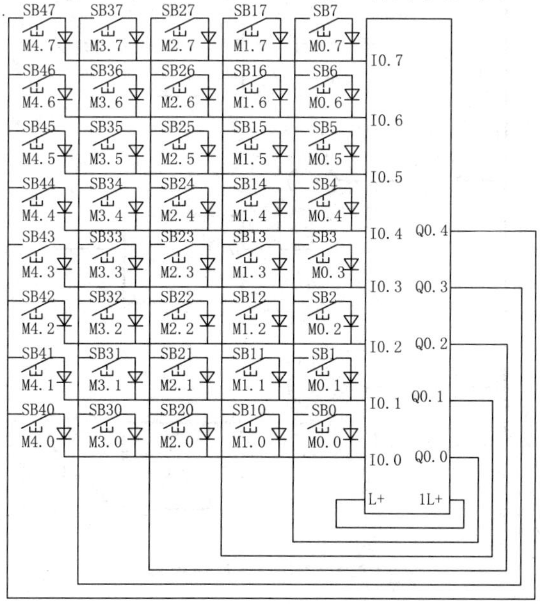

图 94-1　矩阵接线图

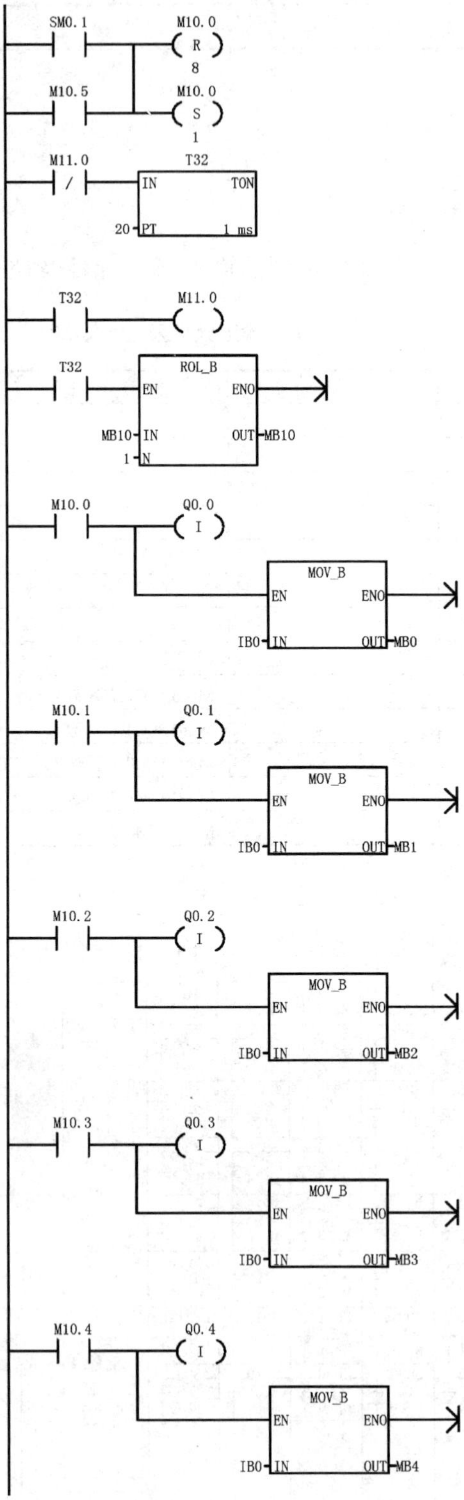

图 94-2　矩阵输入梯形图

3．控制原理

由 PLC 输入端 I0.0～I0.7 和输出端 Q0.0～Q0.4 组成 8×5 的输入矩阵，将 40 个输入按钮的数据分时依次传送到辅助继电器 MB0～MB4 中。

初始状态时，初始化脉冲 SM0.1 将 MB10 复位，再将 M10.1 置位。MB10 中的数据为 2#00000001，Q0.0 得电，Q0.0 的输出接点接通 SB0～SB7 的一列输入按钮，将 SB0～SB7 接通的情况经输入继电器 I0.0～I0.7 传送到 M0.0～M0.7 中。

定时器 T32 隔 20ms 发一个脉冲，对 MB10 中的数据 2#00000001 进行左移位，左移位后 MB10 中的数据为 2#00000010，即 M0.1=1，Q0.1 得电，其输出接点接通 SB10～SB17 的一列输入按钮，将 SB10～SB17 接通的情况经输入继电器 I0.0～I0.7 传送到 M1.0～M1.7 中。

T32 每隔 20ms 发一个脉冲，对 MB10 中的数据进行一次左移位，依次接通 Q0.0～Q0.4，依次将 5 列 8 位输入数据传送到 MB0～MB4 中。

当 MB10 中的数据为 2#00100000 时，即 M10.5=1 时，将 MB10 复位，再将 M10.1 置位。并重复上述过程，如图 94-3 所示。

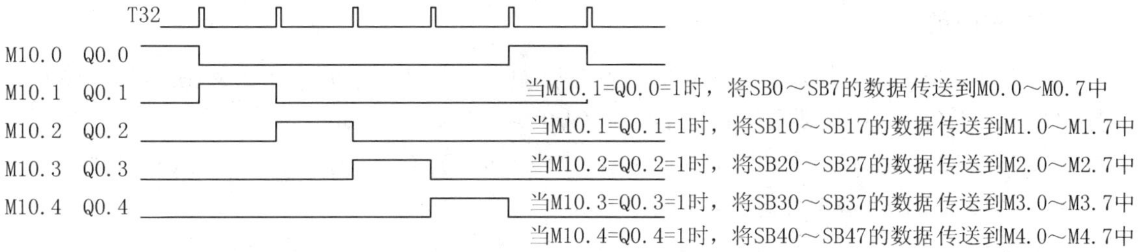

图 94-3　矩阵输入波形图

实例 95　饮料自动出售机

一台饮料自动出售机用于出售汽水和咖啡两种饮料，汽水 12 元一杯，咖啡 15 元一杯。顾客可以投入 1 元、5 元和 10 元三种硬币。当投入的硬币钱数大于或等于 12 元时，汽水灯亮。当投入的硬币钱数大于或等于 15 元时，咖啡灯亮。按下出汽水按钮，自动出汽水一杯，并找出多余零钱，按下咖啡按钮，自动出咖啡一杯，并找出多余零钱。

控制方案设计

1．输入/输出元件及控制功能

如表 95-1 所示，介绍了实例 95 中用到的输入/输出元件及控制功能。

表 95-1　输入/输出元件及控制功能

	PLC 软元件	元件文字符号	元 件 名 称	控 制 功 能
输入	I0.0	SQ1	检测元件	1 元钱检测

续表

	PLC 软元件	元件文字符号	元 件 名 称	控 制 功 能
	I0.1	SQ2	检测元件	5 元钱检测
	I0.2	SQ3	检测元件	10 元钱检测
	I0.3	SB1	按钮 1	出咖啡
	I0.4	SB2	按钮 2	出汽水
输出	Q0.0	YV1	电磁阀 1	出咖啡
	Q0.1	YV2	电磁阀 2	出汽水
	Q0.2	HL1	信号灯 1	≥12 元
	Q0.3	HL2	信号灯 2	≥15 元
	Q0.4	YV3	电磁阀 3	找零钱

2．电路设计

饮料自动出售机 PLC 接线图如图 95-1 所示，梯形图如图 95-2 所示。

3．控制原理

当投入 1 元硬币时，I0.0=1，VW0 中的数据加 1，当投入 5 元硬币时，I0.1=1，VW0 中的数据加 5，当投入 10 元硬币时，I0.2=1，VW0 中的数据加 10。

当 VW0≥12 时，Q0.3 得电，汽水灯亮，出汽水时 Q0.0 常闭接点断开，汽水灯闪。

当 VW0≥15 时，Q0.3 也得电，汽水灯亮。

当 VW0≥15 时，Q0.2 得电，咖啡灯亮。出咖啡时 Q0.0 常闭接点断开，咖啡灯闪。

当 Q0.3 得电，汽水灯亮时，按下出汽水按钮 I0.4，Q0.1 得电自锁，出汽水，定时器 T37 得电延时 7s 关断 Q0.1。

当 Q0.2 得电，咖啡灯亮时，按下出咖啡按钮 I0.3，Q0.0 得电自锁，出咖啡，定时器 T38 得电延时 7s 关断 Q0.0。

VW0≥12，按下出汽水按钮 I0.4，VW0 中的数减去 12，余数存放到 VW2 中。

VW0≥15，按下出汽水按钮 I0.3，VW0 中的数减去 15，余数存放到 VW2 中。

VW2≠0 时，Q0.4 得电找钱。

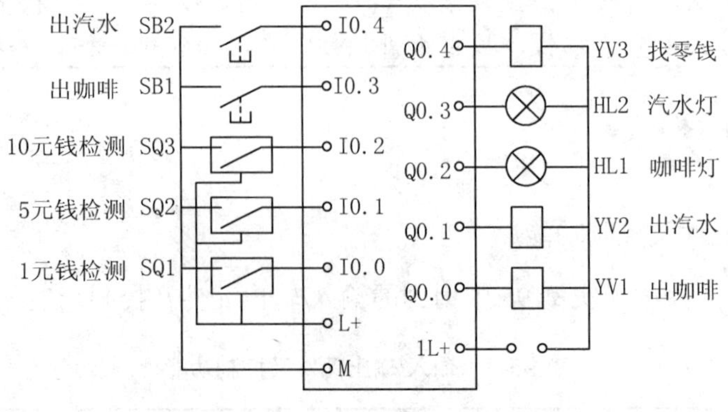

图 95-1 饮料自动出售机 PLC 接线图

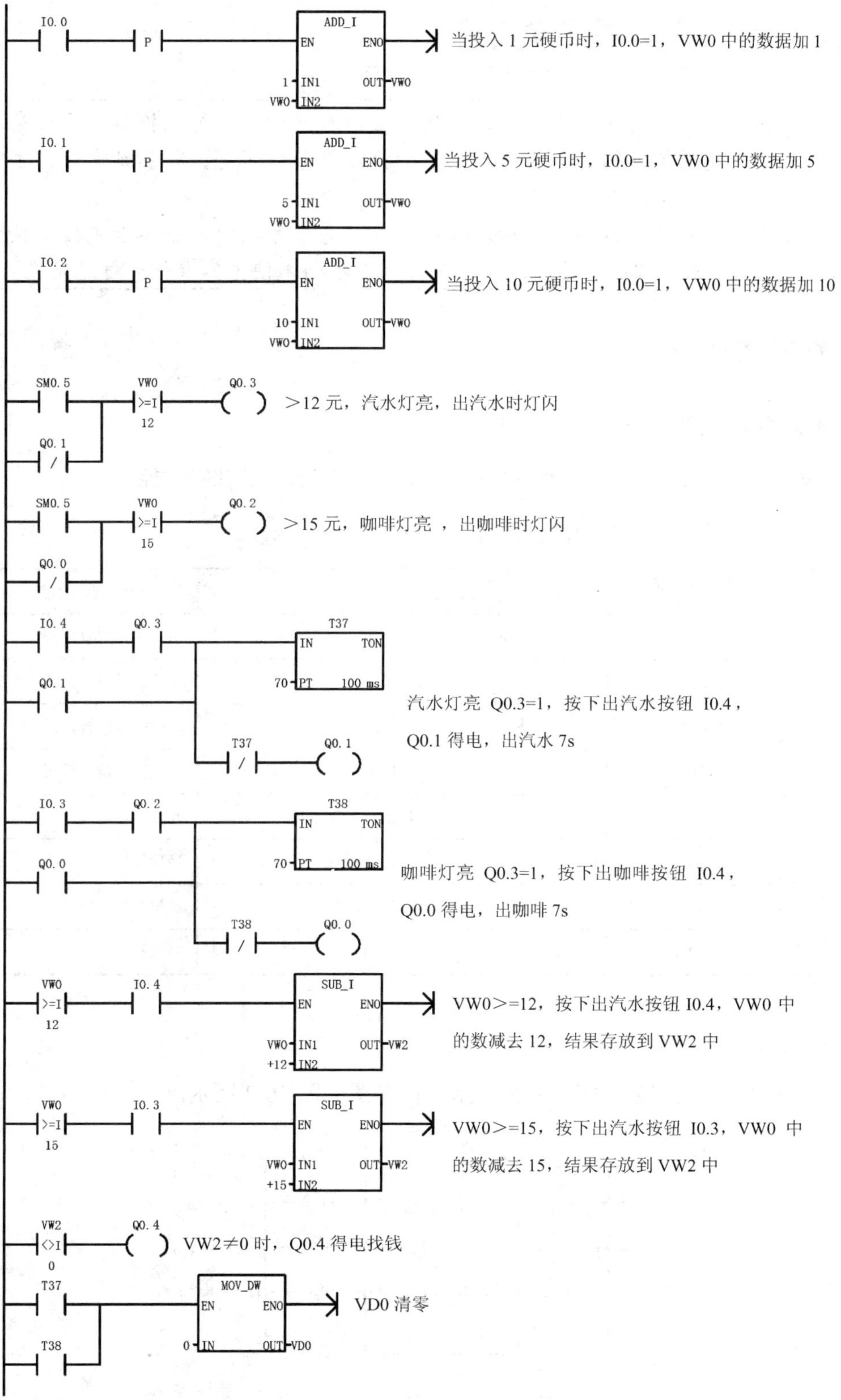

图 95-2　饮料自动出售机梯形图

实例 96 三人智力抢答

三人抢答，首先主持人给出题目，并按下主持人按钮，主持人抢答信号灯亮，开始抢答，先按下按钮的抢答信号灯亮，后按下的抢答信号灯不亮。抢答结束后，主持人再按一下主持人按钮，抢答信号灯熄灭。

如果在主持人未按下按钮，主持人抢答信号灯亮未亮之前，抢答者先按下按钮，则抢答信号灯闪亮，表示犯规。主持人再按下主持人按钮，使抢答者信号灯熄灭。

控制方案设计

1. 输入/输出元件及控制功能

如表 96-1 所示，介绍了实例 96 中用到的输入/输出元件及控制功能。

表 96-1 输入/输出元件及控制功能

	PLC 软元件	元件文字符号	元 件 名 称	控 制 功 能
输入	I0.0	SB0	按钮	主持人开始复位按钮
	I0.1	SB1	按钮	1#抢答者抢答按钮
	I0.2	SB2	按钮	2#抢答者抢答按钮
	I0.3	SB3	按钮	3#抢答者抢答按钮
输出	Q0.0	HL0	主持人指示灯	开始指示灯
	Q0.1	HL1	1#指示灯	1#抢答指示灯
	Q0.2	HL2	2#指示灯	2#抢答指示灯
	Q0.3	HL3	3#指示灯	3#抢答指示灯

2. 电路设计

三人抢答的 PLC 接线图如图 96-1 所示，梯形图如图 96-2 所示。

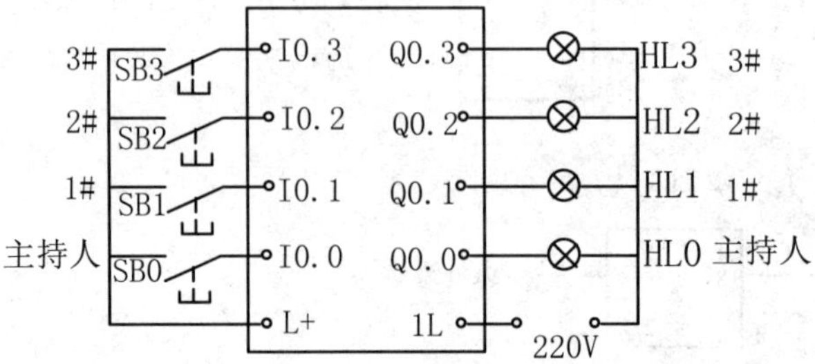

图 96-1 三人抢答 PLC 接线图

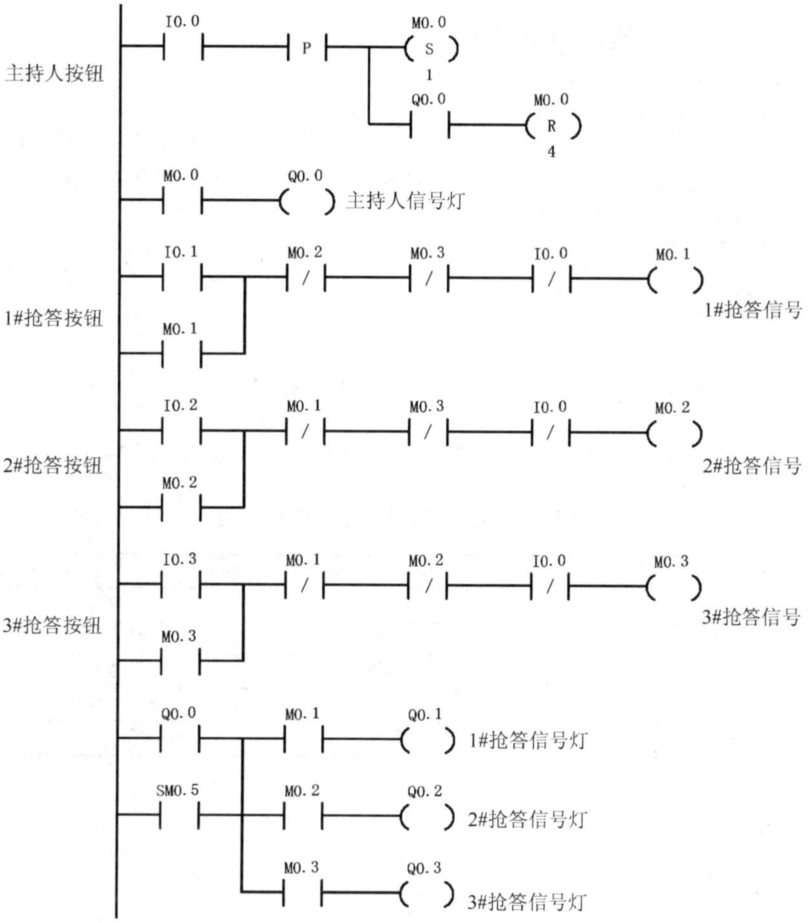

图 96-2　三人抢答梯形图

3．控制原理

抢答前，主持人按下主持人按钮 SB0，I0.0 发一个脉冲使 M0.0 置位，由于复位指令 R 前的 Q0.0 接点未接通，所以，不能执行复位 R 指令，M0.0 常开接点闭合，Q0.0 线圈得电，主持人抢答信号灯亮，开始抢答，假如 2#先按下按钮，I0.2=1，M0.2 线圈得电自锁，M0.2 常开接点闭合，Q0.2 线圈得电的抢答信号灯 HL2 亮，M0.2 常闭接点断开 M0.1 和 M0.3 的线圈，后按下的抢答信号灯不亮。

抢答结束后，主持人再按一下主持人按钮，I0.0 发一个脉冲，此时由于 Q0.0 常开接点闭合，执行复位 R 指令将 M0.0～M0.3 全部复位，所有信号灯全部熄灭。

如果在主持人未按下按钮，主持人抢答信号灯亮未亮之前，假如 1#先按下按钮，I0.1=1，M0.1 线圈得电自锁，M0.1 常开接点闭合，由于 Q0.0 常开接点断开，Q0.1 线圈经过 SM0.5（秒时钟脉冲）得电，抢答信号灯 HL1 闪亮，表示犯规。主持人再按下主持人按钮，使抢答者信号灯熄灭。Q0.0 得电，抢答开始。

实例 97　八人智力抢答

八人智力抢答竞赛，需要用八个抢答按钮（I1.7～I1.0）和八个指示灯（Q1.7～Q1.0）。当主持人报完题目，先按按钮者的灯亮，同时蜂鸣器（Q0.7）响，后按按钮者的灯不亮。用一个数码管显示抢答者的号码。

控制方案设计

1. 输入/输出元件及控制功能

如表 97-1 所示，介绍了实例 97 中用到的输入/输出元件及控制功能。

表 97-1　输入/输出元件及控制功能

	PLC 软元件	元件文字符号	元 件 名 称	控 制 功 能
输入	I0.0～I0.7	SB0～SB7	0#～7#按钮	0#～7#抢答
	I1.0	SB8	复位按钮	主持人复位
输出	Q0.0～Q0.6		数码管	显示抢答者的号码
	Q1.0～Q1.7	HL0～HL7	0#～7#信号灯	0#～7#信号显示
	Q0.7	HA	蜂鸣器	抢答音响

2. 电路设计

智力抢答竞赛接线图如图 97-1 所示，梯形图如图 97-2 所示。

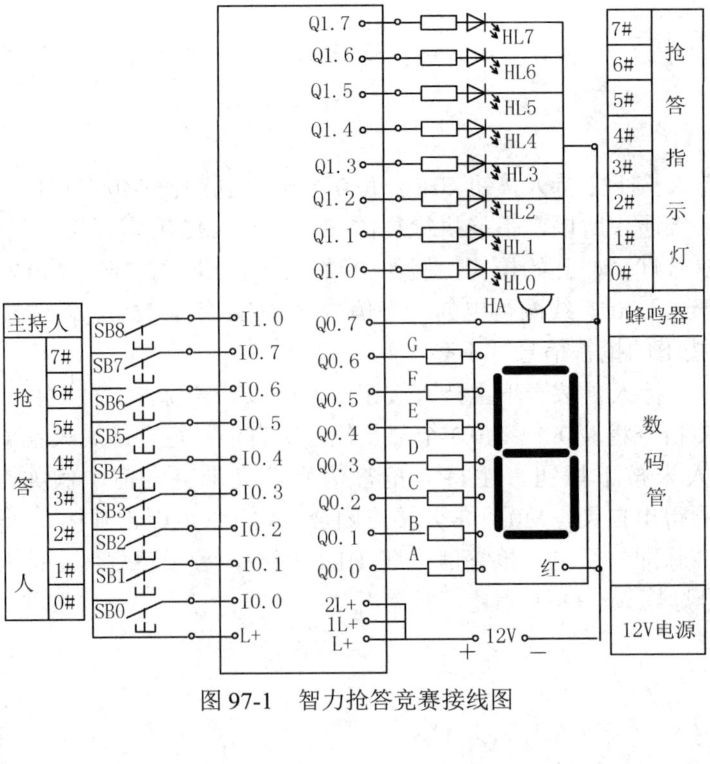

图 97-1　智力抢答竞赛接线图

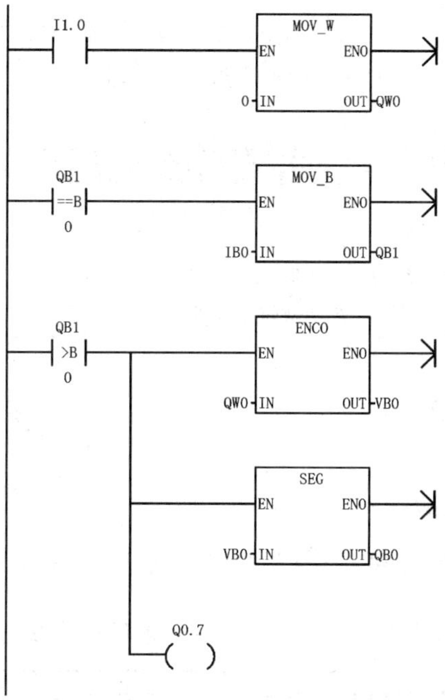

图 97-2　智力抢答竞赛梯形图

3．控制原理

智力抢答竞赛梯形工作过程如图 97-3 所示。

当没有抢答者按抢答按钮 I0.7～I0.0（IB0）时，Q1.7～Q1.0 均为 0，所有的灯都是灭的，即 QB0=0，QB0=0 比较接点闭合，执行 MOV_B 指令，当有人按下按钮时，将 IB0 的数据传送到 QB1 中，QB1＞0，例如，抢答者按下抢答按钮 I0.2 时，则 IB0=2#00000100，经 MOV_B 指令传送，QB1=2#00000100，即 Q1.2=1，对应的指示 HL2 灯亮，此时 QB0=0 比较接点断开。不再执行 MOV_B 指令，所以后按下按钮的无效。

由于 QB1＞0，QB1＞0 比较接点闭合，执行 ENCO 指令将 QW0 为 1 的位编码，以二进制数存放到 VB0 的低 4 位。再由段码指令 SEG 输出到 QB0 驱动一个七段数码管，显示抢答者的编号。

Q0.7 得电，蜂鸣器响。

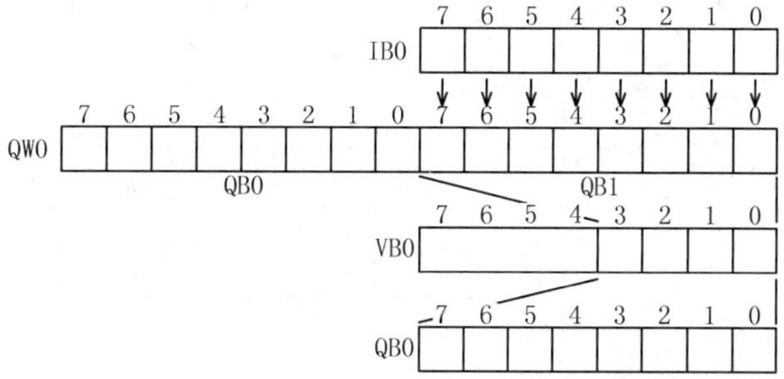

图 97-3　智力抢答竞赛梯形工作过程

注意：SEG 指令在进行七段译码时只需要 7 个输出继电器 Q0.0～Q0.6 就够了，而将 Q0.7 置零，为了充分利用输出继电器，可将 Q0.7 放在 SEG 指令后面编程。

实例 98　测量电压互感器的线电压和相电压

用 PLC 器测量电压互感器的三相线电压和三相相电压，用选择开关编码输入的方法连接电压互感器和电压表的接线测量所测的电压。

控制方案设计

1．输入/输出元件及控制功能

如表 98-1 所示，介绍了实例 98 中用到的输入/输出元件及控制功能。

表 98-1　输入/输出元件及控制功能

	PLC 软元件	元件文字符号	元 件 名 称	控 制 功 能
输入	I0.0	S1	选择开关 1 端	电压测量选择
	I0.1	S2	选择开关 2 端	电压测量选择
	I0.2	S3	选择开关 3 端	电压测量选择
输出	Q0.5		电压互感器 A 相	电压互感器与电压表连接
	Q0.6		电压互感器 B 相	电压互感器与电压表连接
	Q0.7		电压互感器 C 相	电压互感器与电压表连接
	Q1.0		电压互感器 B 相	电压互感器与电压表连接
	Q1.1		电压互感器接地端	电压互感器与电压表连接

2．电路设计

用 PLC 控制测量电压互感器电压的原理接线图如图 98-1 所示。电压表接在 PLC 输出端的公共端 2L 和 3L 上，例如，测量 AB 相线电压，则将选择开关打在 AB 位置，通过 PLC 的输入端 I0.0～I0.2 的编码，控制输出继电器 Q0.6 和 Q1.1 得电，两个输出接点闭合，将电压表连接到电压互感器电压 A 相和 B 相上。电压互感器电压测量 PLC 接线图如图 98-2 所示。

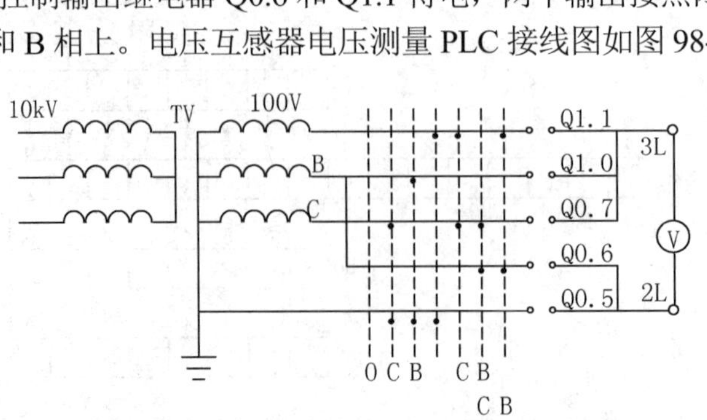

图 98-1　电压互感器电压测量原理接线图

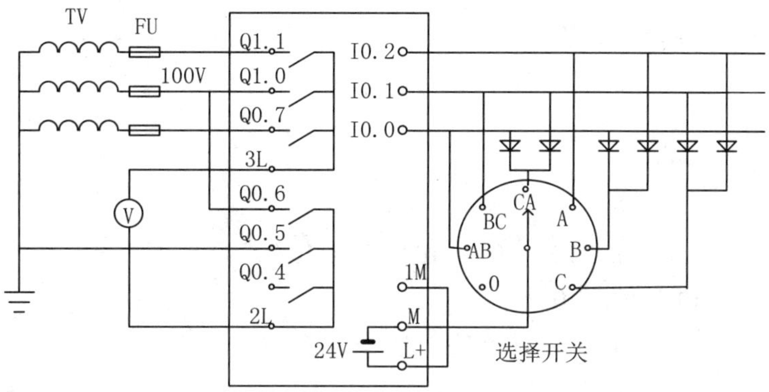

图 98-2 电压互感器电压测量 PLC 接线图

3. 控制原理

根据图 98-1 和图 98-2 的输入和输出关系列表如表 98-2 所示。

表 98-2 PLC 输入和输出关系

选择开关位置	最小项	输入			输出				
		I0.2	I0.1	I0.0	Q 1.1	Q 1.0	Q 0.7	Q 0.6	Q 0.5
0	m_0	0	0	0	0	0	0	0	0
AB	m_1	0	0	1	1	0	0	1	0
BC	m_2	0	1	0	0	0	1	1	0
CA	m_3	0	1	1	1	0	1	0	0
A	m_4	1	0	0	1	0	0	0	1
B	m_5	1	0	1	0	1	0	0	1
C	m_6	1	1	0	0	0	1	0	1
不存在（无关项）	m_7	1	1	1					

根据表 98-2 写出输出继电器 Q0.5～Q1.1 的逻辑表达式。逻辑表达式可以采用公式法或卡诺图化简法。

$Q0.5=m_4+m_5+m_6+m_7$

$$=I0.2\cdot\overline{I0.1}\cdot\overline{I0.0}+I0.2\cdot\overline{I0.1}\cdot I0.0+I0.2\cdot I0.1\cdot\overline{I0.0}+I0.2\cdot I0.1\cdot I0.0$$

$$=I0.2(\overline{I0.1}\cdot\overline{I0.0}+\overline{I0.1}\cdot I0.0+I0.1\cdot\overline{I0.0}+I0.1\cdot I0.0)$$

$$=I0.2(\overline{I0.1}(\overline{I0.0}+I0.0)+I0.1(\overline{I0.0}+I0.0))$$

$$=I0.2(\overline{I0.1}+I0.1)$$

$$=I0.2$$

$Q0.6=m_1+m_2$

$$=\overline{I0.2}\cdot\overline{I0.1}\cdot I0.0+\overline{I0.2}\cdot I0.1\cdot\overline{I0.0}$$

$$=\overline{I0.2}(\overline{I0.1}\cdot I0.0+I0.1\cdot\overline{I0.0})$$

$Q0.7=m_2+m_3$

$=\overline{I0.2}\cdot I0.1\cdot\overline{I0.0}+\overline{I0.2}\cdot I0.1\cdot I0.0$

$=\overline{I0.2}\cdot I0.1$

$Q1.0=m_5$

$=I0.2\cdot\overline{I0.1}\cdot I0.0$

$Q1.1=m_1+m_3+m_4$

$=\overline{I0.2}\cdot\overline{I0.1}\cdot I0.0+\overline{I0.2}\cdot I0.1\cdot I0.0+I0.2\cdot\overline{I0.1}\cdot\overline{I0.0}$

$=\overline{I0.2}\cdot I0.0+I0.2\cdot\overline{I0.1}\cdot\overline{I0.0}$

根据上面的逻辑表达式画出梯形图如图 98-3 所示。

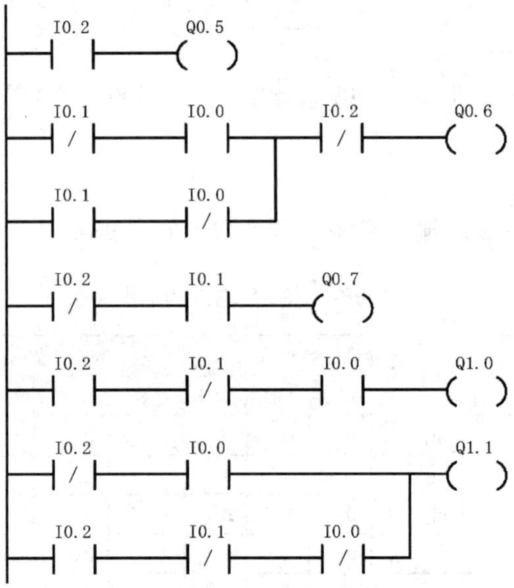

图 98-3 电压互感器电压测量梯形图

实例 99　投币洗车机

一台投币洗车机，用于司机清洗车辆，司机每投入 1 元可以使用 10min 时间，其中喷水时间为 5min。

控制方案设计

1．输入/输出元件及控制功能

如表 99-1 所示，介绍了实例 99 中用到的输入/输出元件及控制功能。

表 99-1　输入/输出元件及控制功能

	PLC 软元件	元件文字符号	元 件 名 称	控 制 功 能
输入	I0.0	SQ	检测开关	检测

续表

	PLC 软元件	元件文字符号	元件名称	控制功能
输入	I0.1	SB1	按钮 1	喷水控制
	I0.2	SB2	按钮 2	复位
输出	Q0.0	YV	电磁阀	洗车机喷水

2. 电路设计

投币洗车机 PLC 接线图如图 99-1 所示。

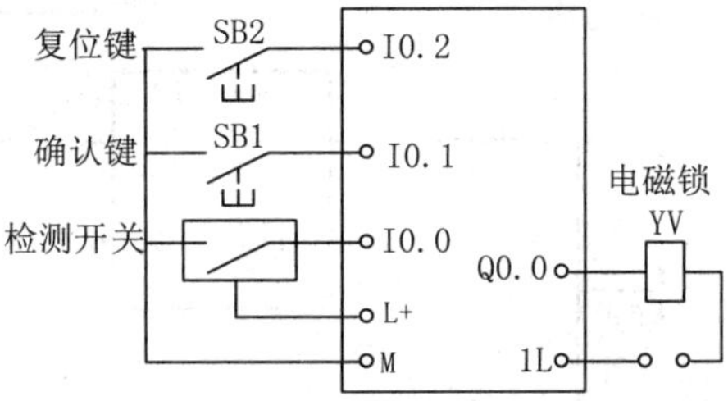

图 99-1 投币洗车机 PLC 接线图

3. 控制原理

控制梯形图如图 99-2 所示。

用 100ms 累计型定时器 T5 来累计喷水时间，用 VW0 存放喷水时间，用 100ms 通用型定时器 T37 来累计使用时间，用 VW2 存放使用时间。

PLC 初次运行时由 SM0.1 执行 ADD 指令将 0 和 0 相加，将结果 0 分别传送到 VD0 中(也就是将 T5 和 T37 的设定值 VW0 和 VW2 清零)，由于执行 ADD 指令结果是 VD0=0，所以，VD0≠0 比较接点断开，按喷水按钮无效。

当投入一元硬币时，I0.0 接点接通一次，向 VW0 增加 3000（5min）。作为喷水的时间设定值，同时向 VW2 的值增加 6000（10min）作为司机限时使用时间。由于此时 VD0 不为 0，所以，VD0≠0 比较接点闭合，当司机按下喷水按钮 I0.1 时，T5 开始计时。当司机松开喷水按钮时，T5 保持当前值不变。当喷水按钮再次按下时，T5 接着前一次计时时间继续计时，当累计达到 VW0 中的设定值时，T5 常开接点闭合，将 VD0 清零，同时对 T5 复位。VD0≠0 比较接点断开，Q0.0 失电。

当喷水按钮 I0.1 动作时，T37 接通并由 M0.0 得电自锁，喷水累计时间未到 5s，但达到使用时间 10s，T37 动作，将 VD0 清零，结束使用。

注意：由于定时器最长可以设定 3276.7s，约 54min。因此，每次最多只能投 5 枚硬币。如果要增加延时时间，可以编程使用长延时定时器。

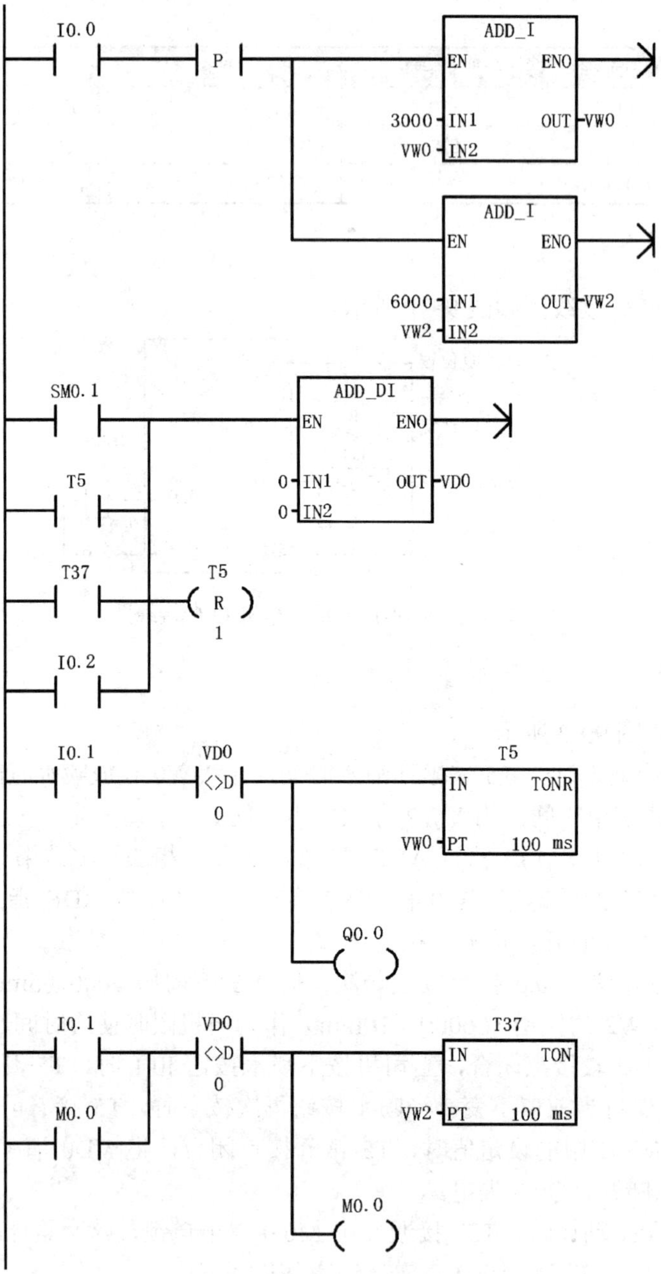

图 99-2　投币洗车机梯形图

分类十四　三相异步电动机基本控制

实例100　三相异步电动机两地可逆控制

在两个地点用按钮控制一台三相异步电动机的正反转启动停止。

控制方案设计

1．输入/输出元件及控制功能

如表 100-1 所示，介绍了实例 100 中用到的输入/输出元件及控制功能。

表 100-1　输入/输出元件及控制功能

	PLC 软元件	元件文字符号	元 件 名 称	控 制 功 能
输入	I0.0	SB1、SB2	停止按钮	停止电动机
	I0.1	SB3、SB4	正转按钮	正转启动电动机
	I0.2	SB5、SB6	反转按钮	反转启动电动机
输出	Q0.0	KM1	接触器 1	电动机正转启动
	Q0.1	KM2	接触器 2	电动机反转启动

2．电路设计

在两个地点用按钮控制一台三相异步电动机的正反转启动停止的主电路、PLC 接线图和梯形图如图 100-1 所示。

3．控制原理

（1）停止反转梯形图

正转启动时，按下正转按钮 SB3 或 SB4，I0.1=1，Q0.0=1，Q0.0 得电自锁，KM1 得电，电动机正转启动运行。

反转启动时，由于 Q0.0 常闭互锁接点断开，按下反转按钮 SB5 或 SB6 无效。所以，应先按下停止按钮 SB1 或 SB2，常闭接点断开，I0.0=0，梯形图中 I0.0 常开接点断开，Q0.0 失电，使电动机停止。再按下反转按钮 SB5 或 SB6，I0.2=1，Q0.1 得电自锁，KM2 得电，电动机反转运行。

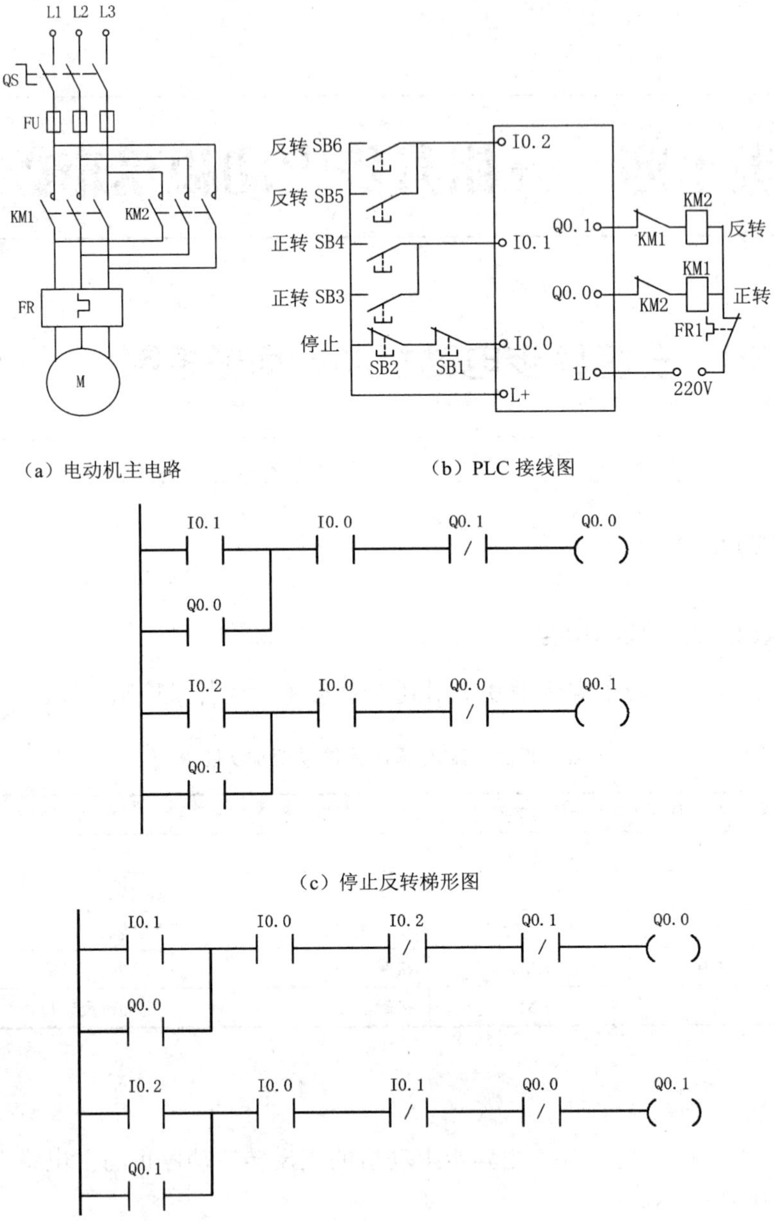

（a）电动机主电路　　（b）PLC 接线图

（c）停止反转梯形图

（d）直接反转梯形图

图 100-1　三相异步电动机两地可逆控制

（2）直接反转梯形图

正转启动时，按下正转按钮 SB3 或 SB4，I0.1=1，Q0.0=1，Q0.0 得电自锁，KM1 得电，电动机正转启动运行。

反转启动时，按下反转按钮 SB5 或 SB6，I0.2=1，I0.2 常闭接点断开，Q0.0 失电停止正转，I0.2 常开接点闭合，Q0.1 得电自锁，KM2 得电，电动机反转启动运行。

按下停止按钮 SB1 或 SB2，按钮常闭接点断开，I0.0=0，梯形图中 I0.0 常开接点断开，

Q0.1 失电，使电动机停止。

实例 101　四台电动机同时启动停止，单独启动停止

用按钮控制四台电动机，要求四台电动机即能同时启动、同时停止，也能每台电动机单独启动、单独停止。

控制方案设计

方法 1

1. 输入/输出元件及控制功能

如表 101-1 所示，介绍了实例 101 中用到的输入/输出元件及控制功能。

表 101-1　输入/输出元件及控制功能

	PLC 软元件	元件文字符号	元 件 名 称	控 制 功 能
输入	I0.0～I0.3	SB1～SB4	启动按钮	4 台电动机单独启动
	I0.4～I0.7	SB5～SB8	停止按钮	4 台电动机单独停止
	X10	SB9	启动按钮	4 台电动机同时启动
	X11	SB10	停止按钮	4 台电动机同时停止
输出	Q0.0～Q0.3	KM1～KM4	接触器	4 台电动机控制

2. 电路设计

采用基本指令。四台电动机控制 PLC 接线图如图 101-1 所示，梯形图如图 101-2 所示。

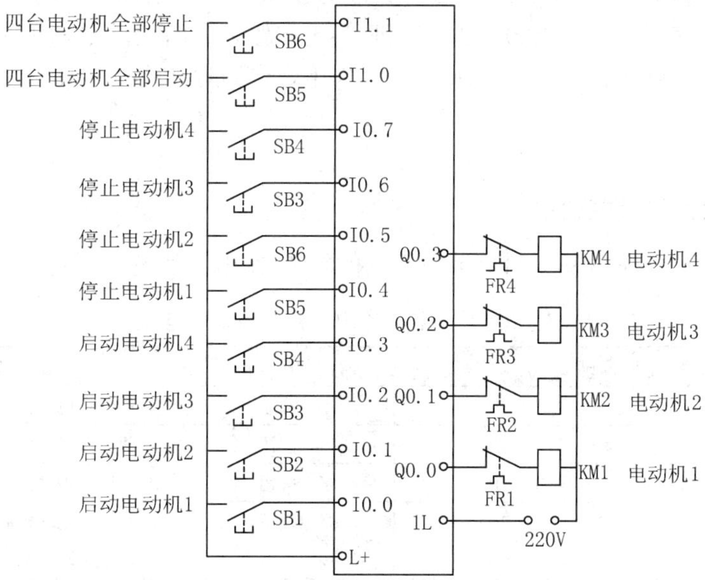

图 101-1　四台电动机控制接线图之一

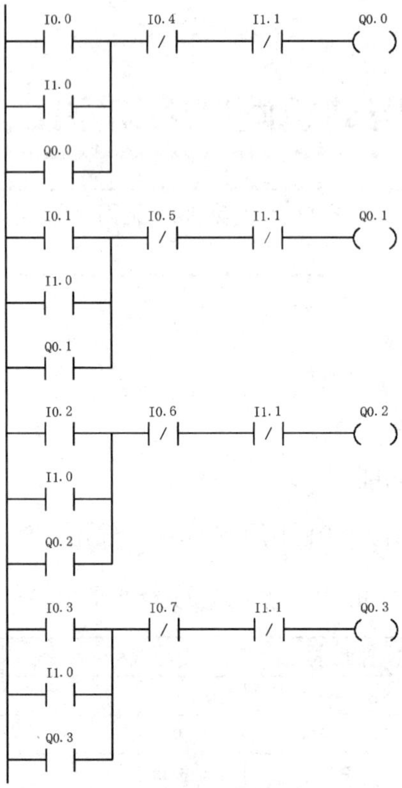

图 101-2　四台电动机控制梯形图之一

3．控制原理

分别按下启动按钮 I0.0～I0.3，Q0.0～Q0.3 分别得电自锁，分别启动电动机 1～4。
分别按下停止按钮 I0.4～I0.7，Q0.0～Q0.3 分别失电，分别停止电动机 1～4。
按下同时启动按钮 I1.0，Q0.0～Q0.3 同时得电自锁，同时启动电动机 1～4。
按下同时停止按钮 I1.1，Q0.0～Q0.3 同时失电，同时停止电动机 1～4。

方法 2

1．输入/输出元件及控制功能

如表 101-2 所示，介绍了实例 101 中用到的输入/输出元件及控制功能。

表 101-2　输入/输出元件及控制功能

	PLC 软元件	元件文字符号	元 件 名 称	控 制 功 能
输入	I0.0	SB1	启动停止按钮	第一台电动机启动停止
	I0.1	SB2	启动停止按钮	第二台电动机启动停止
	I0.2	SB3	启动停止按钮	第三台电动机启动停止
	I0.3	SB4	启动停止按钮	第四台电动机启动停止
	I0.4	SB5	启动按钮	四台电动机同时启动
	I0.5	SB6	停止按钮	四台电动机同时停止

续表

	PLC 软元件	元件文字符号	元 件 名 称	控 制 功 能
输出	Q0.0	KM1	接触器	第一台电动机控制
	Q0.1	KM2	接触器	第二台电动机控制
	Q0.2	KM3	接触器	第三台电动机控制
	Q0.3	KM4	接触器	第四台电动机控制

2. 电路设计

采用逻辑字异或指令 WXOR。四台电动机控制 PLC 接线图如图 101-3 所示，梯形图如图 101-4 所示。

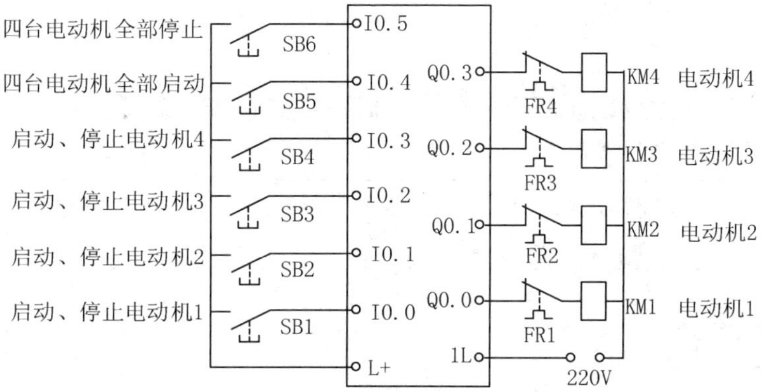

图 101-3 四台电动机控制接线图之二

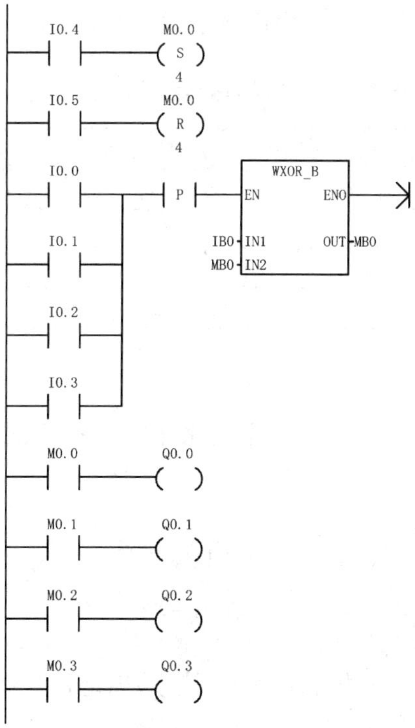

图 101-4 四台电动机控制梯形图之二

3. 控制原理

按下同时启动按钮 I0.4，M0.0～M0.3 同时置位，Q0.0～Q0.3 同时得电，四台电动机同时启动。

按下同时停止按钮 I0.5，M0.0～M0.3 同时复位，Q0.0～Q0.3 同时失电，四台电动机同时停止。

当按下 I0.0～I0.3 其中的一个按钮时，执行一次字节异或 WXOR_B 指令。

例如，按下按钮 I0.1，I0.1=1，I0.1 和 MB0 中的 M0.1 进行异或运算。

如果 M0.1=0，异或运算的结果为 1，M0.1 由 0 变为 1。Q0.1=M0.1=1，电动机启动。

如果 M0.1=1，异或运算的结果为 0，M0.1 由 1 变为 0，Q0.1=M0.1=0，电动机停止。

可见按钮 I0.0～I0.3 既是启动按钮又是停止按钮。

实例 102　三相异步电动机串电阻降压启动

三相异步电动机启动时在三相定子电路中串接电阻，使电动机定子绕组电压降低，启动结束后再将电阻短接，电动机在额定电压下正常运行。

控制方案设计

1. 输入/输出元件及控制功能

如表 102-1 所示，介绍了实例 102 中用到的输入/输出元件及控制功能。

表 102-1　输入/输出元件及控制功能

	PLC 软元件	元件文字符号	元 件 名 称	控 制 功 能
输入	I0.0	SB1	停止按钮	停止电动机
	I0.1	SB2	启动按钮	启动电动机
输出	Q0.0	KM1	接触器 1	串接电阻启动
	Q0.1	KM2	接触器 2	短接电阻运行

2. 电路设计

三相异步电动机串电阻降压启动控制主电路、PLC 接线图和梯形图如图 102-1 所示。

3. 控制原理

合上电源开关 QS，按启动按钮 SB2，I0.1 接点闭合，输出继电器线圈 Q0.0 得电自锁，KM1 得电，电动机 M 串联电阻 R 启动，同时定时器 T37 得电，延时 5s，T37 常闭触点断开 Q0.0，T37 常开触点接通 Q0.1 线圈，Q0.1 常开接点闭合，Q0.1 仍自锁。使接触器 KM2 得电，将主回路电阻 R 短接，电动机在全压下进入稳定正常运行。KM1 线圈失电，以节省接触器 KM1 线圈的耗电。

停止按钮采用常闭接点，正常时 I0.0 得电，常开接点闭合。停止时按下停止按钮，I0.0 失电，I0.0 常开接点断开，T37、Q0.0、Q0.1 线圈都失电，电动机停止运行。

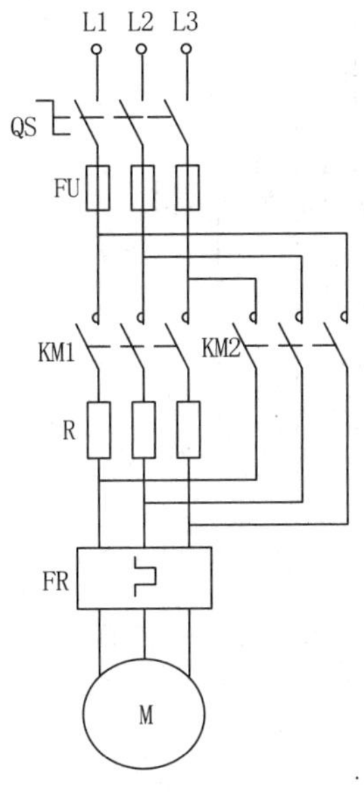

（a）电动机主电路图

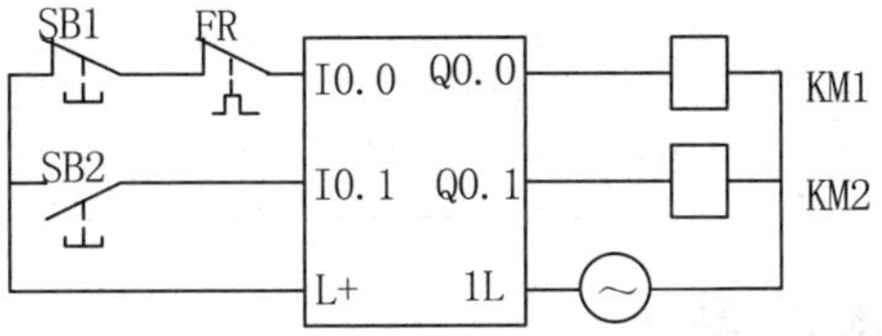

（b）PLC 接线图

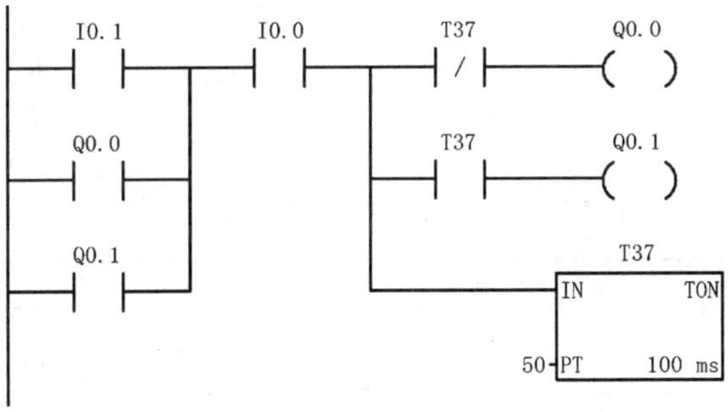

（c）PLC 梯形图

图 102-1　串电阻降压启动

实例 103　三相异步电动机星三角（延边三角）降压启动

三相异步电动机启动时将三相定子绕组接成星形（或接成延边三角形），以降低定子绕组电压，已达到减小启动电流的目的，启动结束后再将三相定子绕组接成三角形，电动机在额定电压下正常运行。星形降压启动过程实际上和延边三角形降压启动过程一样，所以启动控制电路或控制梯形图是一样的。

三相异步电动机星形—三角形（星三角）降压启动控制主电路和延边三角形—三角形（延边三角形）降压启动控制主电路如图 103-1 所示。

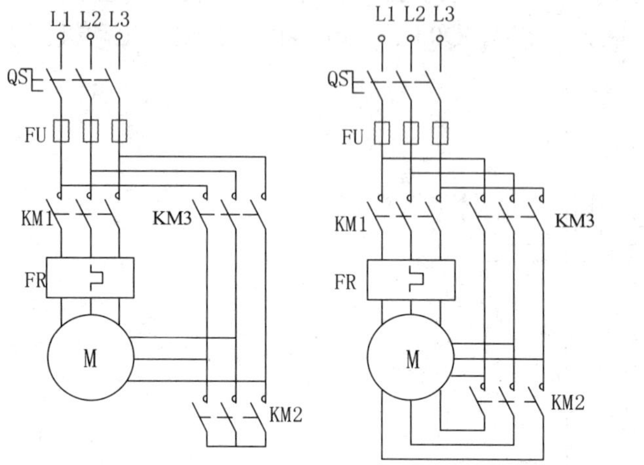

（a）星三角降压启动主电路 （b）延边三角形降压启动主电路

图 103-1 星三角降压启动主电路和延边三角形降压启动主电路

控制方案设计 1

1. 输入/输出元件及控制功能

如表 103-1 所示，介绍了实例 103 采用第一种控制方案设计时用到的输入/输出元件及控制功能。

表 103-1 输入/输出元件及控制功能

	PLC 软元件	元件文字符号	元 件 名 称	控 制 功 能
输入	I0.0	SB1	停止按钮	停止电动机
			热继电器接点	电动机过载保护
	I0.1	SB2	启动按钮	启动电动机
输出	Q0.0	KM1	接触器 1	电源连接
	Q0.1	KM2	接触器 2	星形连接 或延边三角形连接
	Q0.2	KM3	接触器 3	三角形连接

2. 电路设计

PLC 接线图和梯形图如图 103-2 所示。

3. 控制原理

启动时按下启动按钮 I0.1，Q0.0 线圈得电自锁，同时 Q0.1 线圈得电，驱动接触器 KM1、KM2 线圈得电，电动机 M 接成星形（或延边三角形）接线启动。定时器 T37 得电延时，5s 后 T37 常闭接点断开 Q0.1，T37 常开接点接通 Q0.2，电动机 M 由星形接线改接成三角形接线全电压运行。

再按一下常闭停止按钮 I0.0，I0.0 常开接点断开，Q0.0、Q0.1、Q0.2 和 T37 线圈均失电，电动机停转。

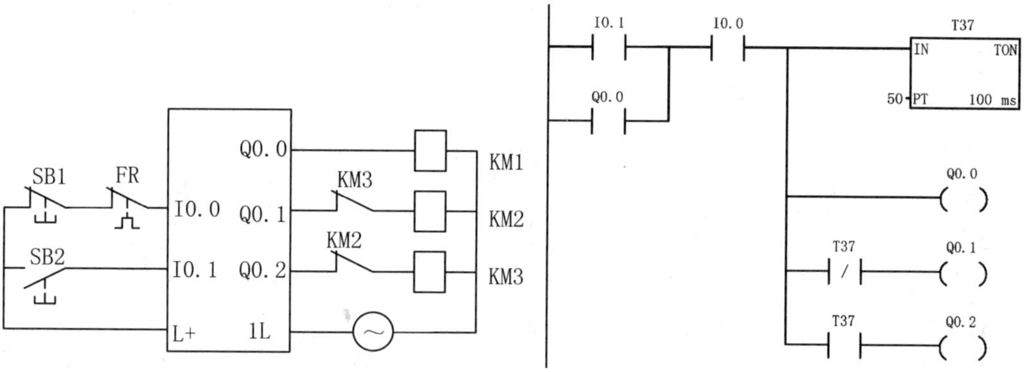

（a）PLC 接线图　　（b）PLC 梯形图

图 103-2　三相异步电动机星三角（延边三角形）降压启动 PLC 接线图和梯形图

控制方案设计 2

1. 输入/输出元件及控制功能

如表 103-2 所示，介绍了实例 103 采用第二种控制方案设计时用到的输入/输出元件及控制功能。

表 103-2　输入/输出元件及控制功能

	PLC 软元件	元件文字符号	元 件 名 称	控 制 功 能
输入	I0.0	SB1	启动、停止按钮	启动、停止电动机
输出	Q0.0	KM1 KM2	接触器 1 接触器 2	星形连接或延边三角形连接
	Q0.1	KM3	接触器 3	三角形连接

2. 电路设计

PLC 接线图和梯形图如图 103-3 所示。

3. 控制原理

如图 103-3 所示，按下按钮 I0.0，执行一次 INC_B 加 1 指令，MB0=1，M0.0=1，M0.0 常开接点闭合，T37、T38 得电，Q0.0 得电，接触器 KM1 和 KM2 得电，电动机接成星形（或延边三角形连接）电动机降压启动，T37 延时 8s，T37 常闭接点断开 Q0.0 线圈，KM1 和 KM2 失电，其主接点断开，T37 常开接点接通 Q0.1 线圈，当 KM2 主接点断开后，KM2 常闭接点闭合，使 KM3 线圈得电，KM3 主接点闭合，这期间有一个灭弧过程。由于 KM1 失电，KM3 主接点闭合不会产生电弧，再经过 1s 的延时，Q0.0 得电，KM1 得电，将电动机接成三角形运行。

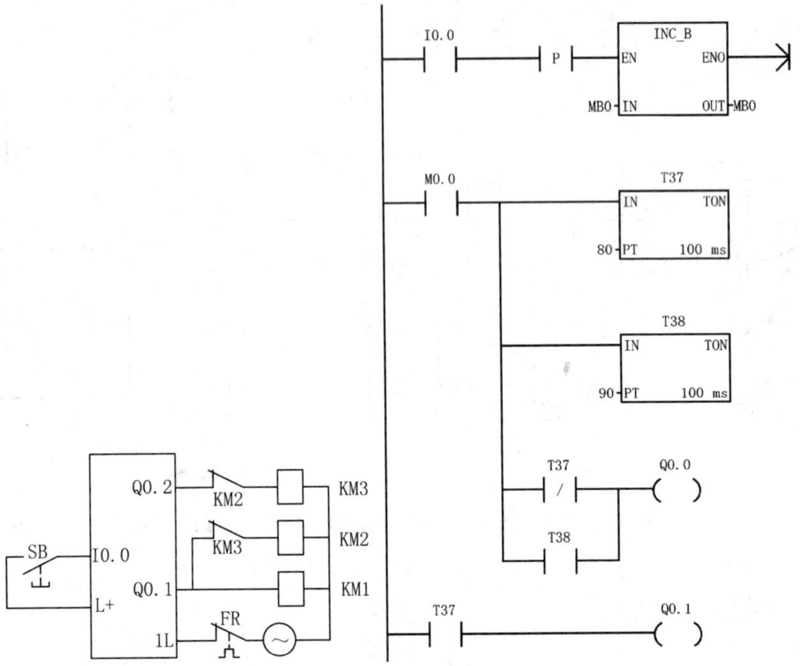

（a）PLC 接线图　　（b）PLC 梯形图

图 103-3　三相异步电动机星三角（延边三角）降压启动 PLC 接线图和梯形图

再按一下按钮 I0.0，执行一次 INC_B 加 1 指令，MB0=2，M0.0=0，Q0.0、Q0.1 均失电，电动机停转。如果电动机过载，热继电器动作，断开 PLC 输出电源，断开接触器的电源，电动机停转。

星形三角（延边三角）降压启动时序图如图 103-4 所示。

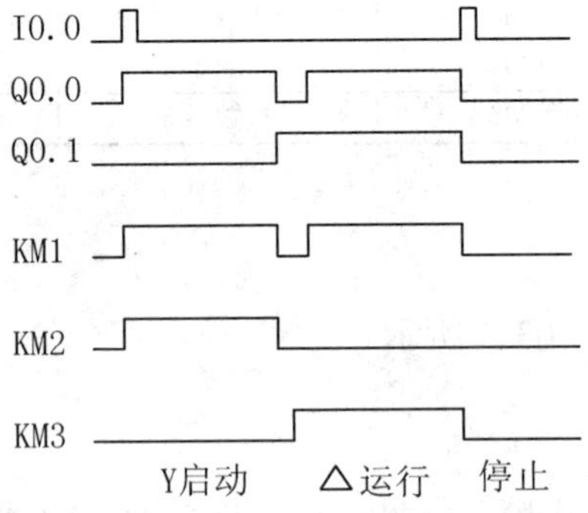

图 103-4　星形三角（延边三角）降压启动时序图

实例 104　三相异步电动机可逆星三角形降压启动

三相异步电动机可逆星三角形降压启动主电路图如图 104-1 所示。启动时按正转或反转启动按钮，先将正转接触器 KM1 或反转接触器 KM2 得电，同时接触器 KM3 得电将三相定子绕组接成星形（或延边三角形），以降低定子绕组电压，已达到减小启动电流的目的。启动结束后断开接触器 KM3，再将接触器 KM4 闭合，使三相定子绕组接成三角形，电动机在额定电压下正常运行。

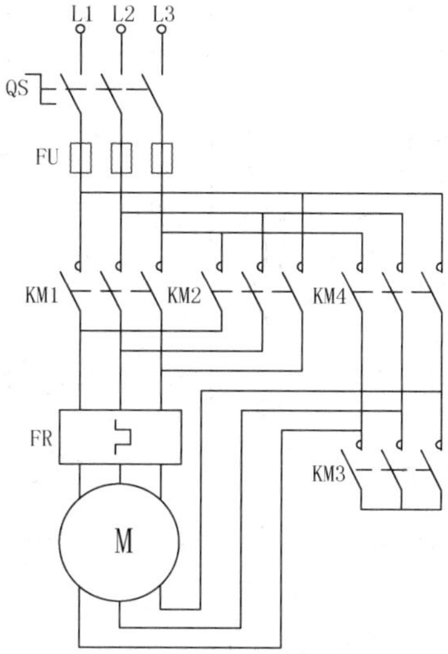

图 104-1　可逆星形（三角形）降压启动

控制方案设计 1

1．输入/输出元件及控制功能

如表 104-1 所示，介绍了实例 104 采用第一种控制方案设计时用到的输入/输出元件及控制功能。

表 104-1　输入/输出元件及控制功能

	PLC 软元件	元件文字符号	元 件 名 称	控 制 功 能
输入	I0.0	SB1	停止按钮	停止电动机
		FR	热继电器接点	电动机过载保护
	I0.1	SB2	正转启动按钮	电动机正转
	I0.2	SB3	反转启动按钮	电动机反转
输出	Q0.0	KM1	正转接触器 1	电源正转连接
	Q0.1	KM2	反转接触器 2	电源反转连接
	Q0.2	KM3	接触器 3	星形连接
	Q0.3	KM4	接触器 4	三角形连接

2．电路设计

三相异步电动机可逆星三角形降压启动 PLC 接线图和梯形图如图 104-2 所示。

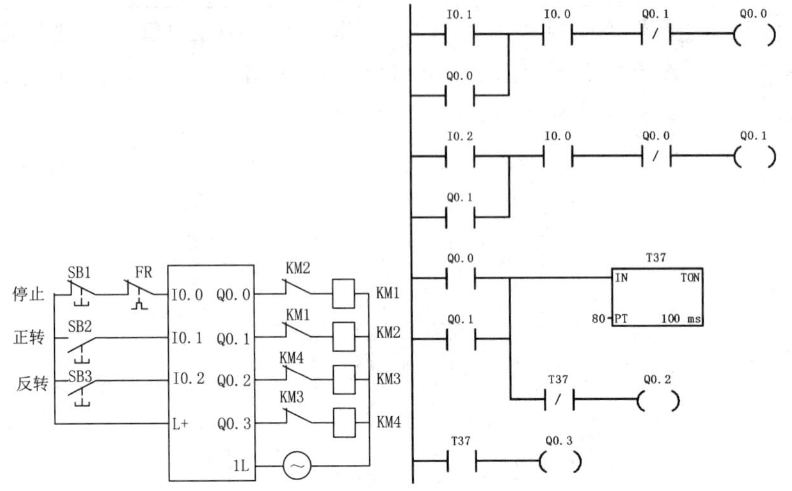

（a）PLC 接线图　　　　（b）梯形图

图 104-2　PLC 接线图和梯形图

3．控制原理

启动时按下正转启动按钮 I0.1，Q0.0 线圈得电自锁，同时 Q0.2 线圈得电，驱动接触器 KM1、KM3 线圈得电，电动机 M 接成星形接线正转启动。定时器 T37 得电延时，8s 后 T37 常闭接点断开 Q0.2，T37 常开接点接通 Q0.3，电动机 M 由星形接线改接成三角形接线全电压运行。

反转启动过程与正转启动类似。

再按一下常闭停止按钮 I0.0，I0.0 常开接点断开，全部线圈均失电，电动机停转。

控制方案设计 2

1．输入/输出元件及控制功能

如表 104-2 所示，介绍了实例 104 采用第二种控制方案设计时用到的输入/输出元件及控制功能。

表 104-2　输入/输出元件及控制功能

	PLC 软元件	元件文字符号	元件名称	控制功能
输入	I0.1	SB2	正转启动或停止按钮	电动机正转启动或停止
	I0.2	SB1	反转启动或停止按钮	电动机反转启动或停止
输出	Q0.1	KM1	正转接触器 1	电源正转连接
	Q0.2	KM2	反转接触器 2	电源反转连接
		KM3	接触器 3	星形连接
	Q0.3	KM4	接触器 4	三角形连接

2. 电路设计

PLC 接线图和梯形图如图 104-3 所示。由 PLC 接线图可知，控制方案设计 2 比控制方案设计 1 少用一个输入接点和一个输出接点。

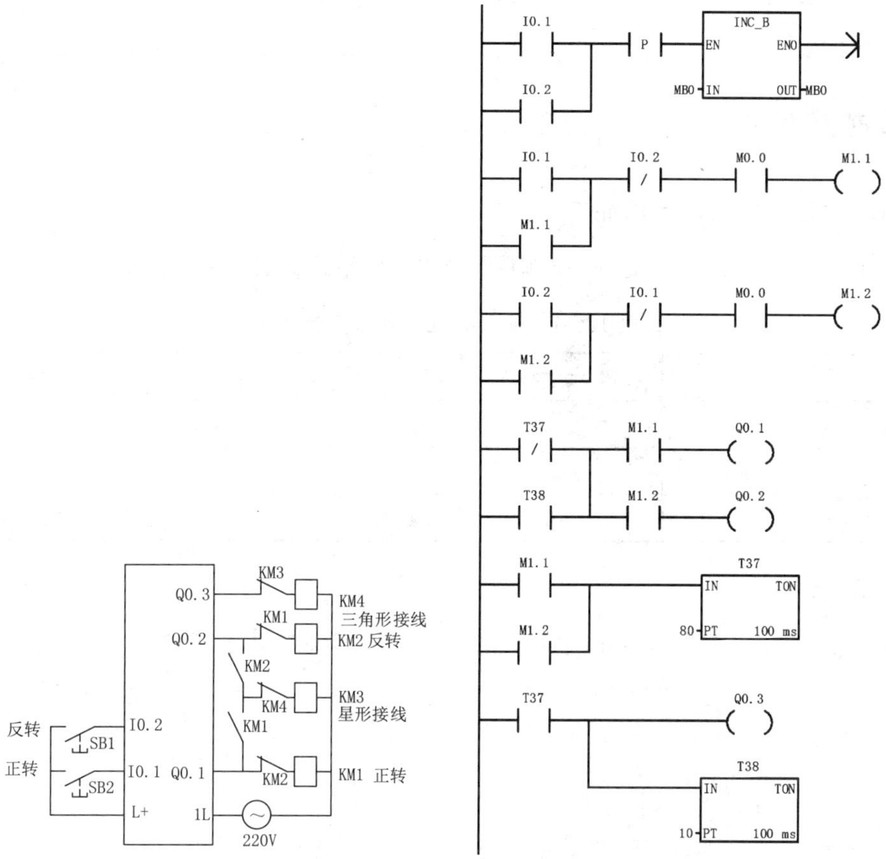

（a）PLC 接线图　　（b）梯形图

图 104-3　PLC 接线图和梯形图

3. 控制原理

按下正转按钮 I0.1，执行 INC_B 指令，M0.0=1，M1.1 线圈得电自锁，定时器 T37 得电，Q0.1 得电，接触器 KM1 得电，KM1 常开接点闭合接通 KM3 得电，电动机接成星形降压正转启动。

T37 延时 8s，T37 常闭接点断开 Q0.1 线圈。KM1 和 KM3 失电，其主接点断开，电动机暂时失电。T37 常开接点闭合接通 Q0.3 线圈和 T38，KM4 线圈得电，将电动机接成三角形，KM4 常闭接点断开 KM3 线圈。T38 得电延时 1s，T38 常开接点闭合再次接通 Q0.1 线圈，KM1 线圈得电，电动机接成三角形正转运行。

再按一次按钮 SB1 或 SB2，M0.0=0，M0.1 和 M0.2 复位，输出继电器均失电，电动机停转。

按下反转按钮 I0.2，电动机反转星形降压启动，延时一段时间，电动机接成三角形运行，其工作过程与正转类似。

实例 105　三相异步电动机点动启动能耗制动

控制一台三相异步电动机，按下点动按钮，电动机启动，松开按钮，电动机停止，并能耗制动 6s。

控制方案设计

1．输入/输出元件及控制功能

如表 105-1 所示，介绍了实例 105 中用到的输入/输出元件及控制功能。

表 105-1　输入/输出元件及控制功能

	PLC 软元件	元件文字符号	元 件 名 称	控 制 功 能
输入	I0.0	SB	点动按钮	电动机启动
输出	Q0.0	KM1	接触器 1	电动机启动控制
	Q0.1	KM2	接触器 2	电动机能耗制动控制

2．电路设计

电动机点动启动、能耗制动 PLC 接线图和梯形图如图 105-1 所示。

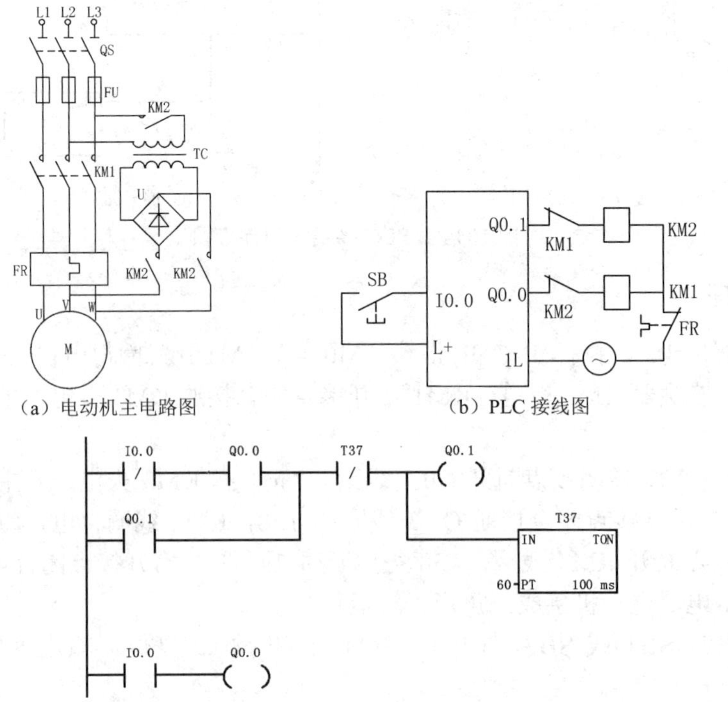

（a）电动机主电路图　（b）PLC 接线图

（c）梯形图

图 105-1　点动、能耗制动控制

3．控制原理

方法 1：

按下点动按钮 SB，I0.0=1，Q0.0=1，接触器 KM1 得电，电动机启动，Q0.0 接点闭合，为 Q0.1 得电制动做好准备。松开按钮，Q0.0=0 电动机停止，I0.0 常闭接点闭合，Q0.1 得电并自锁，接触器 KM2 得电，电动机能耗制动。同时定时器 T37 得电，延时 6s，T37 常闭接点断开，Q0.1=0，电动机能耗制动结束。

方法 2：

采用断电延时型定时器，如图 105-2 所示。

按下点动按钮 SB，I0.0=1，Q0.0=1，接触器 KM1 得电，电动机启动，断电延时型定时器 T37 得电，T37 接点闭合，为 Q0.1 得电制动做好准备。松开按钮，Q0.0=0 电动机停止，I0.0 常闭接点闭合，Q0.1 得电，接触器 KM2 得电，电动机能耗制动。定时器 T37 延时 6s，T37 常开接点断开，Q0.1=0，电动机能耗制动结束。

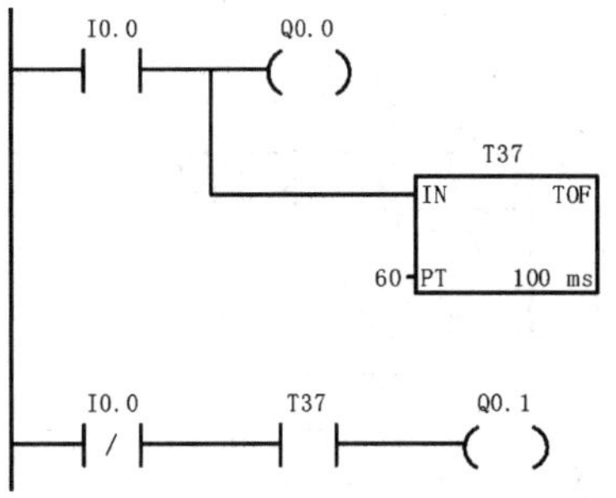

图 105-2　点动、能耗制动梯形图之二

实例 106　可逆星三角降压启动、点动、连动、反接制动控制

可逆星三角降压启动、点动、连动、反接制动控制电路，如图 106-1 所示，要求电动机启动时接成星形接线，延时 5s 转接成三角形接线运行。停止时，电动机接成星形接线反接制动，当速度接近 0 时，由速度继电器断开电源。点动控制时，按下点动按钮，电动机接成星形接线，松开点动按钮，电动机反接制动。

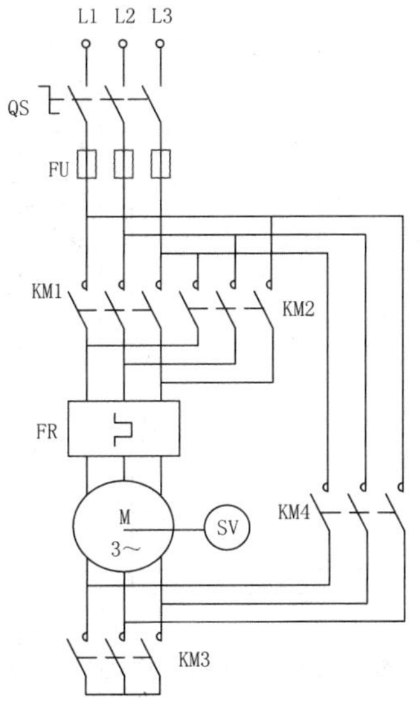

图 106-1　可逆星三角降压启动、点动、连动、反接制动控制电路

控制方案设计

1．输入/输出元件及控制功能

如表 106-1 所示，介绍了实例 106 中用到的输入/输出元件及控制功能。

表 106-1　输入/输出元件及控制功能

	PLC 软元件	元件文字符号	元件名称	控制功能
输入	I0.0	SB1	停止按钮	电动机停止
		FR	热继电器接点	电动机过载保护
	I0.1	SB2	正转连动按钮	电动机正转连动启动
	I0.2	SB3	正转点动按钮	电动机反转点动启动
	I0.3	SB4	反转连动按钮	电动机正转连动启动
	I0.4	SB5	反转点动按钮	电动机反转点动启动
	I0.5	SV1	速度继电器正转接点	反接制动（转速检测）
	I0.6	SV2	速度继电器反转接点	反接制动（转速检测）
输出	Q0.0	KM1	接触器 1	正转控制
	Q0.1	KM2	接触器 2	反转控制
	Q0.2	KM3	接触器 3	星形接线
	Q0.3	KM4	接触器 4	三角形接线

2．电路设计

可逆星三角降压启动、点动、连动、反接制动控制 PLC 接线图，如图 106-2 所示，状态转移图如图 106-3 所示。

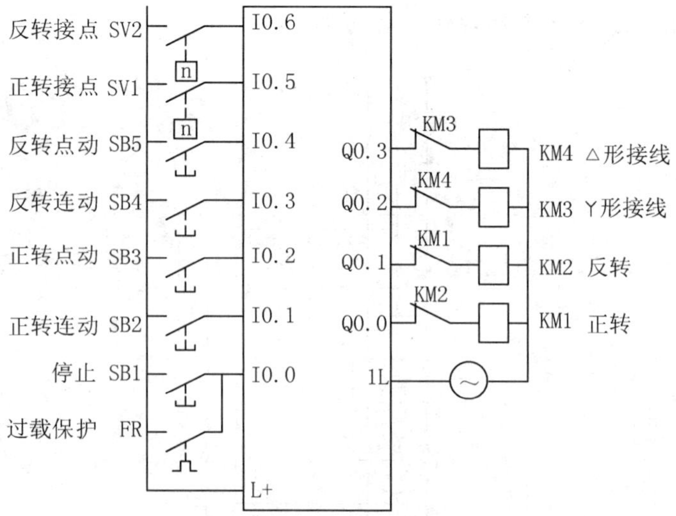

图 106-2　可逆星三角降压启动、点动、连动、反接制动控制 PLC 接线图

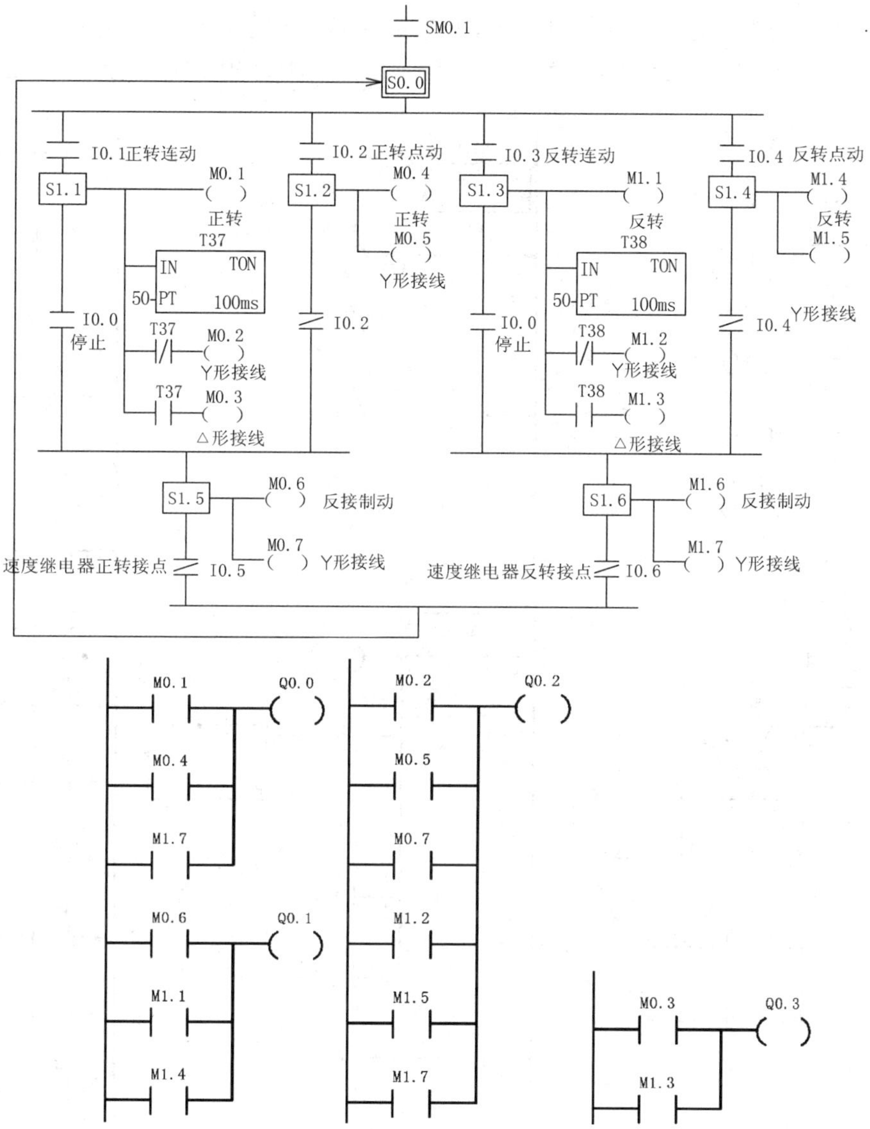

图 106-3　可逆星三角降压启动、点动、连动、反接制动控制状态转移图

3．控制原理

如图 106-4 所示，可逆星三角降压启动、点动、连动、反接制动控制状态转移图共有 7 个状态步，分别有 7 个顺序继电器表示。

S0.0 为初始状态步，PLC 运行时，初始化脉冲 SM0.1 使初始状态步 S0.0 置位。

S1.1 为正转连动状态步，按下按钮 I0.1，S1.1 状态步置位，M0.1 得电，M0.1 接点闭合接通 Q0.0，KM1 得电，接通电动机正转接触器，M0.2 得电，M0.2 接点闭合接通 Q0.2，KM3 得电，接通电动机星形接线接触器，电动机接成星形接线正转启动，定时器 T37 延时 5s，断开 M0.2，接通 M0.3，M0.3 接点闭合，接通 Q0.3，KM4 得电，电动机接成三角形接线正转运行。按下停止按钮 I0.0，S1.5 状态步置位（S1.1 自动复位），M0.6 得电，Q0.1 得电，KM2 得电，电动机反接，M0.7 得电，Q0.2 得电，KM3 得电，电动机接成星形接线反接制动，当速度接近 0 时，速度继电器正转常闭接点 I0.5 闭合，S1.5 状态步复位，回到初始状态步 S0.0。电动机停止。

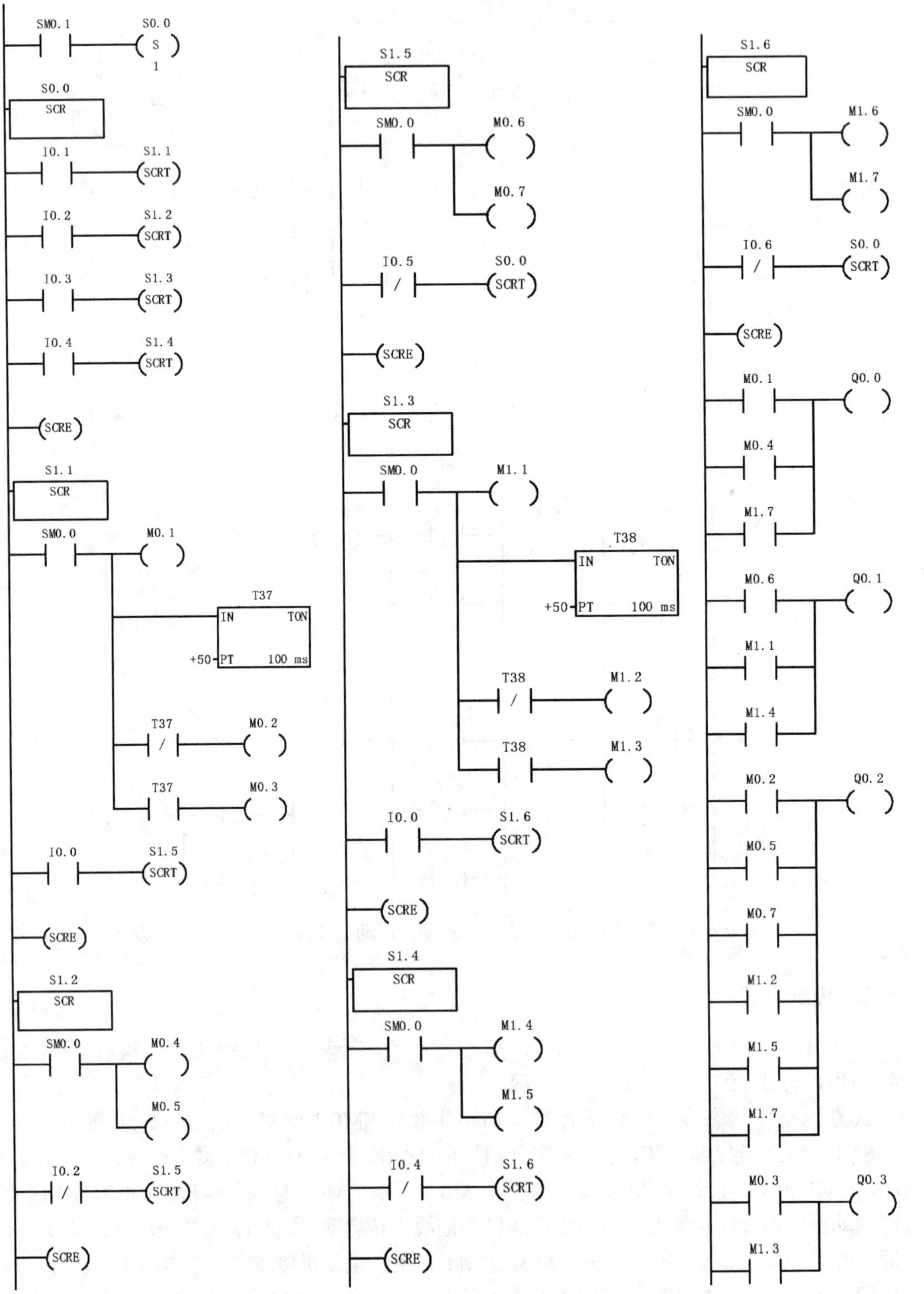

图 106-4　可逆星三角降压启动、点动、连动、反接制动控制梯形图

S1.2 为正转点动状态步，按下按钮 I0.2，S1.2 状态步置位，M0.4 得电，M0.4 接点闭合接通 Q0.0，KM1 得电，接通电动机正转接触器，M0.5 得电，M0.5 接点闭合接通 Q0.2，KM3 得电，接通电动机星形接线接触器，电动机接成星形接线正转启动。松开按钮 I0.2，I0.2 常闭接点闭合，S1.5 状态步置位，电动机接成星形接线反接制动，当速度接近 0 时，速度继电器正转常闭接点 I0.5 闭合，S1.5 状态步复位，回到初始状态步 S0.0。电动机停止。

S1.3 为反转连动状态步，按下按钮 I0.3，S1.3 状态步置位，工作过程与 S1.1 类似。

S1.4 为反转点动状态步，按下按钮 I0.4，S1.3 状态步置位，工作过程与 S1.2 类似。

注意：西门子 S7-200 型 PLC 的状态转移图有一个缺陷，在状态转移图中输出继电器不能重复出现，例如，S1.1 状态步置位时，Q0.0 得电，电动机正转，S1.2 状态步置位时，Q0.0 也得电电动机正转，如果在 S1.1 和 S1.2 状态步中都用 Q0.0，这样 Q0.0 就重复出现了。为了避免这种现象，S1.1 状态步中用 M0.1 代替 Q0.0 和 S1.2 状态步中用 M0.4 代替 Q0.0，之后再用 M0.1 和 M0.4 的接点接通 Q0.0 线圈。

实例 107　三相异步电动机自耦变压器降压启动

控制一台三相异步电动机自耦变压器降压启动，电动机启动时，先接通自耦变压器，由自耦变压器的二次低电压接于定子绕组降压启动，电动机启动电流的限制是依靠自耦变压器的降压作用实现的。启动结束时将自耦变压器断开，再将电动机直接进入电源电压全压运行。

控制方案设计

1．输入/输出元件及控制功能

如表 107-1 所示，介绍了实例 107 中用到的输入/输出元件及控制功能。

表 107-1　输入/输出元件及控制功能

	PLC 软元件	元件文字符号	元 件 名 称	控 制 功 能
输入	I0.0	SB1	停止按钮	停止电动机
	I0.1	SB2	启动按钮	启动电动机
输出	Q0.1	KM1	接触器 1	降压启动
		KM2	接触器 2	降压启动
	Q0.2	KM3	接触器 3	全压运行

2．电路设计

三相异步电动机自耦变压器降压启动控制主电路、PLC 接线图和梯形图，如图 107-1 所示。

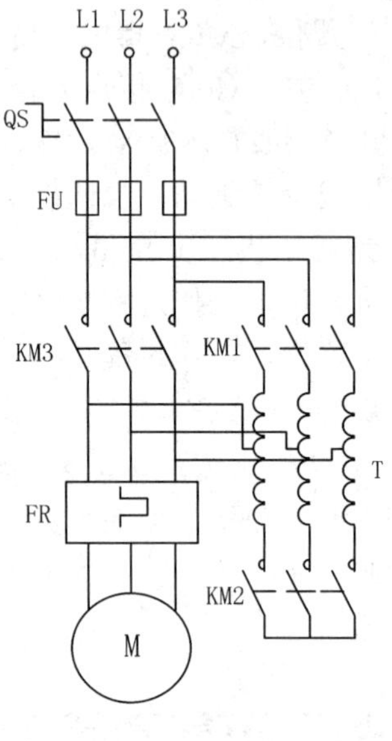

（a）电动机主电路图

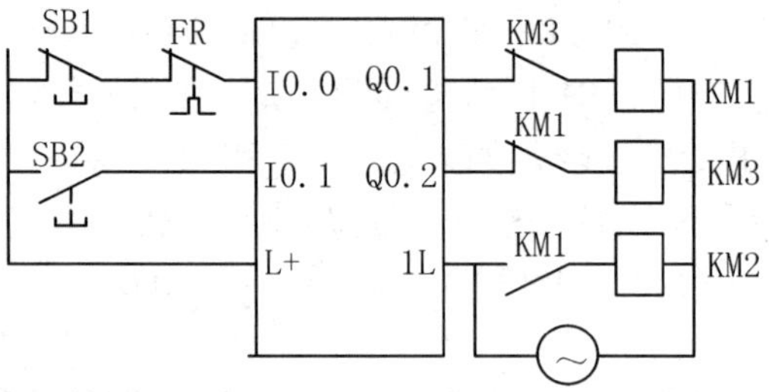

（b）PLC 接线图

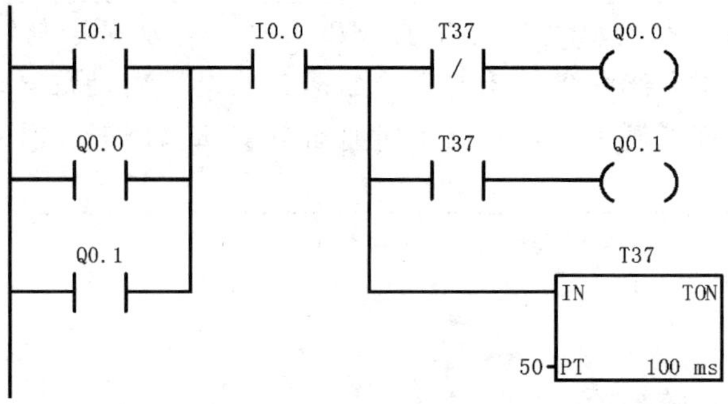

（c）PLC 梯形图

图 107-1　自耦降压启动控制

3. 控制原理

启动时，合上电源开关 QS，按下启动按钮 SB2（I0.1），定时器 T37、输出继电器 Q0.1 得电自锁，接触器 KM1 的线圈通电，KM1 常开接点闭合又使 KM2 得电，将自耦变压器接至电源，自耦变压器二次抽头低电压向电动机供电，电动机开始降压启动。定时器 T37 延时 8s，断开 Q0.1，接通 Q0.2 线圈，自耦变压器脱离电源，接触器 KM2 线圈通电，于是电动机直接接到电网上运行，完成了整个启动过程。

按下停止按钮 SB1（I0.0）、SB1 常闭接点断开，I0.0 常开接点断开，Q0.1、Q0.2 线圈失电，电动机停止。

实例 108　三相异步电动机双速变极调速控制电路

对于鼠笼型电动机，可采用改变极对数来调速。改变极对数主要是通过改变电动机绕组的接线方式来实现的。变极电动机一般有双速、三速和四速之分。

三相异步电动机双速变极调整控制要求如下：

按下启动按钮 SB2，接触器 KM1 线圈得电，KM1 主触点闭合，电动机绕组接成三角形接线低速启动。再按一次启动按钮 SB2，如果电动机低速启动时间小于 8s，则延时到 8s 电动机高速运行。如果电动机低速启动时间已经大于 8s，电动机则接成双星形接线立即高速运行。

控制方案设计

1. 输入/输出元件及控制功能

如表 108-1 所示，介绍了实例 108 中用到的输入/输出元件及控制功能。

表 108-1　输入/输出元件及控制功能

	PLC 软元件	元件文字符号	元 件 名 称	控 制 功 能
输入	I0.0	SB1	停止按钮	停止电动机
	I0.1	SB2	低速高速启动按钮	启动电动机
输出	Q0.0	KM1	接触器 1	低速三角形接线
	Q0.1	KM2	接触器 2	高速双星形接线

2. 电路设计

三相双速异步电动机变极调速控制主电路、PLC 接线图和梯形图，如图 108-1 所示。

3. 控制原理

按下启动按钮 SB2，I0.1 接点闭合，M0.0 线圈得电自锁，Q0.0 线圈得电。接触器 KM1 线圈得电，KM1 主触点闭合，电动机绕组接成三角形接线低速启动。定时器 T37 延时 8s，T37 接点闭合，以保证 Q0.1 线圈 8s 后才能得电。松开启动按钮 SB2，I0.1 下降沿接点闭合一个扫描周期，M0.1 得电自锁，M0.1 接点闭合，为 Q0.1 得电高速运行做好准备。

再按下启动按钮 SB2，如果电动机低速启动时间小于 8s，则 M0.2 线圈得电自锁，等待 T37 接点延时 8s 闭合，Q0.1 线圈得电。接触器 KM2 线圈得电，电动机高速运行。如果电动机低速启动时间大于 8s，则 M0.2 线圈得电自锁，由于 T37 接点已经闭合，Q0.1 线圈立即得电。接触器 KM2 线圈得电，电动机高速运行。

按下停止按钮 SB1，I0.0 接点闭合，M0.0～M0.2 同时复位，电动机停止。

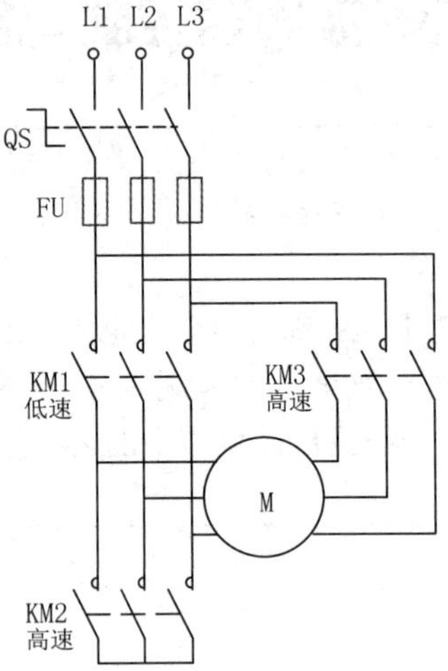

（a）电动机主电路图

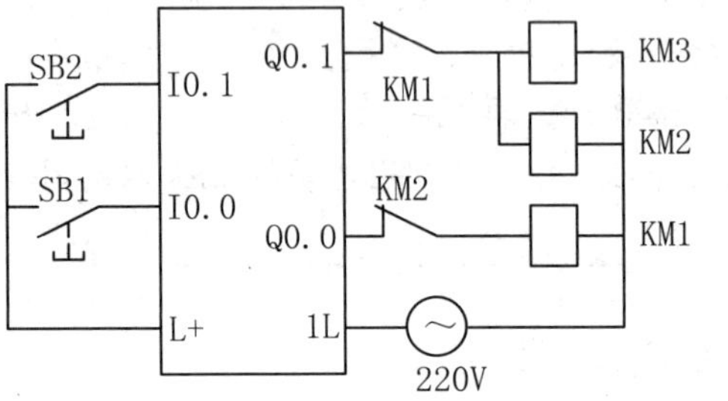

（b）PLC 接线图

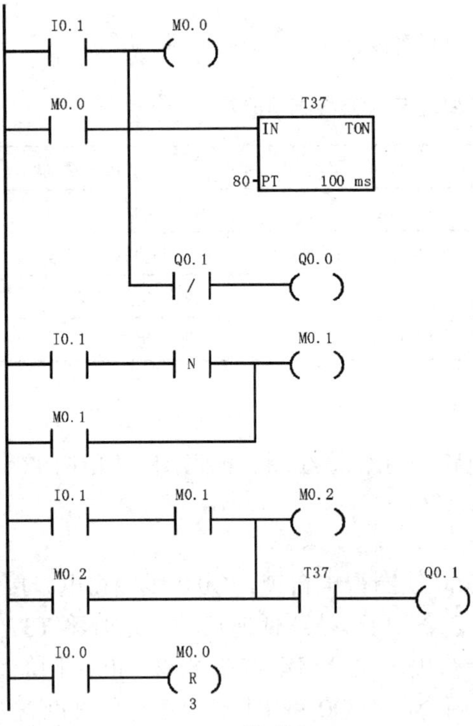

（c）梯形图

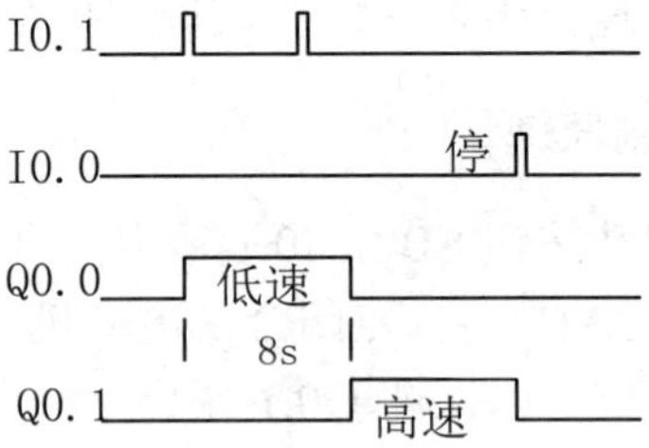

（d）时序图

图 108-1　双速电动机控制

实例 109　三相异步电动机双速可逆变极调速控制

控制一台双速三相异步电动机可逆变极调速控制，控制主电路如图 109-1 所示。控制要求如下：

以正转启动为例，按下正转启动按钮，接触器 KM4、KM1 线圈得电，KM4、KM1 主触点闭合，电动机绕组接成正转三角形接线低速启动。再按一次启动按钮，如果电动机低速启动时间小于 8s，则延时到 8s，接触器 KM4、KM2、KM3 线圈得电，电动机接成双星形接线高速运行。如果电动机低速启动时间已经大于 8s，电动机则接成双星形接线立即高速运行。

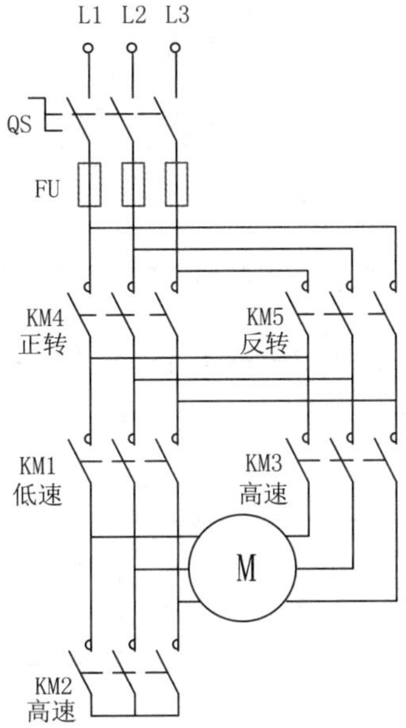

图 109-1 三相异步电动机双速可逆变极调速控制主电路图

按下反转启动按钮，工作过程与正转启动类似。按下停止按钮，电动机停止。

控制方案设计

1．输入/输出元件及控制功能

如表 109-1 所示，介绍了实例 109 中用到的输入/输出元件及控制功能。

表 109-1 输入/输出元件及控制功能

	PLC 软元件	元件文字符号	元 件 名 称	控 制 功 能
输入	I0.0	SB1	停止按钮	停止电动机
	I0.1	SB2	正转低速高速启动按钮	正转低速高速启动电动机
	I0.2	SB3	反转低速高速启动按钮	反转低速高速启动电动机
输出	Q0.0	KM1	接触器 1	低速三角形接线
	Q0.1	KM2	接触器 2	高速双星形接线
		KM3	接触器 3	高速双星形接线
	Q0.2	KM4	接触器 4	正转
	Q0.3	KM5	接触器 5	反转

2．电路设计

三相双速异步电动机可逆变极调速控制 PLC 接线图如图 109-2 所示，其梯形图如图 109-3 所示。

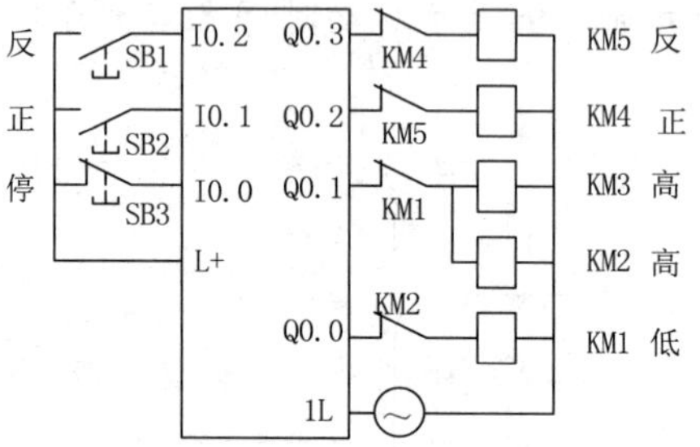

图 109-2　三相双速异步电动机可逆变极调速控制 PLC 接线图

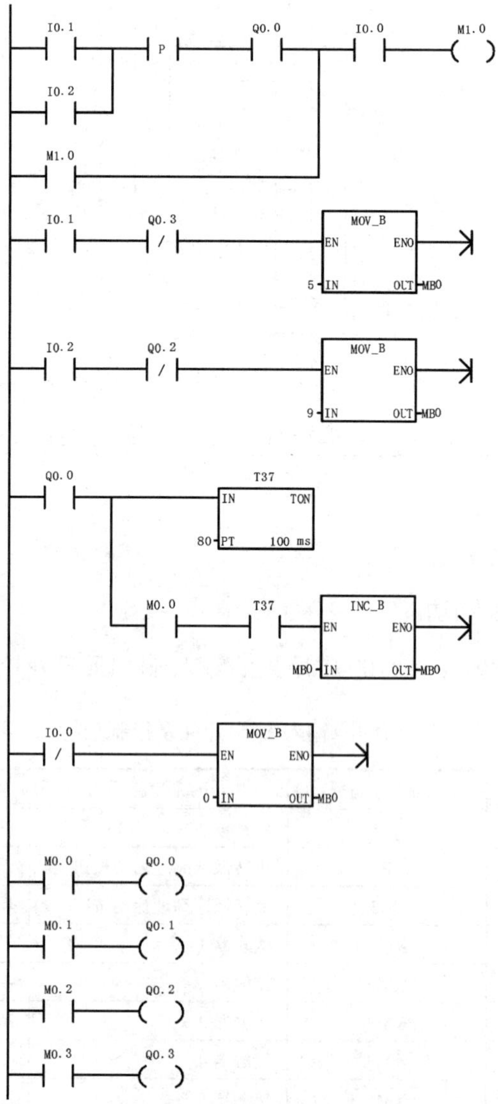

图 109-3　可逆双速电动机控制梯形图及动作时序图

3. 控制原理

初始状态，MB0=0，按下正转启动按钮 I0.1，I0.1 上升沿接点闭合，由于 Q0.0 接点断开，M1.0 不能得电。I0.1 常开接点闭合，将十六进制常数 16#5 传送到 MB0，结果 M0.0=1、M0.2=1，Q0.2=1，Q0.0=1，如表 109-2 所示。KM4 和 KM1 得电，电动机正转低速启动。Q0.2 常闭接点断开，互锁，按反转按钮 I0.2 无效。Q0.0 常开接点闭合，定时器 T37 得电延时。

表 109-2　正反转高低速输出

	反　转	正　转	高　速	低　速	16#数
	Q0.3 M0.3	Q0.2 M 0.2	Q0.1 M 0.1	Q0.0 M 0.0	
停止	0	0	0	0	0
正转低速	0	1	0	1	5
正转高速	0	1	1	0	6
反转低速	1	0	0	1	9
反转高速	1	0	1	0	A

再按一次启动按钮 I0.1，I0.1 上升沿接点闭合，由于 Q0.0 接点闭合，M0.0 得电自锁。M0.0 常开接点闭合。如果 T37 延时未到 8s，则等到 T37 延时接点闭合时，执行 INC_B 加 1，结果 MB0=6，即 Q0.2=1，Q0.1=1，KM4 得电，KM2、KM3 得电，电动机正转高速运行。如果 T37 延时已到 8s，则 MB0 直接加 1，电动机正转高速运行。

转启动过程与上述类似。

按下停止按钮 SB3 常闭接点，梯形图中 I0.0 常闭接点闭合，将 MB0 清零。电动机停止。

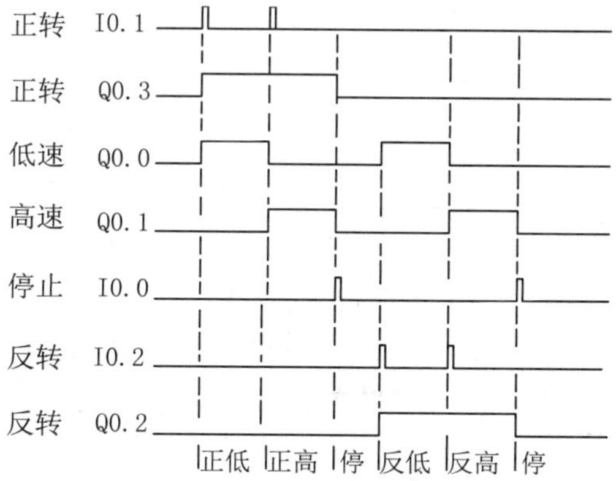

图 109-4　可逆双速电动机控制时序图

实例 110　三相异步电动机单向反接制动

控制一台三相异步电动机的单向启动，停止时采用反接制动，即在电动机停止时向定子绕组中通入反相序的电压，给转子一个反向转矩，使电动机产生一个相反方向旋转的力，使电动机转速迅速下降，当转速下降至接近零时及时将电源切除，以防电动机反向启动。为了减小冲击电流，反接制动时需要在电动机主电路中串联反接制动电阻，以限制反接制动电流。

控制方案设计

1. 输入/输出元件及控制功能

如表 110-1 所示，介绍了实例 110 中用到的输入/输出元件及控制功能。

表 110-1　输入/输出元件及控制功能

	PLC 软元件	元件文字符号	元 件 名 称	控 制 功 能
输入	I0.0	SB1	停止保护按钮	停止保护电动机
	I0.1	SB2	启动按钮	启动电动机
	I0.2	SV	速度继电器	反接制动
输出	Q0.0	KM1	接触器 1	启动
	Q0.1	KM2	接触器 2	制动

2. 电路设计

三相异步电动机单向反接制动主电路、PLC 接线图和梯形图如图 110-1 所示。

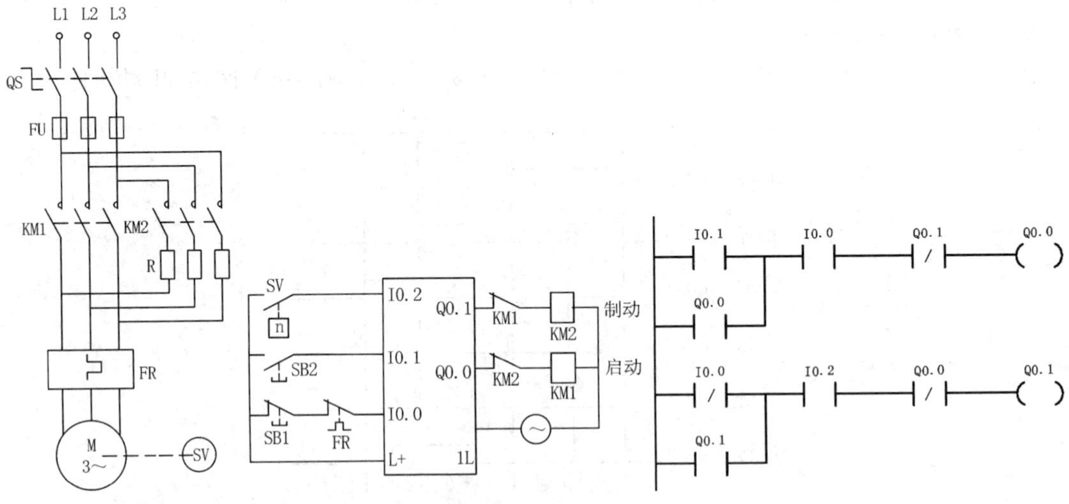

（a）主电路　　（b）PLC 接线图　　（c）梯形图

图 110-1　单向反接制动控制

3. 控制原理

启动时，按下启动按钮 SB2，I0.1 接点闭合，Q0.0 得电自锁，接触器 KM1 得电，电动机启动。当转速达到 120r/min 时，速度继电器 SV 常开触头闭合，I0.2 接点闭合，为反接制动做好准备。

按下停止按钮 SB1，SB1 常闭触头断开，I0.0 常开接点断开，Q0.0 失电。KM1 线圈断电，电动机脱离电源。I0.0 常闭接点闭合，由于此时电动机的惯性，转速还很高，SV 的常开触头依然处于闭合状态，I0.2 常开接点闭合，Q0.1 线圈得电自锁，KM2 线圈通电，其主触头闭合，使电动机定子绕组得到与正常运转相序相反的三相交流电源，电动机进入反接制动状态，转速迅速下降，当电动机接近于零时，速度继电器常开接点 SV 复位，I0.2 常开接点断开，Q0.1 线圈失电，KM2 接触器线圈电路被切断，反接制动结束。

实例 111　三相异步电动机可逆反接制动

三相异步电动机可逆反接制动是指电动机可以正反转，当停止时，接入反相序的三相交流电源，使电动机产生反接制动力，使电动机转速迅速下降，当电动机接近于零时，用速度继电器切断电源，使电动机迅速停止。

控制方案设计 1

1．输入/输出元件及控制功能

如表 111-1 所示，介绍了实例 111 中采用控制方案设计 1 用到的输入/输出元件及控制功能。

表 111-1　输入/输出元件及控制功能

	PLC 软元件	元件文字符号	元 件 名 称	控 制 功 能
输入	I0.0	SB1	停止按钮	停止电动机
	I0.1	SB2	正转启动按钮	正转启动电动机
	I0.2	SB3	反转启动按钮	反转启动电动机
	I0.3	SV1	速度继电器正转接点	反接制动
	I0.4	SV2	速度继电器反转接点	反接制动
输出	Q0.0	KM1	接触器 1	正转，反接制动
	Q0.1	KM2	接触器 2	反转，反接制动

2．电路设计

三相异步电动机可逆反接制动控制主电路、PLC 接线图如图 111-1 所示，梯形图如图 111-2 所示。

3．控制原理

正转启动时，按下正转按钮 I0.1，Q0.0 得电自锁，电动机正转，速度继电器正转接点 I0.3 动作，为反接制动做好准备。

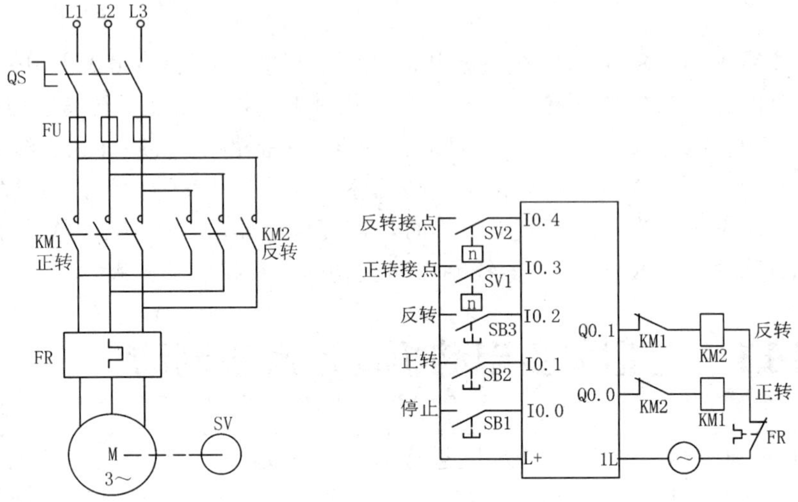

（a）主电路　　（b）PLC 接线图

图 111-1　三相异步电动机可逆反接制动控制主电路、PLC 接线图

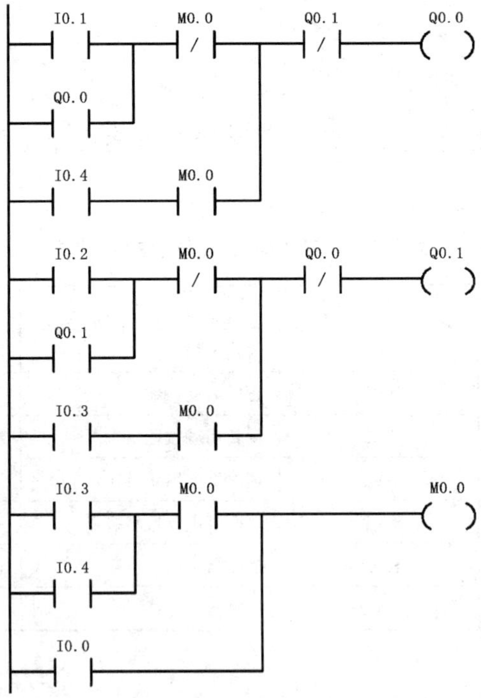

图 111-2　三相异步电动机可逆反接制动控制梯形图

停止时，按下停止按钮 I0.0，M0.0 得电自锁，M0.0 常闭接点断开 Q0.0，正转接触器 KM1 失电。电动机失电，由于惯性，继续旋转，速度继电器正转接点 I0.3 仍接通，M0.0 常开接点闭合，使 Q0.1 线圈得电，电动机反接制动。当电动机转速过零时，速度继电器正转接点 I0.3 断开。Q0.1 线圈失电，电动机停止。

启动时，按下反转按钮 I0.2，Q0.1 得电自锁，电动机反转。停止时，按下按钮 I0.0，反接制动与正转类似。

M0.0 还具有防止电动机误动作的作用。例如，电动机在停电时，如果有人扳动电动机轴，使电动机正转时，速度继电器正转接点 I0.3 将会动作，但是 M0.0 常开接点断开，反转线圈 Q0.1 不会得电。

控制方案设计 2

1. 输入/输出元件及控制功能

如表 111-2 所示，介绍了实例 111 中采用控制方案设计 2 用到的输入/输出元件及控制功能。

表 111-2　输入/输出元件及控制功能

	PLC 软元件	元件文字符号	元 件 名 称	控 制 功 能
输入	I0.1	SB2	正转启动停止按钮	正转启动停止电动机
	I0.2	SB3	反转启动停止按钮	反转启动停止电动机
	I0.3	SV1	速度继电器正转接点	反接制动
	I0.4	SV2	速度继电器反转接点	反接制动
输出	Q0.0	KM1	接触器 1	正转，反接制动
	Q0.1	KM2	接触器 2	反转，反接制动

2. 电路设计

三相异步电动机可逆反接制动主电路、PLC 接线图如图 111-3 所示。梯形图如图 111-4 所示。

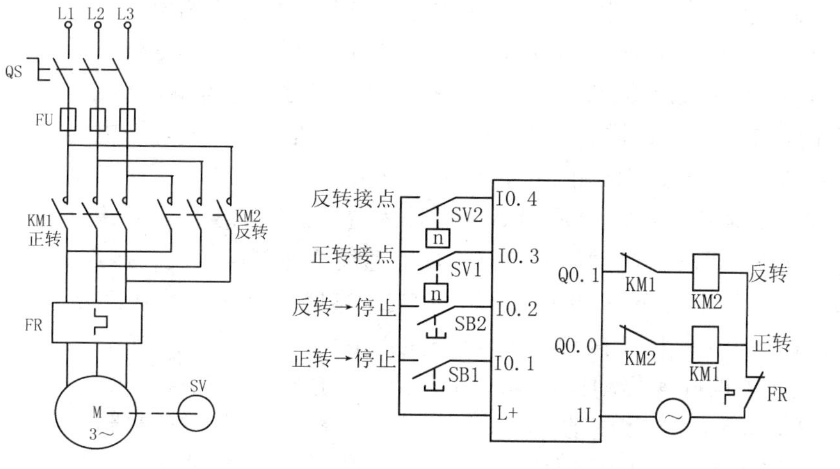

（a）主电路　　（b）PLC 接线图

图 111-3　可逆反接制动主电路、PLC 接线图

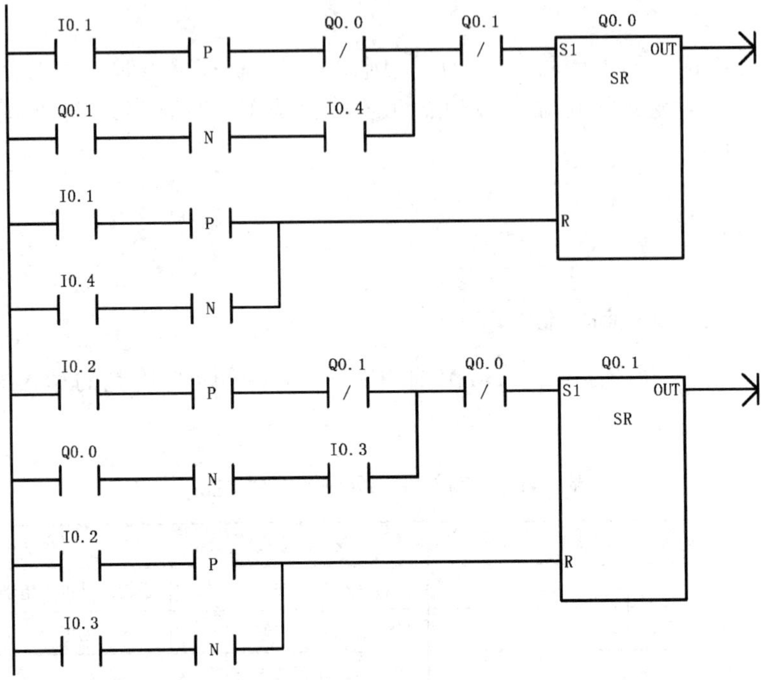

图 111-4　可逆反接制动梯形图

3. 控制原理

正转启动时，按下正转按钮 I0.1，I0.1 上升沿接点闭合一个扫描周期，SR 触发器的 S1 端和 R 端都接通，但是 SR 触发器为置位优先触发器，结果 Q0.0 置位。接触器 KM1 得电，电动机正转，电动机速度升高后，速度继速度电器正转接点 I0.3 动作。

停止时，再按一次正转按钮 I0.1，由于 Q0.0 常闭接点断开，I0.1 上升沿接点只接通 SR 触发器的 R 端，Q0.0 复位。接触器 KM1 失电，电动机暂时脱离电源，但是电动机仍正转，速度继电器正转接点 I0.3 仍动作，Q0.0 下降沿接点接通一个扫描周期，使 Q0.1 置位，接触器 KM2 得电，电动机反接制动。当电动机转速过零时，速度继电器正转接点 I0.3 断开，I0.3 下降沿接点接通一个扫描周期使 Q0.1 复位，接触器 KM2 失电，电动机失电。

反转启动时，按下反转按钮 I0.2，I0.2 上升沿接点闭合一个扫描周期，Q0.1 的 SR 触发器的 S1 端和 R 端都接通，但是 SR 触发器为置位优先触发器，结果 Q0.1 置位。接触器 KM2 得电，电动机反转，电动机速度升高后，速度继速度电器反转接点 I0.4 动作。

停止时，再按一次反转按钮 I0.2，由于 Q0.1 常闭接点断开，I0.2 上升沿接点只接通 SR 触发器的 R 端，Q0.1 复位。接触器 KM2 失电，电动机暂时脱离电源，但是电动机仍正转，速度继电器正转接点 I0.4 仍动作，Q0.1 下降沿接点接通一个扫描周期，使 Q0.0 置位，接触器 KM1 得电，电动机反接制动。当电动机转速过零时，速度继电器正转接点 I0.4 断开，I0.4 下降沿接点接通一个扫描周期使 Q0.0 复位，接触器 KM1 失电，电动机失电停止。

实例 112　三相异步电动机具有反接制动电阻的可逆反接制动控制

三相异步电动机具有反接制动电阻的可逆反接制动电路，要求在停止反接制动时，主电路串入反接制动电阻，以减少反接制动电流。

控制方案设计

1．输入/输出元件及控制功能

如表 112-1 所示，介绍了实例 112 中用到的输入/输出元件及控制功能。

表 112-1　输入/输出元件及控制功能

	PLC 软元件	元件文字符号	元件名称	控制功能
输入	I0.0	SB1	停止按钮	停止电动机
	I0.1	SB2	正转启动按钮	正转启动电动机
	I0.2	SB3	反转启动按钮	反转启动电动机
	I0.3	SV	速度继电器正转接点	反接制动
	I0.4	SV	速度继电器反转接点	反接制动
输出	Q0.0	KM1	接触器 1	正转，反接制动
	Q0.1	KM2	接触器 2	反转，反接制动
	Q0.2	KM3	接触器 3	短接制动电阻

2．电路设计

三相异步电动机可逆反接制动主电路、PLC 接线图如图 112-1 所示。梯形图如图 112-2 所示。

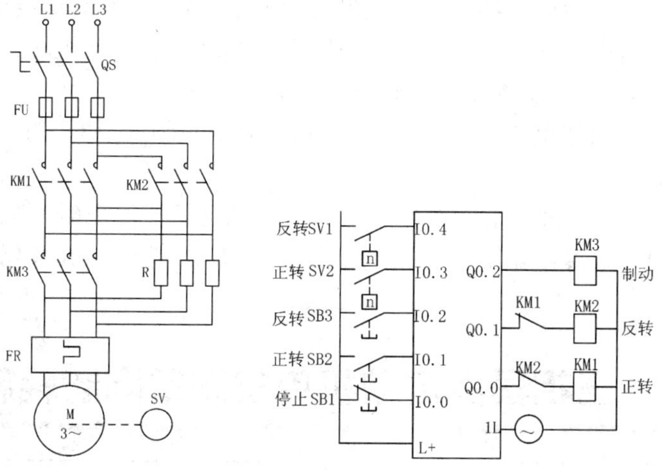

（a）主电路　　（b）PLC 接线图

图 112-1　具有反接制动电阻的可逆反接制动控制主电路和 PLC 接线图

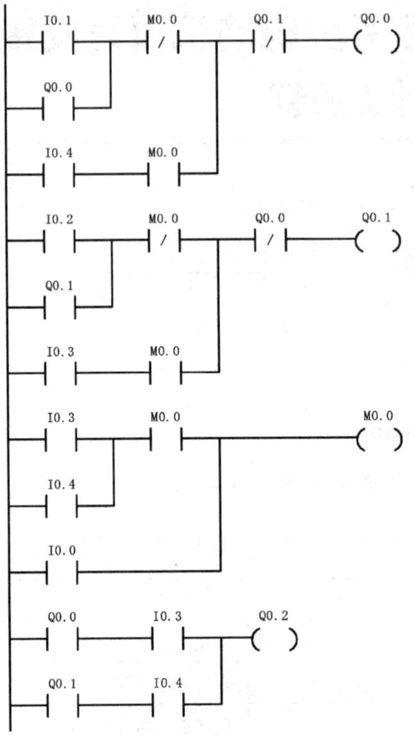

图 112-2　梯形图

3．控制原理

正转启动时，按下正转按钮 I0.1，Q0.0 得电自锁，电动机串电阻正转，电动机转速升高，速度继电器正转接点 I0.3 动作，Q0.2 线圈得电，接触器 KM3 得电将制动电阻短接，电动机全压运行。

停止时，按下停止按钮 I0.0，M0.0 得电自锁，M0.0 常闭接点断开 Q0.0，正转接触器 KM1 失电。Q0.2 线圈失电，KM3 线圈失电，KM3 主触点断开，将制动电阻串入主电路。电动机失电后由于惯性作用而继续旋转，速度继电器正转接点 I0.3 仍接通，M0.0 常开接点闭合，使 Q0.1 线圈得电，电动机串入制动电阻反接制动。当电动机转速过零时，速度继电器正转接点 I0.3 断开。Q0.1 线圈失电，电动机停止。

启动时，按下反转按钮 I0.2，Q0.1 得电自锁，电动机反转。停止时，按下按钮 I0.0，反接制动与正转类似。

M0.0 还具有防止电动机误动作的作用。例如，电动机在停电时，如果有人扳动电动机轴，使电动机正转时，速度继电器正转接点 I0.3 将会动作，但是 M0.0 常开接点断开，反转线圈 Q0.1 不会得电。

实例 113　三相异步电动机单按钮单向能耗制动

用一个按钮控制一台电动机的启动和能耗制动。启动时按下按钮，电动机启动，再按一下按钮，电动机断开电源，并接入直流电源，电动机进行能耗制动，延时 8s，断开直流电源，电动机停止转动。

控制方案设计

1．输入/输出元件及控制功能

如表 113-1 所示，介绍了实例 113 中用到的输入/输出元件及控制功能。

表 113-1　输入/输出元件及控制功能

	PLC 软元件	元件文字符号	元 件 名 称	控 制 功 能
输入	I0.0	SB	启动、停止按钮	启动、停止电动机
输出	Q0.0	KM1	接触器 1	电动机启动
	Q0.1	KM2	接触器 2	电动机停止能耗制动

2．电路设计

三相异步电动机单按钮单向能耗制动主电路、PLC 接线图和梯形图如图 113-1 所示。

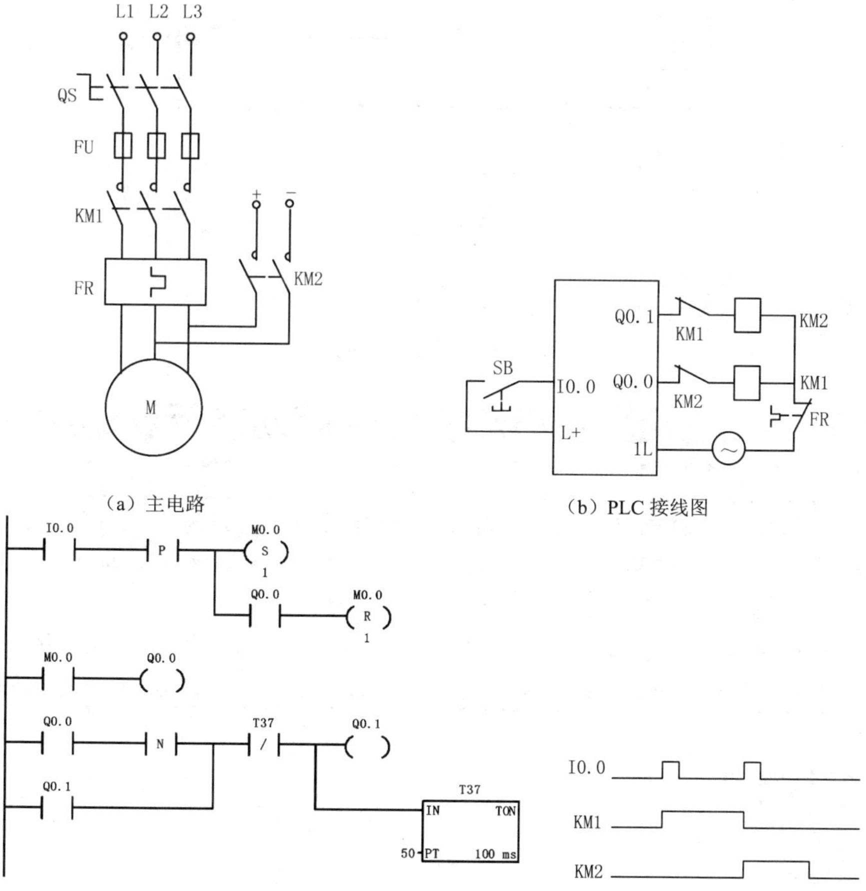

（a）主电路　（b）PLC 接线图

（c）梯形图　（d）时序图

图 113-1　单向能耗制动

3．控制原理

方法 1：

启动时，按下按钮 I0.0，I0.0 接通一个扫描周期，使 M0.0 置位，Q0.0 常开接点断开不接通 R 指令，M0.0 常开接点闭合使 Q0.0 得电，KM1 得电，电动机启动运行。在第二个扫描周期 Q0.0 接点闭合，但是 I0.0 上升沿接点断开，仍不接通 R 指令。

停止时，再按下按钮 I0.0，Q0.0 接点闭合 I0.0 接通一个扫描周期，使 M0.0 复位，Q0.0=0，Q0.0 失电，Q0.0 下降沿接点使 Q0.1 线圈得电自锁，KM2 得电，KM2 主触点闭合，电动机通入直流电源，进行能耗制动。定时器 T37 延时 8s，将 Q0.1 线圈断开，电动机制动停止。

方法 2：

启动时，按下按钮 I0.0，I0.0 接通一个扫描周期，使 Q0.0 置位， KM1 得电，电动机启动运行。单向能耗制动如图 113-2 所示。

停止时，再按下按钮 I0.0，I0.0 接通一个扫描周期，使 Q0.0 复位，Q0.0 下降沿接点闭合接通断电型定时器 T37 一个扫描周期，T37 接点闭合使 Q0.1 线圈得电，KM2 得电，KM2 主触点闭合，电动机通入直流电源，进行能耗制动。定时器 T37 延时 5s，T37 接点断开，Q0.1 线圈失电，电动机制动停止。

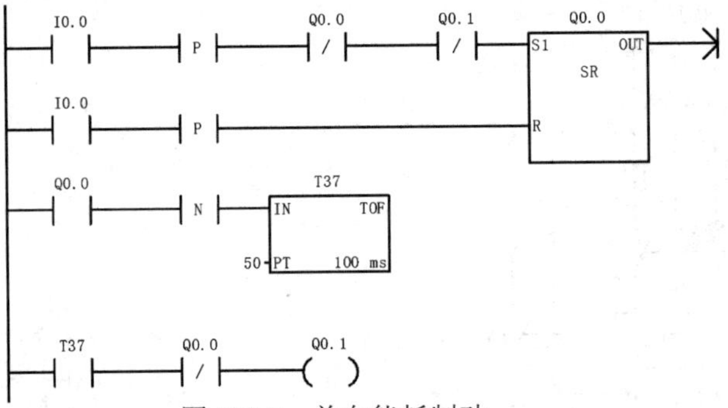

图 113-2 单向能耗制动

实例 114 三相异步电动机可逆启动能耗制动控制

用两个按钮控制一台电动机的正反转启动和能耗制动。正转启动时按下正转按钮，电动机正转启动，再按一下正转按钮，电动机断开电源，并接入直流电源，电动机进行能耗制动，延时 5s，断开直流电源，电动机停止转动。

反转启动时按下反转按钮，电动机反转启动，再按一下反转按钮，电动机断开电源，并接入直流电源，电动机进行能耗制动，延时 5s，断开直流电源，电动机停止转动。

控制方案设计

方法 1

1．输入/输出元件及控制功能

如表 114-1 所示，介绍了实例 114 中用到的输入/输出元件及控制功能。

表 114-1　输入/输出元件及控制功能

	PLC 软元件	元件文字符号	元 件 名 称	控 制 功 能
输入	I0.0	SB1	正转启动、停止按钮	正转启动、停止电动机
	I0.1	SB2	反转启动、停止按钮	反转启动、停止电动机
输出	Q0.0	KM1	接触器 1	电动机正转启动
	Q0.1	KM2	接触器 2	电动机反转启动
	Q0.2	KM3	接触器 3	电动机停止能耗制动

2. 电路设计

三相异步电动机两按钮正反转能耗制动主电路、PLC 接线图和梯形图如图 114-1 所示。

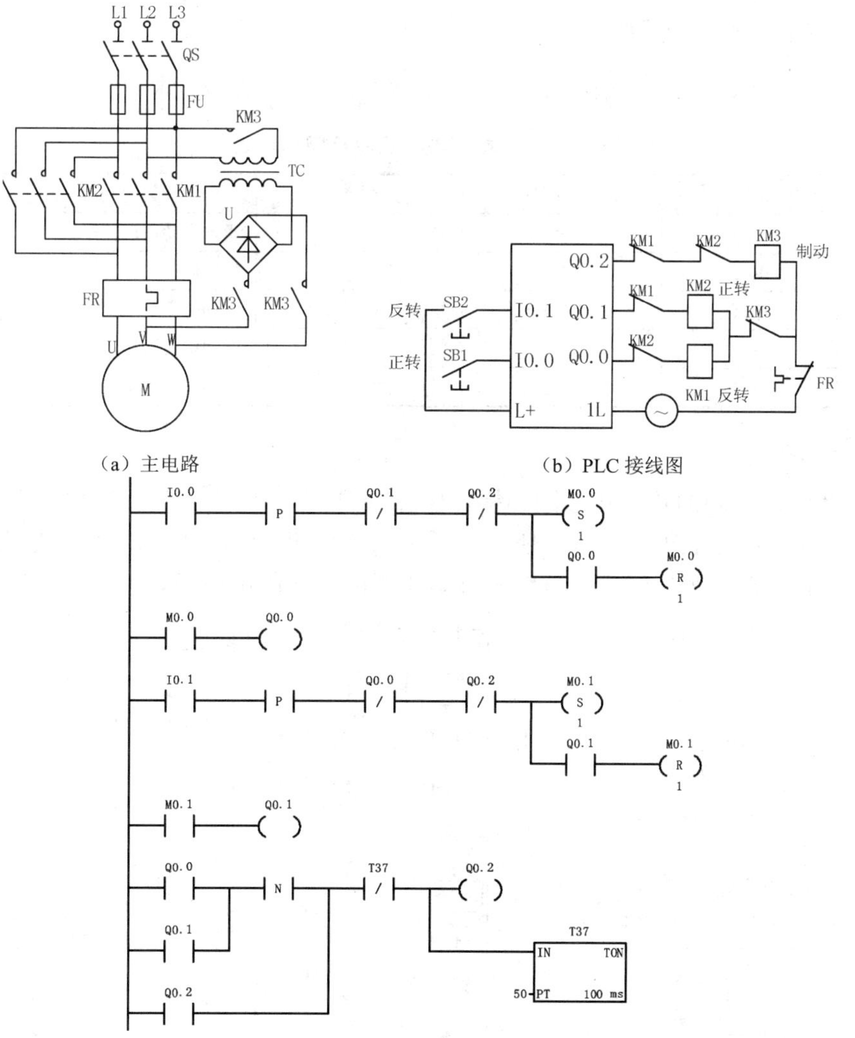

（c）梯形图

图 114-1　双向能耗制动控制

3. 控制原理

正转启动时，按下正转按钮 I0.0，I0.0 闭合一个扫描周期，使 M0.0 置位，此时由于 Q0.0 线圈还未得电，Q0.0 常开接点断开，不能执行 M0.0 复位指令。紧接着 M0.0 接点闭合，Q0.0 线圈得电，KM1 得电，电动机正转启动运行。

停止时，再按下正转按钮 I0.0，I0.0 又闭合一个扫描周期，由于 Q0.0 常开接点闭合，使 M0.0 复位，Q0.0 失电，Q0.0 下降沿接点使 Q0.2 线圈得电自锁，KM2 得电，KM2 主触点闭合，电动机通入直流电源，进行能耗制动。定时器 T37 延时 5s，将 Q0.1 线圈断开，电动机制动停止。

反转启动时，按下反转动按钮 I0.1，Q0.1 得电，电动机反转运行。停止时，再按下反转按钮 I0.0，工作过程与上述相同。

方法 2

1. 输入/输出元件及控制功能

如表 114-2 所示，介绍了实例 114 中用到的输入/输出元件及控制功能。

表 114-2　输入/输出元件及控制功能

	PLC 软元件	元件文字符号	元 件 名 称	控 制 功 能
输入	I0.1	SB1	按钮	正转启动、反转停止
	I0.2	SB2	按钮	反转启动、正转停止
输出	Q0.0	KM1	接触器 1	电动机正转启动
	Q0.1	KM2	接触器 2	电动机反转启动
	Q0.2	KM3	接触器 3	电动机能耗制动

2. 电路设计

双向能耗制动控制的状态转移图和梯形图如图 114-2 所示。输入/输出元件及控制功能如表 114-2 所示。指令表如表 114-3 所示。采用两个按钮，SB1 为正转启动按钮，又是反转的停止制动按钮，SB2 为反转启动按钮，又是正转的停止制动按钮。

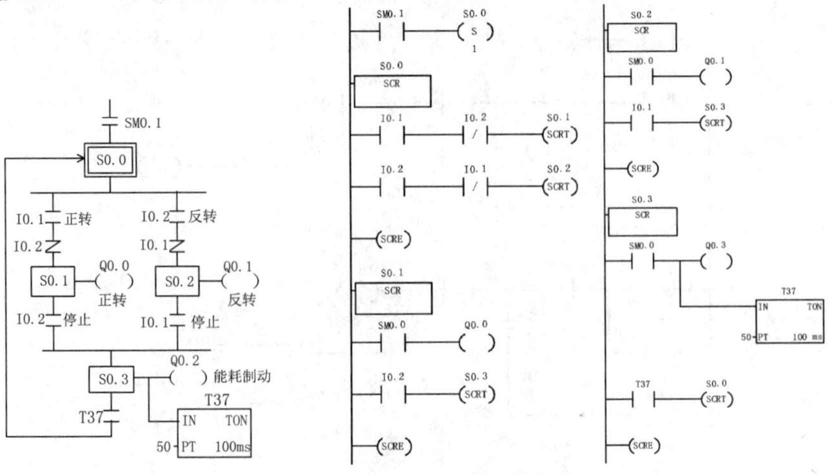

（a）状态转移图　　（b）梯形图

图 114-2　双向能耗制动控制（方法 2）

表 114-3　指令表

网络 1	AN I0 .2	SCRE	LD I0 .2	LD SM0 .0	网络 14	LD T37
LD SM0 .1	SCRT S0 .1	网络 6	SCRT S0 .3	= Q0 .1	LSCR S0 .3	SCRT S0 .0
S S0 .0 , 1	网络 4	LSCR S0 .1	网络 9	网络 12	网络 15	网络 17
网络 2	LD I0 .2	网络 7	SCRE	LD I0 .1	LD SM0 .0	SCRE
LSCR S0 .0	AN I0 .1	LD SM0 .0	网络 10	SCRT S0 .3	= Q0 .3	
网络 3	SCRT S0 .2	= Q0 .0	LSCR S0.2	网络 13	TON T37, 50	
LD I0 .1	网络 5	网络 8	网络 11	SCRE	网络 16	

3. 控制原理

初始状态，SM0.1 使状态步 S0.0 置位。

正转启动，按下正转按钮 I0.1，状态步 S0.1 置位。Q0.0 线圈得电，电动机正转。停止时按下按钮 I0.2，状态步 S0.1 复位，Q0.0 线圈失电，电动机脱离电源。状态步 S03 置位，Q0.2 线圈得电，电动机通入直流电进行能耗制动，定时器 T37 得电延时 5s，T37 接点闭合。状态步 S0.3 复位，Q0.2 线圈失电，转移到状态步 S0.0，全过程结束。

反转启动，按下反转按钮 I0.2，状态步 S0.2 置位。其过程与正转启动类似。

实例 115　三相异步电动机点动、连动、能耗制动电路

用按钮点动或连动启动控制一台三相异步电动机。停止时电动机接通直流电源进行能耗制动，延时 8s，断开直流电源，电动机停止转动。

控制方案设计

1. 输入/输出元件及控制功能

如表 115-1 所示，介绍了实例 115 中用到的输入/输出元件及控制功能。

表 115-1　输入/输出元件及控制功能

	PLC 软元件	元件文字符号	元 件 名 称	控 制 功 能
输入	I0.0	FR	热继电器接点	电动机过载保护
		SB1	停止按钮	停止电动机
	I0.1	SB2	连动按钮	连动启动电动机
	I0.2	SB3	点动按钮	点动启动电动机
输出	Q0.0	KM1	接触器 1	电动机正转启动
	Q0.1	KM2	接触器 2	电动机能耗制动

2. 电路设计

三相异步电动机点动、连动、能耗制动电路主电路，PLC 接线图和梯形图如图 115-1

所示。时序图如图 115-2 所示。

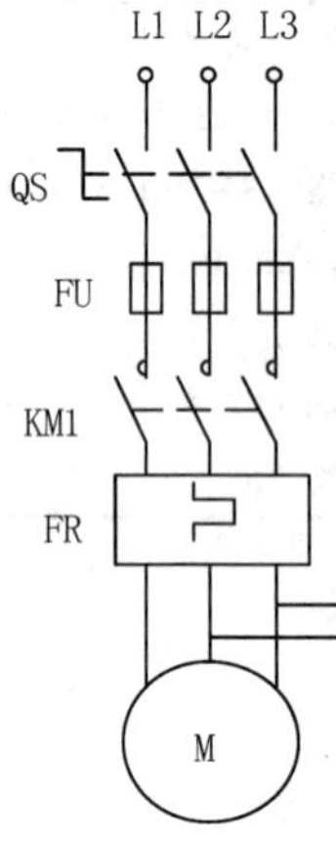

（a）主电路

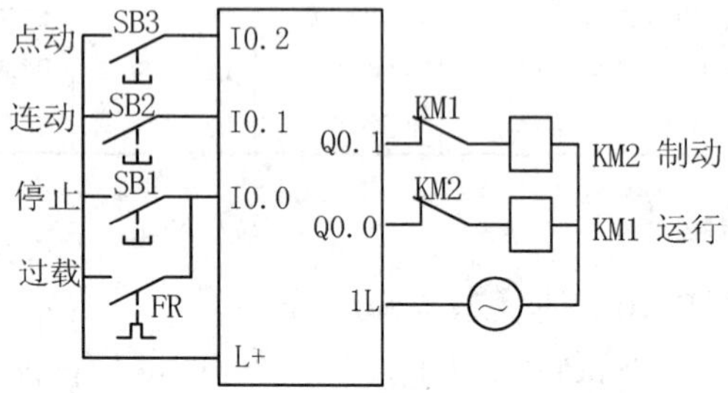

（b）PLC 接线图

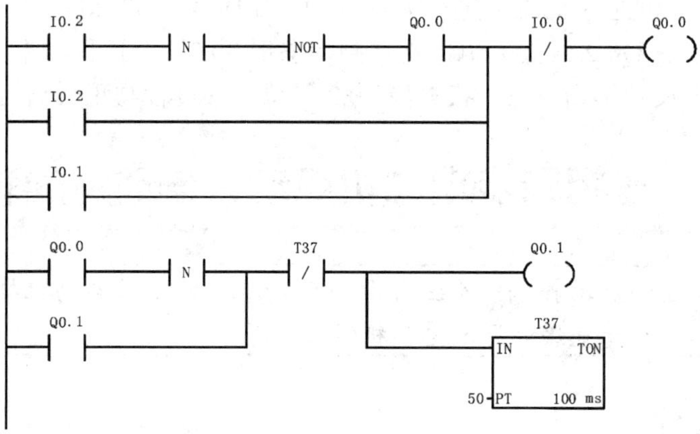

（c）梯形图

图 115-1　点动、连动、能耗、制动控制

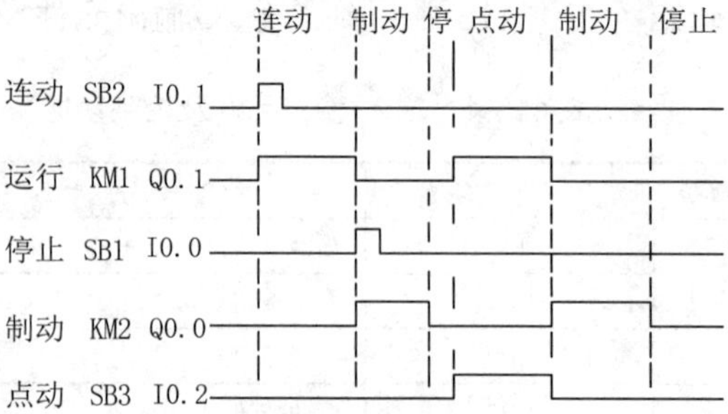

图 115-2　时序图

3. 控制原理

方法 1：

按下连动按钮 I0.1，Q0.0 得电并自锁，接触器 KM1 得电，电动机连续运行。

按下停止按钮 I0.0，Q0.0 线圈失电，Q0.0 下降沿接点接通一个扫描周期，使 Q0.1 得电自锁。接触器 KM2 得电，KM2 主触点接通直流电源，电动机工作在能耗制动状态，同时定时器 T37 延时 5s 断开，Q0.1 线圈，制动结束。

按下点动按钮 I0.2，Q0.0 得电，电动机启动运行，当松开点动按钮 I0.2 时（I0.2 常开接点和下降沿指令 ED 以及取反指令 NOT 组成一个下降沿常闭接点）按钮 I0.2 在断开时，I0.2 下降沿常闭接点断开一个扫描周期，Q0.0 线圈失电，实现点动控制。

方法 2：

梯形图如图 115-3 所示，采用置位指令 S、复位指令 R 和断电延时定时器。

启动时按下连动按钮 I0.1，Q0.0 置位，KM1 得电，电动机启动，松开连动按钮 I0.1 时 Q0.0 置位，电动机仍得电。

停止时按下停止按钮 I0.0，Q0.0 复位，KM1 失电，电动机失电， Q0.0 的下降沿接通一次断电延时定时器 T37，T37 接通时，T37 常开接点闭合，T37 断开时，T37 常开接点仍闭合，接通 Q0.1，KM2 得电，电动机接通直流电源进行能耗制动，T37 延时 5s，其接点断开 Q0.1 线圈，电动机脱离直流电源，制动结束。

按下点动按钮 I0.2，Q0.0 置位，KM1 得电，电动机启动，松开点动按钮 I0.2，I0.2 下降沿接点接通一个扫描周期，使 Q0.0 复位，电动机失电。Q0.0 下降沿接点接通 T37，Q0.1 得电，电动机能耗制动 5s 结束。

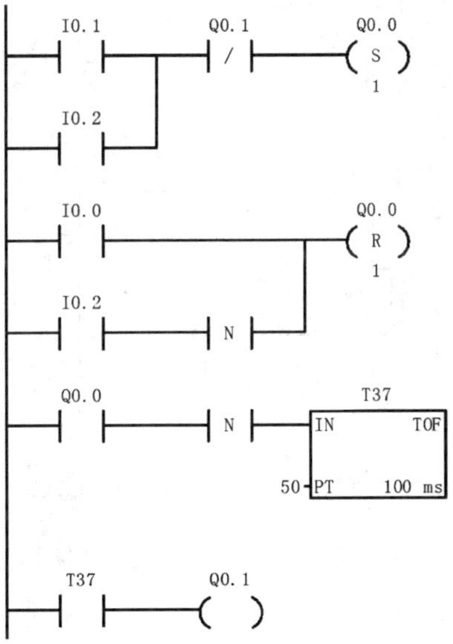

图 115-3　梯形图

实例 116　单按钮启动停止电动机

用一个按钮控制一台三相异步电动机的启动和停止，要求第一次按下按钮时，电动机启动，第二次按下按钮时，电动机停止。

控制方案设计

1．输入/输出元件及控制功能

如表 116-1 所示，介绍了实例 116 中用到的输入/输出元件及控制功能。

表 116-1 输入/输出元件及控制功能

	PLC 软元件	元件文字符号	元 件 名 称	控 制 功 能
输入	I0.0	SB	按钮	电动机启动停止
输出	Q0.0	KM	接触器	电动机启动停止

2．电路设计

用一个按钮控制一台三相异步电动机的启动和停止的方法很多，下面列举几个比较简单的编程实例，以供大家参考。电动机启动停止控制的电动机主电路图和 PLC 接线图如图 116-1 所示。

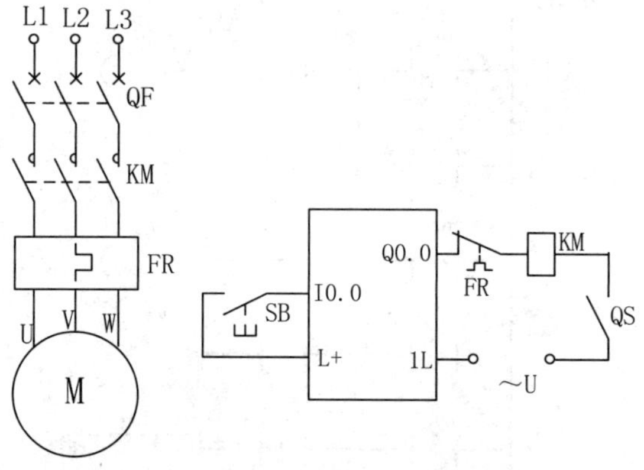

（a）电动机主电路图　　（b）PLC 接线图

图 116-1 单按钮启动停止电动机接线图和 PLC 接线图

3．控制原理

（1）单按钮启动停止梯形图之一，如图 116-2 所示

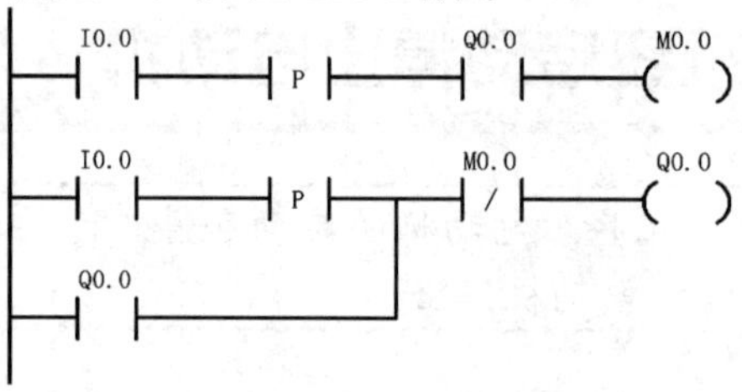

图 116-2 单按钮启动停止梯形图之一

按下按钮 I0.0，I0.0 接通一个扫描周期，在第一个扫描周期中，Q0.0 常开接点断开（因为还没有读到 Q0.0 线圈），M0.0 线圈不得电，I0.0 上升沿接点接通，Q0.0 线圈得电。KM 线圈得电，电动机启动。到第二个扫描周期，Q0.0 常开接点闭合，但 I0.0 上升沿接点断开，M0.0 线圈仍不得电。Q0.0 常开接点闭合使 Q0.0 线圈自锁。

再按下按钮 I0.0，I0.0 接通一个扫描周期，在第一个扫描周期中，由于 Q0.0 常开接点闭合，M0.0 线圈得电，M0.0 常闭接点断开，Q0.0 线圈失电。KM 线圈失电，电动机停止。

（2）单按钮启动停止梯形图之二，如图 116-3 所示

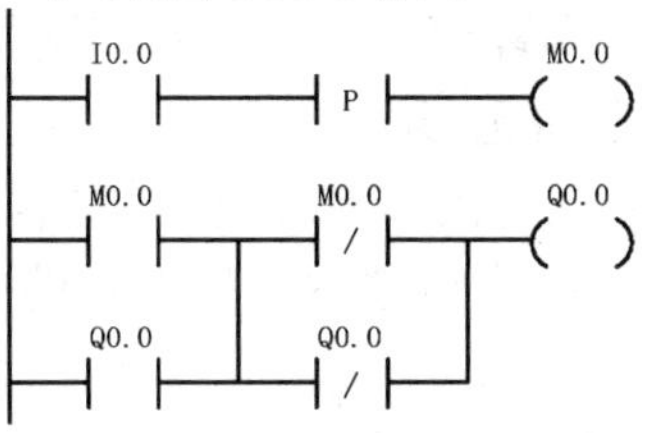

图 116-3　单按钮启动停止梯形图之二

按下按钮 I0.0，I0.0 接通一个扫描周期，M0.0 线圈得电一个扫描周期。在第一个扫描周期中，M0.0 常开接点闭合，Q0.0 线圈经 M0.0 常开接点和 Q0.0 常闭接点得电。KM 线圈得电，电动机启动。到第二个扫描周期，M0.0 线圈失电，Q0.0 常开接点闭合，Q0.0 线圈经 Q0.0 常开接点和 M0.0 常闭接点得电自锁。

再按下按钮 I0.0，I0.0 接通一个扫描周期，M0.0 线圈得电一个扫描周期。在第一个扫描周期中，由于 M0.0 常闭接点断开， Q0.0 线圈失电。KM 线圈失电，电动机停止。到第二个扫描周期，M0.0 线圈失电，Q0.0 常开接点断开，Q0.0 线圈仍不得电。

（3）单按钮启动停止梯形图之三，如图 116-4 所示

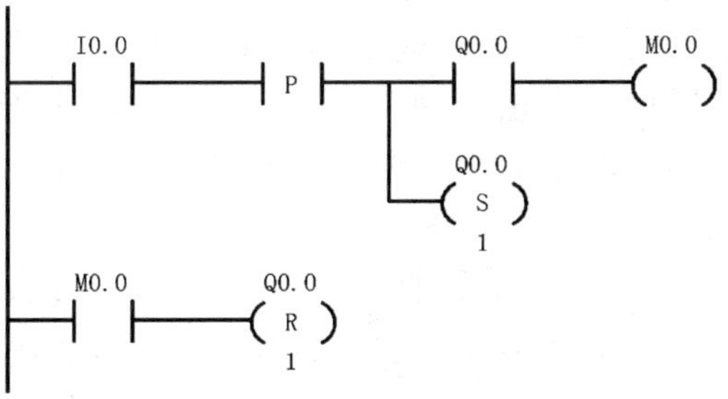

图 116-4　单按钮启动停止梯形图之三

按下按钮 I0.0，I0.0 接通一个扫描周期，在第一个扫描周期中，Q0.0 常开接点断开（因为还没有读到 Q0.0 线圈），M0.0 线圈不得电，紧接着 Q0.0 线圈置位得电。KM 线圈得电，电动机启动。到第二个扫描周期，Q0.0 常开接点闭合，但 I0.0 上升沿接点断开，M0.0 线圈仍不得电。

再按下按钮 I0.0，I0.0 接通一个扫描周期，在第一个扫描周期中，由于 Q0.0 常开接点闭合，M0.0 线圈得电，M0.0 常开接点闭合，Q0.0 线圈复位失电。KM 线圈失电，电动机停止。

（4）单按钮启动停止梯形图之四，如图 116-5 所示

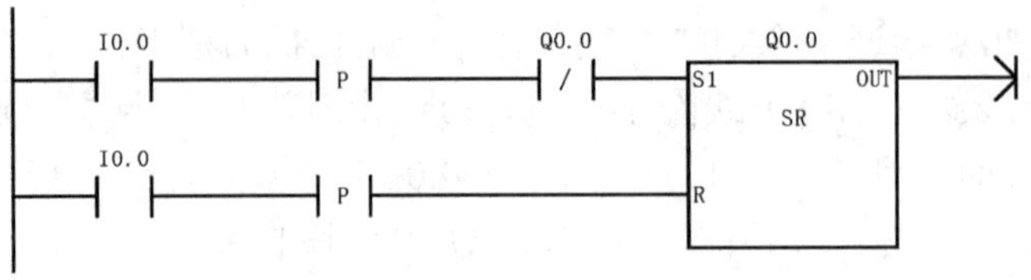

图 116-5　单按钮启动停止梯形图之四

按下按钮 I0.0，I0.0 闭合时， I0.0 上升沿接点闭合一个扫描周期，SR 触发器的 S1 端和 R 端都接通，但是 SR 触发器为置位优先触发器，结果 Q0.0 置位。KM 线圈得电，电动机启动。I0.0 断开时，对 SR 触发器无影响。

当 I0.0 第二次闭合时，I0.0 上升沿接点闭合一个扫描周期，由于 Q0.0 常闭接点断开，SR 触发器不能置位，T37 上升沿接点接通 SR 触发器的复位端 R，Q0.0 复位失电，KM 线圈失电，电动机停止。

（5）单按钮启动停止梯形图之五，如图 116-6 所示

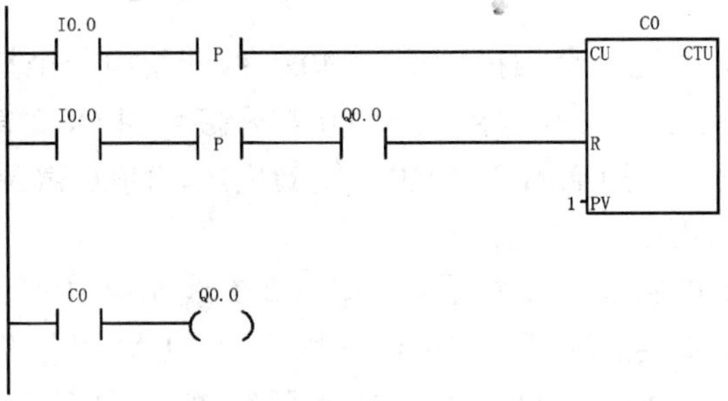

图 116-6　单按钮启动停止梯形图之五

按下按钮 I0.0，I0.0 闭合时， I0.0 上升沿接点闭合一个扫描周期，C0 的计数端 CU 接通，计一次数，计数值为 1，由于 C0 的设定值也为 1，C0 常开接点闭合，结果 Q0.0 得电。KM 线圈得电，电动机启动。I0.0 断开时，对 SR 触发器无影响。在一个扫描周期，由于 Q0.0 常开接点断开，C0 的复位端不通，不会复位，在两个扫描周期，Q0.0 常开接点闭合，为复位做好准备。

当 I0.0 第二次闭合时，I0.0 上升沿接点闭合一个扫描周期，由于 Q0.0 常开接点闭合，I0.0 上升沿接点接通 SR 触发器的复位端 R，C0 复位失电，C0 常开接点断开，Q0.0 失电，KM 线圈失电，电动机停止。

（6）单按钮启动停止梯形图之五，如图 116-7 所示

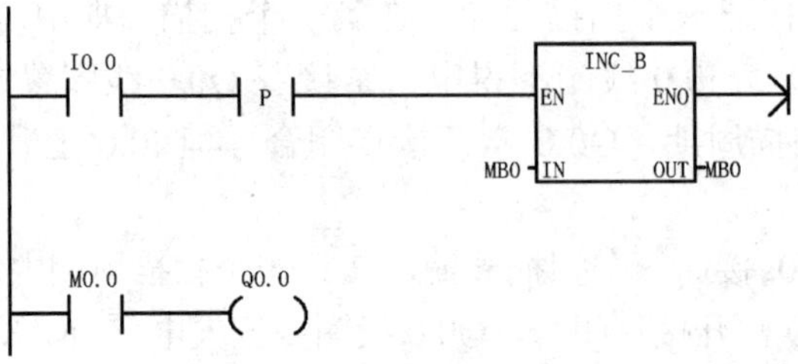

图 116-7　单按钮启动停止梯形图之六

初始状态 MB0=0，按下按钮 I0.0，I0.0 上升沿接点闭合一个扫描周期，执行一次 INC_B 加 1 指令，MB0 的值为 1，M0.0=1，M0.0 常开接点闭合， Q0.0 得电。KM 线圈得电，电动机启动。

当 I0.0 第二次闭合时，I0.0 上升沿接点闭合一个扫描周期，再执行一次 INC_B 加 1 指令，MB0 的值为 2，M0.0=0，M0.0 常开接点断开，Q0.0 失电，KM 线圈失电，电动机停止。

当 I0.0 每闭合一次，MB0 的值加 1，MB0 中数为二进制数，MB0 的值为偶数时 M0.0=0，MB0 的值为奇数时 M0.0=1。M0.0=0 时，Q0.0 失电，M0.0=1 时，Q0.0 得电。

实例 117　单按钮控制星三角降压启动电路

用一个按钮控制一台三相异步电动机的星三角降压启动电路，要求第一次按下按钮时，电动机接成星形接线降压启动，等电动机转速升高启动结束时，第二次按下按钮时，电动机接成三角形接线全压运行，第三次按下按钮时，电动机停止。

控制方案设计

1. 输入/输出元件及控制功能

单按钮控制星三角降压启动电路如表 117-1 所示，介绍了实例 117 中用到的输入/输出元件及控制功能。

表 117-1　输入/输出元件及控制功能

	PLC 软元件	元件文字符号	元 件 名 称	控 制 功 能
输入	I0.0	SB	按钮	电动机启动停止控制
输出	Q0.0	KM1	接触器 1	电动机电源连接
	Q0.1	KM2	接触器 2	电动机星形接线
	Q0.1	KM3	接触器 3	电动机三角形接线

2. 电路设计

根据控制要求可知，控制过程可分为三个工作状态：电动机星形接线启动，电动机三角形接线运行和停止。用加 1 指令对 M0.1，M0.0 计数，列出其真值表如表 117-2 所示。

表 117-2　真值表

工作状态	计 数 值 MB0			PLC 输出		
	数 值	M0.1	M0.0	Q0.2	Q0.1	Q0.0
停止	0	0	0	0	0	0
星形接线	1	0	1	0	1	1
三角形接线	2	1	0	1	0	1
复位	3	1	1	0	0	0

由表 117-2 可得逻辑表达式：

$$Q0.2=\overline{M0.1}\cdot M0.0$$
$$Q0.1=M0.1\cdot \overline{M0.0}$$
$$Q0.0=\overline{M0.1}\cdot M0.0+M0.1\cdot \overline{M0.0}=Q0.1+Q0.2$$

根据上述逻辑表达式得出梯形图如图 117-1 所示。

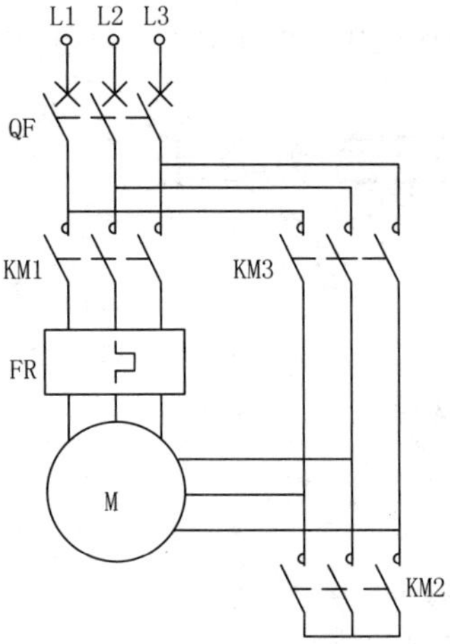

（a）电动机主接线图

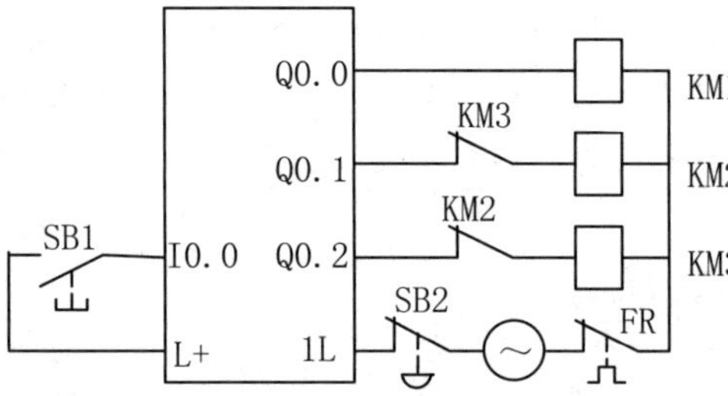

（b）PLC 接线图

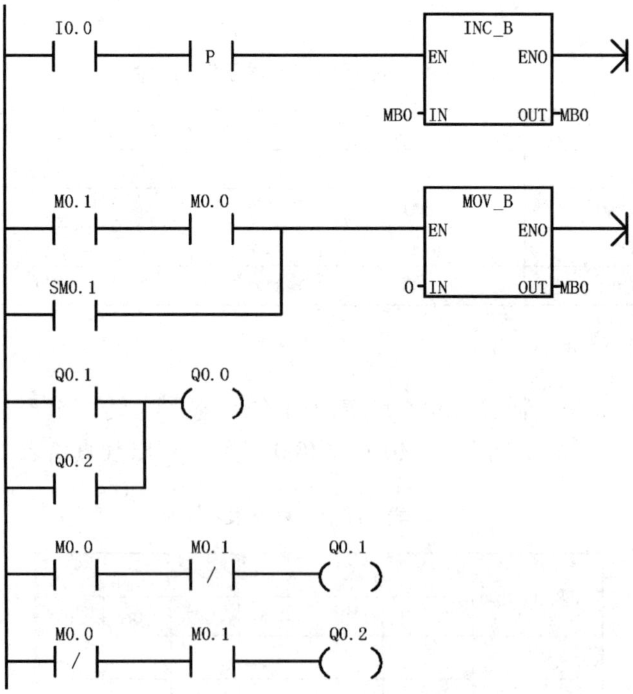

（c）梯形图

图 117-1　单按钮控制星三角降压启动电路图

3. 控制原理

初始状态，初始脉冲 SM0.1 将 MB0 清零。按下按钮 I0.0，执行一次 INC_B 加 1 指令，计数值 MB0=1，由表 117-2 真值表可知，M0.1=0，M0.0=1，Q0.1=1，Q0.0=1，电动机接成 Y 型降压启动。

等电动机转速升高启动结束时，第二次按下按钮 I0.0 时执行一次 INC_B 加 1 指令，计数值 MB0=2，由表 117-2 真值表可知，M0.1=1，M0.0=0，Q0.2=1，Q0.0=1，电动机接成三角形接线全压运行。

第三次按下按钮时，执行一次 INC_B 加 1 指令，计数值 MB0=3，由表 117-2 真值表可知，M0.1=1，M0.0=1，M0.1 和 M0.0 常开接点闭合对 MB0 清零。全部输出断开，电动机停止。

分类十五　绕线型电动机基本控制

实例 118　绕线型电动机转子串电阻时间原则启动控制

将如图 118-1 所示的绕线型电动机转子回路串电阻时间原则启动控制电路改用可编程控制器控制。

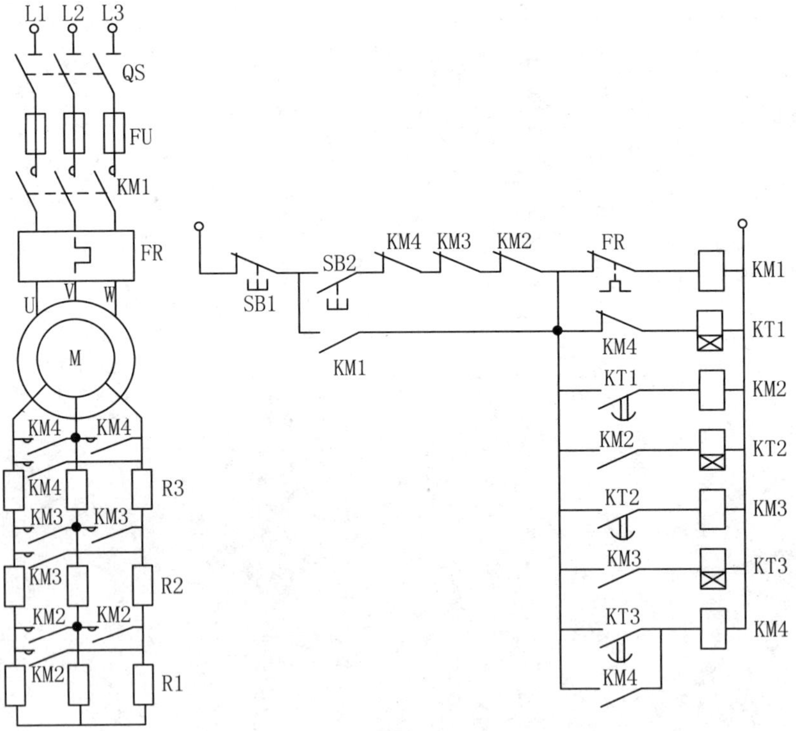

图 118-1　三相绕线型电动机转子串电阻时间原则启动控制电路

控制方案设计

1．输入/输出元件及控制功能

如表 118-1 所示，介绍了实例 118 中用到的输入/输出元件及控制功能。

表 118-1　输入/输出元件及控制功能

	PLC 软元件	元件文字符号	元 件 名 称	控 制 功 能
输入	I0.0	SB1、SB2、FR	控制保护电路	启动、停止、保护电动机
输出	Q0.0	KM1	接触器 1	电动机启动
	Q0.1	KM2	接触器 2	短接电阻 R1
	Q0.2	KM3	接触器 3	短接电阻 R2
	Q0.3	KM4	接触器 4	短接电阻 R3

2．电路设计

该电路是否能直接转换为 PLC 梯形图呢？

如图 118-1 所示的时间原则转子回路串接电阻启动控制电路有两个特点：一是在启动按钮 SB2 回路中串入了 KM2、KM3、KM4 的常闭接点，以防止在启动前接触器 KM2、KM3、KM4 发生熔焊或机械卡阻使主触点处于闭合状态时，造成部分或全部启动电阻被短接而直接启动；二是在启动结束后将时间继电器 KT1～KT3 和 KM2、KM3 的线圈断电，以节省用电。

如果直接把图 118-1 所示的控制电路转换成梯形图，那么 SB2 回路中 KM2、KM3、KM4 的常闭接点变成了软继电器的接点，它不能反映接触器的真实情况，也就是说，这部分接触器是不能用软继电器来代替的。根据这种情况，可以把这部分电路放在 PLC 的输入回路中，如图 118-2 所示。

在梯形图中，定时器不存在消耗大量电能的问题，所以，没有必要考虑在启动结束后将定时器的线圈断电；而将 KM2、KM3 线圈断电是有必要的，如图 118-2 和图 118-3 所示。

由此可见，直接把控制电路转换成梯形图往往是不正确的。

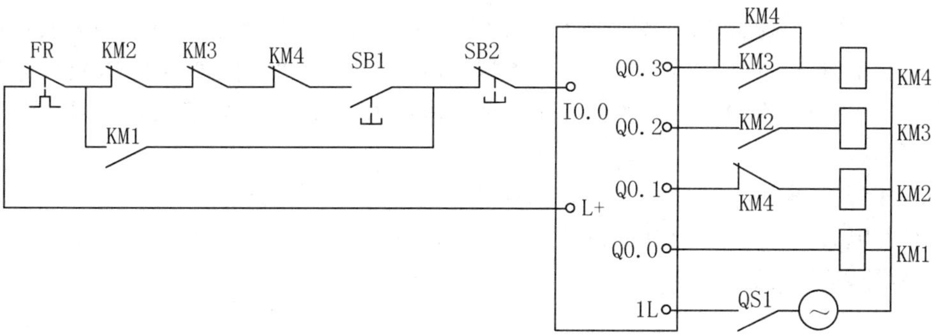

图 118-2　三相绕线型电动机转子回路串电阻时间原则启动控制 PLC 接线图

3．控制原理

启动时，合上主电路电源开关 QS 和 PLC 输出电路的电源开关 QS1。

按下启动按钮 SB1，输入继电器 I0.0=1，梯形图中 I0.0 接点闭合，Q0.0 得电，接触器 KM1 得电，PLC 输入电路中的 KM1 接点闭合，形成自锁。主电路中 KM1 主触点闭合，电动机串联全部电阻启动。

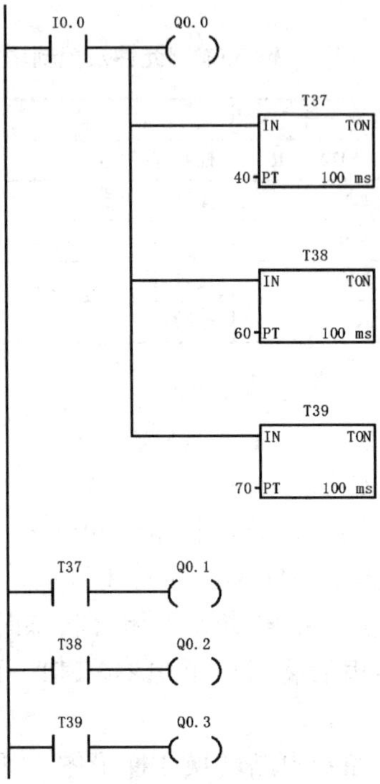

图 118-3　时间原则转子回路串接电阻 PLC 启动梯形图

同时定时器 T37、T38、T39 也得电延时，T37 延时 4s 接通 Q0.1 线圈，接触器 KM2 得电，短接电阻 R1。

T38 延时 6s 接通 Q0.2 线圈，接触器 KM3 得电，短接电阻 R2。

T39 延时 7s 接通 Q0.3 线圈，接触器 KM4 得电，短接电阻 R3。电动机在自然特性曲线上高速运行。

分析 PLC 输出电路可知，只有 KM2 线圈得电，KM3 线圈才能得电。如果 KM2 线圈断线，当 Q0.1=1 时，KM2 线圈不动作，KM2 常开接点断开，即使 Q0.2=1，KM3 线圈也不能得电，这样就避免了在 R1 未短接的情况下直接短接 R2。同理，只有 KM3 线圈得电，KM4 线圈才能得电。

当 KM4 线圈得电时，KM4 常开接点闭合自锁，KM4 常闭接点断开将 KM2 线圈断开，KM2 线圈失电后，KM2 常开接点断开 KM3。KM2 和 KM3 线圈在启动结束时已经不起作用，将其断开以减少线圈耗电。

实例 119　绕线型电动机电流原则转子回路串接电阻启动控制

图 119-1（a）所示为绕线型异步电动机电流原则转子回路串接电阻启动控制主电路，它是利用电动机启动转子电流大小的变化来控制电阻切除的。KI1、KI2、KI3 为欠电流继电器，其线圈串接在电动机转子电路中。这三个继电器的吸合电流都一样，但释

放电流不一样，其中 KI1 的释放电流最大，KI2 次之，KI3 最小。

控制要求：启动时按启动按钮 SB2，接触器 KM1 得电自锁，转子回路串接全部电阻启动，启动电流很大，欠电流继电器 KI1、KI2、KI3 都动作。

当电动机转速升高后电流减小，KI1 首先释放，使接触器 KM2 线圈通电，短接电阻 R1，这时转子电流又重新增加，随着转速升高，电流逐渐下降，使 KI2 释放，接触器 KM3 线圈通电，短接电阻 R2，转速再升高，电流再下降，使 KI3 释放，接触器 KM4 线圈通电，短接电阻 R3，转子全部电阻短接，电动机启动完毕。

控制方案设计

1. 输入/输出元件及控制功能

如表 119-1 所示，介绍了实例 119 中用到的输入/输出元件及控制功能。

表 119-1 输入/输出元件及控制功能

	PLC 软元件	元件文字符号	元 件 名 称	控 制 功 能
输入	I0.0	SB1、SB2、FR	控制保护电路	启动、停止、保护电动机
	I0.1	KI1	欠电流继电器 1	转子电流检测
	I0.2	KI2	欠电流继电器 2	转子电流检测
	I0.3	KI3	欠电流继电器 3	转子电流检测
输出	Q0.0	KM1	接触器 1	电动机启动
	Q0.1	KM2	接触器 2	短接电阻 R1
	Q0.2	KM3	接触器 3	短接电阻 R2
	Q0.3	KM4	接触器 4	短接电阻 R3

2. 电路设计

三相绕线型电动机转子回路串电阻电流原则启动控制主电路、PLC 接线图和梯形图，如图 119-1 所示。

3. 控制原理

按下启动按钮 SB1，I0.0 接点闭合，Q0.0 线圈得电，接触器 KM1 线圈得电，KM1 主触点闭合，电动机串全部电阻启动。KM1 辅助接点闭合，输入端 I0.0、输出端 Q0.0、接触器 KM1 互联自锁。

KI1、KI2、KI3 为欠电流继电器，所整定的释放电流不一样。其中 KI1 的释放电流最大，KI2 次之，KI3 最小。电动机启动后，启动电流很大，流经欠电流继电器 KI1、KI2、KI3，其接点同时动作，I0.1、I0.2、I0.3 同时接通，辅助继电器 M0 得电自锁，M0 常开接点闭合，为 Q0.1～Q0.3 得电做好准备。随着电动机转速的升高，转子电流下降，欠电流继电器 KI1 首先返回（动作），KI1 常开接点断开，I0.1 常闭接点闭合，Q0.1 线圈得电。接触器 KM2 线圈得电，KM2 主触点闭合，短接电阻 R1。

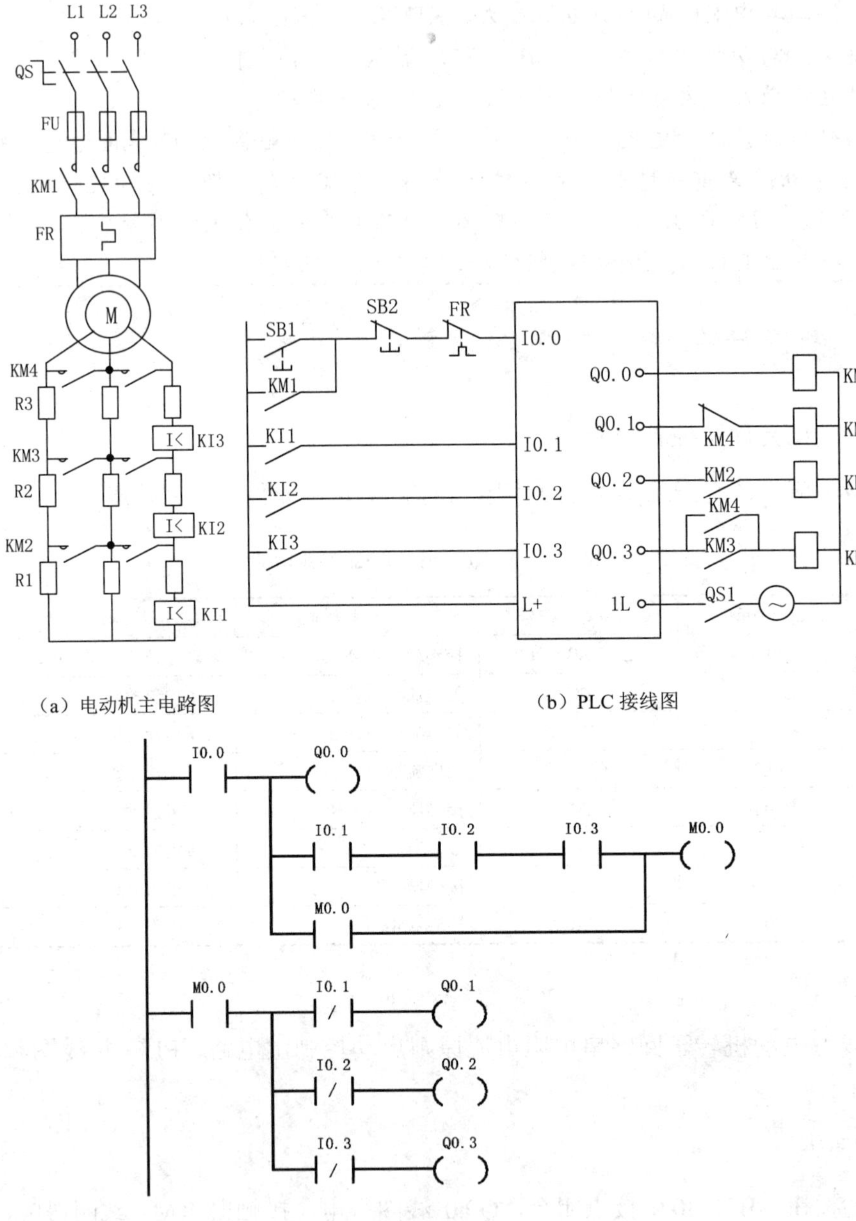

（a）电动机主电路图　　（b）PLC 接线图

（c）PLC 梯形图

图 119-1　绕线电动机电流原则转子回路串接电阻启动控制电路

电动机转速进一步升高，转子电流再下降，欠电流继电器 KI2 返回（动作），KI2 常开接点断开，I0.2 常闭接点闭合，Q0.2 线圈得电。接触器 KM3 线圈得电，KM3 主触点闭合，短接电阻 R2，Q0.2 常闭接点断开 Q0.1 线圈。

电动机转速再升高，转子电流又下降，欠电流继电器 KI3 返回（动作），KI3 常开接点断开，I0.3 常闭接点闭合，Q0.3 线圈得电。接触器 KM4 线圈得电，KM4 主触点闭合，短接电阻 R3，Q0.3 常闭接点断开 Q0.2 线圈。电动机在切除全部电阻的情况下高速运行。

在 PLC 输出电路中，只有 KM2 线圈得电，KM3 线圈才能得电。如果 KM2 线圈断线，当 Q0.1=1 时，KM2 线圈不动作，KM2 常开接点断开，即使 Q0.2=1，KM3 线圈也不能得电，这样就避免了在 R1 未短接的情况下直接短接 R2。同理，只有 KM3 线圈得电，KM4 线圈才能得电。

当 KM4 线圈得电时，KM4 常开接点闭合自锁，KM4 常闭接点断开，将 KM2 线圈断开，KM2 线圈失电后，KM2 常开接点断开 KM3。KM2 和 KM3 线圈在启动结束时已经不起作用，将其断开以减少线圈耗电。

实例 120　绕线型电动机串频敏电阻启动控制电路

三相绕线型电动机转子回路串频敏电阻启动控制主电路如图 120-1（a）所示，要求有自动和手动两种工作方式。

在自动工作方式下，按下启动按钮，电动机串频敏变阻器 RF 启动，延时 8s，自动短接频敏变阻器。

在手动工作方式下，按下启动按钮，电动机串频敏变阻器 RF 启动。当电动机启动结束时，再按一次启动按钮，短接频敏变阻器。

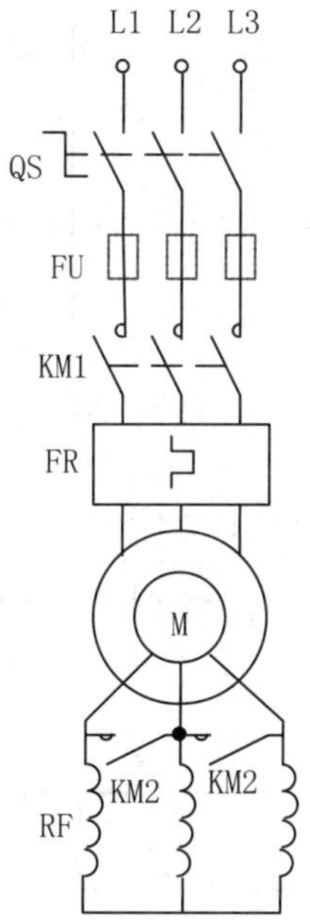

图 120-1　电动机主电路图

控制方案设计

1. 输入/输出元件及控制功能

如表 120-1 所示，介绍了实例 120 中用到的输入/输出元件及控制功能。

表 120-1 输入/输出元件及控制功能

	PLC 软元件	元件文字符号	元 件 名 称	控 制 功 能
输入	I0.0	SB1	停止按钮	停止电动机
		FR	热继电器	保护电动机
	I0.1	SB2	启动按钮	启动电动机
	I0.2	SA	选择开关	手动、自动选择
输出	Q0.0	KM1	接触器 1	电动机启动
	Q0.1	KM2	接触器 2	短接电阻 RF

2. 电路设计

三相绕线型电动机转子回路串频敏电阻启动控制 PLC 接线图和梯形图，如图 120-2 所示。

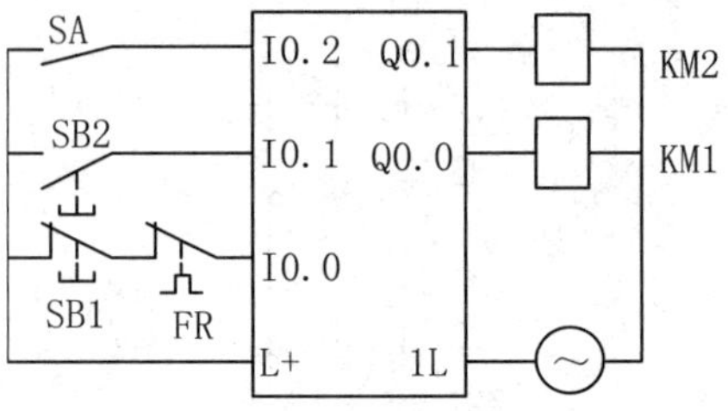

（a）PLC 接线图

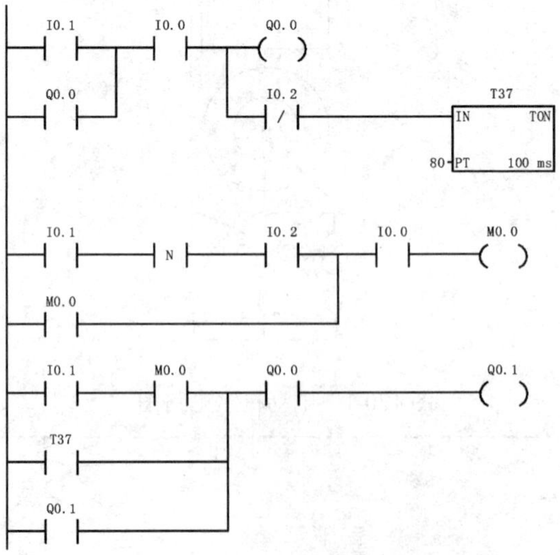

（b）PLC 梯形图

图 120-2 三相绕线型电动机转子回路串频敏电阻启动控制

3. 控制原理

自动工作方式：SA=0，I0.2 常闭接点闭合，接通定时器 T37，按下启动按钮 SB2，I0.1 接点闭合，Q0.0 线圈得电自锁，接触器 KM1 线圈得电，KM1 主触点闭合，电动机串频敏变阻器 RF 启动。同时定时器 T37 延时 8s，T37 接点闭合，Q0.1 线圈得电，短接频敏变阻器，电动机全压运行。

手动工作方式：SA=1，按下启动按钮 SB2，I0.1 接点闭合，Q0.0 线圈得电自锁，接触器 KM1 线圈得电，KM1 主触点闭合，电动机串频敏变阻器 RF 启动。由于选择开关 SA 闭合，I0.2 常闭接点断开，定时器 T37 不得电，I0.2 常开接点闭合，当松开启动按钮 I0.1 时，I0.1 下降沿接点闭合一个扫描周期，M0.0 线圈得电自锁，M0.0 常开接点闭合。

当电动机启动结束时，再按一次启动按钮 SB1，I0.1 接点闭合，Q0.1 线圈得电自锁，接触器 KM2 线圈得电，KM2 主触点闭合，短接频敏变阻器，电动机全压运行。

实例 121　用 PLC 凸轮控制器控制绕线型电动机串电阻调速

绕线式异步电动机转子回路串电阻调速控制有两种方式：一种是用凸轮控制器直接控制电动机的主电路，用于小容量的电动机；另一种是采用主令控制器和磁力控制屏配合进行控制，用于大容量的电动机。

图 121-1 所示为绕线式异步电动机转子串电阻的调速控制电路，图中采用 KTl4-25J/1 型凸轮控制器 SA，共有 12 对触点，SA-1 与启动按钮串联，用于零位保护，以保证电动机只有在零位停止状态下才能启动；SA-2 用于正转时将正转过限位开关 SQ2 接通，以防止被控制的机械在运行中超越界限；SA-3 用于反转越限保护；SA-4 和 SA-5 用于控制电动机的正转；SA-6 和 SA-7 用于控制电动机的反转；SA-8～SA-12 用于转子回路的电阻切换。

在主电路中，过流继电器 FA1、FA2 用于电动机的过电流保护。电磁制动器 YB 用于电动机的制动，这里采用断电制动方式。在电动机 M 的转子回路中串接三相不对称电阻，用于启动和调速。

在控制电路中，接触器 KM 用于电动机的电源控制，和 SA 配合起零位保护作用。过流继电器 FA1、FA2 常闭触点用于在过电流时断开电动机的电源。SB1 为急停按钮。SQ1 用于安全门限位开关。SQ1 和 SQ2 分别用于正反转时的越限保护。

由于凸轮控制器是直接控制电动机主电路的，所以，操作不方便，用 PLC 组成一个凸轮控制器，由继电器和接触器控制主电路，可以达到操作方便，工作可靠的效果。

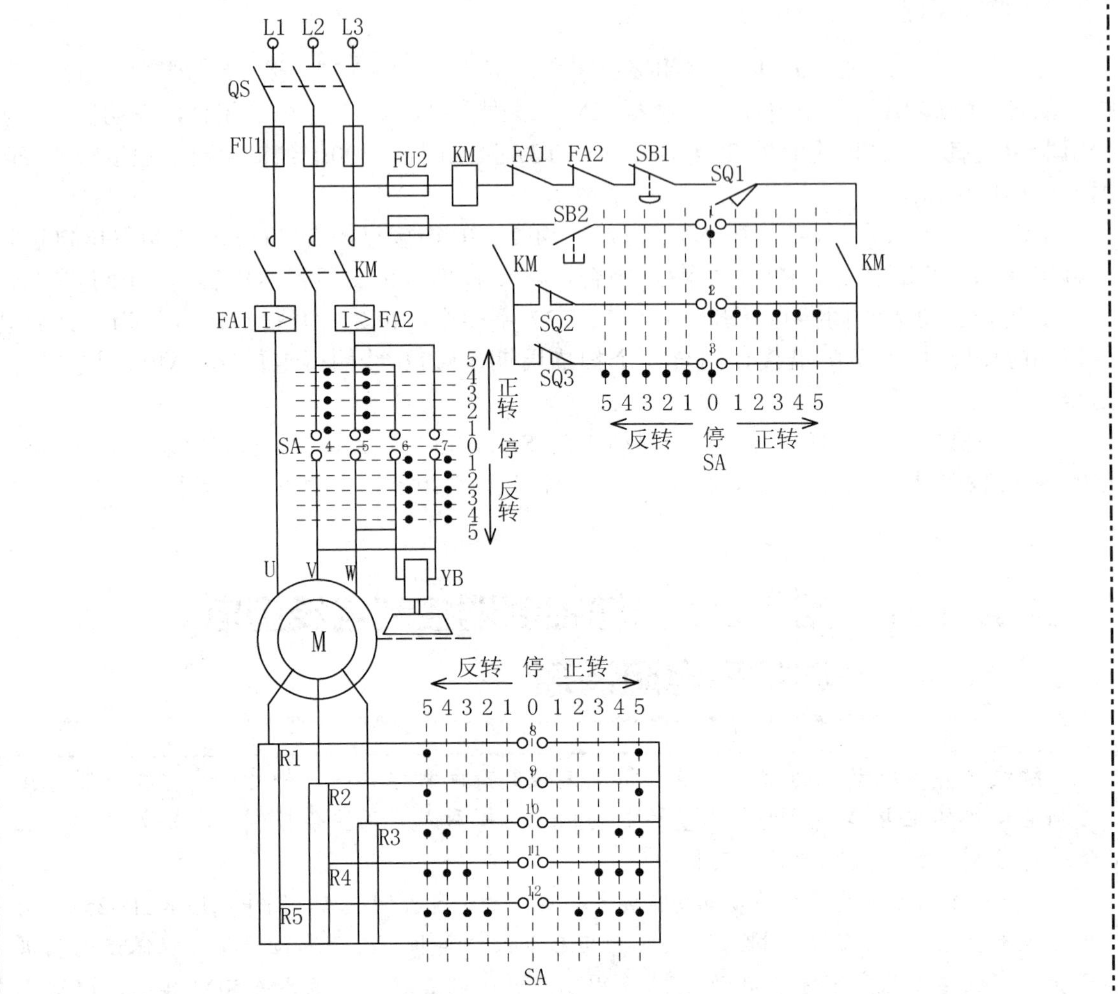

图 121-1　凸轮控制器控制绕线式异步电动机转子串电阻的调速电路

控制方案设计

1. 输入/输出元件及控制功能

如表 121-1 所示，介绍了实例 121 中用到的输入/输出元件及控制功能。

表 121-1　输入/输出元件及控制功能

	PLC 软元件	元件文字符号	元 件 名 称	控 制 功 能
输入	I0.0	SA0	选择开关零位	零位
	I0.1	SA1	选择开关正转 1 位	正转 1 速
	I0.2	SA2	选择开关正转 2 位	正转 2 速
	I0.3	SA3	选择开关正转 3 位	正转 3 速

续表

	PLC 软元件	元件文字符号	元 件 名 称	控 制 功 能
输入	I0.4	SA4	选择开关正转 4 位	正转 4 速
	I0.5	SA5	选择开关正转 5 位	正转 5 速
	I1.1	SA11	选择开关反转 1 位	反转 1 速
	I1.2	SA12	选择开关反转 2 位	反转 2 速
	I1.3	SA13	选择开关反转 3 位	反转 3 速
	I1.4	SA14	选择开关反转 4 位	反转 4 速
	I1.5	SA15	选择开关反转 5 位	反转 5 速
输出	Q0.0	KA1	中间继电器 1	零位保护
	Q0.1	KA2	中间继电器 2	正转限位保护
	Q0.2	KA3	中间继电器 3	反转限位保护
	Q0.3	KM1	接触器 1	1 速
	Q0.4	KM2	接触器 2	2 速
	Q0.5	KM3	接触器 3	3 速
	Q0.6	KM4	接触器 4	4 速
	Q0.7	KM5	接触器 5	5 速
	Q1.0	KM6	接触器 6	电动机正转
	Q1.1	KM7	接触器 7	电动机反转

2．电路设计

KTl4-25J/1 型凸轮控制器 SA 的 12 对触点和 11 个位置可以用表 121-2 来表示。

表 121-2　KTl4-25J/1 型凸轮控制器触点表

	反转					停止	正转				
开关位置	5	4	3	2	1	0	1	2	3	4	5
触点 1	0	0	0	0	0	1	0	0	0	0	0
触点 2	0	0	0	0	0	1	1	1	1	1	1
触点 3	1	1	1	1	1	1	0	0	0	0	0
触点 4	0	0	0	0	0	0	1	1	1	1	1
触点 5	0	0	0	0	0	0	1	1	1	1	1
触点 6	1	1	1	1	1	0	0	0	0	0	0
触点 7	1	1	1	1	1	0	0	0	0	0	0
触点 8	1	0	0	0	0	0	0	0	0	0	1
触点 9	1	0	0	0	0	0	0	0	0	0	1
触点 10	1	1	0	0	0	0	0	0	0	1	1
触点 11	1	1	1	0	0	0	0	0	1	1	1
触点 12	1	1	1	1	0	0	0	1	1	1	1

注：0 表示触点断开，1 表示触点闭合

考虑到触点 4～7 用于电动机的正反转控制，逻辑关系比较简单，不用凸轮控制器控制，将表 121-2 改为表 121-3。

表 121-3 用 PLC 输入输出表示凸轮控制器触点表

		反转					停止	正转					PLC 输出端	控制元件
开关位置		5	4	3	2	1	0	1	2	3	4	5		
PLC 输入端		I15	I1.4	I1.3	I1.2	I1.1	I0.0	I0.1	I0.2	I0.3	I0.4	I0.5		
凸轮控制器端子号	触点 1	0	0	0	0	0	1	0	0	0	0	0	Q0.0	KA1
	触点 2	0	0	0	0	0	1	1	1	1	1	1	Q0.1	KA2
	触点 3	1	1	1	1	1	1	0	0	0	0	0	Q0.2	KA3
	触点 8	1	0	0	0	0	0	0	0	0	0	1	Q0.3	KM1
	触点 9	1	0	0	0	0	0	0	0	0	0	1	Q0.4	KM2
	触点 10	1	1	0	0	0	0	0	0	0	1	1	Q0.5	KM3
	触点 11	1	1	1	0	0	0	0	0	1	1	1	Q0.6	KM4
	触点 12	1	1	1	1	0	0	0	1	1	1	1	Q0.7	KM5
16 进制数		FC	E4	C4	84	4	7	2	82	C2	E2	FA		

综上所述，可得出电动机主接线图如图 121-2 所示，原来采用 KTl4-25J/1 型凸轮控制器控制电动机，为了节省触点，正反转控制只用了 4 个触点，每个触点承受的通断电压（线电压）比较大，触点容易损坏，改用 PLC 控制用两个接触器用 6 个触点，每个触点承受的通断电压（相电压）比较小，触点不易损坏。

PLC 接线图如图 121-3 所示。在 PLC 接线图中采用了 11 个输入点，选择开关打在中间位时，I0.0 接通，为停止位，向下打为正转，向上打为反转。此种接线占用的输入点比较多，如果采用编码输入法只要使用 4 点输入就可以了。具体方法请参考相关实例。

控制梯形图如图 121-4 所示。梯形图根据表 121-3 生成。表 121-3 中的凸轮控制器有 8 个触点，由 QB0 表示。11 个开关位置分别用 11 个输入继电器 I0.0～I0.5、I1.0～I1.5 表示。凸轮控制器打到某位时，其输出可以用 8 位二进制数来表示，例如，凸轮控制器打到正转 3 位时，其输出触点用二进制数 01000011 表示，也可以用 2 位 16 进制数 C2 表示。

用 PLC 实现凸轮控制器控制，根据 PLC 接线图和梯形图如图 121-1 所示的输入和输出的关系，只要把某开关位对应的 2 位 16 进制数传送到 QB0 中就可以了。例如，凸轮控制器打到正转 2 位时，I0.2 输入点闭合，将 16#82 传送到 QB0，输出继电器 Q0.1 和 Q0.7 接点闭合。以分别驱动继电器 KA1（代替原触点 2）和接触器 KM5（代替原触点 12）。

正转触点 4、5 只在正转时接通，由表 121-3 可知，当 Q0.0=0，Q0.1=1 时正转触点 4、5 接通，由此可得如下的逻辑关系：

正转触点 4、5：$Q1.0=\overline{Q0.0}\cdot Q0.1$

反转触点 6、7 只在反转时接通，由表 121-3 可知，当 Q0.0=0，Q0.2=1 时正转触点 6、7 接通，由此可得如下的逻辑关系：

正转触点 6、7：$Q1.1=\overline{Q0.0}\cdot Q0.2$

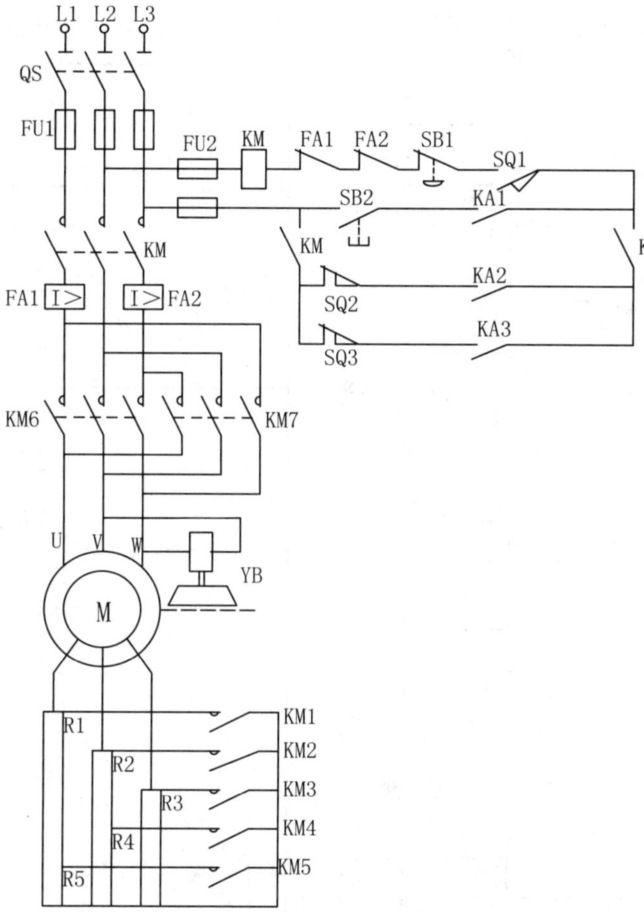

图 121-2　PLC 控制绕线式异步电动机转子串电阻的调速电路图

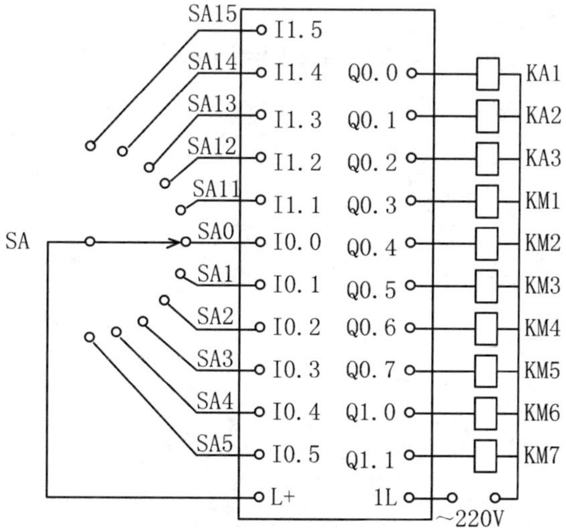

图 121-3　PLC 接线图

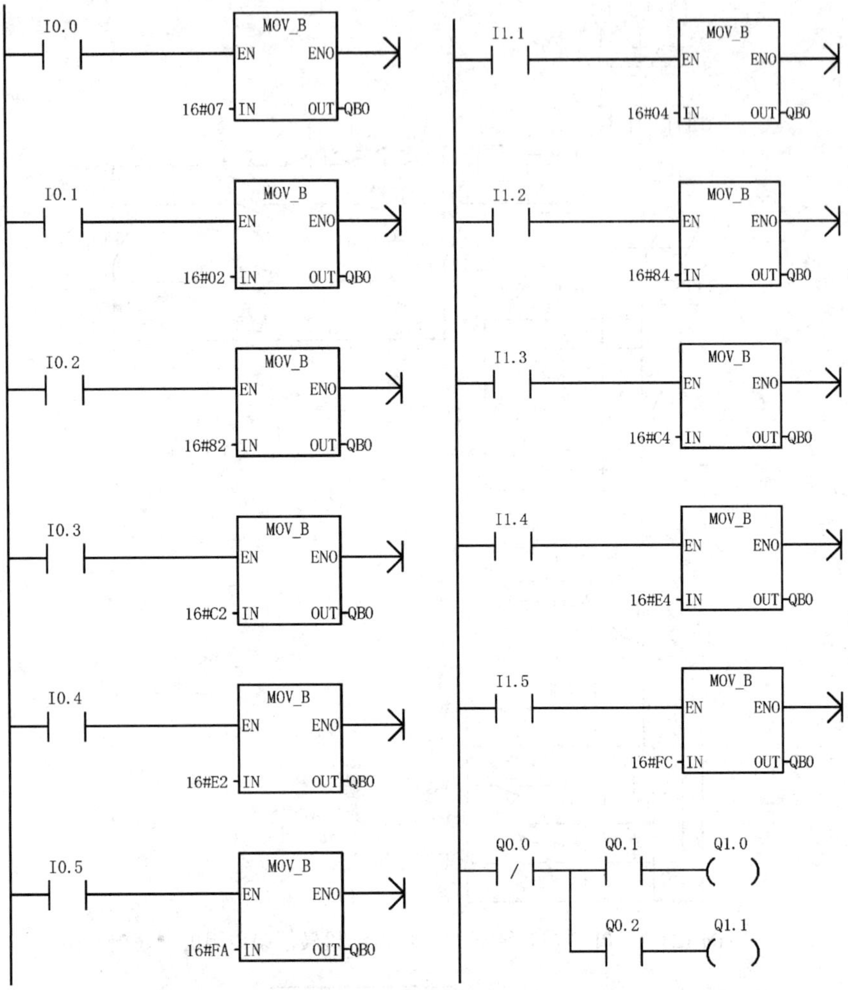

图 121-4　凸轮控制器控制绕线式异步电动机转子串电阻的梯形图

分类十六 直流电动机基本控制

实例 122 并励（或他励）电动机电枢串电阻启动调速

用选择开关控制一台并励（或他励）直流电动机的启动、调速和停止。电枢串电阻启动调速主电路如图 122-1 所示。

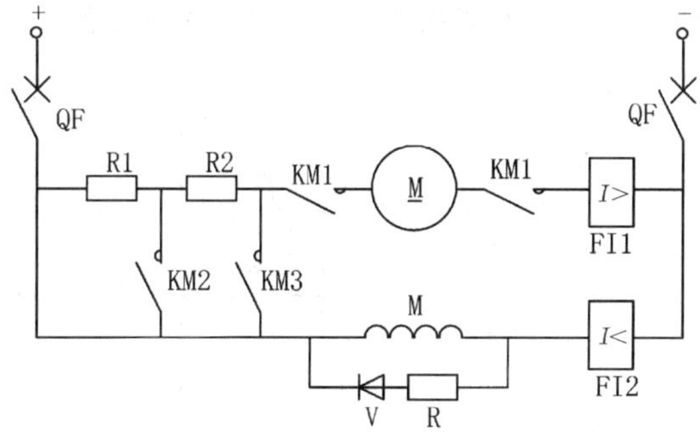

图 122-1 并励（或他励）电动机电枢串电阻启动调速控制电路

控制要求如下：

启动前，选择开关应先打到停止位置，以确保电阻 R1、R2 串入电枢电路，将选择开关打到低速位，电枢串电阻 R1、R2 低速启动；将选择开关打到中速位，短接电阻 R1、电枢串联 R2 中速启动；将选择开关打到高速位，短接电阻 R1、R2，高速启动。

如果将选择开关直接打到高速位，电动机应先低速，延时 8s 转为中速，再延时 4s 转为高速。

电动机应设有过电流保护和失磁保护以及短路保护。

控制方案设计

1．输入/输出元件及控制功能

如表 122-1 所示，介绍了实例 122 中用到的输入/输出元件及控制功能。

表 122-1 输入/输出元件及控制功能

	PLC 软元件	元件文字符号	元 件 名 称	控 制 功 能
输入	I0.0	SV	选择开关（停止位）	停止电动机
	I0.1	SV	选择开关（低速位）	电动机低速运行

续表

	PLC 软元件	元件文字符号	元件名称	控制功能
输入	I0.2	SV	选择开关（中速位）	电动机中速运行
	I0.3	SV	选择开关（高速位）	电动机高速运行
	I0.4	FI1	过电流继电器	过电流保护
		FI2	欠电流继电器	失磁保护
输出	Q0.0	KM1	接触器 1	电动机启动
	Q0.1	KM2	接触器 2	短接电阻 R1
	Q0.2	KM3	接触器 3	短接电阻 R2

2．电路设计

并励（或他励）电动机 PLC 接线图和梯形图如图 122-2 所示。

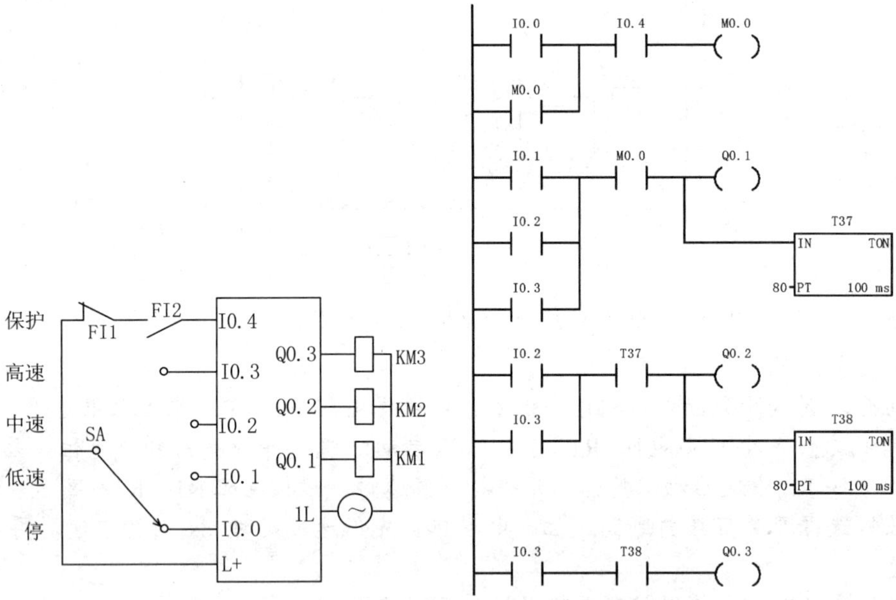

（a）PLC 接线图　　（b）梯形图

图 122-2　并励（或他励）电动机电枢串电阻启动调速 PLC 接线图和梯形图

3．控制原理

首先合上直流断路器 QF，电动机励磁绕组得电，欠电流继电器 FI2 动作，其常开接点闭合，I0.4 常开接点闭合，将选择开关 SA 扳到停止位置，I0.0 接点闭合，M0.0 得电自锁。

当选择开关 SA 打到低速位置，I0.1 接通，Q0.1 得电，KM1 得电，KM1 主接点闭合，直流电动机电枢绕组串全部电阻低速启动，同时定时器 T37 得电延时。

如果将 SA 打到中速位置，I0.2 接通，Q0.1 仍得电，如果定时器 T37 延时未到 8s，则到 8s 时 Q0.2 得电。如果定时器 T37 延时已到 8s，Q0.2 立即得电，KM2 主接点闭合，短接一段电阻 R1，直流电动机电枢绕组串 R2 电阻中速运行。

如果再将 SA 打到高速位置，I0.3 接通，Q0.1、Q0.2 仍得电，如果定时器 T38 延时未到 4s，则到 4s 时 Q0.3 得电。如果定时器 T38 延时已到 4s，Q0.3 立即得电，KM3 主接点闭合，再短接一段电阻 R2，直流电动机电枢绕组高速运行。

如果直接将 SA 打到高速位置，I0.3 接通，则 Q0.1 先得电，电动机低速启动，T37 延时 8s，Q0.2 得电，电动机中速运行，T38 延时 4s，Q0.3 得电，电动机高速运行。

如果电动机在运行时突然停电，选择开关 SA 不在停止位置，停电后，M0.0 失电，再来电时，M0.0 断开，输出继电器 Q0.1～Q0.3 不能得电，防止了电动机自启动的现象。此时，必须把选择开关 SA 打到停止位置，接通 M0.0 后，才能启动电动机。

如果励磁绕组断线，欠电流继电器失电，FI2 接点断开，I0.4 常开接点断开，M0.0 断开，输出继电器 Q0.1～Q0.3 失电，电动机停止。如果电动机过载，电枢电流增大，过电流继电器 FI 动作，FI1 接点断开，I0.4 常开接点断开，电动机停止。如果电路短路，直流断路器 QF 跳闸，断开直流电源。

实例 123　直流电动机改变励磁电流调速控制

直流电动机改变励磁电流调速控制电路如图 123-1 所示。启动时电枢回路中串入启动电阻 R，以限制启动电流，启动过程结束后，由接触器 KM2 短接。同时该电阻还兼作制动时的限流电阻。电动机的并励绕组串入调速电阻 R3，调节 R3 即可对电动机实现调速。电阻 R2 用于励磁绕组短路时吸收磁能保护电路。

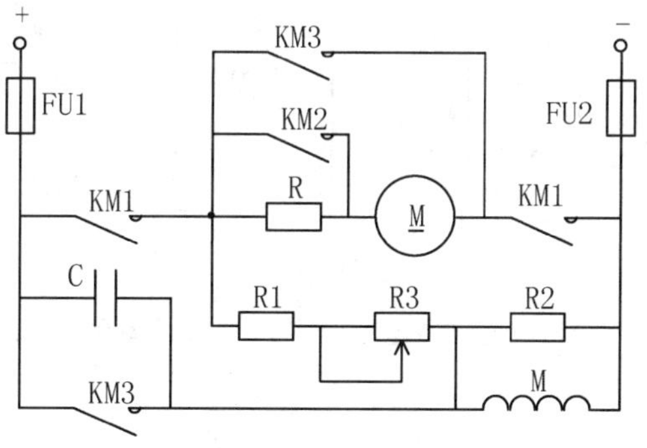

图 123-1　改变励磁电流调速控制电路

控制方案设计 1

1．输入/输出元件及控制功能

如表 123-1 所示，介绍了实例 123 中采用控制方案设计 1 用到的输入/输出元件及控制功能。

表 123-1 输入/输出元件及控制功能

	PLC 软元件	元件文字符号	元件名称	控制功能
输入	I0.0	SB1	启动按钮	启动电动机
	I0.1	SB2	停止按钮	停止制动电动机
输出	Q0.0	KM1	接触器 1	电动机启动
	Q0.1	KM2	接触器 2	短接启动电阻 R
	Q0.2	KM3	接触器 3	接通制动电阻 R

2. 电路设计

并励或他励电动机 PLC 接线图和梯形图如图 123-2 所示。

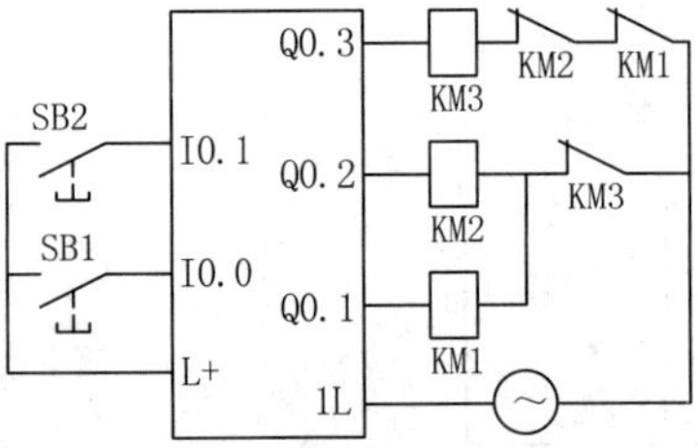

(a) PLC 接线图

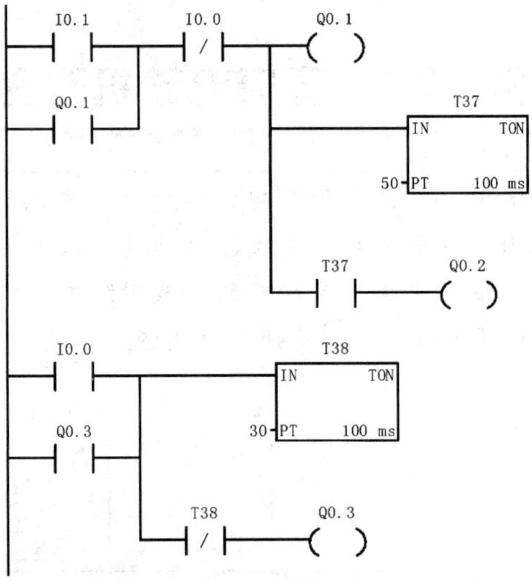

(b) 梯形图

图 123-2 改变励磁电流调速 PLC 接线图和梯形图 1

3. 控制原理

启动时，按下启动按钮 SB2，I0.1 接点闭合，Q0.1 线圈得电自锁，KM1 得电，电动机 M 串电阻 R 启动，定时器 T37 经过 5s 的延时后，T37 常开触头闭合，Q0.2 线圈得电，使 KM2 得电，短接启动电阻 R，启动过程结束。

在正常运行状态下，调节电阻 R3 改变其励磁电流的大小，从而改变磁通，即可改变电动机的转速。

按下停止按钮 SB1，I0.0 常闭接点断开 Q0.1、Q0.2 线圈，接触器 KM1 和 KM2 断电，切断电动机电枢回路电源。I0.0 常开接点闭合，Q0.3 线圈和定时器 T38 线圈得电自锁，KM3 得电，其主触头闭合，通过 R 使能耗制动回路接通，同时通过 KM3 的另一常开触头短接电容 C，使电源电压全部加于励磁绕组以实现制动过程中的强励磁作用，加强制动效果。定时器 T38 延时 3s 断开 Q0.3 线圈，制动结束。

控制方案设计 2

如图 123-3 所示，控制方案采用双按钮，单输入点控制，控制原理请读者自行分析。

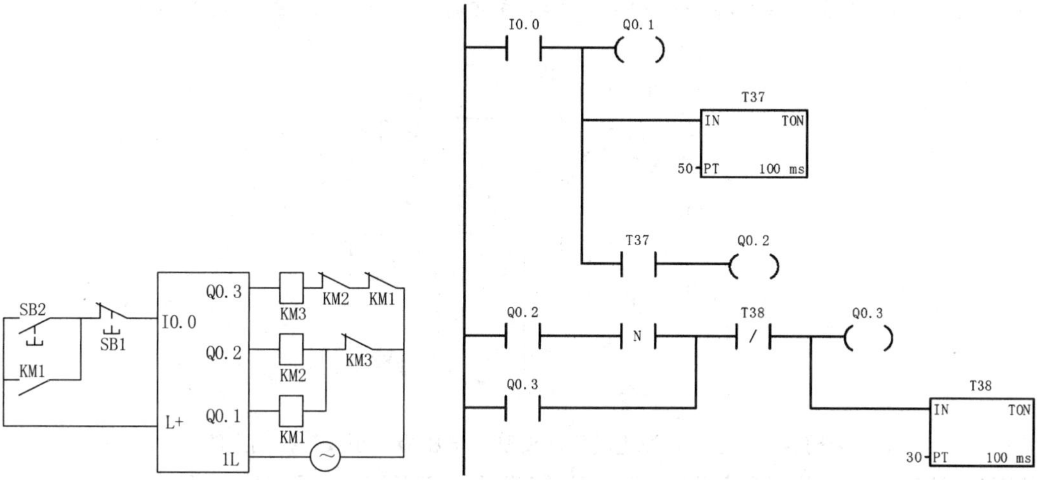

（a）PLC 接线图　　（b）梯形图

图 123-3　改变励磁电流调速 PLC 接线图和梯形图 2

控制方案设计 3

如图 123-4 所示，控制方案采用单按钮，单输入点控制，控制原理请读者自行分析。

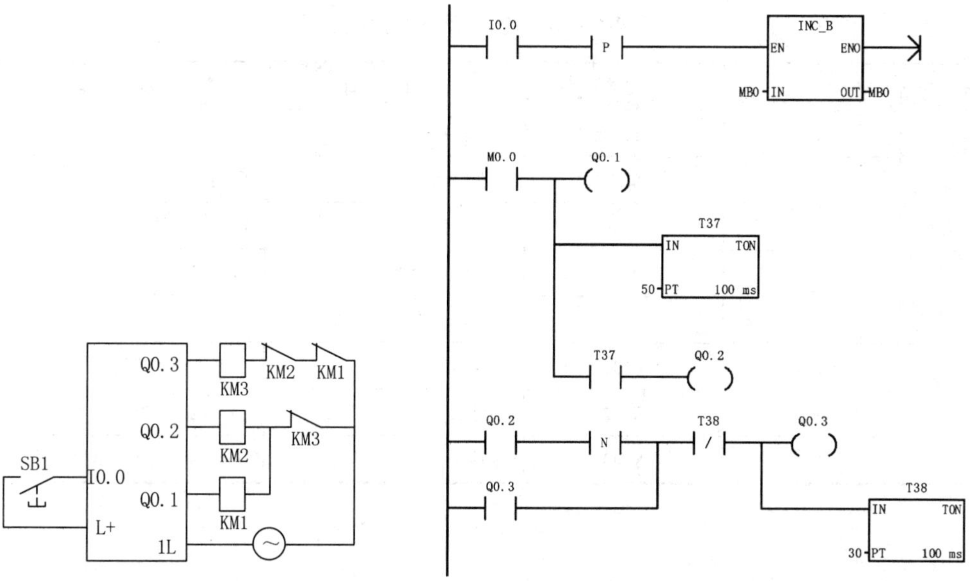

（a）改变励磁电流调速 PLC 接线图 3　　（b）改变励磁电流调速 PLC 梯形图 3

图 123-4　改变励磁电流调速 PLC 接线图和梯形图 3

实例 124　小型直流电动机改变励磁电压极性正反转控制

小型直流电动机改变励磁电压极性正反转控制电路如图 124-1 所示，采用直接启动，启动时应先接通励磁绕组，在励磁电流正常的情况下接通电枢绕组。停止时应先停止电枢绕组，延时 5s 再断开励磁绕组。反转启动时，应先停止后再反转启动。

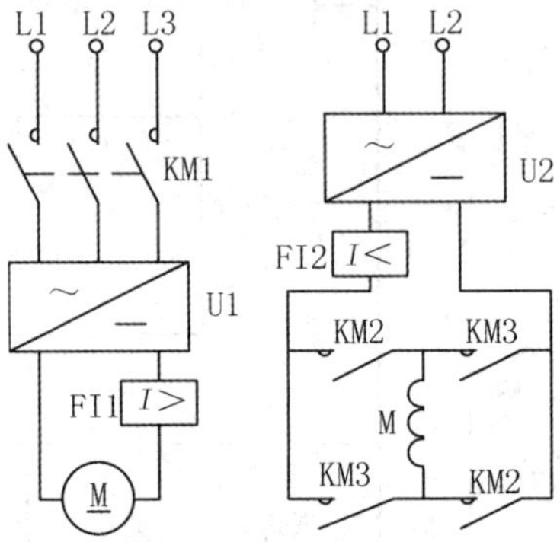

图 124-1　小型直流电动机改变励磁电压极性正反转控制电路

控制方案设计

1. 输入/输出元件及控制功能

如表 124-1 所示，介绍了实例 124 中用到的输入/输出元件及控制功能。

表 124-1　输入/输出元件及控制功能

	PLC 软元件	元件文字符号	元 件 名 称	控 制 功 能
输入	I0.0	SB1	停止按钮	停止电动机
	I0.1	SB2	正转按钮	电动机正转
	I0.2	SB3	反转按钮	电动机反转
	I0.3	FI1	过电流继电器	过电流保护
		FI2	欠电流继电器	失磁保护
输出	Q0.0	KM1	接触器 1	电动机电枢启动
	Q0.1	KM2	接触器 2	电动机励磁绕组正接
	Q0.2	KM3	接触器 3	电动机励磁绕组反接

2. 电路设计

小型直流电动机改变励磁电压极性正反转控制 PLC 接线图和梯形图如图 124-2 所示。

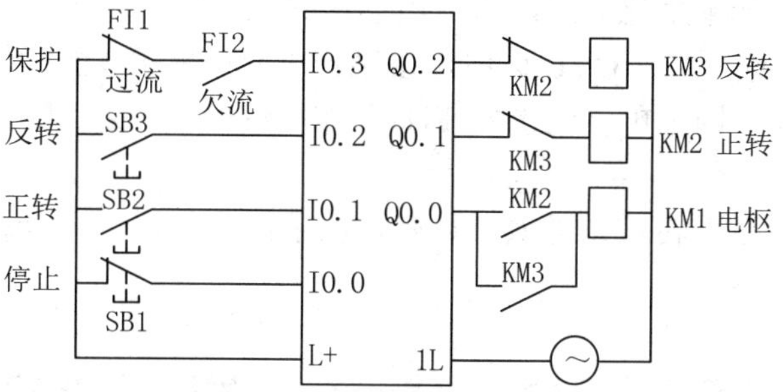

（a）PLC 接线图

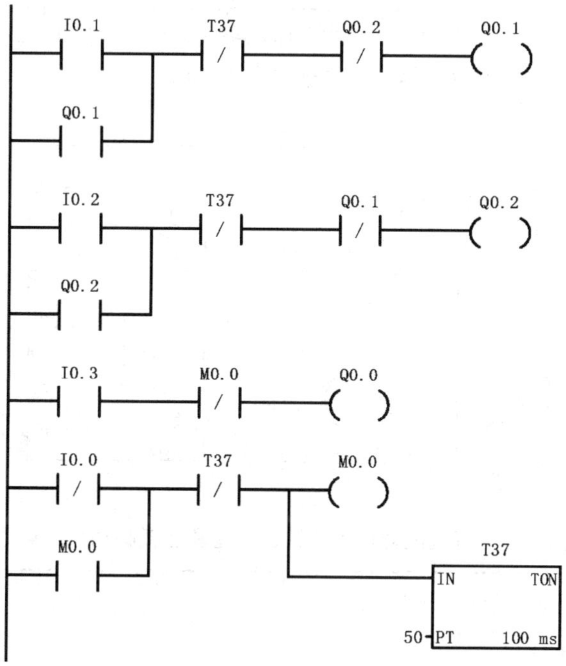

（b）梯形图

图 124-2　小型直流电动机改变励磁电压极性正反转控制 PLC 接线图和梯形图

3．控制原理

按下正转按钮 I0.1，Q0.1 线圈得电自锁，KM2 得电，接通电动机励磁绕组，欠电流继电器 FI2 通电动作接点闭合，I0.3 接点闭合，Q0.0 得电，KM1 得电，接通三相电源，经整流器 U1 整流，电枢绕组获得直流电，电动机正转启动。

由图 124-2 可知，只有 KM2 或 KM3 得电，励磁绕组有电流流过时，欠电流继电器 FI2 动作后，电枢绕组才能得电，以防止电动机失磁。

停止时，按下停止常闭按钮 SB1，I0.0 失电，I0.0 常闭接点接通，M0.0 线圈得电自锁。M0.0 常闭接点断开 Q0.0，电枢绕组失电，由于惯性，电动机继续转动，电枢绕组在磁场的作用下，产生制动力迅速下降。同时定时器 T37 延时 5s 断开 Q0.1 和 M0.0 线圈。电动机停止转动，励磁绕组断电。

在电动机工作中，如果励磁绕组断线，电动机失磁，则欠电流继电器 FI2 失电，FI2 常开接点断开，I0.3 输入端断开，Q0.0 失电，接触器 KM1 断开电枢绕组。如果电动机过载，电枢绕组中的电流过大，则过电流继电器 FI1 动作，FI1 常闭接点断开，I0.3 输入端断开，断开电枢绕组。

在电动机正转时，按反转按钮无效，只有再按下停止按钮，电动机在制动 5s 停止后才能反转启动。

实例 125　直流电动机正反转、调速及能耗制动控制

利用改变电枢电压极性进行直流电动机正反转控制，其控制电路如图 125-1 所示。电路中电阻 R1 和 R2 用于限流启动，同时兼作调速用。

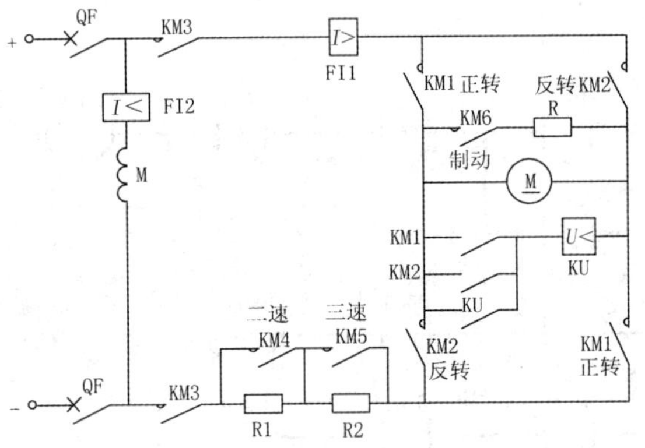

图 125-1　直流电动机正反转、调速及能耗制动控制电路

控制方案设计

1．输入/输出元件及控制功能

如表 125-1 所示，介绍了实例 125 中用到的输入/输出元件及控制功能。

表 125-1　输入/输出元件及控制功能

	PLC 软元件	元件文字符号	元 件 名 称	控 制 功 能
输入	I0.1	SB2	正转按钮	电动机正转、调速及停止
	I0.2	SB3	反转按钮	电动机反转、调速及停止
	I0.3	FI1	过电流继电器	过电流保护
		FI2	欠电流继电器	失磁保护
	I0.4	KU	欠电压继电器	能耗制动（转速检测）
输出	Q0.0	KM1	接触器 1	电动机电枢绕组正接
	Q0.1	KM2	接触器 2	电动机电枢绕组反接
	Q0.2	KM3	接触器 3	电动机电枢绕组电源

续表

	PLC 软元件	元件文字符号	元 件 名 称	控 制 功 能
输出	Q0.3	KM4	接触器 4	二速（短接 R1）
	Q0.4	KM5	接触器 5	三速（短接 R2）
	Q0.5	KM6	接触器 6	能耗制动（连接 R）

2．电路设计

电动机有 7 种状态：停止、正转一速、正转二速、正转三速、反转一速、反转二速、反转三速。将三速、二速、反转、正转分别用 M3.0、M3.1、M3.2 和 M3.3 表示，电动机的 7 种状态可用 7 位十六进制数表示，如表 125-2 所示。例如，正转低速时可表示为 M3.3、M3.2 、M3.1、M3.0=2#1000（16#8）。

表 125-2　正反转数据

转 速		正 转			停 止	反 转			停 止
		高速	中速	低速		低速	中速	高速	
数据（H）		B	A	8	0	4	6	7	0
高速 Q0.4	M3.0	1	0	0	0	0	0	1	0
中速 Q0.3	M3.1	1	1	0	0	0	1	1	0
反转 Q0.1	M3.2	0	0	0	0	1	1	1	0
正转 Q0.0	M3.3	1	1	1	0	0	0	0	0

直流电动机正反转能耗制动控制电路 PLC 接线图如图 125-2 所示，梯形图如图 125-3 所示。利用两个按钮控制电动机正反转、调速和停止。

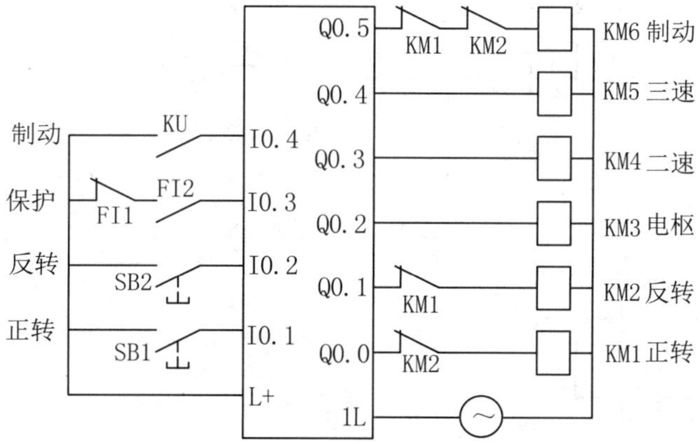

图 125-2　直流电动机正反转、调速及能耗制动控制电路 PLC 接线图

3．控制原理

电动机启动前，合上电源断路器 QF，励磁绕组得电，欠电流继电器 FI2 动作，FI2 常开接点闭合，I0.3=1，M0.4 线圈得电自锁，接通输出线圈回路。

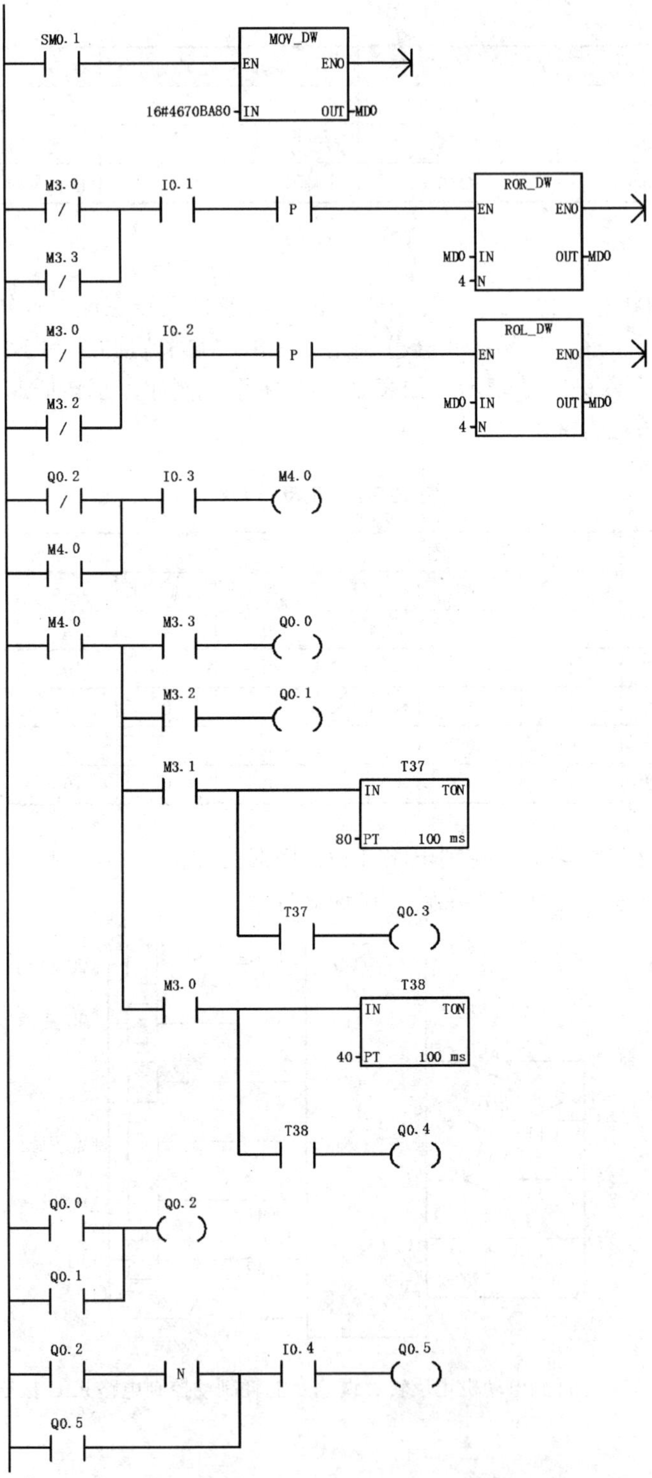

图 125-3 直流电动机正反转、调速及能耗制动控制梯形图

PLC 运行时，初始化脉冲 SM0.1 将 7 位十六进制数再加一位 0，补足 8 位十六进制数

16#4670BA80 传送到 MD0 中。

按下正转按钮 SB1，I0.1=1，执行一次循环右移指令 DOR_DW，右移 4 位，相当于右移 1 位十六进制数，这时 D0 的低 4 位为十六进制数 16#8，将 DW0 的低 4 位=2#1000（16#8），即 M3.3=1，Q0.0 线圈得电，接触器 KM1 得电，KM1 主接点闭合，Q0.2 线圈得电，接触器 KM3 得电，KM3 主接点闭合，电枢绕组串 R1、R2 低速启动运行。KM1 接点闭合，使欠电压继电器 KU 得电自锁，KU 接点闭合，I0.4=1，梯形图中常开接点 I0.4 闭合，为能耗制动做好准备。

再按一次正转按钮 SB1，I0.1=1，为正转中速，再执行一次循环右移指令 DOR_DW，右移 4 位，这时，DW0 的低 4 位为十六进制数 16#A 或 2#1010，M3.3=1，M3.1=1，Q0.0 和定时器 T37 线圈得电，延时 4s 接通 Q0.3 线圈，接触器 KM4 得电，KM4 主接点闭合，短接电阻 R1，中速启动运行。

第三次按正转按钮 SB1 再右移 4 位，为正转高速。这时，DW0 的低 4 位为十六进制数 16#B，或 2#1011，即 M3.3=1，M3.1=1，M3.0=1，定时器 T38 线圈得电，延时 2s 接通 Q0.4 线圈，接触器 KM5 得电，KM5 主接点闭合，短接电阻 R2，高速启动运行。

如果连按三次正转按钮 SB1，DW0 的低 4 位为 2#1011，即 M3.3=1，M3.1=1，M3.0=1，M3.3 接通 Q0.0 线圈，Q0.0 接点接通 Q0.2，KM1 和 KM3 得电，电枢绕组串联电阻 R1、R2 低速启动运行。M3.1 接通定时器 T37 线圈，延时 4s 接通 Q0.4 线圈，接触器 KM4 得电，KM4 主接点闭合，短接电阻 R1，中速启动运行。M3.0 和 T37 接点接通定时器 T38 线圈，再延时 2s 接通 Q0.5 线圈，接触器 KM5 得电，KM5 主接点闭合，短接电阻 R2，高速启动运行。

如果要减速，可按反转按钮 SB2，I0.2=1，执行一次循环左移指令 ROL_DW，左移 4 位，电动机减速。若连续按反转按钮，电动机转速从高速→中速→低速→停止，停止时，DW0 的低 4 位为 2#=0000，Q0.2 失电，Q0.2 下降沿接点使 Q0.5 得电自锁，电枢绕组失去电源，由于惯性，电动机轴继续转动，两端仍有较高的电压，欠电压继电器 KU 线圈仍吸合，I0.4 接点仍闭合，Q0.2 下降沿接点使 Q0.5 得电自锁，KM6 得电，KM6 常开接点闭合，电枢绕组并接制动电阻 R 进行能耗制动，电动机转速迅速下降，电枢绕组两端的电压迅速下降，当电压下降到欠电压继电器 KU 线圈的释放电压时，KU 线圈释放，I0.4 常开接点断开，Q0.5 失电，KM6 失电，KM6 接点断开，制动结束。

运行时，如果过电流继电器 FI1 或欠电流继电器 FI2 动作，则 I0.3=0，梯形图中 I0.3 常开接点断开，M4.0 被断开，Q0.2 失电，电枢绕组失电，Q0.2 的下降沿接点使 Q0.5 得电进行制动。当转速接近 0 时，欠电压继电器 KU 释放，KU 常开接点断开，I0.4 接点断开，Q0.5 失电。制动结束。

分类十七　典型机械设备传动控制

实例 126　大小球分拣

一个传送机械手装置如图 126-1 所示，用于分拣大球和小球。机械臂原始位置在左限位，电磁铁在上限位。接近开关 SQ0 用于检测是否有球。SQ1～SQ5 分别用于传送机械手上下左右运动的定位。

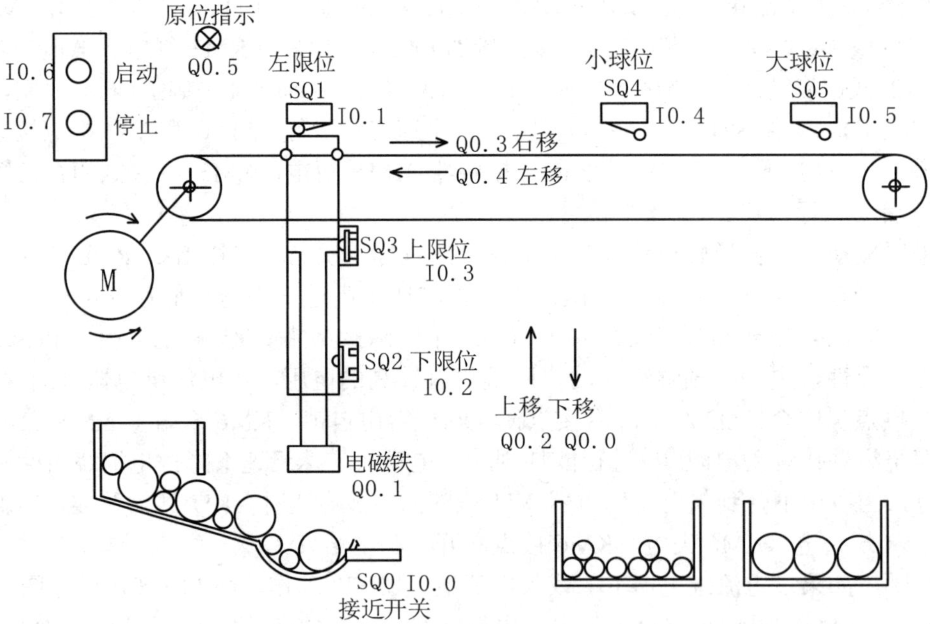

图 126-1　大小球分拣传送机械手装置示意图

启动后，当接近开关检测到有球时电磁杆就下降，如果电磁铁碰到大球时下限位开关不动作，如果电磁铁碰到小球时下限位开关动作。电磁杆下降 2s 后电磁铁吸球，吸球 1s 后上升，到上限位后机械臂右移，如果吸的是小球，机械臂就右移到小球位，电磁杆下降 2s，电磁铁失电释放小球，如果吸的是大球，机械臂就右移到大球位，电磁杆下降 2s，电磁铁失电释放大球，停留 1s 上升，到上限位后机械臂左移到左限位，并重复上述动作。

要求有三种操作方式：

（1）单次操作：启动后，只执行一次分拣球的动作，结束后回到原位后停止。
（2）连续操作：启动后，执行一次分拣球的动作结束后回到原位连续不断地分拣。
（3）手动操作：按某个按钮，执行相应动作，如按上升按钮，手臂上升。

控制方案设计

1．输入/输出元件及控制功能

如表 126-1 所示，介绍了实例 126 大小球分拣中用到的输入/输出元件及控制功能。

表 126-1 输入/输出元件及控制功能

	PLC 软元件	元件文字符号	元 件 名 称	控 制 功 能
输入	I0.0	SQ0	接近开关	检测是否有球
	I0.1	SQ1	限位开关 1	左限位
	I0.2	SQ2	限位开关 2	下限位
	I0.3	SQ3	限位开关 3	上限位
	I0.4	SQ4	限位开关 4	小球位
	I0.5	SQ5	限位开关 5	大球位
	I0.6	SB1	按钮 1	启动
	I0.7	SB2	按钮 2	停止
	I1.0	SA1	选择开关 1 位	断开：连续；闭合：单次
	I1.1	SA2	选择开关 2 位	手动控制
	I1.2	SB3	按钮 3	手动左移
	I1.3	SB4	按钮 4	手动右移
	I1.4	SB5	按钮 5	手动上移
	I15	SB6	按钮 6	手动下移
	I1.6	SB7	按钮 7	手动吸球放球
输出	Q0.0	YV1	电磁阀线圈 1	下移
	Q0.1	YA	电磁铁	吸引大小球
	Q0.2	YV2	电磁阀线圈 2	上移
	Q0.3	KM1	接触器 1	右移
	Q0.4	KM2	接触器 2	左移
	Q0.5	HL	信号灯	原位指示

2．电路设计

大小球分拣 PLC 接线图如图 126-2 所示。自动控制状态图如图 126-3 所示。

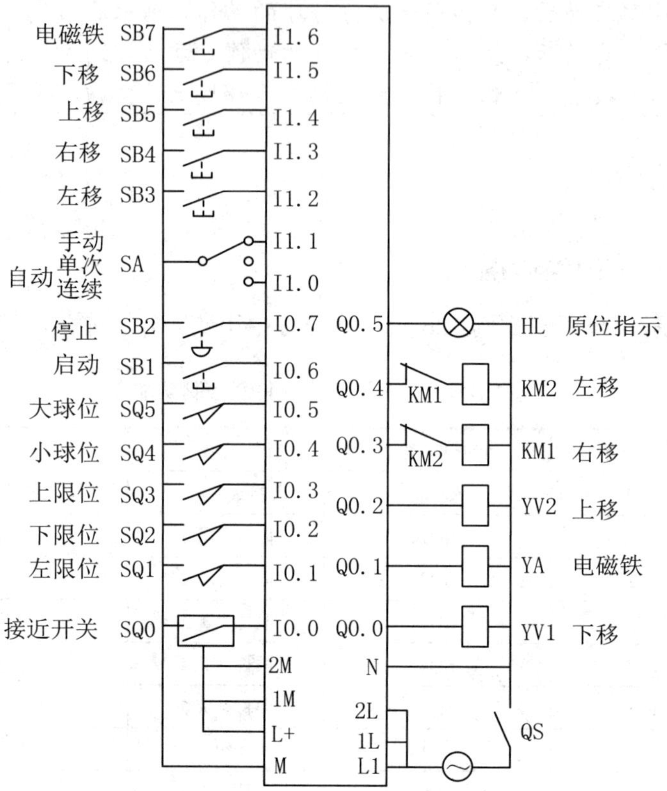

图 126-2　大小球分拣 PLC 接线图

3. 控制原理

大小球分拣 PLC 自动控制如图 126-3 所示。

当选择开关 I1.0 闭合时为连续操作。

当选择开关 I1.0 断开时为单次操作。

初始状态，SM0.1 使初始状态步 S0.0 置位，如果机械手在原位，则左限位开关 I0.1 接点闭合，上限位开关 I0.3 接点闭合，机械手掌松开 Q0.1 常闭接点闭合，Q0.5 得电，原位信号灯亮，机械手在原位时按下启动按钮 I0.6，从 S0.0 转移到 S0.1 状态步。

S0.1 状态步置位时，检测到有球的时候 I0.0=1，Q0.0 得电手臂下降 2s，如果碰到小球，下限位开关 I0.2=1，转移到 S0.2 状态步，如果碰到大球，下限位开关 I0.2=0，转移到 S0.5 状态步（注意：S0.1 状态步不能直接连接线圈 Q0.0。因为在后面的状态步 S1.0 也要用到线圈 Q0.0，在状态转移图中多次出现同一个线圈是不行的，这是西门子编程软件的一个缺陷）。为了使状态步能控制输出线圈，需要补充一个状态输出梯形图，如图 126-4 所示。

假如吸到的是大球，则碰不到限位开关 I0.2，I0.2 常闭接点闭合，则转移到 S0.5 状态步。S0.5 状态步置位，Q0.1 置位，吸大球（Q0.1 要用 S 指令不能用=指令，因为 Q0.1 在后面的几个状态步中始终要得电吸住球），吸小球时间为 1s，到 1s 时间，转移到 S0.6 状态步。

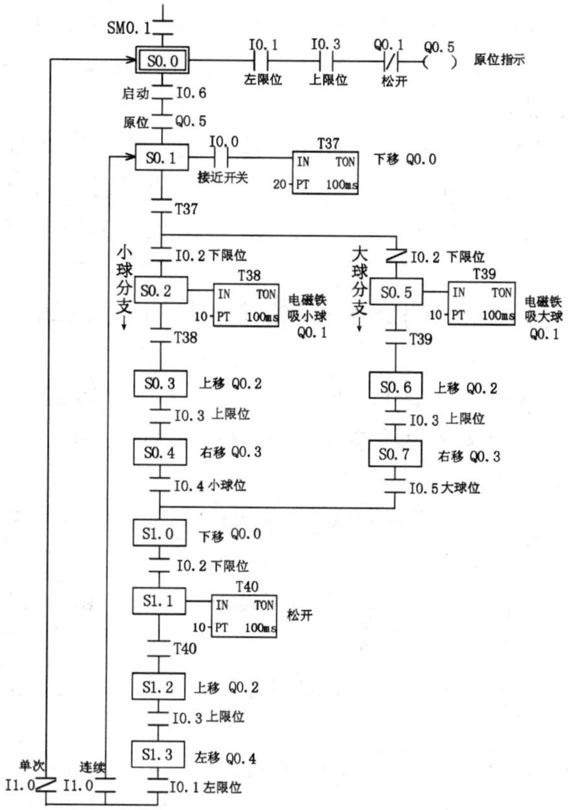

图 126-3　大小球分拣 PLC 自动控制状态转移图

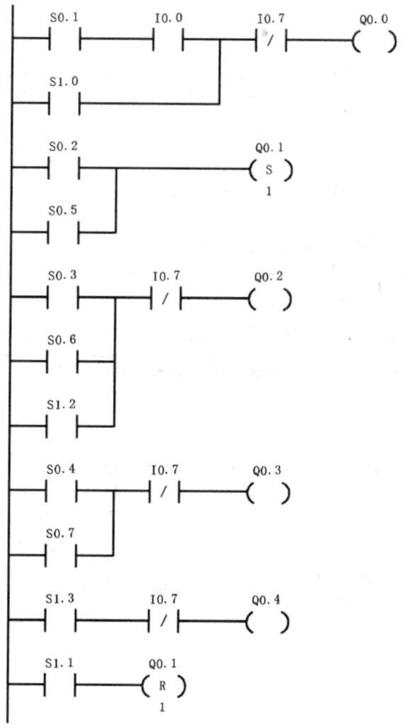

图 126-4　状态转移图的输出梯形图

S0.6 状态步置位时 Q0.2=1，手臂上移，上移到上限位 I0.3=1，转移到 S0.7 状态步。Q0.3=1，右移。右移到大球位，I0.5=1，转移到 S1.0 状态步。Q0.0=1，下移。下移到下限位，I0.2=1，转移到 S1.1 状态步。Q0.1 复位，手松放球。放球 1s 时间到，转移到 S1.2 状态步。Q0.2=1，上移。上移到上限位，I0.3=1，转移到 S1.3 状态步。S1.3 状态步置位，Q0.4=1，左移。左移到左限位，I0.1=1。如果选择开关打在连续端，I1.0=1，转移到 S0.1 状态步，机械手连续动作。如果选择开关未打在连续端，I1.0=0，转移到 S0.0 状态步，机械手停止。

大小球分拣 PLC 手动控制如图 126-5 所示。总梯形图如图 126-6 所示。大小球分拣指令如表 126-2 所示。

选择开关打在手动位置时，I1.1=1，不执行跳转，为手动方式。

机械手在上限位 I0.3=1，按下左移按钮 I1.2，Q0.4=1，左移。如果移到左限位 I0.1=1，I0.1 常闭接点断开，Q0.4 失电。

机械手在上限位 I0.3=1，按下右移按钮 I1.3，Q0.3=1，右移。如果移到大球位 I0.5=1，I0.5 常闭接点断开，Q0.3 失电。

按下上移按钮 I1.4，Q0.2=1，上移。如果移到上限位 I0.3=1，I0.3 常闭接点断开，Q0.2 失电。

按下下移按钮 I1.5，Q0.0=1，下移。如果移到下限位 I0.2=1，I0.2 常闭接点断开，Q0.0 失电。

按下按钮 I1.6，Q0.1 置位，吸球。再按一下按钮 I1.6，Q0.1 复位，放球。

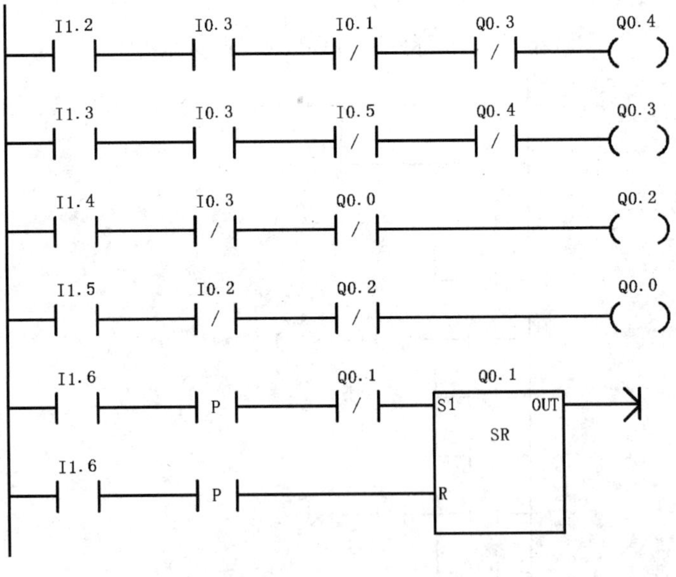

图 126-5　手动控制梯形图

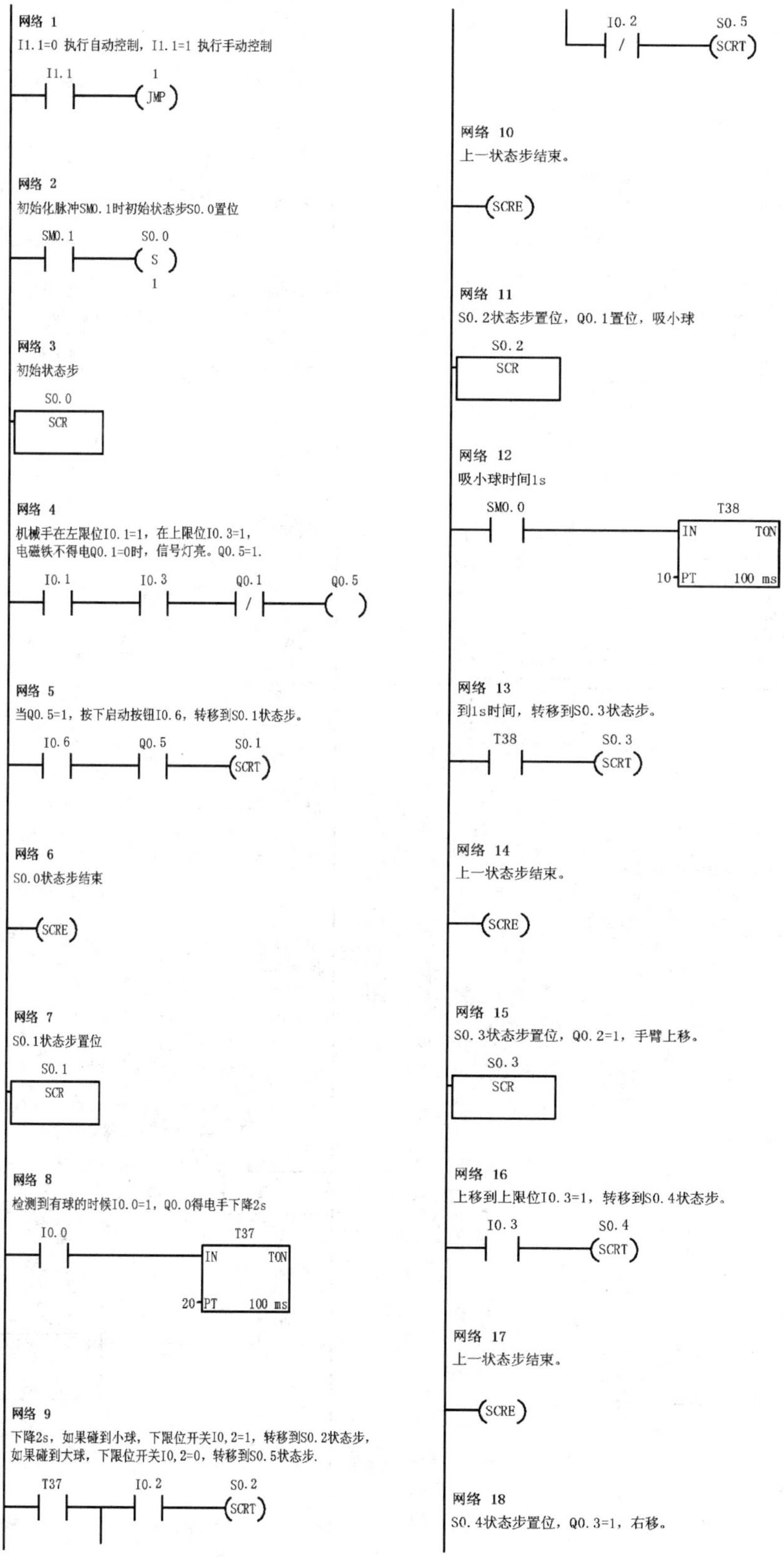

图 126-6　大小球分拣控制总梯形图

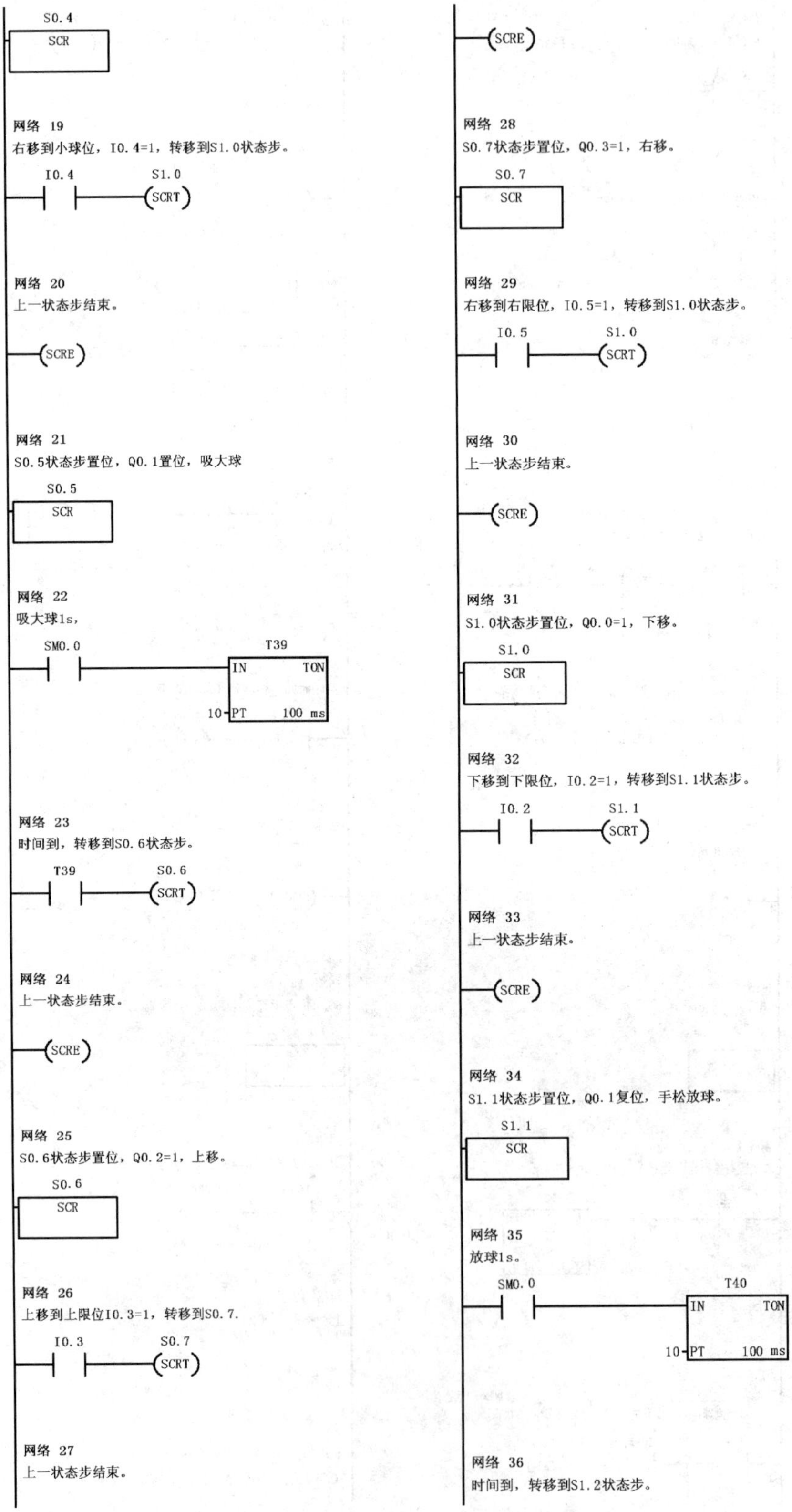

图 126-6　大小球分拣控制总梯形图（续 1）

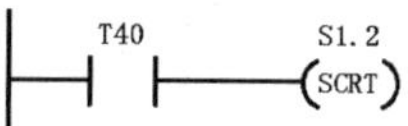

网络 37

上一状态步结束。

网络 38

S1.2状态步置位，Q0.2=1，上移。

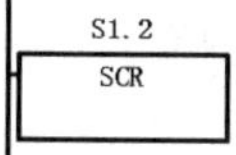

网络 39

上移到上限位，I0.3=1，转移到S1.3状态步。

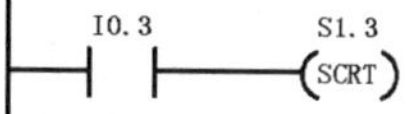

网络 40

上一状态步结束。

网络 41

S1.3状态步置位，Q0.4=1，左移。

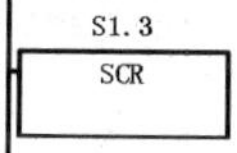

网络 42

左移到上限位，I0.1=1，如果选择开关打在连续端，I1.0=1，转移到S0.1状态步，机械手连续动作。如果选择开关未打在连续端，I1.0=0，转移到S0.0状态步，机械手停止。

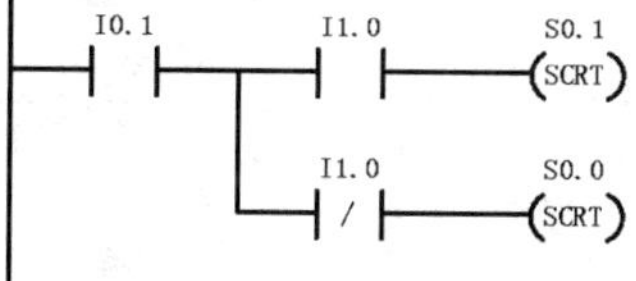

网络 43

全部状态步结束。

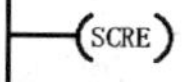

网络 44

S0.1状态步置位时，检测到有球I0.0=1，Q0.0得电，下移。
S1.0状态步置位时，Q0.0得电，下移。

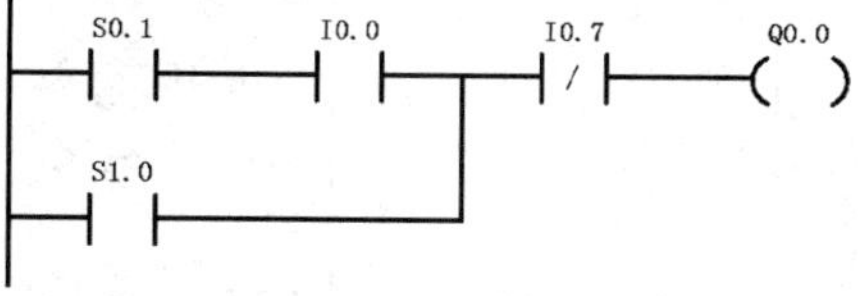

网络 45

S0.2状态步置位时，Q0.1置位，吸小球。
S0.5状态步置位时，Q0.1置位，吸大球。

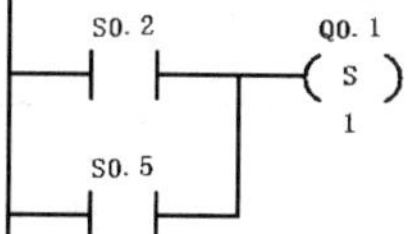

网络 46

S0.3、S0.6、S1.2状态步置位时，Q0.2得电，上移。

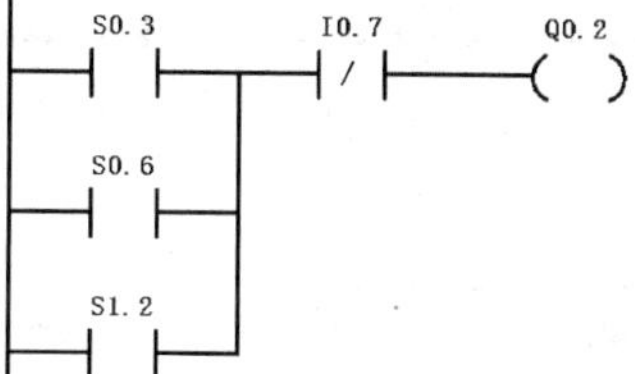

网络 47

S0.4、S0.7状态步置位时，Q0.3得电，右移。

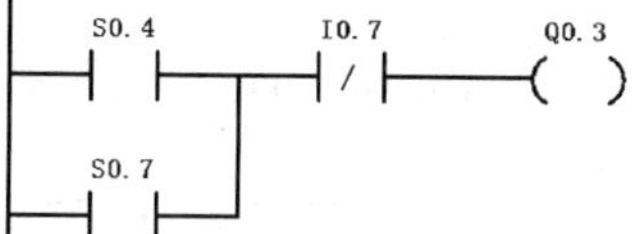

网络 48

S1.3状态步置位时，Q0.4得电，左移。

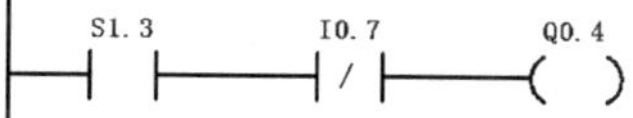

网络 49

S1.1状态步置位时，Q0.1复位，放球。

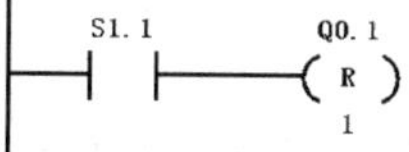

网络 50

自动程序转移地点1

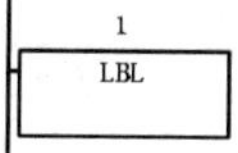

网络 51

选择开关打在手动位置时，I1.1=1，不执行跳转，为手动方式。

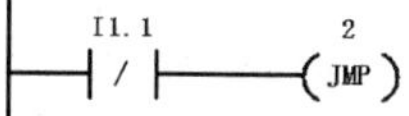

网络 52

机械手在上限位I0.3=1，按下左移按钮I1.2，Q0.4=1，左移。
如果移到左限位I0.1=1，I0.1常闭接点断开，Q0.4失电。

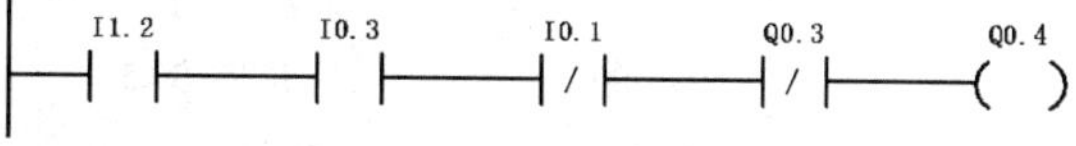

图 126-6　大小球分拣控制总梯形图（续 2）

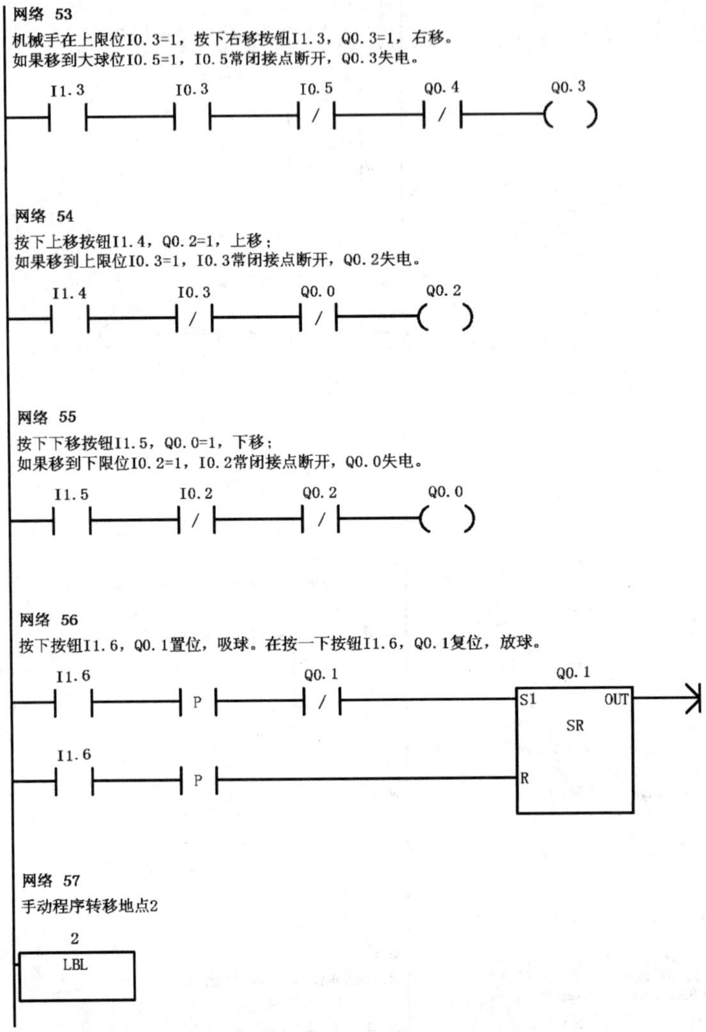

图 126-6　大小球分拣控制总梯形图（续 3）

表 126-2　大小球分拣指令

网络 1	AN Q0.1	LD I0.0	SCRE	网络 15
LD I1.1	= Q0.5	TON T37, 20	网络 11	LSCR S0.3
JMP 1	网络 5	网络 9	LSCR S0.2	网络 16
网络 2	LD I0 .6	LD T37	网络 12	LD I0.3
LD SM0.1	A Q0 .5	LPS	LD SM0.0	SCRT S0.4
S S0.0, 1	SCRT S0 .1	A I0.2	TON T38, 10	网络 17
网络 3	网络 6	SCRT S0.2	网络 13	SCRE
LSCR S0 .0	SCRE	LPP	LD T38	网络 18
网络 4	网络 7	AN I0.2	SCRT S0.3	LSCR S0.4
LD I0.1	LSCR S0.1	SCRT S0.5	网络 14	网络 19
A I0.3	网络 8	网络 10	SCRE	LD I0.4

续表

SCRT S1.0	SCRE	LSCR S1.3	= Q0 .2	AN I0.5
网络 20	网络 31	网络 42	网络 47	AN Q0.4
SCRE	LSCR S1.0	LD I0.1	LD S0.4	= Q0.3
网络 21	网络 32	LPS	O S0.7	网络 54
LSCR S0.5	LD I0 .2	A I1.0	= Q0.3	LD I1.4
网络 22	SCRT S1 .1	SCRT S0.1	网络 48	AN I0.3
LD SM0.0	网络 33	LPP	LD S1 .3	AN Q0.0
TON T39, 10	SCRE	AN I1.0	AN I0.7	= Q0.2
网络 23	网络 34	SCRT S0.0	= Q0 .4	网络 55
LD T39	LSCR S1.1	网络 43	网络 49	LD I1.5
SCRT S0.6	网络 35	SCRE	LD S1.1	AN I0.2
网络 24	LD SM0.0 TON T40,	网络 44	R Q0.1, 1	AN Q0.2
SCRE	10	LD S0 .1	网络 50	= Q0.0
网络 25	网络 36	A I0 .0	LBL 1	网络 56
LSCR S0.6	LD T40	O S1 .0	网络 51	LD I1 .6
网络 26	SCRT S1.2	AN I0.7	LDN I1.1	EU
LD I0.3	网络 37	= Q0 .0	JMP 2	AN Q0 .1
SCRT S0.7	SCRE	网络 45	网络 52	LD I1 .6
网络 27	网络 38 S1.2	LD S0.2	LD I1 .2	EU
SCRE	LSCR S1.2	O S0.5	A I0 .3	NOT
网络 28	网络 39	S Q0.1, 1	AN I0 .1	A Q0 .1
LSCR S0 .7	LD I0.3	网络 46	AN Q0 .3	OLD
网络 29	SCRT S1.3	LD S0 .3	= Q0 .4	= Q0 .1
LD I0.5	网络 40	O S0 .6	网络 53	网络 57
SCRT S1.0	SCRE	O S1 .2	LD I1.3	LBL 2
网络 30	网络 41	AN I0.7	A I0.3	

实例 127　电镀自动生产线 PLC 控制

如图 127-1 所示，在电镀生产线一侧（原位）将待加工零件装入吊篮，并发出信号，专用行车便提升前进，到规定槽位自动下降，并停留一段时间（各槽停留时间预先按工艺设定）后自动提升，行至下一个电镀槽，完成电镀工艺规定的每道工序后，自动返回原位，卸下电镀好的工件重新装料，进入下一个电镀循环。

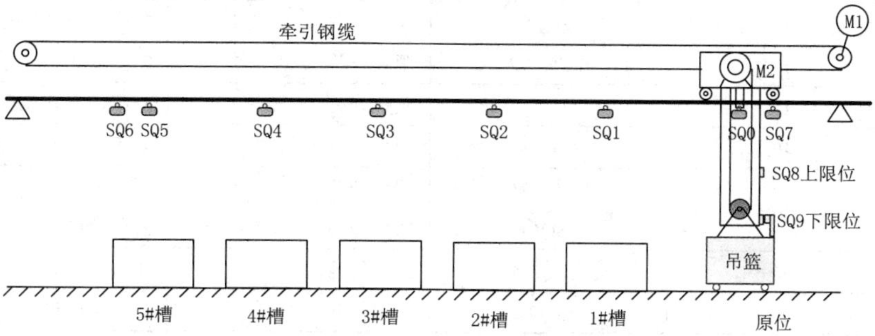

图 127-1　电镀自动生产线示意图

（1）拖动情况

电镀行车采用两台三相异步电动机分别控制行车的升降和进退，采用机械减速装置。电动机数据（型号 Y802-4，PN=0.75kW，IN=2A，n=1390r/min，UN=380V）。

（2）拖动控制要求

① 电镀工艺应能实现以下 4 种操作方式：

单周期：启动后，完成一次电镀工作回到原位停止，等待。

连续循环：启动后，完成一次电镀工作回到原位再连续循环工作。

单步操作：每按一次启动按钮，执行一个动作步。

手动操作：用上升、下降、前进、后退 4 个按钮手动控制电镀生产线的上升、下降、前进和后退。

② 前后运行和升降运行应能准确停位，前后、升降运行之间有互锁作用。

③ 该装置采用远距离操作台控制行车运动，要求有暂停控制功能。

④ 行车运行采用行程开关控制，并要求在 1＃和 5＃槽位有过限位保护。主电路应有短路和过载保护。

⑤ 行车升降电动机采用单相电磁抱闸制动，升降电动机和单相电磁抱闸并联接线，不需单独控制。由于每个槽位之间的跨度较小，行车在前后运行停车时要采用能耗制动，以保证准确停位。

进退电动机能耗制动时间为 2s。1＃～5＃槽位的停留时间依次为 11s、12s、13s、14s、15s，原位装卸时间为 10s。

⑥ 对于不同的镀件工艺不同，要求对电镀槽有槽位选择的功能。

⑦ 用信号灯显示电镀吊篮所在的槽位及上下限位置。

控制方案设计

1．输入/输出元件及控制功能

如表 127-1 所示，介绍了实例 127 中用到的输入/输出元件及控制功能。

表 127-1　输入/输出元件及控制功能

	PLC 软元件	元件文字符号	元 件 名 称	控 制 功 能
输入	I0.0	SQ0、SQ7	限位开关	原位、过限保护
	I0.1	SQ1、S1	限位开关 1、开关 1	1#限位开关、选槽开关
	I0.2	SQ2、S2	限位开关 2、开关 2	2#限位开关、选槽开关
	I0.3	SQ3、S3	限位开关 3、开关 3	3#限位开关、选槽开关
	I0.4	SQ4、S4	限位开关 4、开关 4	4#限位开关、选槽开关
	I0.5	SQ5、S5 SQ6	限位开关 5、开关 5 限位开关 6	5#限位开关、选槽开关 过限保护
	I0.6	SQ8	上限位开关	上限位检测
	I0.7	SQ9	下限位开关	下限位检测
	I1.0	SA1	选择开关触点 1	手动操作方式

续表

	PLC 软元件	元件文字符号	元 件 名 称	控 制 功 能
输入	I1.1	SA SB5	选择开关触点 2 按钮 5	单步操作方式 单步启动按钮
	I1.2	SA	选择开关触点 3	连续操作方式
	I1.3	SB0	按钮 0	手动停止
	I1.4	SB1	按钮 1	手动前进
	I1.5	SB2	按钮 2	手动后退
	I1.6	SB3	按钮 3	手动上升（启动按钮）
	I1.7	SB4	按钮 4	手动下降（暂停按钮）
输出	Q0.0	HL0	信号灯 0	原位指示
	Q0.1	HL1	信号灯 1	1#位指示
	Q0.2	HL2	信号灯 2	2#位指示
	Q0.3	HL3	信号灯 3	3#位指示
	Q0.4	HL4	信号灯 4	4#位指示
	Q0.5	HL5	信号灯 5	5#位指示
	Q0.6	HL6	信号灯 6	上限位指示
	Q0.7	HL7	信号灯 7	下限位指示
	Q1.0	KM1	接触器 1	前进
	Q1.1	KM2	接触器 2	后退
	Q1.2	KM3	接触器 3	上升
	Q1.3	KM4	接触器 4	下降
	Q1.4	KM5	接触器 5	制动

2. 电路设计

(1) 主电路设计

电镀自动生产线主电路设计如图 127-2 所示。

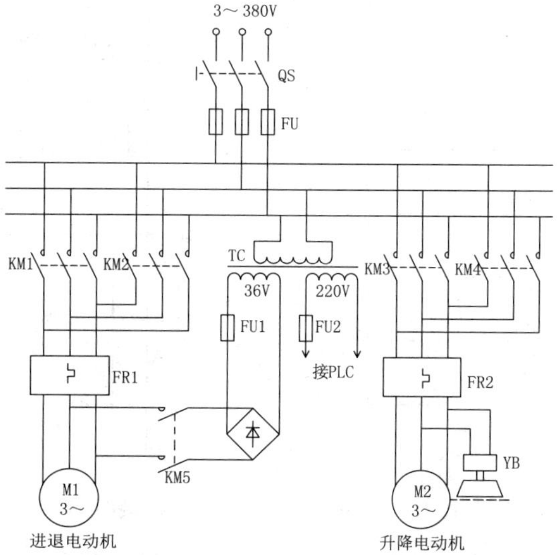

图 127-2　电镀自动生产线主电路图

电源开关 QS 为普通闸刀开关或组合开关，用熔断器 FU 作为短路保护。两台电动机均采用热继电器 FR 作为过载保护，正反转由接触器 KM1～KM4 控制。

进退电动机 M1 的能耗制动电源由控制变压器 TC 降压后整流，由制动接触器 KM5 接到电动机定子绕组上。

（2）PLC 输入/输出接线设计

电镀行车 PLC 输入/输出控制接线图如图 127-3 所示。

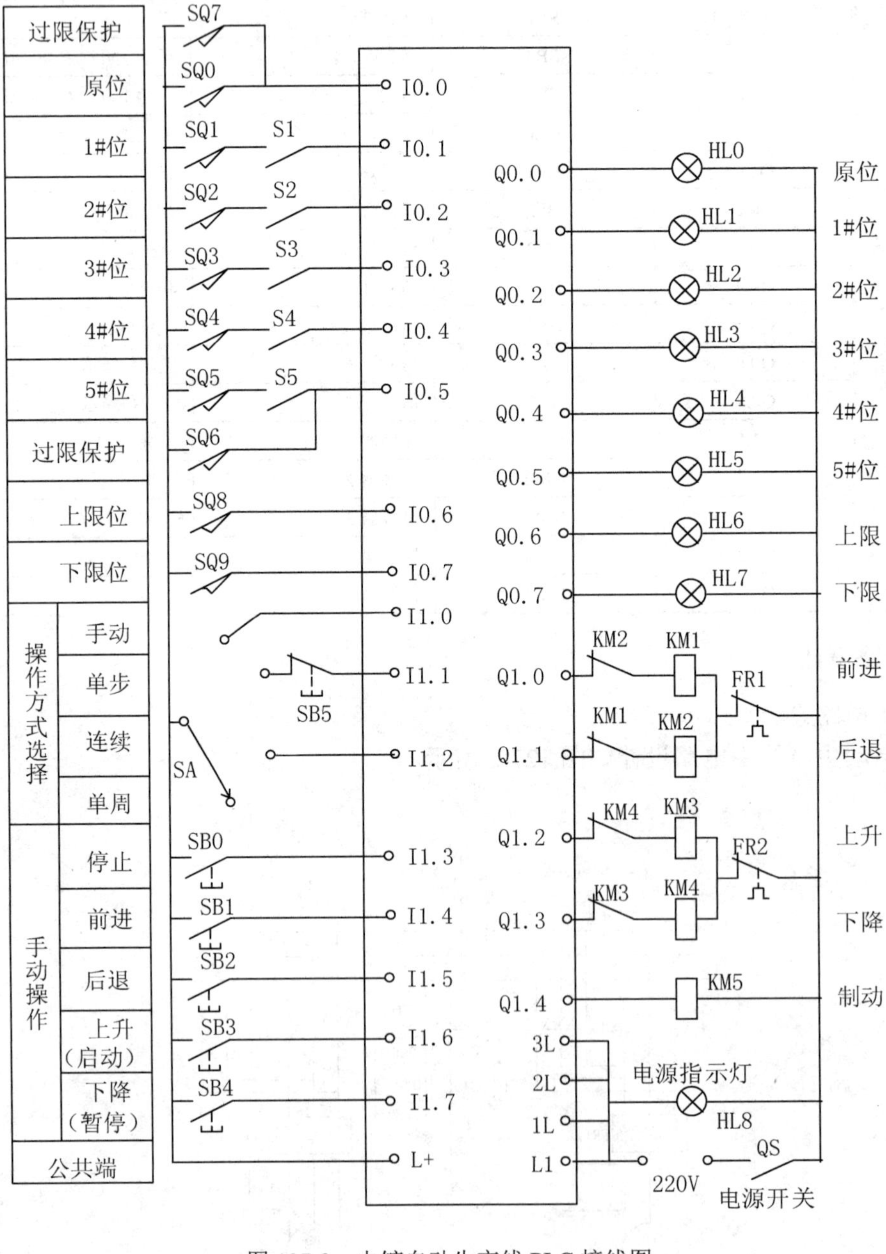

图 127-3　电镀自动生产线 PLC 接线图

PLC 输入/输出控制接线的设计是整个设计中的重要环节之一，它和梯形图的设计密切相关，如果忽略，将可能造成使用大量不必要的输入/输出点数。

① PLC 输入控制接线的设计。

在电镀行车控制中，为了防止行车在到达原位和末端 5＃位时限位开关损坏而越过工作区，设置了过限位保护开关 SQ6 和 SQ7，它们分别和 SQ0、SQ5 并联，以节省输入接点。

根据要求对电镀槽有槽位选择的功能，使用了 5 个槽位选择开关 S1～S5，分别和 SQ1～SQ5 串联即可达到槽位选择的目的，而不必单独占用输入点。

行车控制有 4 种操作方式，可用 4 个输入点（由于这 4 种操作方式不同时出现，也可以用编码方式输入，两个输入点即可），但考虑到在输入点较多的情况下简化梯形图和开关电路，采用如图 127-3 所示的接线较好，其中单周期控制不用输入点，为基本控制方式。

手动操作采用单独的控制按钮，占用对应的输入点 I1.3～I1.7，考虑到在单步、连续、单周控制方式下 I1.3～I1.7 不起作用，因此，可将其中输入点（I1.3、I1.6、I1.7）分别用于单步、连续、单周控制方式下的停止、启动和暂停控制。

② PLC 输出控制接线的设计。

I0.0～I0.7 用于信号灯显示吊篮所在位置及上下限位置。

Q1.0～Q1.3 用于进退电动机和升降电动机的控制及过载保护。

Q1.4 用于进退电动机的能耗制动控制，升降电动机为电磁抱闸制动。

（3）操作面板设计

操作面板设计如图 127-4 所示，用于对自动生产线远距离控制操作，在操作面板上安装有 9 个信号灯，用于电镀行车所到 1＃～5＃槽位和原位的显示，以及上下限位的显示。PLC 的电源开关和电源信号灯安装在一起，按下电源开关时，电源信号灯亮。

操作方式采用选择开关，在手动方式下，使用停止、前进、后退、上升、下降 5 个按钮。在其他方式下，使用启动、暂停（与上升、下降公用）和停止按钮。槽位开关 S1～S5 用于槽位选择。

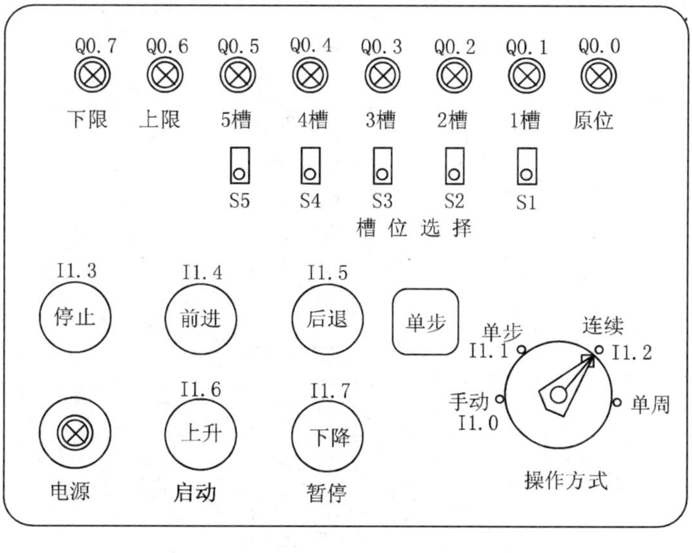

图 127-4　操作面板图

（4）电镀自动生产线 PLC 控制程序设计

1）自动控制程序设计

自动控制程序包括单周、连续、单步三种控制方式。其中单周为最基本的控制方式，如图 127-5 所示。

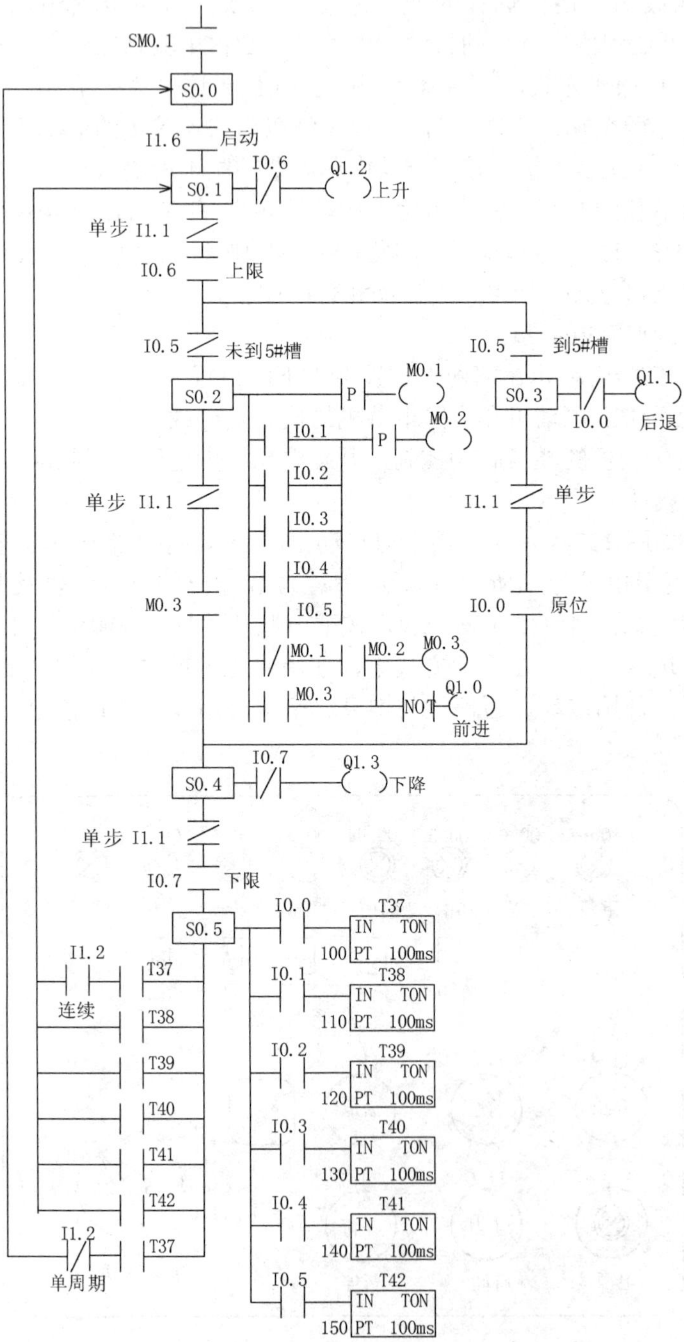

图 127-5　单周、连续、单步控制梯形图

① 单周控制方式。

选择开关SA打在空挡，如图127-3所示，单周控制方式即为从装料到各槽位电镀结束退回到原位，完成一个工作循环过程。当吊篮在原位时，原位I0.0及下限位开关I0.7动作，信号灯Q0.0亮，状态器S0.0置位，等待启动命令。

吊篮在原位，按下启动按钮I1.6，S0.1置位，Q1.2得电吊篮上升，当上升碰到上限位开关I0.6时，I0.6常开接点闭合，经I0.5常闭接点转移到S0.2，Q1.0得电行车前进，行至1＃位时，1＃限位开关I0.1动作，M0.2产生一个脉冲使M0.3线圈得电自锁，M0.3常闭接点闭合使S23置位，Q1.3得电吊篮下降。同时由于Q1.0失电，在图127-5所示公共程序中的Q1.0下降沿接点闭合使Q1.4得电，对进退电动机M1进行能耗制动2s。

吊篮下降到下限位碰到下限位开关I0.7，S24置位，由于这时在1＃位，I0.1接点接通定时器T38，在1＃槽位停留T38对应的设定时间11s，停留时间到时，T38接点闭合，返回到S0.1，Q1.2得电上升。

需要特别注意的是，从S0.2转移到S0.3的转移条件是限位开关I0.1～I0.5，但是直接用限位开关I0.1～I0.5做转移条件是不行的。假如此时行车在1＃位，I0.1处于动作状态，当吊篮上升到上限位时，I0.6动作转移到S0.2，应该Q1.0得电前进，但是由于I0.1接点的闭合，结果又直接从S0.2～S0.4，Q1.3得电又下降了。结果造成在1＃位反复上升下降的死循环现象，这种现象一般不通过设备运行验证是很难发现的。

这里采用M0.1脉冲线圈，其作用是当S0.2置位时，M0.1接通一个扫描周期，M0.1常闭接点断开一个扫描周期，而I0.1使M0.2产生一个脉冲，M0.2接点闭合一个扫描周期，但M0.1常闭接点断开，M0.3线圈不能得电，从而防止了直接跳过S0.2的现象。

电镀结束后，在5＃槽位上升到上限位I0.6时，由于I0.5接点已经闭合，转移到S0.3状态步，Q1.1得电行车后退，当退到原位时，I0.0动作，转移到S0.4，Q1.3得电下降，到下限位I0.7动作，转移到S24，T37得电延时后，经I1.2常闭接点返回到S0.0，全部过程结束，完成一次电镀过程。

② 连续控制方式设计。

连续控制方式就是反复执行单周控制方式，如果不按停止按钮就一直运行下去。将选择开关SA打在连续位置，I1.2输入接点闭合，由图127-5梯形图所示可知，当行车完成一次电镀过程返回到原位时，T37延时后，经I1.2常开接点返回到S0.1状态步，进入下一次电镀过程，并周而复始。

③ 单步控制方式设计。

单步控制方式就是每按一次启动按钮，行车每次只完成一个规定动作。例如，按启动按钮吊篮上升，当到达上限位时并不前进，只有再按一次单步控制按钮按钮才前进。

将选择开关SA打在单步位置，SA接点经按钮SB5接到I1.1输入端，I1.1继电器得电，梯形图转换条件中的I1.1常闭接点断开，当满足转换条件时不能转换。这时再按一下按钮SB5，使I1.1输入端断开一下，使梯形图中的I1.1常闭接点闭合一下就可以转移了。

这里应该注意，在状态步的输出线圈前应加转移条件的常闭接点，例如，程序工作在状态步S0.1，Q1.2线圈得电吊篮上升，当上升到上限位的时候，上限位开关I0.6动作，I0.6

常开接点闭合，但是不能转移，如果没有 I0.6 常闭接点，Q0.2 将继续得电上升，造成事故。

2）手动操作方式设计

手动控制方式如图 127-6 所示，分别用 4 个点动按钮控制两台电动机的升降和进退，其中进退的能耗制动仍由公共程序中的 Q1.4 制动电路控制。将选择开关 SA 打在手动位置，I1.0 接点闭合，如图 127-9 所示，由 I1.0 控制跳步指令将自动控制程序跳过去，执行手动程序。

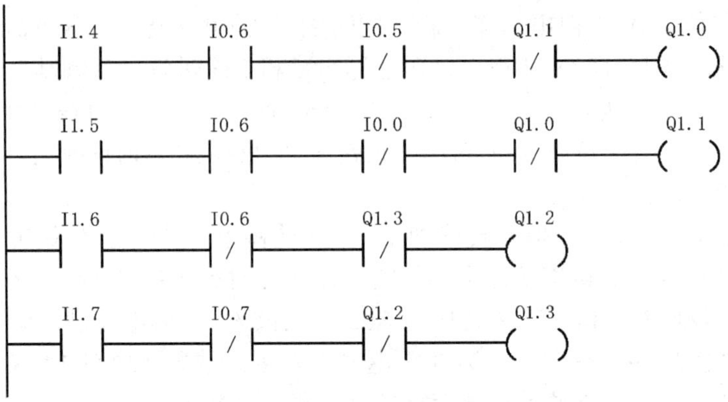

图 127-6　手动控制梯形图

吊篮在上限，上限位开关 I0.6 闭合，按下前进按钮 I1.4，Q1.0 得电，吊篮前进。如果前进到左限位 I0.5=1，I0.1 常闭接点断开， Q1.0 失电。

吊篮在上限，上限位开关 I0.6 闭合，按下后退按钮 I1.5，Q1.1 得电，吊篮后退。如果后退到原位 I1.0=1，I1.0 常闭接点断开， Q1.1 失电。

按下上移按钮 I1.6，Q1.2=1，上移。如果移到上限位 I0.6=1，I0.6 常闭接点断开，Q1.2 失电。

按下下移按钮 I1.7，Q1.3=1，下移。如果移到下限位 I0.7=1，I0.7 常闭接点断开，Q1.3 失电。

3）公共程序设计

公共程序是指不受跳转指令控制的程序，如图 127-7 所示。总程序框图如图 127-8 所示。

由 MOV_B IB1，SB0 指令将状态步 S0.0 置 1，S0.1～S0.7 置 0 有三种情况：

① 手动操作方式下 I1.0=1，S0.1～S0.7 置 0，状态步不得工作。

② 自动操作方式下初始状态 SM0.1 使初始状态步 S0.0 置 1。

③ 自动操作方式下，在工作过程中，按下停止按钮 I1.3，工作状态步全部复位，初始状态步置位。

MOV_B IB0，QB0 用于位置信号灯和上下限位置的显示。

Q1.4 用于进退电动机停止时的能耗制动控制。在前进和后退结束时，Q1.0 或 Q1.1 失电，在 Q1.0 或 Q1.1 的下降沿接通 Q1.4 并自锁，主电路中的 KM5 得电进退电动机通入直流电进行能耗制动，定时器 T43 得电延时 5s，断开 Q1.4，能耗制动结束。

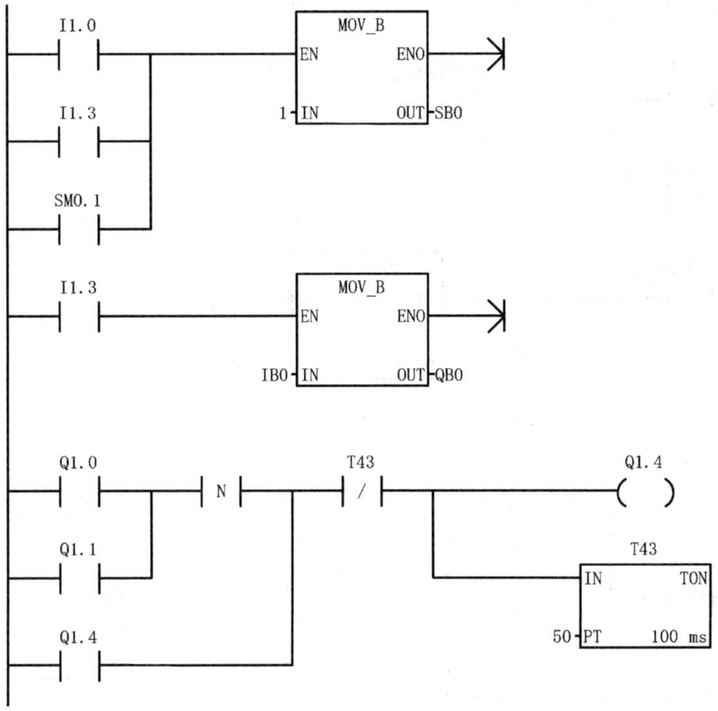

图 127-7　公共程序梯形图

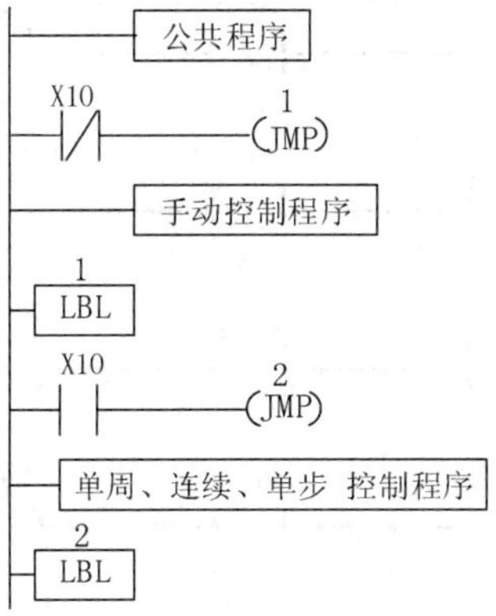

图 127-8　总程序框图

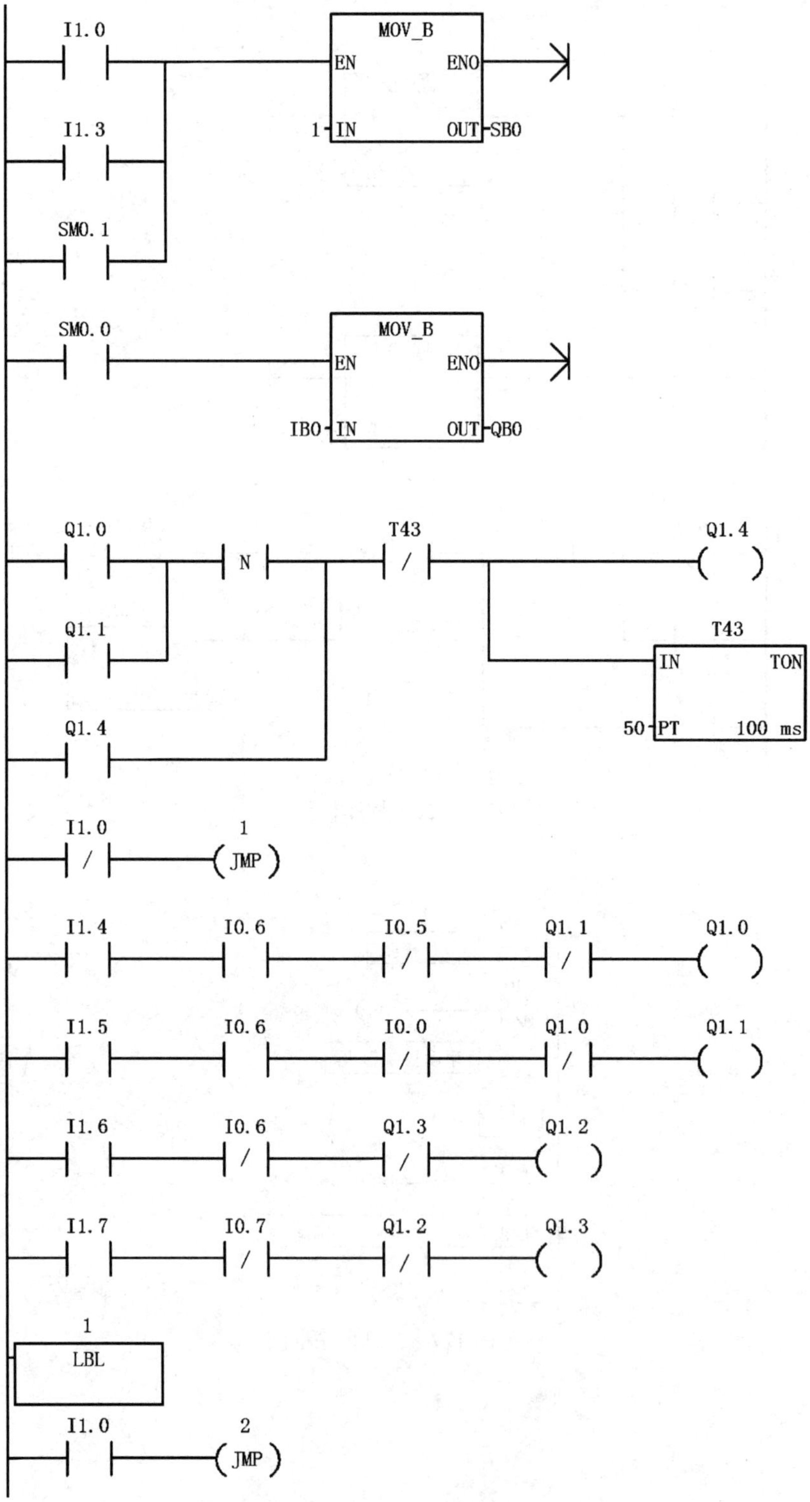

图 127-9　电镀自动生产线总梯形图

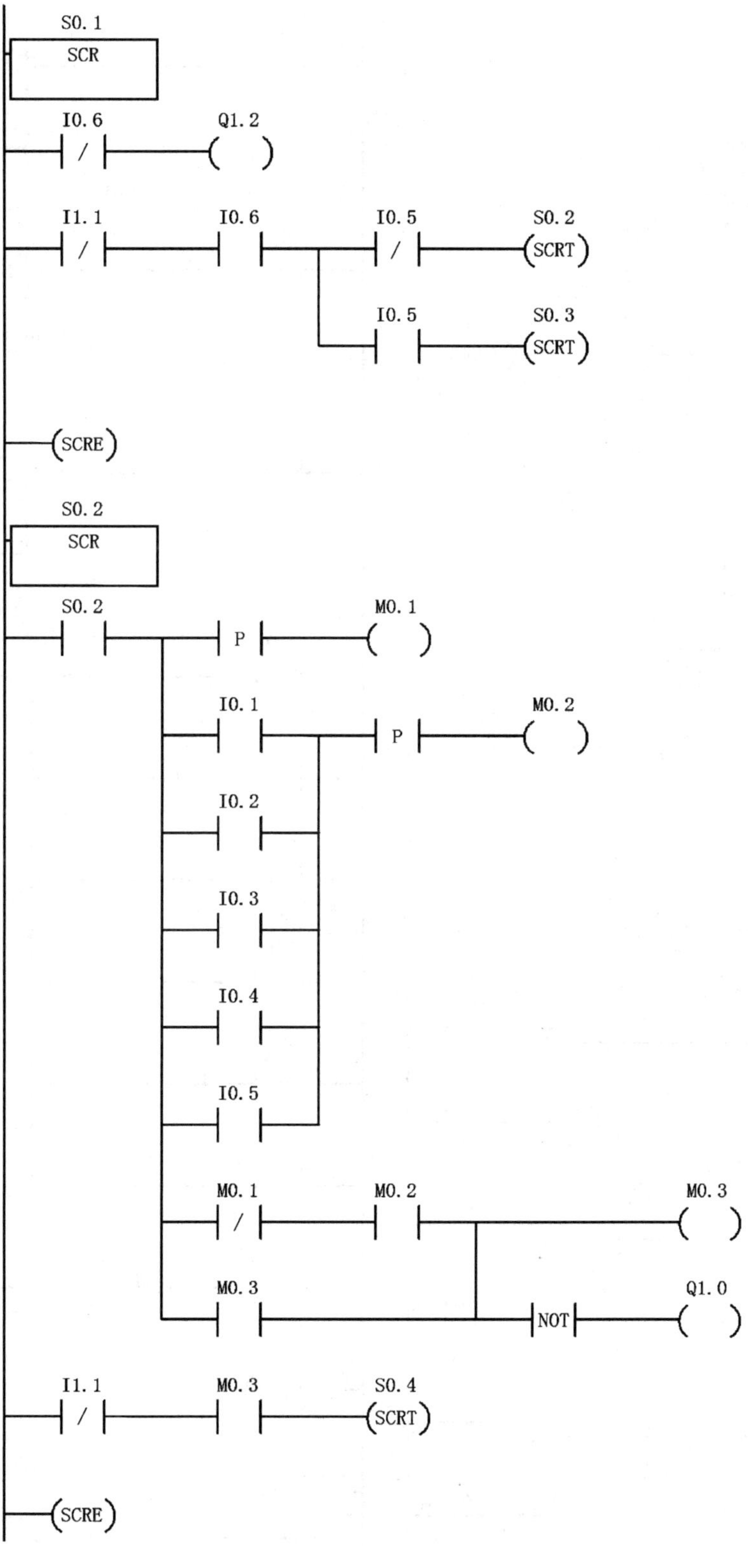

图 127-9　电镀自动生产线总梯形图（续 1）

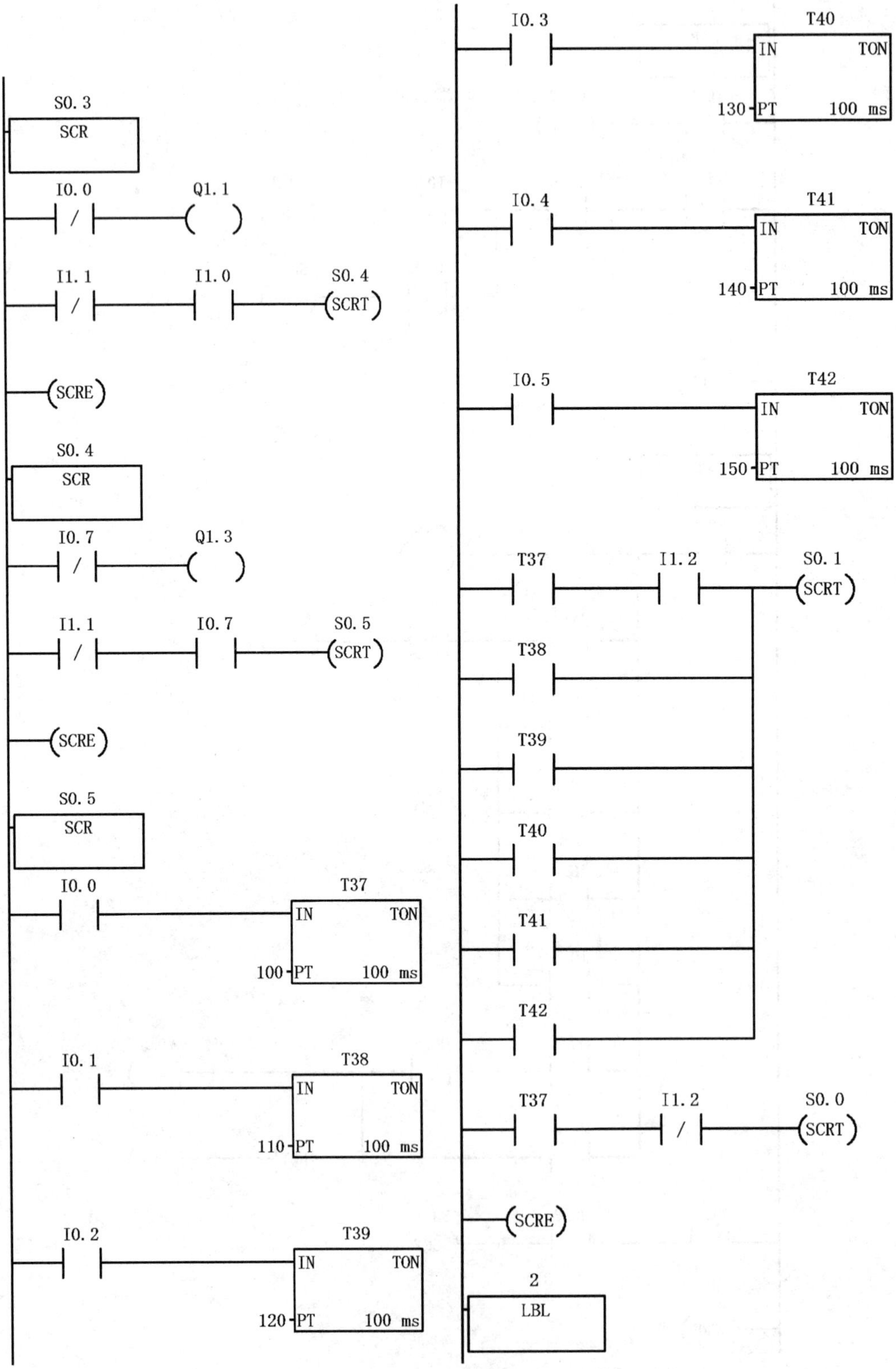

图 127-9　电镀自动生产线总梯形图（续 2）

实例 128　传送带机械手控制

在一条自动生产线上，由机械手将传送带 1 上的物品传送到传送带 2 上。机械手的上升、下降、左转、右转、夹紧、放松动作分别由电磁阀控制液压传动系统工作，并用限位开关及光电开关检测机械手动作的状态和物品的位置。传送带 1、2 均由三相鼠笼型异步电动机驱动，电动机应有相应的保护。

机械手初始状态为手臂在下限位（下限位开关 SQ4 受压），手在传送带 1 上（右限位开关 SQ2 受压）时手指松开。机械手和传送带动作控制示意图如图 128-1 所示。

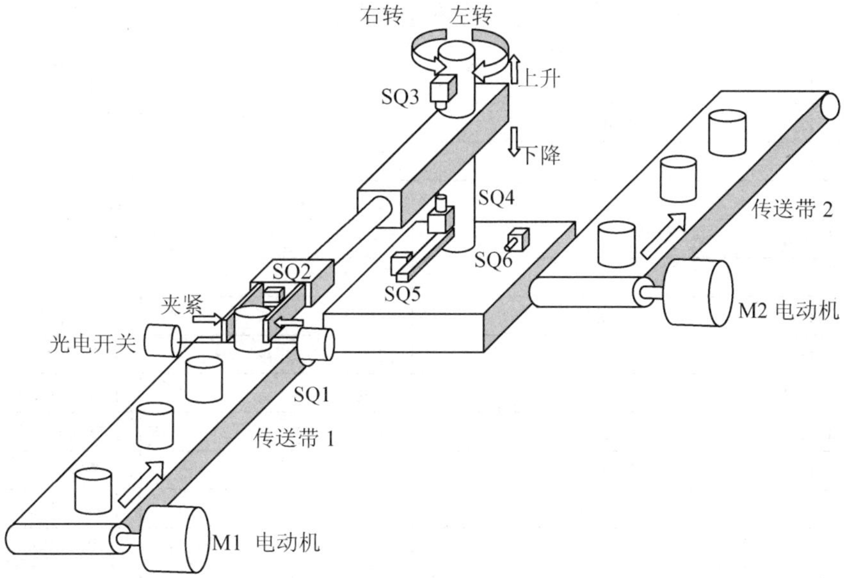

图 128-1　传送带机械手动作控制示意图

启动时按启动按钮，传送带 1、2 同时启动。

当传送带 1 上的物品到达前端，光电开关 SQ1 检测到物品时，传送带 1 停止。

机械手手指夹住物品，夹紧时，夹紧开关 SQ2 动作。

机械手手臂上升，升到上限位时碰到上限位开关 SQ3。

机械手手臂向右转，同时传送带 1 又启动，直到光电开关 SQ1 检测到物品时停止，手臂转到传送带 2 上时碰到右限位开关 SQ6。

机械手手臂下降，到下限位时碰到下限位开关 SQ4。

机械手手指松开，物品落到传送带 2 上，手指松开时，夹紧开关 SQ2 复位。

机械手手臂上升，到上限位时碰到上限位开关 SQ3。

机械手手臂向左转，转到传送带 1 上时碰到左限位开关 SQ5。

机械手手臂下降，到下限位时碰到下限位开关 SQ4。

在传送带 1 上，如果有物品，机械手继续执行上述过程，如无物品则等待，如果等待时间超过 10s，则传送带 1、2 停止运行。

机械手要求有 3 种控制方式：手动控制方式、单周期控制方式和连续控制方式。

控制方案设计

1．输入/输出元件及控制功能

如表 128-1 所示，介绍了实例 128 中用到的输入/输出元件及控制功能。

表 128-1　输入/输出元件及控制功能

	PLC 软元件	元件文字符号	元 件 名 称	控 制 功 能
输入	I0.0	SQ1	光电开关 1	检测物品到位
	I0.1	SQ2	限位开关 2	夹紧限位
	I0.2	SQ3	限位开关 3	上限位
	I0.3	SQ4	限位开关 4	下限位
	I0.4	SQ5	限位开关 5	左限位
	I0.5	SQ6	限位开关 6	右限位
	I0.6	SB1	按钮 1	启动
	I0.7	SB2	按钮 2	停止
	I1.0	SB3	按钮 3	手指放松
	I1.1	SB4	按钮 4	手指夹紧
	I1.2	SB5	按钮 5	手臂上升
	I1.3	SB6	按钮 6	手臂下降
	I1.4	SB7	按钮 7	手臂左转
	I1.5	SB8	按钮 8	手臂右转
	I1.6	SA1	选择开关	单周/ 连续
	I1.7	SA2		手动
输出	Q0.0	YV1、HL1	电磁阀 1、信号灯 1	放松
	Q0.1	YV2、HL2	电磁阀 2、信号灯 2	夹紧
	Q0.2	YV3、HL3	电磁阀 3、信号灯 3	上升
	Q0.3	YV4、HL4	电磁阀 4、信号灯 4	下降
	Q0.4	YV5、HL5	电磁阀 5、信号灯 5	左转
	Q0.5	YV6、HL6	电磁阀 6、信号灯 6	右转
	Q0.6	KM1	接触器 1	电机 1 控制
	Q0.7	KM2	接触器 2	电机 2 控制

2．电路设计

（1）传送带机械手控制 PLC 接线图及主电路图设计

根据表 128-1 输入/输出元件及控制功能表，传送带机械手控制可选用 S7-200，CPU226AC/DC 型 PLC，如图 128-2 所示。

（2）传送带机械手操作控制面板设计

图 128-3 所示为传送带机械手的操作控制面板。电源开关 QS 和电源指示灯 HL9 采用带灯自锁按压式开关。选择开关采用三挡式，打在中间为单周期操作方式，打在左边为单手动

操作方式，打在右边为连续操作方式。

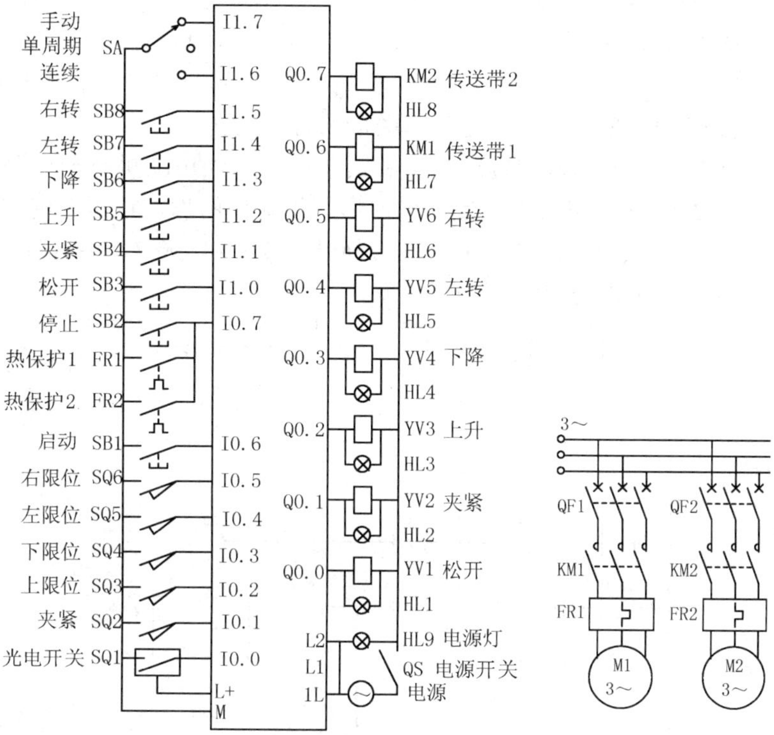

（a）PL 接线图　　（b）主电路图

图 128-2　传送带机械手控制 PLC 接线图及主电路图

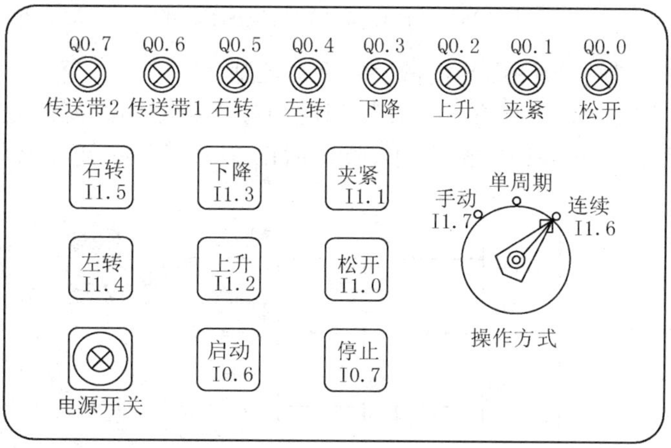

图 128-3　操作控制面板

（3）传送带机械手控制程序设计

图 128-4 所示的控制梯形图用于传送带的控制和物品的检测。

初始时，机械手在下限（I0.3=1）、左限（I0.4=1）处，即在传送带 1 处。

启动时，按下启动按钮 I0.6，Q0.6 和 Q0.7 同时得电自锁，传送带 1、2 同时启动，传送带 1 上的物品前行。同时，图 128-6 中的初始状态步 S0.0 置位，处于等待状态。

当物品到达光电开关 I0.0 处时，Q0.6 线圈失电，传送带 1 停止。M0.0 线圈得电，图 128-6 中的初始状态步 S0.0 复位，S0.1 置位，机械手进入工作状态。

如果机械手在原位时，光电开关在 10s 内检测不到物品，则定时器 T37 动作，Q0.6 和 Q0.7 同时断开，传送带 1、2 停止，以避免传送带长时间空转。

输入继电器 I0.7 用于电动机的过载保护和紧急停止，当电动机有一台过载时，热继电器动作，FR1 或 FR2 常开接点（为了便于看梯形图的动作原理，这里采用常开接点，实际应用中应改为串联的常闭接点）动作接通 I0.7，断开 Q0.6 和 Q0.7，传送带 1、2 停止，同时 S0.1～S1.0 全部复位。机械手停止动作。

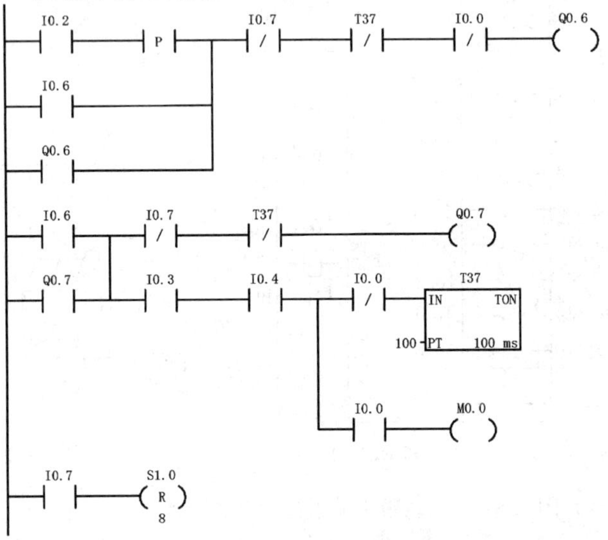

图 128-4 传送带及物品检测梯形图

图 128-5 所示的控制梯形图用于机械手的手动控制。

手动控制采用按钮点动控制方式，在梯形图中应考虑线圈之间的互锁和机械手的限位保护。手动控制梯形图和自动控制梯形图不能同时由 PLC 读取，用跳转指令 JMP-LBL 将两种梯形图分开。

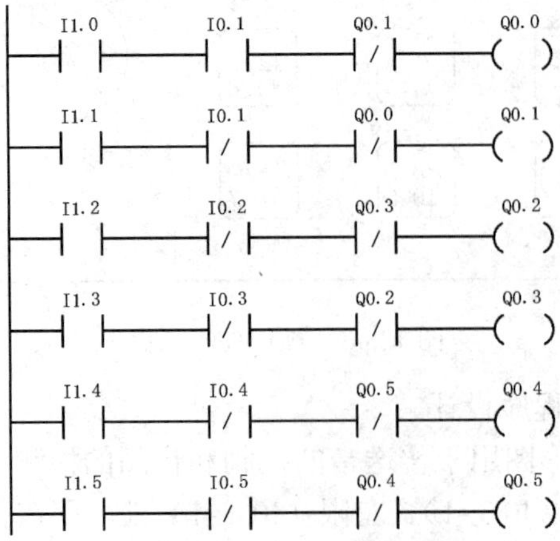

图 128-5 手动控制梯形图

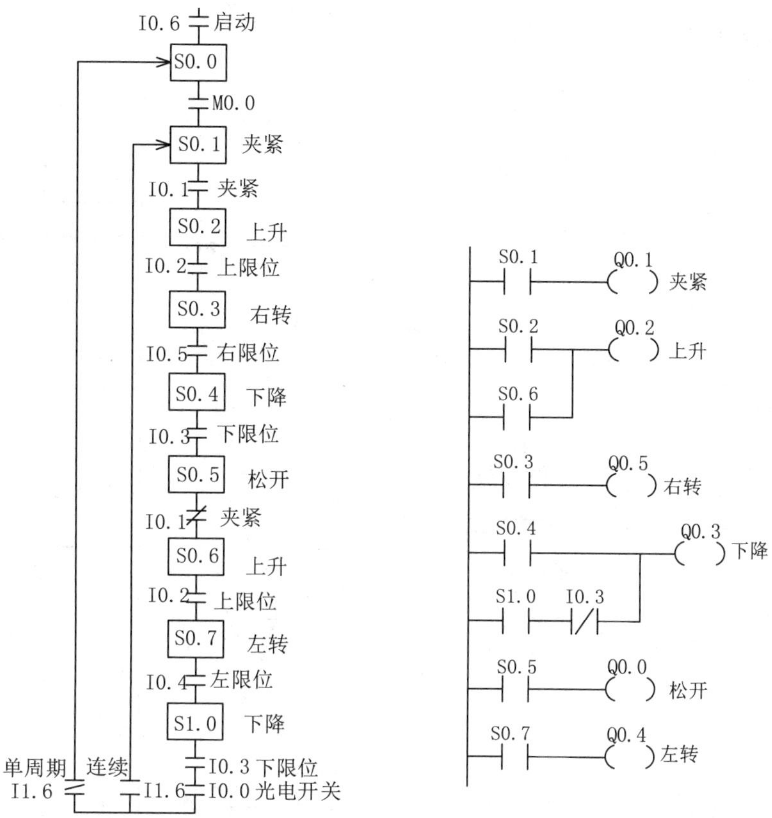

图 128-6　机械手工作状态转移图及输出梯形图

图 128-6 所示为机械手工作状态转移图及输出梯形图。

初始时，机械手在下限（I0.3=1）、左限（I0.4=1）处，即在传送带 1 处。

启动时，按下启动按钮 I0.6，Q0.6 和 Q0.7 得电，传送带 1、2 启动，传送带 1 上的物品前行。初始状态步 S0.0 置位，当物品到达光电开关 I0.0 处时，Q0.6 线圈失电，传送带 1 停止。M0.0 线圈得电，S0.0 复位。S0.1 置位。

Q0.1 得电，手指夹紧，夹紧后，夹紧限位开关 I0.1 动作，转移到 S0.2 状态步。

Q0.2 得电，手臂上升，上升到上限位，I0.2 动作，图 128-4 中的 I0.2 上升沿脉冲再启动传送带 1，传送物品。同时，转移到 S0.3 状态步。

Q0.5 得电，手臂右转，转到右限位，I0.5 动作，转移到 S0.4 状态步。

Q0.3 得电，手臂下降，转到下限位，I0.3 动作，转移到 S0.5 状态步。

Q0.0 得电，手指松开，松开后，夹紧限位开关 I0.1 常闭接点断开，转移到 S0.6 状态步。

Q0.2 得电，手臂上升，上升到上限位，I0.2 动作，转移到 S0.7 状态步。

Q0.4 得电，手臂左转，转到左限位，I0.4 动作，转移到 S1.0 状态步。

Q0.3 得电，手臂下降，转到下限位，I0.3 动作，I0.3 常闭接点断开 Q0.3 线圈，如果光电开关未检测到物品，手臂停止等待，如果光电开关检测到物品，在连续工作方式下 I1.6 接点闭合时转移到 S0.1 状态步，抓取下一个物品。

在单周期工作方式下 I1.6 常闭接点闭合，转移到 S0.0 状态步，结束。

图 128-7 为传送带机械手控制总梯形图。

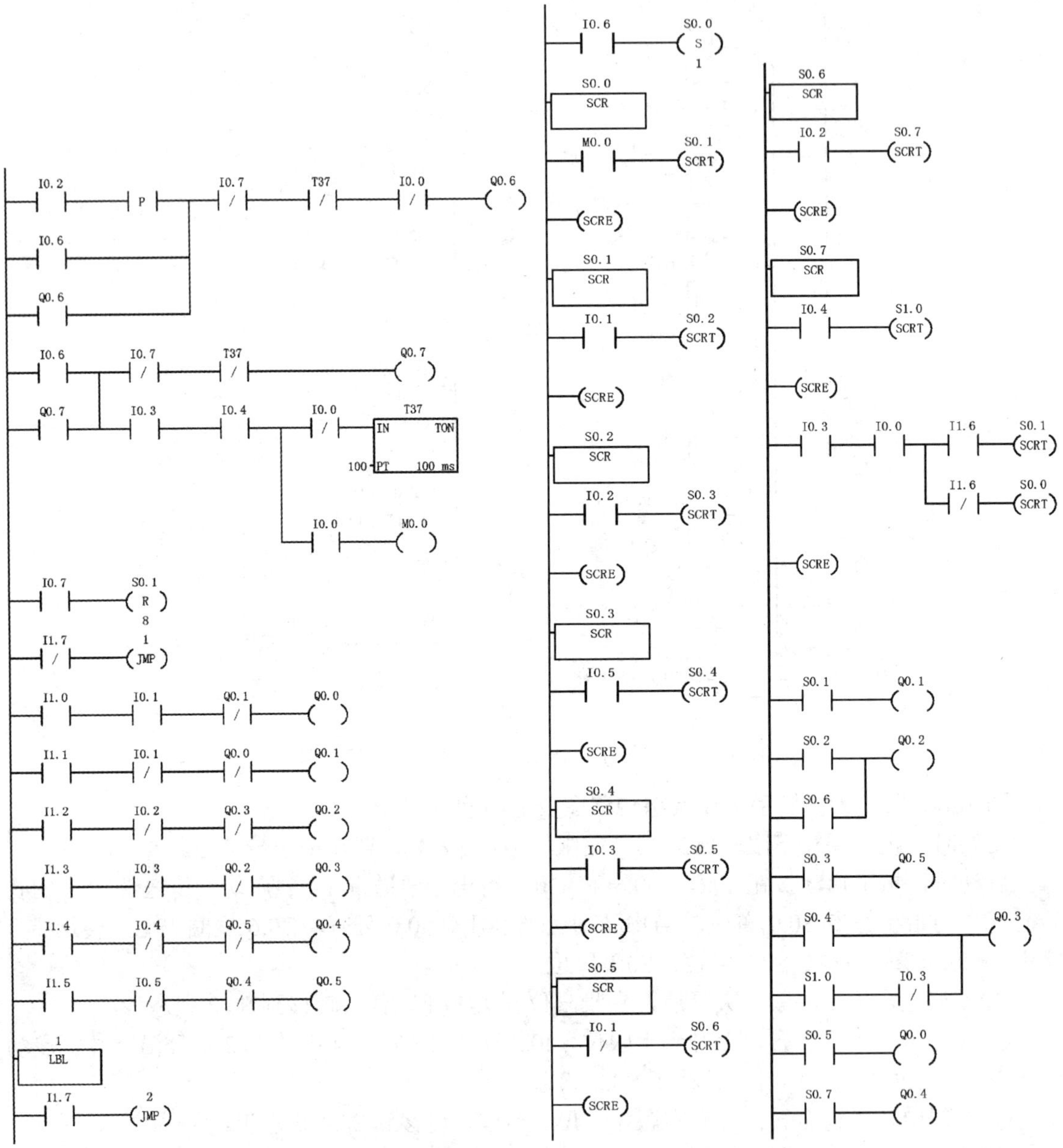

图 128-7　传送带机械手控制总梯形图

实例 129　气动机械手控制

图 129-1 所示是一台气动机械手，用于将 A 点上的工件搬运到 B 点。机械手的上升、下降、右行、左行执行机构由双线圈 3 位 4 通电磁阀推动气缸来完成。夹紧放松由单线圈 2 位 2 通电磁阀推动气缸来完成，线圈得电夹紧，失电放松。

气缸的运动由限位开关来控制，机械手的初始状态在左限位、上限位、手为放松状态。

机械手的动作过程为：①下降；②夹紧；③上升；④右行；⑤下降；⑥放松；⑦上升；⑧左行；完成一个单循环。

机械手要求有 5 种操作方式：

（1）手动操作方式：用 6 个按钮分别控制机械手的下降、上升、右行、左行、放松、夹紧。

（2）回原位操作方式：按下回原位按钮，机械手以最近的路径回到原位。

（3）单循环操作方式：按下启动按钮，机械手完成一个单循环回到原位停止。

（4）单步操作方式：每按一次启动按钮，机械手只完成一个规定动作后停止。

（5）自动操作方式：按下启动按钮，机械手完成一个单循环回到原位后继续工作。

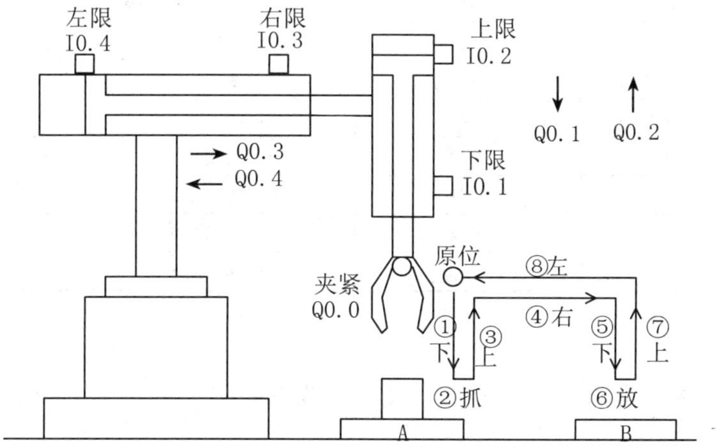

图 129-1　机械手动作示意图

控制方案设计

1. 输入/输出元件及控制功能

如表 129-1 所示，介绍了实例 129 中用到的输入/输出元件及控制功能。

表 129-1　输入/输出元件及控制功能

	PLC 软元件	元件文字符号	元件名称	控制功能
输入	I0.0	SB3	按钮 3（带指示灯）	启动
	I0.1	SQ1	干簧接近开关 1	下限位检测
	I0.2	SQ2	干簧接近开关 2	上限位检测

续表

	PLC 软元件	元件文字符号	元 件 名 称	控 制 功 能
输入	I0.3	SQ3	干簧接近开关 3	右限位检测
	I0.4	SQ4	干簧接近开关 4	左限位检测
	I0.5	SA-1	选择开关接点 1	单循环操作方式
	I0.6	SA-2	选择开关接点 2	单步操作方式
	I0.7	SA-3	选择开关接点 3	手动操作方式
	I1.0	SA-4	选择开关接点 4	回原位操作方式
	I1.1	SB4	按钮 4	手动下降
	I1.2	SB5	按钮 5	手动上升
	I1.3	SB6	按钮 6	手动右行
	I1.4	SB7	按钮 7	手动左行
	I1.5	SB8	按钮 8	手动夹紧
	I1.6	SB9	按钮 9	手动松开
	I1.7	SB10	按钮 10	停止
输出	Q0.0	YV1	电磁阀线圈 1	手指夹紧
	Q0.1	YV2	电磁阀线圈 2	手臂下降
	Q0.2	YV3	电磁阀线圈 3	手臂上升
	Q0.3	YV4	电磁阀线圈 4	手臂右行
	Q0.4	YV5	电磁阀线圈 5	手臂左行

2. 电路设计

机械手操作面板图如图 129-2 所示，PLC 接线图如图 129-3 所示。梯形图如图 129-4 所示。

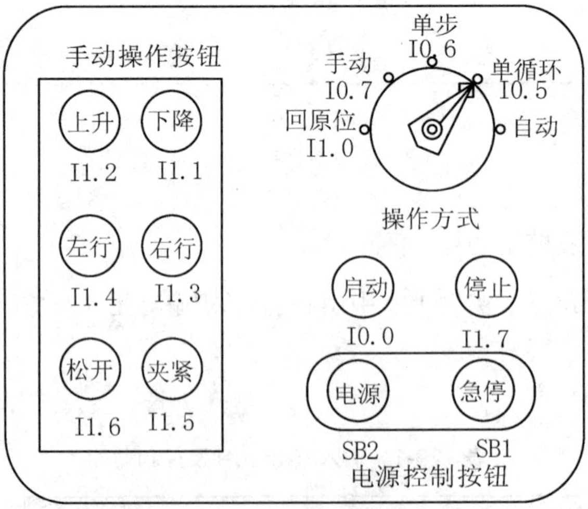

图 129-2 机械手操作面板图

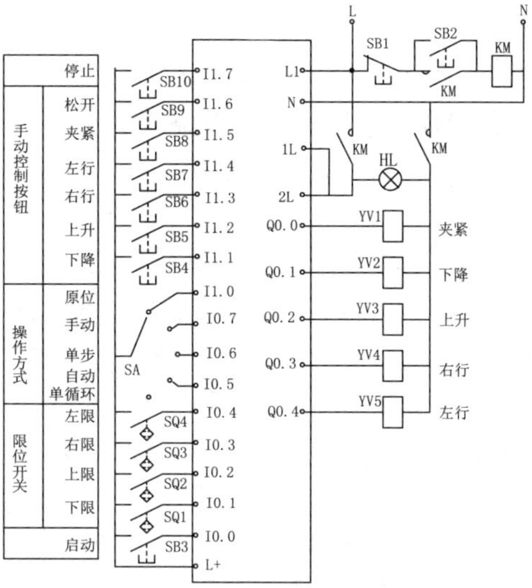

图 129-3 PLC 接线图

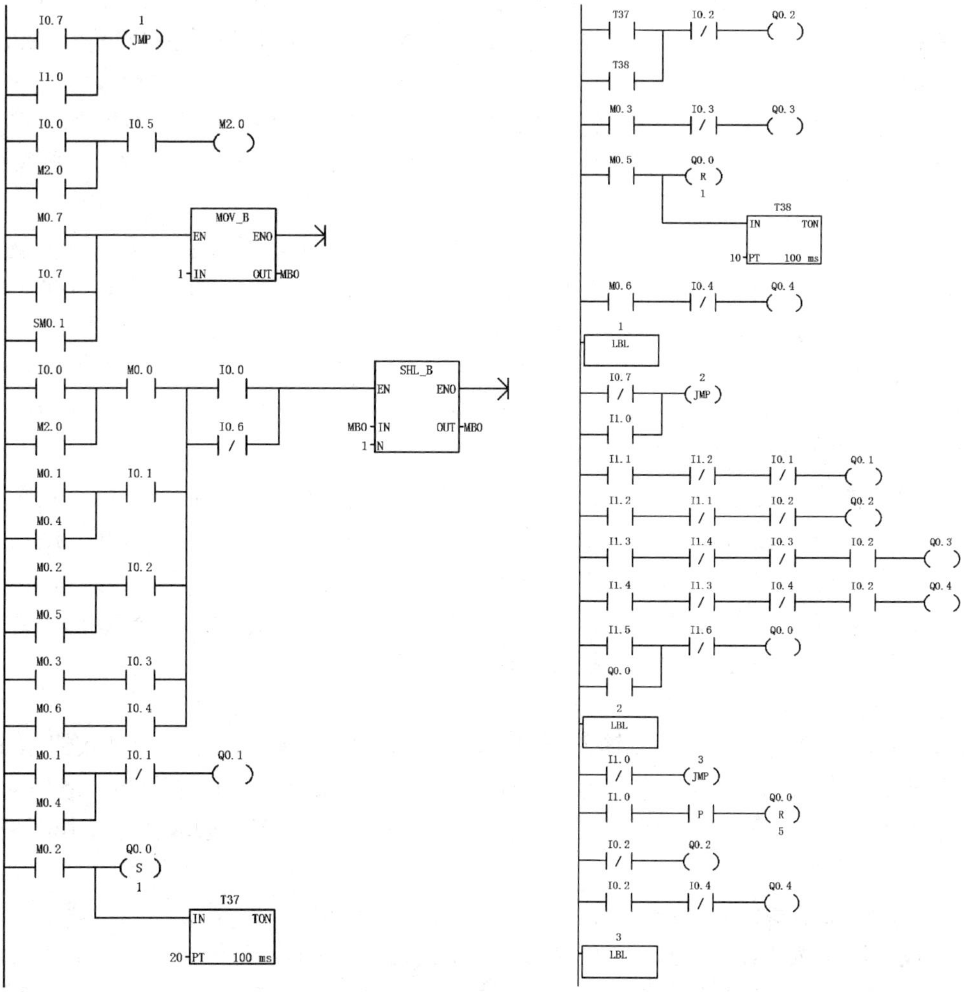

图 129-4 PLC 梯形图

3. 控制原理

首先按下电源按钮 SB2，接触器 KM 得电自锁，接通输出电路的电源，按钮 SB2 中的指示灯亮，表示 PLC 输出电源接通。按下停止按钮 SB1，断开 PLC 输出电源，当停电再来电时，输出电路没有电，机械手不会自行启动。

（1）单循环操作方式

选择开关 SA 打在空挡上为单循环操作方式，单循环操作方式为基本操作方式。

PLC 初始状态，SM0.1 发出一个脉冲，使 MB0 置 1，即 M0.1～M0.7 为 0。

M0.0 常开接点闭合，按下启动按钮 I0.0，接通 SHL_B 左移指令，MB0 左移 1 位，此时 M0.0 接点断开，SHL_B 左移指令断开，M0.1=1，M0.1 接点闭合。

M0.1 接点闭合，接通 Q0.1 线圈，电磁阀 YV2 得电，机械手下降，下降碰到下限位开关 I0.1 时，I0.1 接点闭合，接通 SHL_B 左移指令，MB0 左移 1 位，此时 M0.1 接点断开，SHL_B 左移指令断开，M0.2=1，M0.2 接点闭合。

M0.2 接点闭合，Q0.0 置位，电磁阀 YV1 得电，手指夹紧，定时器 T37 得电延时，夹紧 1s，T37 接点闭合，接通 Q0.2，YV3 得电手臂上升，上升到上限位 I0.2 接点闭合，接通 SHL_B 左移指令，MB0 左移 1 位，此时 M0.2 接点断开，SHL_B 左移指令断开，M0.3=1，M0.3 接点闭合。

M0.3 接点闭合，接通 Q0.3 线圈，电磁阀 YV4 得电，机械手右行，右行碰到右限位开关 I0.3 时，I0.3 接点闭合，接通 SHL_B 左移指令，MB0 左移 1 位，M0.3 接点断开，SHL_B 左移指令断开，M0.4=1，M0.4 接点闭合。

M0.4 接点闭合，再次接通 Q0.1 线圈，电磁阀 YV2 得电，机械手下降，下降碰到下限位开关 I0.1 时，I0.1 接点闭合，接通 SHL_B 左移指令，MB0 左移 1 位，此时 M0.4 接点断开，SHL_B 左移指令断开，M0.5=1，M0.5 接点闭合。

M0.5 接点闭合，使 Q0.0 复位，手指松开，工件落下，T38 得电延时 1s，T38 接点闭合，接通 Q0.2，YV3 得电手臂上升，上升到上限位 I0.2 接点闭合，接通 SHL_B 左移指令，MB0 左移 1 位，此时 M0.5 接点断开，SHL_B 左移指令断开，M0.6=1，M0.6 接点闭合。

M0.6 接点闭合，接通 Q0.4 线圈，电磁阀 YV5 得电，机械手左行，左行碰到左限位开关 I0.4 时，I0.4 接点闭合，接通 SHL_B 左移指令，MB0 左移 1 位， M0.6 接点断开，SHL_B 左移指令断开，M0.7=1，M0.7 接点闭合。

M0.7 接点闭合，接通 MOV_B 传送指令，使 MB0 置 1，回到初始状态 M0.0=1。

再按一下启动按钮 I0.0，又可以执行上述的单循环过程。

（2）自动操作方式

选择开关打在自动位置，I0.5 输入端接通，初始状态 M0.0=1，按下启动按钮 I0.0 时，M2.0 得电自锁，接通 SHL_B 左移指令，MB0 左移 1 位，机械手动作过程和上述相同，

当机械手完成一个循环后回到原位时，由于 M2.0 接点闭合，所以就又继续工作下去了。

（3）单步操作方式

选择开关打在单步位置，I0.6 输入端接通，梯形图中的 I0.6 常闭接点断开，初始状态 M0.0=1，按下启动按钮 I0.0 时，接通 SHL_B 左移指令，MB0 左移一位，机械手完成动作碰到限位开关时，由于 I0.6 常闭接点断开，不能接通 SHL_B 左移指令，限位开关常闭接点断

开输出继电器，机械手停止动作，等待命令，此时再按一次启动按钮 I0.0，才可执行下一步。

（4）回原位操作方式

选择开关打在回原位位置，I1.0 输入端接通，梯形图中的 I1.0 常开接点闭合，JMP 1～LBL 1 之间的自动工作梯形图被跳过，JMP 2～LBL2 之间的手动梯形图也被跳过。I1.0 常闭接点断开，执行 JMP 3～LBL3 之间的回原位梯形图。I1.0 的上升沿使 Q0.0～Q0.4 复位一下。此时如果机械手不在上限位，则 I0.2 常闭接点闭合，Q0.2 得电，机械手先上升，上升到上限位 I0.2 常闭接点断开，Q0.2 失电，I0.2 常开接点闭合，Q0.4 得电，机械手回到原位，限位开关 I0.4 动作，I0.4 常闭接点断开，Q0.4 失电，机械手回到原位停止。

（5）手动操作方式

选择开关打在手动位置，I0.7 输入端接通，梯形图中的 I1.0 常开接点闭合，JMP 1～LBL 1 之间的自动工作梯形图被跳过，I1.0 常闭接点断开，执行 JMP 2～LBL2 之间的手动梯形图。

按下下降按钮 I1.1，Q0.1 得电，机械手下降，下降到下限位 I0.1=1，Q0.1 失电。

按下上升按钮 I1.2，Q0.2 得电，机械手上升，上升到上限位 I0.2=1，Q0.2 失电。

机械手在上限位 I0.2=1，按下右行按钮 I1.3，Q0.3 得电，机械手右行，右行到右限位 I0.3=1，Q0.3 失电。

机械手在上限位 I0.2=1，按下左行按钮 I1.4，Q0.4 得电，机械手左行，左行到左限位 I0.4=1，Q0.4 失电。

实例 130　装卸料小车控制

一辆小车在 A，B 两点之间运行，在 A，B 两点各设一个限位开关，如图 130-1 所示。小车的运行由三相异步电动机控制，小车的车门和料斗的车门由电磁铁控制，当电磁铁得电时，料斗门或斗门打开，失电时关闭。

小车在 A 地点，并且在车门关好的情况下，按一下启动运行按钮。小车就从 A 地点向前到 B 地点停下来，然后料斗的斗门打开装料 10s，之后小车自动向后行到 A 地点停止，小车车门打开卸料 4s 后，车门关闭。

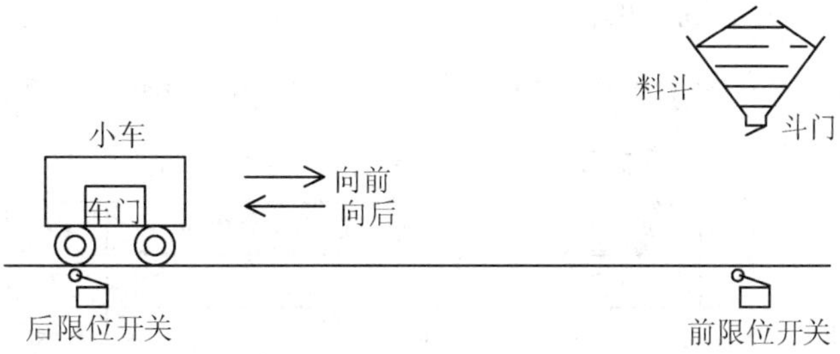

图 130-1 装卸料小车工作示意图

小车要求有 4 种控制方式：手动控制方式，单周期运行控制方式，双周期运行控制方式，自动循环运行控制方式。

（1）手动控制方式要求

在手动控制方式下，可用 4 个控制按钮控制小车的向前、向后运行，以及车门的打开和料斗门的打开。

① 小车向前运行：小车在料斗下面时不能向前运行，小车的车门在打开时不能运行，小车采用点动控制，按下向前运行按钮，小车向前运行，当小车行至料斗下时，碰到前限位开关时应停下来。

② 小车向后运行：小车在 A 地点时不能后退，小车的车门在打开时不能运行，小车采用点动控制，料斗门未关闭时不能运行，按下向后运行按钮时，小车向后运行至 A 地点时，小车碰到后限位开关应停下来。

③ 料斗门打开控制：小车必须在 B 点料斗门下时，才能打开料斗门，以避免将料卸在地上。按一下料斗门打开按钮，控制料斗门的电磁铁得电，斗门打开，延时 10s 后电磁铁失电，斗门关闭。

④ 车门打开控制：小车必须在 A 地点时，才能打开车门，以保证将料卸在规定地点。按一下车门打开按钮，控制车门的电磁铁得电，车门打开，延时 10s 后电磁铁失电，车门关闭。

（2）单周期运行控制方式要求

小车在 A 地点，并且在车门关好的情况下，按一下向前运行按钮。小车就从 A 地点运行到 B 地点停下来，然后料斗门打开装料 10s，之后小车自动向后行到 A 地点停止，车门打开卸料 10s 后，车门关闭。

（3）双周期运行控制方式要求

小车在 A 地点时，按一下向前运行按钮，小车将完成两次单周期的运行过程。

（4）自动循环控制方式要求

小车在 A 地点时，按一下向前运行按钮，小车将自动重复单周期运行过程，断开运行开关时，小车将在完成一个循环之后，结束运行。

在手动控制方式下不能运行，单周期、双周期和自动运行方式，反之，在单周期、双周期和自动运行方式下也不能进行手动控制。

控制方案设计

1. 输入/输出元件及控制功能

如表 130-1 所示，介绍了实例 130 中用到的输入/输出元件及控制功能。

表 130-1 输入/输出元件及控制功能

	PLC 软元件	元件文字符号	元 件 名 称	控 制 功 能
输入	I0.0	SB1	按钮 1	启动
	I0.1		限位开关	前限
	I0.2		限位开关	后限
	I0.3	SA-1	选择开关	手动方式
	I0.4	SA-2		自动方式
	I0.5	SA-3		双循环方式
		SA-4		单循环方式

续表

	PLC 软元件	元件文字符号	元 件 名 称	控 制 功 能
输入	I0.6	SB2	按钮 2	停止
	I0.7	SB3	按钮 3	向前运行
	I1.0	SB4	按钮 4	向后运行
	I1.1	SB5	按钮 5	车门打开
	I1.2	SB6	按钮 6	斗门打开
输出	Q0.0	KM1	接触器 1	向前运行
	Q0.1	KM2	接触器 2	向后运行
	Q0.2	YV1	电磁铁 1	斗门打开
	Q0.3	YV2	电磁铁 2	车门打开

2．电路设计

控制面板图如图 130-2 所示，装卸料小车的主电路图和 PLC 接线图如图 130-3 所示。手动梯形图如图 130-4 所示。PLC 自动控制步进转移图如图 130-5 所示，PLC 总程序结构图如图 130-6 所示，总梯形图如图 130-7 所示。

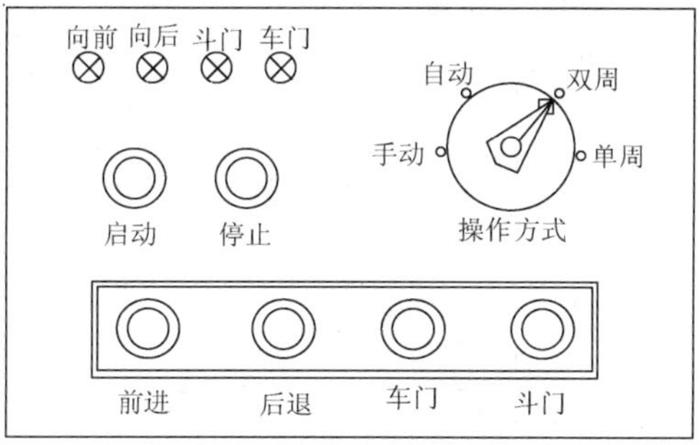

图 130-2　控制面板图

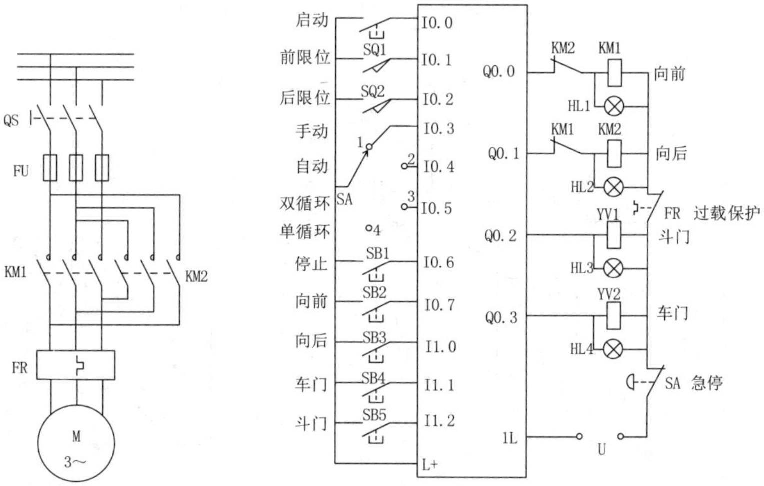

（a）主电路图　　（b）PLC 接线图

图 130-3　主电路图和 PLC 接线图

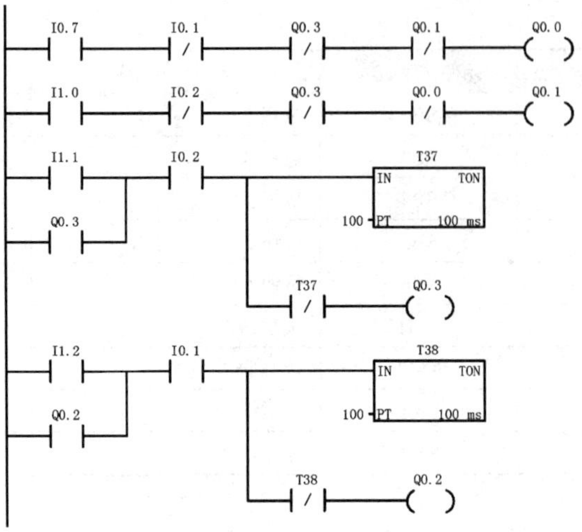

图 130-4　手动梯形图

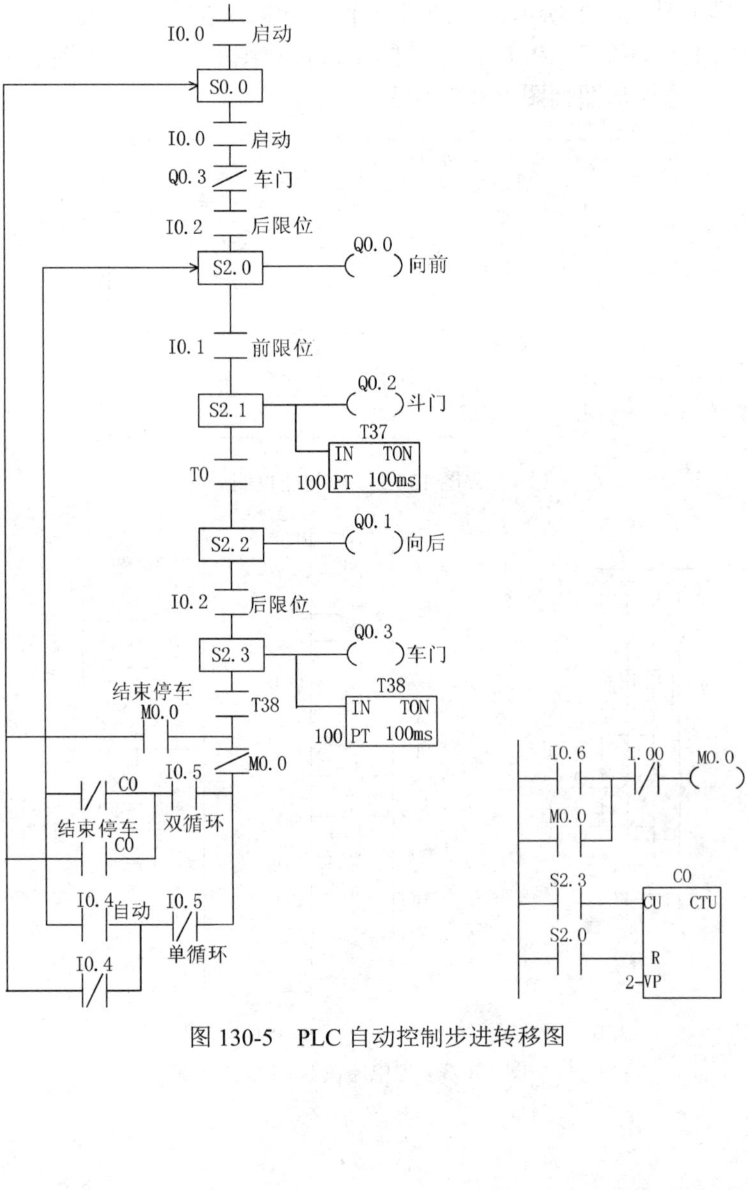

图 130-5　PLC 自动控制步进转移图

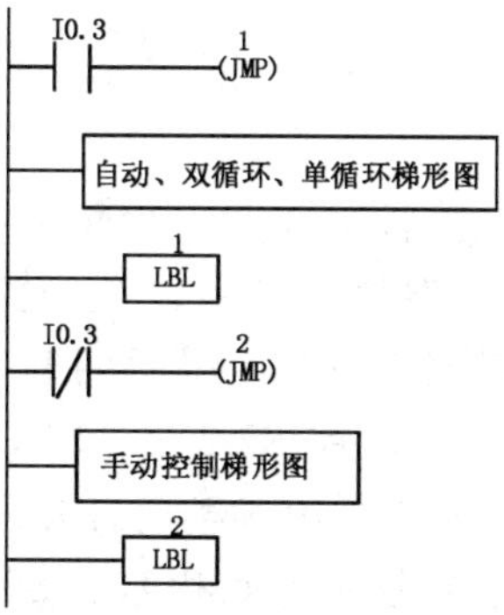

图 130-6　PLC 总程序结构图

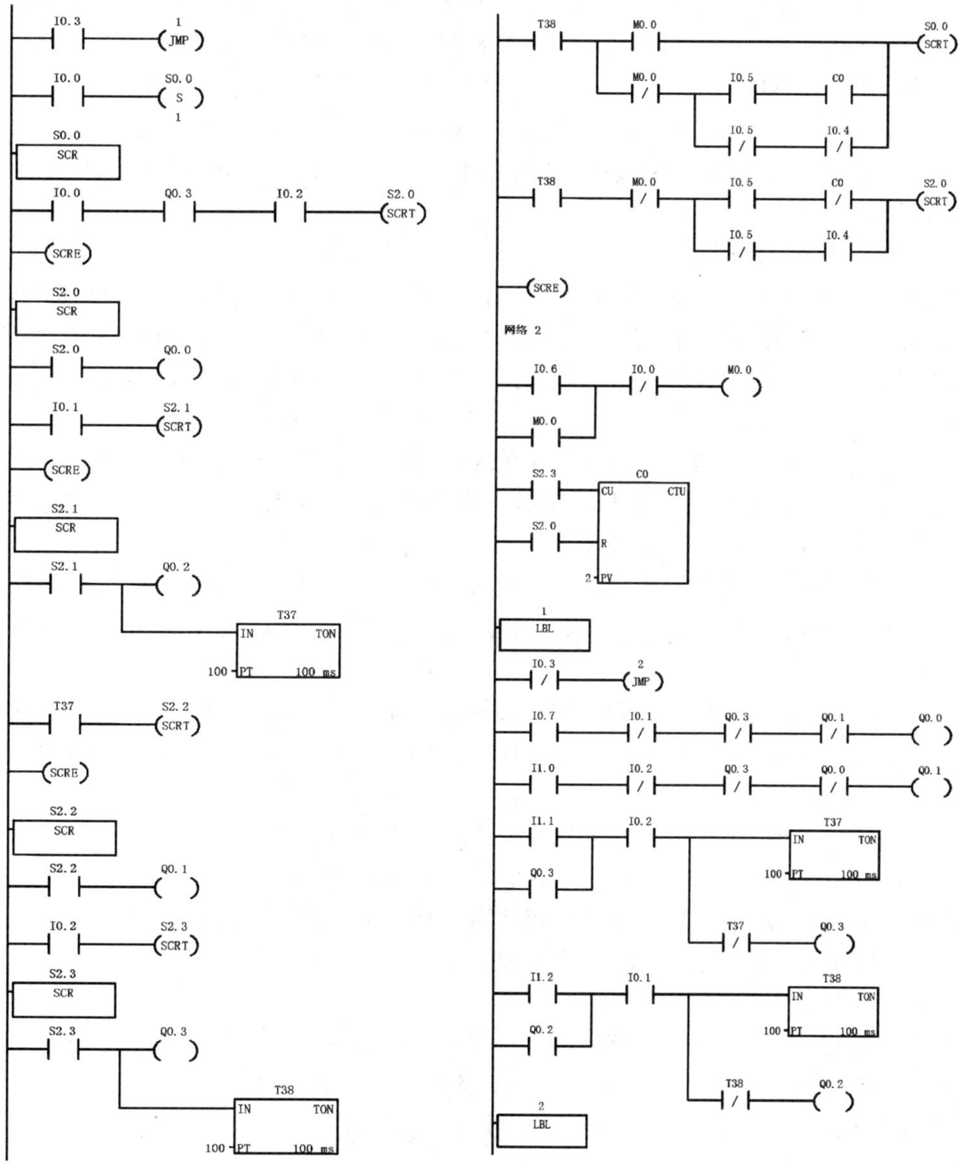

图 130-7　总梯形图

3．控制原理

（1）单周期运行控制方式

将选择开关 SA 打在 4 端，执行单周期运行控制方式，如图 130-5 所示。按下启动按 I0.0，S0.0 状态步置位，小车在后限位 I0.2=1，车门关闭 Q0.3=0，转移到 S2.0 状态步，Q0.0 得电，小车前行，当到达前限位，I0.1=1 转移到 S2.1 状态步，Q0.2 得电，斗门打开装料，T37 延时 10s，T37 接点闭合转移到 S2.2 状态步，Q0.1 得电，小车后行，当到达后限位，I0.2=1 转移到 S2.3 状态步，Q0.3 得电，车门打开卸料，T38 延时 10s，T38 接点闭合，经 3 个常闭接点 M0.0、I0.5、I0.4 转移到初始状态步 S0.0 完成一个单循环。

（2）双周期运行控制方式

将选择开关 SA 打在 3 端，I0.5=1，执行双周期运行控制方式。在转移到 S2.3 状态步，C0 计一次数，Q0.3 得电，车门打开卸料，T38 延时 10s，T38 接点闭合，由于 I0.5 常开接点闭合，经常闭接点 M0.0、C0 转移到状态步 S2.0，在进行一次循环。当转移到 S2.3 状态步，C0 计一次数，计数值为 2，达到设定值，C0 常开接点闭合，Q0.3 得电，车门打开卸料 10s，T38 接点闭合，由于 I0.5 和 C0 常开接点闭合，经常闭接点 M0.0 转移到状态步 S0.0，完成两次循环。

（3）自动循环运行控制方式

将选择开关 SA 打在 2 端，I0.4=1，执行自动循环运行控制方式。在转移到 S2.3 状态步，Q0.3 得电，车门打开卸料，T38 延时 10s 接点闭合，由于 I0.4 常开接点闭合，经常闭接点 M0.0、I0.5 转移到状态步 S2.0，再进行下一次循环，并不断自动循环运行。

（4）手动控制方式

将选择开关 SA 打在 1 端，I0.3=1，执行自动循环运行控制方式。由图 130-6 可知，I0.3 常开接点闭合，自动、双循环、单循环梯形图被跳过去，I0.3 常闭接点断开，执行手动控制梯形图。手动控制梯形图如图 130-4 所示。

在车门关闭 Q0.3 常闭接点闭合，按下前进按钮 I0.7，Q0.0 得电，小车前进，松开前进按钮 I0.7，Q0.0 失电，小车停止。如果小车前进到前限位，I0.1=1，I0.1 常闭接点断开，小车停止。

在车门关闭 Q0.3 常闭接点闭合，按下后退按钮 I1.1，Q0.1 得电，小车后退，松开后退按钮 I1.1，Q0.1 失电，小车停止。如果小车后退到后限位，I0.2=1，I0.2 常闭接点断开，小车停止。

小车在后限位，I0.2=1，I0.2 常开接点闭合，按下卸料按钮 I1.1，Q0.3 得电，车门打开卸料，T37 延时 10s，断开 Q0.3，开门电磁铁失电，车门关闭。

小车在前限位，I0.1=1，I0.1 常开接点闭合，按下装料按钮 I1.2，Q0.2 得电，斗门打开装料，T38 延时 10s，断开 Q0.2，斗门电磁铁失电，斗门关闭。

（5）停止操作

小车在运行过程中按下停止按钮 I0.6，M0.0 线圈得电自锁，小车继续运行，待完成一个循环后经 M0.0 常开接点转移到 S0.0 状态步停止。

按下急停按钮 SA，切断输出回路，立即停止所有动作。

附录A　S7-200可编程控制器元件表

描述	CPU 221	CPU 222	CPU 224	CPU 224XP CPU 224XPsi	CPU 226
用户程序长度 在运行模式下编辑 不在运行模式下编辑	 4096 字节 4096 字节	 4096 字节 4096 字节	 8192 字节 12288 字节	 12288 字节 16384 字节	 16384 字节 24576 字节
用户数据大小	2048 字节	2048 字节	8192 字节	10240 字节	10240 字节
输入映像寄存器	I0.0～I15.7	I0.0～I15.7	I0.0～I15.7	I0.0～I15.7	I0.0～I15.7
输出映像寄存器	Q0.0～Q15.7	Q0.0～Q15.7	Q0.0～Q15.7	Q0.0～Q15.7	Q0.0～Q15.7
模拟量输入(只读)	AIW0～AIW30	AIW0～AIW30	AIW0～AIW62	AIW0～AIW62	AIW0～AIW62
模拟量输出(只写)	AQW0～AQW30	AQW0～AQW30	AQW0～AQW62	AQW0～AQW62	AQW0～AQW62
变量存储器(V)	VB0～VB2047	VB0～VB2047	VB0～VB8191	VB0～VB10239	VB0～VB10239
局部存储器(L)1	LB0～LB63	LB0～LB63	LB0～LB63	LB0～LB63	LB0～LB63
位存储器(M)	M0.0～M31.7	M0.0～M31.7	M0.0～M31.7	M0.0～M31.7	M0.0～M31.7
特殊存储器(SM) 只读	SM0.0～SM179.7 SM0.0～SM29.7	SM0.0～SM299.7 SM0.0～SM29.7	SM0.0～SM549.7 SM0.0～SM29.7	SM0.0～SM549.7 SM0.0～SM29.7	SM0.0～SM549.7 SM0.0～SM29.7
定时器（T） 保持接通延时 1ms 10ms 100ms 接通/断开延时 1ms 10ms 100ms	256 (T0～T255) T0,T64 T1～T4, T65～T68 T5～T31, T69～T95 T32,T96 T33～T36, T97～T100 T37～T63, T101～T255	256 (T0～T255) T0,T64 T1～T4, T65～T68 T5～T31, T69～T95 T32,T96 T33～T36, T97～T100 T37～T63, T101～T255	256 (T0～T255) T0,T64 T1～T4, T65～T68 T5～T31, T69～T95 T32,T96 T33～T36, T97～T100 T37～T63, T101～T255	256 (T0～T255) T0,T64 T1～T4, T65～T68 T5～T31, T69～T95 T32,T96 T33～T36, T97～T100 T37～T63, T101～T255	256 (T0～T255) T0,T64 T1～T4, T65～T68 T5～T31, T69～T95 T32,T96 T33～T36, T97～T100 T37～T63, T101～T255
计数器（C）	C0～C255	C0～C255	C0～C255	C0～C255	C0～C255
高速计数器（HC）	HC0～HC5	HC0～HC5	HC0～HC5	HC0～HC5	HC0～HC5
顺序控制继电器（S）	S0.0～S31.7	S0.0～S31.7	S0.0～S31.7	S0.0～S31.7	S0.0～S31.7
累加器寄存器（AC）	AC0～AC3	AC0～AC3	AC0～AC3	AC0～AC3	AC0～AC3
跳转/标号	0～255	0～255	0～255	0～255	0～255
调用/子程序	0～63	0～63	0～63	0～63	0～127
中断程序	0～127	0～127	0～127	0～127	0～127
正/负跳变	256	256	256	256	256
PID 回路	0～7	0～7	0～7	0～7	0～7
端口	端口 0	端口 0	端口 0	端口 0、端口 1	端口 0、端口 1

附录 B　S7-200 可编程控制器指令

布尔指令	
LD N LDI N LDN N LDNI N	装载 立即装载 取反后装载 取反后立即装载
A N AI N AN N ANI N	与 立即与 取反后与 取反后立即与
O N OI N ON N ONI N	或 立即或 取反后或 取反后立即或
LDBx N1, N2	装载字节比较的结果 N1(x:<,<=,=,>=,>,<>) N2
ABx N1, N2	与字节比较的结果 IN1 (x:<,<=,=,>=,>,<>) IN2
OBx IN1, IN2	或字节比较的结果 IN1 (x:<,<=,=,>=,>,<>) IN2
LDWx IN1, IN2	装载字比较的结果 N1(x:<,<=,=,>=,>,<>) IN2
AWx IN1, IN2	与字比较的结果 IN1 (x:<,<=,=,>=,>,<>) IN2
OWx N1, N2	或字比较的结果 IN1 (x:<,<=,=,>=,>,<>) IN2
LDDx IN1, IN2	装载双字比较的结果 IN1 (x:<,<=,=,>=,>,<>) IN2
ADx IN1, IN2	与双字比较的结果 IN1 (x:<,<=,=,>=,>,<>) IN2
ODx IN1, IN2	或双字比较的结果 IN1 (x:<,<=,=,>=,>,<>) IN2
LDRx IN1, IN2	装载实数比较的结果 IN1 (x:<,<=,=,>=,>,<>) IN2
ARx IN1, IN2	与实数比较的结果 IN1 (x:<,<=,=,>=,>,<>) IN2
ORx IN1, IN2	或实数比较的结果 IN1 (x:<,<=,=,>=,>,<>) IN2
NOT	堆栈取反
EU ED	检测上升沿 检测下降沿
= Bit =1 Bit	赋值 立即赋值

续表

布尔指令	
S BIT,N R BIT,N SI BIT,N RI BIT,N	置位一个区域 复位一个区域 立即置位一个区域 立即复位一个区域
LDSx IN1,IN2 ASx IN1,IN2 OSXI IN1,IN2	字符串比较的装载结果 IN1 (x: =, <>) IN2 字符串比较的与结果 IN1 (x: =, <>) IN2 字符串比较的或结果 IN1 (x: =, <>) IN2
ALD OLD	与装载 或装载
LPS LRD LPP LDS N	逻辑进栈(堆栈控制) 逻辑读(堆栈控制) 逻辑出栈(堆栈控制) 装载堆栈(堆栈控制)
AENO	与 ENO
数学、增减指令	
+I IN1, OUT +D IN1, OUT +R IN1, OUT	整数、双整数或实数加法 IN1+OUT=OUT
～I IN1, OUT ～D IN1, OUT ～R IN1, OUT	整数、双整数或实数减法 OUT～IN1=OUT
MUL IN1, OUT	整数乘法(16*16～>32)
*I IN1, OUT *D IN1, OUT *R IN1, IN2	整数、双整数或实数乘法 IN1 * OUT = OUT
DIV IN1, OUT	整数除法(16/16～>32)
/I IN1, OUT /D, IN1, OUT /R IN1, OUT	整数、双整数或实数除法 OUT / IN1 = OUT
SQRT IN, OUT	平方根
LN IN, OUT	自然对数
EXP IN, OUT	自然指数
SIN IN, OUT	正弦
COS IN, OUT	余弦
TAN IN, OUT	正切
INCB OUT INCW OUT INCD OUT	字节、字和双字增 1

续表

数学、增减指令	
DECB OUT DECW OUT DECD OUT	字节、字和双字减 1
PID Table, Loop	PID 回路
定时器和计数器指令	
TON Txxx, PT TOF Txxx, PT TONR Txxx, PT BITIM OUT CITIM IN, OUT	接通延时定时器 断开延时定时器 带记忆的接通延时定时器 启动间隔定时器 计算间隔定时器
CTU Cxxx, PV CTD Cxxx, PV CTUD Cxxx, PV	增计数 减计数 增/减计数
实时时钟指令	
TODR T TODW T TODRX T TODWX T	读实时时钟 写实时时钟 扩展读实时时钟 扩展写实时时钟
程序控制指令	
END	程序的条件结束
STOP	切换到 STOP 模式
WDR	看门狗复位(300ms)
JMP N IBL N	跳到定义的标号 定义一个跳转的标号
CALL N[N1,…] CRET	调用子程序[N1，…可以有 16 个可选参数] 从 SBR 条件返回
FOR INDX,INIT,FINAL NEXT	For/Next 循环
LSCR N SCRT N CSCRE SCRE	顺控继电器段的启动、转换，条件结束和结束
DLED IN	诊断 LED
传送、移位、循环和填充指令	

MOVB IN, OUT
MOVW IN, OUT
MOVD IN, OUT
MOVR IN, OUT
	字节、字、双字和实数传送

BIR IN, OUT BIW IN, OUT	立即读取传送字节 立即写入传送字节

续表

传送、移位、循环和填充指令	
BMB IN, OUT, N BMW IN, OUT, N BMD IN, OUT, N	字节、字和双字块传送
SWAP IN	交换字节
SHRB DATA, S_BIT, N	寄存器移位
SRB OUT, N SRW OUT, N SRD OUT, N	字节、字和双字右移
SLB OUT, N SLW OUT, N SLD OUT, N	字节、字和双字左移
RRB OUT, N RRW OUT, N RRD OUT, N	字节、字和双字循环右移
RLB OUT, N RLW OUT, N RLD OUT, N	字节、字和双字循环左移
逻辑操作	
ANDB IN1, OUT ANDW IN1, OUT ANDD IN1, OUT	对字节、字和双字取逻辑与
ORB IN1, OUT ORW IN1, OUT ORD IN1, OUT	对字节、字和双字取逻辑或
XORB IN1, OUT XORW IN1, OUT XORD IN1, OUT	对字节、字和双字取逻辑异或
INVB OUT INVW OUT INVD OUT	对字节、字和双字取反 (1 的补码)
字符串指令	
SLEN IN, OUT SCAT IN, OUT SCPY IN, OUT SSCPY IN, INDX, N, OUT CFND IN1, IN2, OUT SFND IN1, IN2, OUT	字符串长度 连接字符串 复制字符串 复制子字符串 字符串中查找第一个字符 在字符串中查找字符串
表、查找和转换指令	
ATT TABLE, DATA	把数据加到表中

续表

表、查找和转换指令	
LIFO TABLE, DATA FIFO TABLE, DATA	从表中取数据
FND= TBL, PTN, INDX FND<> TBL, PTN, INDX FND< TBL, PTN, INDX FND> TBL, PTN, INDX	根据比较条件在表中查找数据
FILL IN, OUT, N	用给定值占满存储器空间
BCDI OUT IBCD OUT	把 BCD 码转换成整数 把整数转换成 BCD 码
BTI IN, OUT ITB IN, OUT ITD IN, OUT DTI IN, OUT	把字节转换成整数 把整数转换成字节 把整数转换成双整数 把双整数转换成整数
DTR IN, OUT TRUNC IN, OUT ROUND IN, OUT	把双字转换成实数 把实数转换成双字 把实数转换成双字
ATH IN, OUT, LEN HTA IN, OUT, LEN ITA IN, OUT, FMT DTA IN, OUT, FM RTA IN, OUT, FM	把 ASCII 码转换成十六进制格式 把十六进制格式转换成 ASCII 码 把整数转换成 ASCII 码 把双整数转换成 ASCII 码 把实数转换成 ASCII 码
DECO IN, OUT ENCO IN, OUT	解码 编码
SEG IN, OUT	产生 7 段格式
ITS IN, FMT, OUT DTS IN, FMT, OUT RTS IN, FMT, OUT	把整数转为字符串 把双整数转换成字符串 把实数转换成字符串
STI STR, INDX, OUT STD STR, INDX, OUT STR STR, INDX, OUT	把子字符串转换成整数 把子字符串转换成双整数 把子字符串转换成实数
中断指令	
CRETI	从中断条件返回
ENI DISI	允许中断 禁止中断
ATCH INT, EVENT DTCH EVENT	给事件分配中断程序 解除事件
通信指令	
XMT TABLE, PORT RCV TABLE, PORT	自由端口传送 自由端口接收消息

续表

通信指令	
TODR TABLE, PORT TODW TABLE, PORT	网络读 网络写
GPA ADDR, PORT SPA ADDR, PORT	获取端口地址 设置端口地址
高速指令	
HDEF HSC, Mode	定义高速计数器模式
HSC N	激活高速计数器
PLS X	脉冲输出

附录C　西门子S7-200可编程控制器特殊寄存器（SM）

SMB0：状态位

SM位	描述（只读）
SM0.0	该位始终为1
SM0.1	该位在首次扫描时为1，一个用途是调用初始化子例行程序。
SM0.2	若保持数据丢失，则该位在一个扫描周期中为1。该位可用做错误存储器位，或用来调用特殊启动顺序功能。
SM0.3	开机后进入RUN模式，该位将ON一个扫描周期，该位可用做在启动操作之前给设备提供一个预热时间。
SM0.4	该位提供了一个时钟脉冲，30s为1，30s为0，占空比周期为1min。它提供了一个简单易用的延时或1min的时钟脉冲。
SM0.5	该位提供了一个时钟脉冲，0.5s为1，0.5s为0，占空比周期为1s。它提供了一个简单易用的延时或1s的时钟脉冲。
SM0.6	该位为扫描时钟，本次扫描时置1，下次扫描时置0。可用做扫描计数器的输入。
SM0.7	该位指示CPU模式开关的位置（0为TERM位置，1为RUN位置）。当开关在RUN位置时，用该位可使自由端口通信方式有效，那么当切换至TERM位置时，同编程设备的正常通信也会有效。

SMB1：状态位

SM位	描述（只读）
SM1.0	当执行某些指令，其结果为0时，将该位置1。
SM1.1	当执行某些指令，其结果溢出或查出非法数值时，将该位置1。
SM1.2	当执行数学运算，其结果为负数时，将该位置1。
SM1.3	试图除以零时，将该位置1。
SM1.4	当执行ATT（添加到表格）指令时，试图超出表范围时，将该位置1。
SM1.5	当执行LIFO或FIFO指令，试图从空表中读数时，将该位置1。
SM1.6	当试图把一个非BCD数转换为二进制数时，将该位置1。
SM1.7	当ASCII码不能转换为有效的十六进制数时，将该位置1。

SMB2：自由端口接收字符

SM位	描述（只读）
SMB2	此字节包含在自由端口通信期间从端口0或端口1接收的每个字符。

SMB3：自由端口奇偶校验错误

SM位	描述（只读）
SM3.0	端口0或端口1的奇偶校验错误（0＝ 无错；1＝ 检测到错误）
SM3.1～SM3.7	保留

SMB4：队列溢出

SM位	描述（只读）
SM4.0[1]	当通信中断队列溢出时，将该位置1。
SM4.1[1]	当输入中断队列溢出时，将该位置1。

SM4.21　当定时中断队列溢出时，将该位置1。
SM4.3　在运行时刻，发现编程问题时，将该位置1。
SM4.4　该位指示全局中断允许位，当允许中断时，将该位置1。
SM4.5　当（端口0）发送空闲时，将该位置1。
SM4.6　当（端口1）发送空闲时，将该位置1。
SM4.7　当发生强置时，将该位置1。

SMB5：I/O状态

SM位	描述（只读）
SM5.0	当有I/O错误时，将该位置1
SM5.1	当I/O总线上连接了过多的数字量I/O点时，将该位置1。
SM5.2	当I/O总线上连接了过多的模拟量I/O点时，将该位置1。
SM5.3	当I/O总线上连接了过多的智能I/O模块时，将该位置1。
SM5.4～SM5.7	保留。

SMB6：CPU ID寄存器

SM位　描述（只读）

格式　MSB 7 … LSB 0　CPU标识寄存器

7							0
x	x	x	x	r	r	r	r

SM6.0～SM6.3　保留

SM6.4～SM6.7　xxxx = 0000 = CPU 222
0010 = CPU 224 / CPU 224XP
0110 = CPU 221
1001 = CPU 226

SMB7：保留

SMB7为将来使用而保留。

SMB8～SMB21：I/O模块标识和错误寄存器

SM位　描述（只读）

格式

偶数字节：模块标识寄存器（MSB 7 … LSB 0）

7							0
m	t	t	a	i	i	q	q

奇数字节：模块错误寄存器（MSB 7 … LSB 0）

7							0
c	0	0	b	r	p	f	t

m：模块存在　0 = 存在
1 = 不存在

tt：模块类型
00 非智能I/O模块
01 智能模块
10 保留
11 保留

a：I/O类型　0 = 离散
1 = 模拟

ii：输入
00 无输入
01 2 AI或8 DI
10 4 AI或16 DI
11 8 AI或32 DI

qq：输出
00 无输出
01 2 AQ或8 DQ
10 4 AQ或16 DQ
11 8 AQ或32 DQ

c：组态错误　0 = 无错误
b：总线故障或奇偶校验错误　1 = 错误
r：超出范围错误
p：无用户电源错误
f：保险丝熔断错误
t：接线板松动错误

SMB8	模块0标识寄存器
SMB9	模块0错误寄存器
SMB10	模块1标识寄存器
SMB11	模块1错误寄存器
SMB12	模块2标识寄存器
SMB13	模块2错误寄存器
SMB14	模块3标识寄存器
SMB15	模块3错误寄存器
SMB16	模块4标识寄存器
SMB17	模块4错误寄存器
SMB18	模块5标识寄存器
SMB19	模块5错误寄存器
SMB20	模块6标识寄存器
SMB21	模块6错误寄存器

SMW22至SMW26：扫描时间

SM位	描述（只读）
SMW22	上次扫描时间。
SMW24	进入RUN模式后，所记录的最短扫描时间。
SMW26	进入RUN模式后，所记录的最长扫描时间。

SMB28和SMB29：模拟调整

SM位	描述（只读）
SMB28	该字节存储通过模拟调整0输入的数值。在STOP/RUN模式中，每执行一次扫描就更新一次该数值。
SMB29	该字节存储通过模拟调整1输入的数值。在STOP/RUN模式中，每执行一次扫描就更新一次该数值。

SMB30和SMB130：自由端口控制寄存器

端口0	端口1	描述
SMB30的格式	SMB130的格式	自由端口模式控制字节

MSB 7 … LSB 0

p	p	d	b	b	b	m	m

SM30.0和SM30.1	SM130.0和SM130.1	mm：协议选择 00 = 点对点接口协议（PPI/从站模式） 01 = 自由端口协议 10 = PPI/主站模式 11 = 保留（缺省设置为PPI/从站模式） 注意：当选择代码mm = 10 （PPI主站）时，S7-200将成为网络上的主站，允许 执行NETR和NETW指令。在PPI模式下忽略2到7位。
SM30.2～SM30.4	SM130.2～SM130.4	bbb：自由端口波特率 000 = 38400波特　100 = 2400波特 001 = 19200波特　101 = 1200波特 010 = 9600波特　110 = 115200波特 011 = 4800波特　111 = 57600波特
SM30.5	SM130.5	d：每个字符的数据位 0 = 每个字符8位 1 = 每个字符7位
SM30.6和SM30.7	SM130.6和SM130.7	pp：奇偶校验选择 00 = 无奇偶校验　10 = 无奇偶校验 01 = 偶校验　11 = 奇校验

SMB31和SMW32：永久存储器（EEPROM）写控制

SM位 描述（只读）

格式

SMB31：软件命令

MSB 7 … LSB 0

c	0	0	0	0	0	s	s

SMW32：V存储器地址

MSB 7 … LSB 0

V存储器地址

SM位	描述（只读）
SM31.0和SM31.1	ss：数据大小 00 = 字节 10 = 字 01 = 字节 11 = 双字
SM31.7	c：保存至永久存储器0 = 无执行保存操作的请求1 = 用户程序请求保存数据每次存储操作完成后，S7-200复位该位。
SMW32	SMW32中是所存数据的V存储器地址，该值是相对于V0的偏移量。当执行存储命令时，把该数据存到永久存储器中相应的位置。

SMB34和SMB35：用于定时中断的时间间隔寄存器

SM位	描述（只读）
SMB34	定义定时中断0的时间间隔（从1～255 ms，以1 ms为增量）。
SMB35	定义定时中断1的时间间隔（从1～255 ms，以1 ms为增量）。

参 考 文 献

[1] 王阿根．PLC 控制程序精编 108 例．北京：电子工业出版社，2009．
[2] 王阿根．电气可编程控制原理与应用（第 2 版）．北京：清华大学出版社，2010．
[3] 马小军．可编程控制器及其应用．南京：东南大学出版社，2007．
[4] 阎石．数字电子技术基础．北京：高等教育出版社，1998．
[5] 西门子公司．S7-200CN 可编程序控制器产品样本．2009．
[6] 西门子公司．SIMATIC S7-200 可编程序控制器系统手册．2008．
[7] 西门子公司．西门子 PLC 编程手册．2005．
[8] 谢克明，夏路易．可编程控制器原理与程序设计．北京：电子工业出版社，2002．
[9] 张万忠．可编程控制器入门与应用实例．北京：中国电力出版社，2005．
[10] 三菱公司．FX1S、FX1N、FX2N、FX2NC 编程手册．2001．
[11] 国家标准局．电气制图及图形符号国家标准汇编．北京：中国标准出版社，1989．

反侵权盗版声明

举报电话：（010）88254396；（010）88258888

传　　真：（010）88254397

E-mail：　dbqq@phei.com.cn

通信地址：北京市万寿路 173 信箱

电子工业出版社总编办公室

邮　　编：100036